“十三五”国家重点出版物出版规划项目
航天机构高可靠设计技术及其应用

计算多体系统动力学理论及应用
——基于 MBDyn 软件

魏 承 张 越 谷海宇 谭春林 赵 阳 著

科 学 出 版 社
北 京

内 容 简 介

本书较全面地介绍计算多体动力学理论，以及 MBDyn 的使用方法和应用场景。全书共 9 章。第 1 章概述，第 2 章介绍多刚体系统动力学建模，第 3、4 章介绍小变形和大变形柔性体动力学建模，第 5 章介绍接触碰撞动力学，第 6 章介绍多体系统动力学的数值求解，第 7、8 章介绍 MBDyn 的使用方法，第 9 章介绍 MBDyn 的场景应用。

本书可供力学、航天、机电等学科本科及研究生学习，也可作为航天、力学工程师的参考用书。

图书在版编目(CIP)数据

计算多体系统动力学理论及应用：基于 MBDyn 软件/魏承等著. —北京：科学出版社, 2023.11
(航天机构高可靠设计技术及其应用)
“十三五”国家重点出版物出版规划项目
ISBN 978-7-03-074338-1

I. ①计… II. ①魏… III. ①系统动态学 IV. ①N941.3

中国版本图书馆 CIP 数据核字(2022)第 240186 号

责任编辑：张艳芬 / 责任校对：崔向琳
责任印制：师艳茹 / 封面设计：陈 敬

科学出版社 出版
北京东黄城根北街 16 号
邮政编码：100717
http://www.sciencep.com
北京中石油彩色印刷有限责任公司 印刷
科学出版社发行 各地新华书店经销
*
2023 年 11 月第 一 版 开本: 720×1000 1/16
2023 年 11 月第一次印刷 印张: 17 1/2
字数: 338 000

定价: 150.00 元

“航天机构高可靠设计技术及其应用”丛书编委会

前　言

多体系统动力学是在经典力学基础上发展起来的一个新的科学分支，与航天器、机器人、车辆、武器系统、生物力学、复杂机械系统等领域密切相关且在领域起着重要作用。多体动力学软件已成为当代创新型机械产品设计不可或缺的工具。目前，主流的多体动力学软件主要还是由国外商业公司开发维护，如 ADAMS、RecurDyn 等，国内多体动力学软件的研制仍处于发展阶段。在使用国外软件进行科学研究时，无法根据需求定制扩展，特别是在国家重大科研项目的研究中，使用国外软件存在较大的安全风险。

MBDyn 是高校借助开源社区资源，开发的自主可控的多体系统动力学仿真软件，可用于任意拓扑结构的多体系统、考虑大变形的柔性多体系统及包含控制器的闭环系统等复杂动力学问题。具备完整的计算机辅助设计 (computer aided design，CAD) 前处理导入、动力学建模、仿真求解及后处理可视化功能。本书具有如下特点。

① 理论翔实。虽然多体系统动力学相关书籍有很多，但是基本集中于各个专业领域，很少覆盖当前机械系统力学分析全过程的应用。本书详细介绍多体系统动力学仿真软件涉及的多刚体系统动力学、小变形和大变形柔性体动力学、接触碰撞动力学、多体系统动力学数值求解方法等基础理论，并对软件的使用操作进行详细说明，同时给出应用场景及案例。

② 实践操作性强。本书注重理论与实践的结合，深入浅出地对软件的操作使用进行介绍，同时给出多种实际应用案例，包括索梁单元、薄膜/板壳单元、接触碰撞等基础测试算例，以及空间机械臂、四足机器人、人体、空间绳网、绳系卫星等相关动力学仿真案例，能够帮助读者更好地进行实践，指导读者完成设计或仿真验证工作。

③ 用户交互接口多。本书基于 MBDyn (www.rapidyn.com) 开展多体系统动力学仿真，支持 SolidWorks 模型导入、机器人通用描述格式 (unified robot description format, URDF) 文件、ABAQUS 及 GMSH 的网格文件、MATLAB 联合仿真、Python 二次开发、Paraview 三维可视化、场景渲染相片输出等标准化定制接口，能够方便地帮助读者进行二次开发，为自动控制、人工智能训练、图像处理等提供高效易用的仿真验证环境。

本书第 1 章由魏承、张越、谷海宇、谭春林、赵阳撰写，第 2 章由郭力绅撰写，第 3 章由魏承、张越、谷海宇撰写，第 4 章由黄倬然撰写，第 5 章由蔡璧丞撰写，第 6 章由过佳雯撰写，第 7 章由魏庆生撰写，第 8 章由程天明撰写，第 9 章由马亮、谢璇、刘昊、蔡盛龙、赵梓良、刘元实等撰写。同时，哈尔滨工业大学小卫星班同学参与了本书的文字录入、书稿校对及 MBDyn 的教学使用。此外，对本书参考文献的作者一并表示感谢。

本书的相关成果得到中国空间技术研究院总体部、北京控制工程研究所等单位的大力支持。本书的出版获得哈尔滨工业大学高水平研究生教材建设项目的资助，在此表示诚挚的感谢。

限于作者水平，书中难免存在不妥之处，恳请读者批评指正。

作 者

目　录

第 1 章　多体系统动力学概述

1.1　概　　述

多体系统是指多个刚体或变形体通过运动副相互连接构成的复杂系统。多体系统动力学主要研究系统的位移、速度、加速度，以及作用力之间的关系。它是近 40 年来在经典力学基础上发展起来的一个新的科学分支，与航天器、机器人、车辆、武器系统、生物力学、复杂机械系统等领域密切相关且起着重要的作用。它集成了刚体力学、分析力学、计算力学、材料力学、生物力学等学科，结合现代计算机技术，面向工业装备需求逐步发展起来。由于多体系统动力学的巨大应用价值，在国际上被认为是应用力学方面最活跃的一个领域。多体系统动力学建模和数值计算是多体系统动力学分析的核心内容。

多体动力学软件属于计算机辅助工程 (computer aided engineering, CAE) 软件的一个重要分支，主要利用计算机建立机械系统的虚拟样机，解决系统的运动学、动力学和逆动力学等问题，实现多体系统的虚拟仿真，达到节约设计成本、缩短设计周期、提高设计质量的目的。多体动力学软件已成为当代机械产品设计不可或缺的工具。

多体动力学软件的应用领域非常广泛。航空航天领域包括航天器姿态动力学与控制、空间机器人动力学与控制、行星探测器动力学与控制、航天器对接机构动力学与控制等。军事领域应用包括兵器行业中坦克、火炮、多管火箭、枪、导弹等武器研制、试验、演习、作战的模拟仿真。民用领域包括机器人、汽车、发动机、机车、机床工具、工程机械、矿山机械等。多体动力学软件主要模拟机械系统的动态过程，为设计者提供数据、曲线、轨迹、动画等信息。有些高端的多体动力学软件还可实现机-电-控-液等多学科的联合仿真，并可基于参数化的系统模型进行优化设计。

目前，世界上主流的多体动力学软件主要由国外商业公司开发研制，如 ADAMS、RecurDyn 等，国内多体动力学软件的研制仍处于发展阶段。使用国外软件进行科学研究时，研究流程难以自主可控，研究能力难以得到训练和提升。特别是，在国家重大科研项目的研究中，使用国外软件存在较大的安全风险。因此，研制和开发一款具有自主知识产权的多体动力学软件都尤为重要。

1.2 对技术和产业发展的分析

多体动力学软件作为 CAE 软件的一个分支，是以科学计算技术为基础的软件。从各种多体动力学软件的发展历程中可以概括出以下规律。

1. 多体动力学软件的大柔性体计算功能越来越强

多体系统软件已经逐步发展为可以融合有限元法的支持大变形柔索、薄膜，甚至流体的通用动力学软件包。随着一些建模方法、解算方法 (如时间常数分解算法) 的出现，大柔性体计算中的许多瓶颈被克服，多体系统中的变形分析变得越来越可靠。

2. 多体动力学软件已经成为集成的多学科仿真平台

多体系统是机械系统的抽象描述，随着技术的进步，现实中独立的纯机械系统已经越来越少。机械系统多与控制、电子、电磁、流体、热等系统相互关联，要求多体动力学软件不能仅依靠多体动力学这个单一学科，而要与其他学科进行交叉。当前的商用多体动力学软件在这方面做得都很好，多体动力学工作者也在多学科融合领域做了大量的工作。

3. 多体动力学软件建立了许多细分的专业化模块

为了提高自身的竞争力，多体动力学软件在细分专业领域下足了功夫，许多标准化程度高的机械子系统都可以在多体动力学软件平台进行全参数化建模，如齿轮、带轮、链轮、弹簧、履带、轮胎等。近年来，这种趋势向着更细致的大系统前进，如发动机、起落架、打印机、高速机车、风电设备、飞机操纵系统等复杂系统在多体动力学平台也出现专业工具包。

4. 多体动力学软件与 CAD 产品的结合越来越紧密

可视化几何建模功能是多体动力学软件产品的“门面”，商业化多体动力学软件的几何建模功能虽然很强，但与主流 CAD 产品相比还是差一些。许多多体动力学软件都对 CAD 产品预留了接口，通过这些接口，可以使数据在多体动力学软件和 CAD 软件之间相互传递。

1.3 国内外发展现状与存在问题

1.3.1 多刚体动力学研究现状

多刚体系统广泛存在于航天、航空、机械制造、仿生医疗器械等领域。对于多刚体系统，目前已发展出一系列成熟的分析方法。这里介绍几个常用且经过广泛实践的多刚体动力学方法[1–3]。

1. 牛顿-欧拉方法

牛顿-欧拉方法是刚体力学中最基础的理论，由关于质点运动学的牛顿方程和关于姿态动力学的欧拉方程两部分组成，它是矢量力学的方法，一般仅用在单个刚体或少数几个刚体构成的系统。如果面对将多个刚体用运动副连接形成的多体系统，则需要引入约束力乘子，以便在求解微分方程的过程中同时求出约束力和加速度。采用牛顿-欧拉方法建模需要处理刚体间复杂的约束关系，因此建模人员要有一定的经验和洞察力。

2. 拉格朗日方法

拉格朗日方法是分析力学的方法，其思想是从整个系统的能量出发建立动力学方程，引入广义坐标的概念，避免关于速度、加速度等的复杂运算。采用拉格朗日方法建模要处理好广义坐标与机构自由度的关系，需要考虑机构中的约束，将非独立广义坐标用独立广义坐标表示，使系统的动力学方程能写成常微分方程组 (ordinary differential equations，ODE) 的形式，否则还需要引入约束的代数方程，不便于微分方程的求解。采用拉格朗日方法建模虽然可以避免出现理想约束的约束力，但又会引入一系列烦琐的求导运算，如果要应用于计算机求解，则需要建立一种规范化的建模方法。

3. Roberson-Wittenburg 方法

Roberson-Wittenburg 方法将图论应用到多刚体力学中，是在牛顿-欧拉方程的基础上，引入关联矩阵、通路矩阵等概念描述系统的拓扑结构，可以很好地解决树形系统的建模问题。对于树形系统的每一个通路而言，该通路上的每一物体只连接一个内接物体，因此由内接物体的运动情况和相对坐标可以得到物体的绝对运动情况。采用 Roberson-Wittenburg 方法建模得到的方程具有迭代的特性，适合计算机自动化处理，但是对于闭链系统则需要额外的处理才能进行建模。

4. Kane 方法

Kane 方法基于达朗贝尔原理，引入广义速率、偏速度、偏角速度等概念，可以避免求动能函数并对其进行求导的计算步骤，最终建立的是一阶的微分方程组。该方法既适合处理完整约束又适合处理非完整约束，对于自由度多的复杂机械多体系统，Kane 方法可以减小计算步骤，但是需要对具体的多刚体系统作具体的处理，不适合计算机自动化建模。

对于一般多体系统的计算机自动化建模，当前常用的是基于笛卡儿坐标的建模方法。这种方法在一个统一的基准坐标系中表示系统各个刚体的参数，其中每个刚体都有一个固连的本体坐标系，用本体系相对基准坐标系的位置向量和姿态坐标表示各个刚体的位置、姿态、速度、加速度等，通常在计算机程序中用四元数作为姿态坐标，能避免奇异值的问题。刚体之间的约束则用代数方程表示，结合刚体的运动学方程组成微分代数方程组 (differential algebraic equations，DAE)，再运用相应的数值计算方法进行求解。这种方法能处理包含树状、闭链等特征的大部分多体系统，适合计算机自动化建模。虽然得到的方程数目较多，但是系数矩阵呈稀疏状，在实际计算中效率较高。

1.3.2　柔性体动力学研究现状

多体系统动力学建模广泛应用于军事、机器人、航空、航天、机械、生物等工程领域[4]。利用多体系统动力学理论可以对各领域内复杂系统的动态特性和性能进行准确、快速地分析和预测。经过半个多世纪的发展，多刚体系统动力学建模与数值求解理论已经相对成熟和完善。然而，对于许多工程问题，多刚体系统模型还不能满足工程精度的要求。目前动力学建模方面需要更多地考虑柔性构件的大范围运动与变形耦合情况。

柔性多体系统动力学建模的实质是根据实际工程问题的需要，将系统抽象为多刚体-柔性体力学模型，然后选择合适的方法来描述相关运动学，最终建立系统动力学方程。建模过程主要涉及柔性体的运动学描述和全局动力学方程的推导两个核心问题。柔性体的运动学描述主要围绕柔性体的离散化和参考系的选择两个步骤。

合理的柔性体离散方法是正确描述柔性体变形场、节省计算时间和资源的基础和前提。目前空间离散方法包括，假设模式法[5]、有限元法[6]、有限段法[7,8] 和无网格法[9,10] 等。假设模态法采用少量模态来描述柔性变形，则模态的选择必须满足相应的容许函数，并且在构造假设模态时需要应用边界条件或几何/运动学约束。局部变形法（子结构方法）是常用的假设模态法[11]。然而，对于边界条件复杂或形状不规则的柔性多体系统，此方法很难找到合适的容许函数，因此可采用全局变形法和额外的几何/运动学约束来解决此问题[12]。一般来说，对于小变形问题，采用假设模态法可以得到较好的近似结果。有限段法将柔性体划分为多个由弹簧和阻尼器连接的刚性段。柔性体的质量和惯性特性由离散的刚性段描述。柔性体的柔性和阻尼特性用刚性段间的弹簧和阻尼器表示。该方法能自然地考虑几何非线性，更适合柔性多体系统中的细长柔性体。有限元方法是现有柔性多体系统研究中的主流方法之一。它具有很强的通用性，但是很难生成复杂的结构网格和高阶连续场函数，因此一般具有应力和应变的不连续性。此外，有限元离散化通常会带来大量的广义坐标和较低的计算效率[13]。无网格法只需要节点信息，不需要预先进行网格划分，可以克服有限元预处理复杂的缺点。它的形函数可以用不同的方法构造，如径向点插值法、Galerkin 法和局部 Petrov-Galerkin 法，通常具有高阶连续性。此外，Bezier 插值[14] 和边界元法[15] 也适用于柔性变形描述。

上述方法的组合应用非常普遍，如边界元和有限元的组合[16]，以及有限段和有限元的组合[17]。

参考系的选择对于推导柔性多体系统的动力学方程也至关重要。柔性体变形和大范围运动参考系描述方法有浮动坐标法[18,19]、共旋坐标法[20–22] 和绝对节点坐标法 (absolute nodal coordinate formulation，ANCF)[23,24]。浮动坐标法是直接在柔性体上建立一个动态参考系，用浮动坐标系表示物体的运动（大范围的整体平移、旋转)，并通过叠加相对于参考系的变形来描述物体上任意一点的位置和转角。浮动参考系最适合小变形或低转速的柔性多体系统。浮动参考系与有限元相结合是柔性体常用的运动学描述方法，已应用于大量商业多体系统动力学软件中。采用浮动坐标方法得到的柔性多体系统方程中的质量阵为广义坐标函数。这意味着，系统刚体运动与弹性形变运动的耦合，给动力学方程的求解造成困难。浮动坐标系下柔性体的变形也可以通过一些线性方法处理，例如通过模态分析或试验获得模态展开[13,25]。浮动坐标系的选择应尽量减少或消除大范围运动与变形之间的耦合，同时应便于变形的线性化描述。共旋坐标系源于计算结构力学，可用于大位移、大转角、小应变的柔性体建模。区别于浮动坐标系在整个物体上建立局部坐标对整个物体的变形进行描述，共旋坐标法在每个单元上都建立一个局部坐标系，分别描述各自单元的变形。ANCF 利用位置向量及其导数来描述单元节点，可以避开传统有限元方法对小转角的限制，能够描述任意的平动、转动和变形。节点坐标法中单元的质量矩阵是常值，动力学方程中不存在离心力项和科氏力项，与共旋坐标法相比可以进一步简化动力学方程的数值计算[13,25]。

1.3.3 接触碰撞动力学研究现状

目前对于碰撞动力学的研究主要集中在多体系统应用研究中，如地面执行机构、空间机械臂等。本节以空间机械臂与目标发生碰撞过程为例，介绍接触碰撞动力学研究现状。

在空间机械臂多体系统碰撞动力学建模研究方面，Zheng 等[26] 在建立一般机械臂模型的基础上，考虑外界碰撞力的作用，推导各关节的速度变化、承受力矩变化与碰撞力的关系，建立空间机械臂碰撞动力学模型；Yoshida 等[27] 引入增广逆惯性张量的概念，并在此基础上建立空间机械臂的碰撞动力学方程，在不用测量碰撞力的情况下计算机械臂末端和目标物碰撞过程中的速度变化量；Huang 等[28] 在分析空间机械臂抓捕自由漂浮目标物动力学特点的基础上，利用动量、角动量定理推导碰撞动力学方程，得到基座速度与目标物速度变化之间的关系；Nenchev 等[29] 和陈钢等[30] 均是在建立空间机械臂动力学方程的基础上，结合恢复系数理论并通过极小时间内的积分求碰撞动力学方程，完成碰撞脉冲的计算。

以上空间机械臂碰撞动力学模型均是在假设碰撞环境为刚性环境，离散碰撞动力学发展而来的，特点是建模方法较为简单，只能求得碰撞脉冲及碰撞作用引起的系统变化，无法求得碰撞力的显示表达式。当空间机械臂与柔性环境接触碰撞时，有时需要求得碰撞过程持续的时间、碰撞力随时间的变化规律、接触速度、压入深度等信息，此时离散碰撞动力学模型已经不能满足要求。因此，一些学者针对连续碰撞动力学模型进行研究，但是多数停留在单体之间的碰撞，针对多体系统间的连续碰撞相关文献较少。Potkonjak 等[31] 提出一种通过求解在多体系统接触点处建立的约束方程组得到碰撞力大小的方法。文献 [32]、[33] 在建立单体连续碰撞动力学模型的基础上，利用牛顿方程将其推广到多体系统，但是只对平面机构进行了简单分析。

目前，离散多体碰撞动力学建模比较成熟，连续多体碰撞动力学模型仍处于发展阶段，现存的方法或复杂难以用于高自由度的机构，或不具有通用性仅能针对特有的构型，因此提出通用的连续多体碰撞动力学建模方法是亟待解决的问题。

1.3.4　数值求解研究现状

数值求解的发展与动力学建模是密不可分的，当前动力学建模已经从刚体发展到大变形柔性体领域。动力学模型中刚体位移、转动与柔性体变形等因素交织在一起，造成数值解中既有高频的变形分量又有低频的运动分量。数值积分算法需要处理好高频因素，保证数值稳定的同时不能丢失原有的结构属性。无论是刚体系统还是柔性体系统都需要引入代数约束方程组，与动力学建模得到的微分方程组一起组成 DAE。与 ODE 相比，由于运动约束的存在，DAE 的刚性大大增强[34]，因此积分步长需要足够小才能保证精确求解。处理 DAE 的思路，一是引入数值阻尼来增加积分的稳定性，增大积分步长来提高效率，二是采用保物理属性的积分格式，例如基于 Hamilton 力学体系下系统动力学模型的几何数值积分。

数值求解中主要考虑 DAE 的求解，一方面需要降指标，减轻系数矩阵的奇异程度，另一方面需要在求解过程中保证约束的成立。解 DAE 的过程是求解约束流形上的微分方程，在数值求解的过程中会出现位置、速度等运动学属性偏离约束流形的现象，称为约束违约。

处理约束违约是数值求解中的一个重要内容。处理方法主要有约束稳定、惩罚违约量和运动学投影。Baumgarte[35] 最早提出约束稳定的思想，将位置、速度的违约量反馈至加速度约束，以抑制加速度的漂移，将原本的完整约束改写成含有微分级约束的渐进稳定方程 $\ddot{\boldsymbol{C}}+2\alpha\dot{\boldsymbol{C}}+\beta^2\boldsymbol{C}=\mathbf{0}$，其中 α 和 β 是控制参数，需要不断实验来确定取值，这种基于数值阻尼的约束稳定思想在许多数值求解算法中都有体现。惩罚违约量的方法是指将每步迭代的误差反馈回动力系统，例如 Ruzzeh 等[36] 提出的基于 Gauss 原理的主-被动约束罚函数方法（actuating-passive constraints penalty approach, ACPCA），对生物肌肉骨骼动力系统进行正向与逆向动力学分析，减少不确定因素能避免逆向动力学分析中方程多解的情况。运动学约束投影是消除违约量的一种有效方法。例如，Gear 等[37] 提出一种稳定方法，用广义速度变量替代广义位置导数得到一阶微分形式指标-2 的 DAE，方程中引入了专门针对速度级违约的乘子来纠正违约量。

DAE 的求解方法主要有增广法、分离变量法。约束多体动力学建模通常得到的是指标-3 的 DAE。用增广法求解时通常是降指标的过程，同时还引入数值阻尼来保证数值稳定。例如，由 Gavrea 等[38]、Negrut 等[39] 提出的，用于求解指标-3 的 DAE 的 Newmark 方法及其改进版本 Hilber-Hughes-Taylor(HHT)-α 方法，还有 Bruls 等[40] 通过广义-α 方法求解指标 3 的 DAE，从线性多步法的角度证明其二阶收敛性、Lunk 等[41] 通过广义-α 方法求解完整约束下的指标 2 的 DAE，提出 α-RATTLE 方法。分离变量法是在众多广义坐标中寻找独立坐标，将原来的 DAE 变成仅含独立坐标的 ODE，再用各种成熟的算法求解。变量分离主要靠约束雅可比矩阵分解。矩阵向量集分为线性独立与线性相关两部分，分别对应非独立变量和独立变量。

数值积分是数值求解的另一个重要方面，总体上可以分为显式积分和隐式积分。显式方法常见于 ODE 的求解上，计算比较简单，但在处理约束问题上性能不如隐式方法。隐式积分方法不能从前面几步的速度、加速度直接计算下一步的结果，而是需要用牛顿迭代等方法求解非线性方程组，常见的有隐式欧拉法及其线性化版本、隐式龙格-库塔 (Runge-Kutta) 法。前面提到的 Newmark 和 HHT-α 方法也是隐式方法。数值积分还有单步法和多步法的区别，单步法的实现比较简单，但是实际应用中通常选用多步法，如显式 Adams-Bashforth 法和隐式 Adams-Moulton 法，同时多步法可以设计变步长格式。常用的多步法是 Curtiss 和 Hirschfelder 提出的向后微分公式（backward differentiation formulas，BDF）方法，具有较好的稳定性。

针对 DAE 数值求解，出现一些专用的软件，例如基于 BDF 方法开发的全隐式 DASSL 求解包，基于半隐式 Runge-Kutta 法开发的 RADAU5 求解器。此外，还有 MEXX、MBSPACK 等求解器。

1.3.5 多体动力学软件研制现状

1. 国外现状

国外多体系统动力学软件起步较早，研发时间长，出现一大批多体系统仿真软件，目前占主导地位的是一些成熟的商业软件。这些软件功能全面，经过广泛的实践检验。同时，还有一些大学或研究机构独立开发的多体系统软件。这些软件往往体量较小，但有一些开源的项目，便于读者学习。这里介绍几款多体系统仿真软件供读者参考。

Adams 是 MSC 公司开发的商业多体系统仿真软件，是目前多体系统动力学软件的标杆，具有全面且完善的功能，在工业界应用广泛。此软件具有易用的图形界面，能在软件内部建立或从外部导入 CAD 模型进行动力学建模，具有丰富的动力学约束或运动副设置，能进行运动学、静力学、动力学等分析。同时，其具有完善的对数据和图表的输出及分析功能，能通过接口与外部软件联结。此外，软件具有多种多样的扩展组件，支持有限元、振动、流体、疲劳寿命等分析。

Simpack 是 Dassault 公司针对复杂机械系统仿真的商业软件。软件具有图形界面，支持从外部导入 CAD 文件建模。除了具备多体系统仿真软件的基本功能，该软件擅长进行振动，特别是高频瞬态分析，如碰撞接触问题，同时还能与其他软件进行有限元、流体、控制等仿真。该软件还提供专门的工具箱，针对汽车、轨道交通、风力发电机等特定领域进行设计和分析。

RecurDyn 是 FunctionBay 公司开发的商业多体动力学仿真软件，具有图形界面和完善的可视化功能。该软件能进行非线性有限元计算，以及物体非线性变形、柔性体碰撞分析，具有高效的求解器。对于接触碰撞问题，软件可以提供全面的数学模型和易用的图形化建模方案。此外，软件还内置了图形化的控制设计模块，以及最优化设计工具箱，同时具备相应的接口，能与外部软件进行联合仿真。

Robotran 是 Catholique de Louvain 大学开发的用于科研的多体系统仿真软件。该软件采用符号化建模方法，生成 MATLAB 或 C 语言下的子程序，进而用其他数值计算程序进行仿真计算。该软件具有易用的交互界面，能与 Simulink、机器人操作系统（robot operation system，ROS）平台进行交互，还能通过外部的扩展组件进行最优控制、流体、气动、液压等分析。

HOTINT 是 Linz Center of Mechatronics GmbH 开发的一个免费多体系统仿真软件。软件的部分模块是开源的，具备刚体、柔性体动力学分析能力，内置多种有限元单元、多种梁，以及板壳模型，还具有 ANCF 单元模型。软件采用脚本语言的方式建模，同时能与 MATLAB/Simulink 进行联合仿真。

PyBullet 是 Bullet 物理引擎应用于 Python 的工具包，基于 PyBullet 可以对机器人等多体系统进行建模，支持使用 URDF、标准延迟格式 (standard delay format, SDF) 文件进行建模，同时提供可视化场景，支持正向、逆向运动学的计算，支持碰撞检测、光线计算等功能，甚至支持虚拟现实的使用。PyBullet 是植根于 Python 的物理引擎，结合 Python 上的其他工具包，可实现视觉程序开发、机器学习等功能。

ROS 是一个专门针对机器人开发及应用的操作系统，源于斯坦福大学的 Stanford Artificial Intelligence Robot 和 Personal Robotics 项目。ROS 包括硬件抽象、底层设备控制、常用函数的实现、进程间消息传递，以及包管理。它提供用于获取、编译、编写、跨计算机运行代码所需的工具和库函数。ROS 上能装载各种应用程序，涵盖机器人领域从软件到硬件的整个应用流程，例如进行物理仿真、处理真实的传感器数据、控制电机等。ROS 具有分布式的特点，每个进程作为一个节点独立运行，并由 ROS 管理进程间的通信。此外，还支持各种常见的编程语言。

Gazebo 是一个机器人仿真平台，一般运行在 ROS 系统上，提供物理仿真、交互界面、三维可视化等功能。其动力学仿真功能整合了多个高性能物理引擎，如 Open Dynamic Engine、Bullet、Simbody、DART 等，软件内置了多个机器人模型，也支持用户在软件内利用图形化交互界面建模或以 URDF 文件的方式建模，同时还支持传感器的仿真。利用网络协议，用户可以灵活地搭建仿真环境，实现前后台分离，甚至是云仿真。Gazebo 的用户社区较为活跃，内容丰富。用户可以自定义插件，满足个性化的需求。

Chrono 是一款开源物理引擎，采用 C++ 编写，可嵌入用户开发的其他应用程序中，有对应的 Python 版本。软件支持刚体、变形体、接触碰撞、流体的仿真，支持有限元分析，特别适合崎岖路面、土壤等情景的仿真，对于存在大量物体的情景，如颗粒流，具有特别的优势。软件可用于轮履车辆、机电系统、机器人的开发，并能与其他计算流体力学、有限元分析软件联合仿真。

MuJoCo 是目前机器学习领域常用的物理引擎，其程序被封装成 C/C++ 库的形式，提供应用程序编程接口供用户使用，并提供用户界面和图形渲染功能。该仿真环境采用类似可扩展标记语言 (extensible markup language, XML) 格式的 MJCF(MuJoCo 平台的机器人描述文件) 文件建模，可使用 URDF 文件进行机器人系统的建模，求解器采用广义坐标（关节坐标），因此一般仅支持树形结构，对于闭链系统需要以等式约束等方式进行处理。该物理引擎擅长处理接触碰撞，适合人体结构建模，也支持简易的绳索、布料模型。

COMSOL 是一款商业的多物理场建模和仿真软件，在多物理场、耦合场方面具有独特的优势。软件以有限元法为基础，通过求解微分或偏微分方程实现仿真，涵盖结构力学、声学、电化学、电磁学、流体、传热学领域，提供一体化的解决方案。软件内置大量的预定义应用场景，具备 CAD 建模功能。软件还具备与其他商业软件，如 MATLAB、CATIA、SolidWorks 等的接口，便于联合使用。

ANSYS 是当今最流行的商业有限元分析软件之一，具有其他主流 CAD 软件的接口，是涵盖结构、流体、电场、磁场、声场分析于一体的大型通用有限元分析软件。软件主要分前处理、分析计算、后处理三大模块。前处理包括实体建模和网格划分。分析计算包括结构力学、流体力学、电磁学、声场等分析。后处理包括将计算结果以彩色等值线、梯度、矢量、粒子流迹图形方式显示出来，也可将计算结果以图表、曲线形式显示或输出。ANSYS 目前在航空航天、机械制造、能源、汽车、造船、生物医学等领域有广泛的应用。

ABAQUS 是 SIMULIA 公司的商业有限元分析软件，适用于结构力学、固体力学的分析，在求解非线性问题上有明显的优势。软件主要包含两个求解器模块、人机交互图形界面，以及针对特殊问题的模块。软件含有全面的材料库，多种接触和约束模型，具备超过 500 种有限单元。其求解器求解速度快，善于处理非线性问题，人机交互界面更加面向工程应用。

2. 国内现状

国内研究的多体动力学软件主要是从事多体动力学专业研究的大学或研究机构开发的计算程序，专用性强，在工程应用、求解算法、多场耦合等方面各具特色。

CADAMB 是由上海交通大学 1986 年根据柔性多体系统动力学单向递推组集建模理论和计算方法开发的柔性多体系统动力学通用的计算机辅助分析软件。其具有很强的通用性和完善的辅助分析功能，可对任意拓扑构型的柔性多体系统进行运动学、动力学分析，并可处理变拓扑构型的多体系统。CADAMB 的建模理论已由零次近似模型拓展到一次近似模型。

南京理工大学基于多体系统发射动力学理论与技术，研究了多管火箭发射动力学理论、仿真系统与试验方法，发明了多管火箭起始扰动非满管射击试验方法。该团队在国际上率先实现了严格的用非满管射击替代满管齐射的多管火箭精度试验技术，解决了多管火箭精度试验用弹量巨大的难题。

清华大学开发的柔索系统动力学软件和刚柔液耦合动力学软件采用 ANCF 描述索梁的大变形问题。软件采用绝对坐标位置及物质导数描述单元的构形，基于单元非线性几何关系得到弹性能、动能。然后，在多体动力学框架内实现索、梁单元，以及相应的碰撞、接触、时变索系等机制，能够很好地求解索-梁-刚体系统的耦合特性。该软件能够描述柔索的大变形运动，但是对非柔索单元的适用度有限。刚弹液耦合计算软件主要处理含有柔性多体和充液贮箱的复杂系统，如航天器、油罐车、LNG 船等，能够实现刚柔液耦合求解。

北京大学开发的接触碰撞动力学软件提出基于虚拟样机的接触碰撞仿真策略。针对多体系统中的刚体和柔性体两类模型，分析部件上任意接触受力点的运动学参数特性，描述广义坐标的系统组集，并给出部件及其属性的类对象定义。针对柔性体部件，引入 Guyan 缩减法对约束副处的冗余自由度进行缩并，利用假设模态法和 Bmnpton 模态综合技术研究接触碰撞中柔性体的应力、应变和局部变形。通过采用稳定、高效的 S12 积分求解器，保证仿真计算的数值收敛性。

北京理工大学采用描述柔体的 ANCF 方法和描述刚体的自然坐标方法建立大型环形桁架索网天线结构的柔性多体系统动力学模型。为了提高该方法的计算效率，采用传统有限元中的静力凝聚法，对每一柔性构件进行内部自由度凝聚，保留界面自由度。考虑某一柔性附件的展开过程，其余柔性附件均处于锁定状态且仅发生较小的变形，因此这些处于锁定状态的柔性附件的弹性变形可通过模态叠加方法近似得到。此外，基于并行计算策略对大口径柔性环形桁架天线的展开动力学进行研究，其仿真结果对大型可展开空间结构的动力学与控制研究具有一定的参考价值。

西南交通大学长期从事轨道交通工程动力学与振动研究，开拓了铁路大系统动力学研究新领域。相关理论与方法被广泛应用于我国铁路提速、重载运输及高速铁路工程领域，取得显著的社会经济效益。

哈尔滨工业大学借助开源社区资源，开发了自主可控的多体系统动力学仿真软件 MBDyn。它是以航空航天等多体系统为主要对象设计的集成仿真平台。该软件基于 ANCF，能够实现对柔性体中各种索、梁、板壳、薄膜、实体、流体等大变形柔性体进行高效精确的动力学建模。支持与 MATLAB/Simulink 进行联合仿真，并进行控制系统的设计。同时，软件支持 Solidworks 等主流三维设计软件的模型导入，方便用户对复杂几何构型模型的设计，支持 GMSH 进行网格划分，并提供 Python 接口，可以开展机器学习训练。

国内的多体系统动力学研究目前仍局限于某个专业方向、某项工程应用、某个特殊对象等。虽然模块专业化服务水平较高，专用性强，某些专业方向也已经具备了国际先进水平，有较好的服务与应用能力，但是缺乏交流和集成，并且工业软件设计水平普遍不高，存在结构不清晰、重用性差、扩展能力不强，人机交互界面可操作性差等问题。这使我国多体系统工业化软件通用性不强，难以形成合力。同时，面向市场的商业化意识不够，造成工业领域服务支持的能力不强。因此，急需整合各家的专业优长，形成通用的商业化软件。

1.4 本书章节划分

本书章节划分如图 1.1 所示。

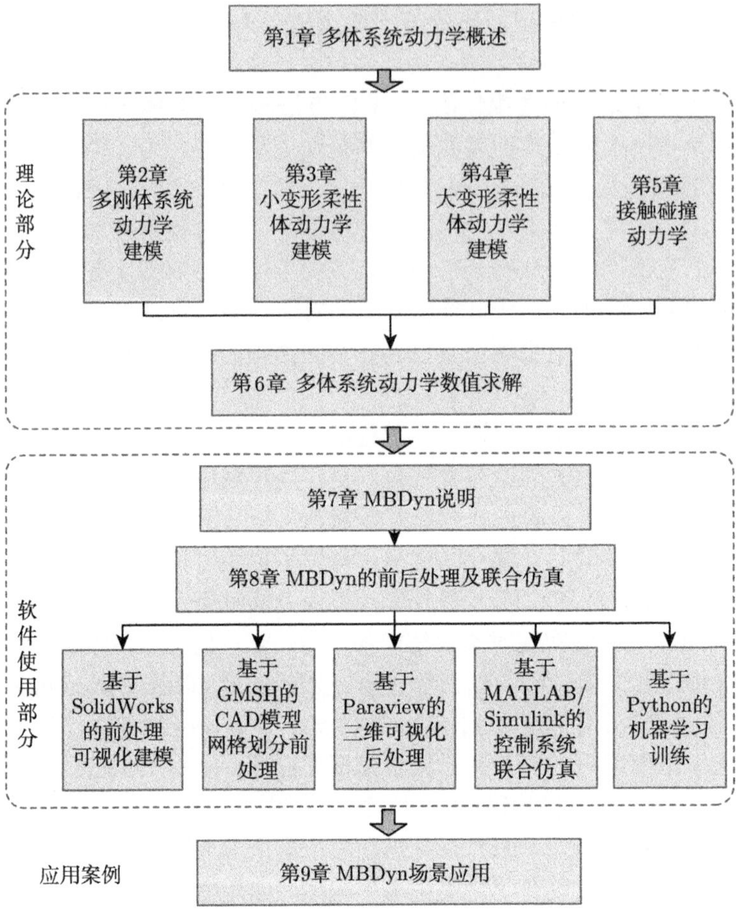
第1章 多体系统动力学概述
理论部分
第2章
多刚体系统
动力学
建模
第3章
小变形柔性
体动力学
建模
第4章
大变形柔性
体动力学
建模
第5章
接触碰撞
动力学
第6章 多体系统动力学数值求解
软件使用部分
第7章 MBDyn说明
第8章 MBDyn的前后处理及联合仿真
基于
SolidWorks
的前处理
可视化建模
基于
GMSH的
CAD模型
网格划分前
处理
基于
Paraview的
三维可视化
后处理
基于
MATLAB/
Simulink的
控制系统
联合仿真
基于
Python的
机器学习
训练
应用案例
第9章 MBDyn场景应用

图 1.1　本书章节划分

第 2 章　多刚体系统动力学建模

刚体是多体系统常见的部件。多体系统动力学软件最初用来处理多刚体系统动力学问题，后来逐步推广到柔性多体系统。本章首先介绍单个刚体动力学方程的建立过程，然后给出多刚体系统动力学理论模型[42]。

2.1　单刚体动力学

2.1.1　坐标系定义

开展物体运动学或动力学研究离不开坐标系的建立，常用的坐标系有两种，即惯性系和本体系。

惯性系在空间中静止或做匀速直线运动，如软件中的全局坐标系，用于表示刚体的绝对位移、绝对速度等。本节采用的笛卡儿坐标系如图 2.1 所示。设惯性系的坐标基分别为 X_1、X_2、X_3，同时以 O 表示坐标原点。

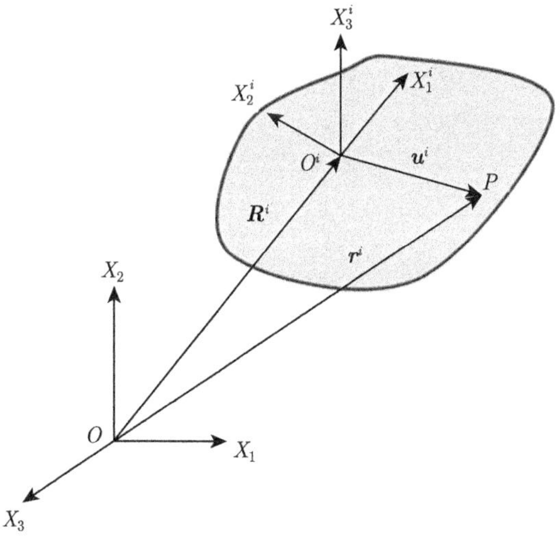

图 2.1　笛卡儿坐标系

本体系是与刚体固连的坐标系。刚体的平移、旋转可以用本体系相对惯性系的平移、旋转来表示，同样采用笛卡儿坐标系，设本体系坐标基为 X_1^i、X_2^i、X_3^i，原点为固连在刚体的 O^i。值得注意的是，O^i 不是刚体的质心，通常为了计算方便，O^i 会放在刚体的质心上。

2.1.2　单刚体运动学

刚体旋转的表示方式有欧拉角、轴角法、四元数等。相比之下，四元数有不存在奇异、便于数值计算的特点，因此本节在动力学建模时采用四元数表示旋转。与复数类似，四元数由实数部分和 3 个虚数单位组成，可以写成 $\boldsymbol{\theta}=\theta_0+\theta_1\mathbf{i}+\theta_2\mathbf{j}+\theta_3\mathbf{k}$ 的形式，当四元数表示旋转时也被称为欧拉参数。一个坐标系相对另一个坐标系的旋转可以看成绕转轴 $\hat{\boldsymbol{v}}$ 旋转 θ 角度，当四元数用来表示旋转时，其形式为

$$\boldsymbol{\theta}=\cos\frac{\theta}{2}+\sin\frac{\theta}{2}\left(v_1\mathbf{i}+v_2\mathbf{j}+v_3\mathbf{k}\right) \tag{2.1.1}$$

其中，v_1、v_2、v_3 表示单位向量 $\hat{\boldsymbol{v}}$ 的三个分量；$\hat{\boldsymbol{v}}$ 表示转轴；四元数 $\boldsymbol{\theta}$ 的模为 1。

本体系相对惯性系的旋转可以用旋转矩阵表征。设 $\bar{\boldsymbol{r}}$ 是固连在本体系 $X_1^iX_2^iX_3^i$ 中的向量，本体系相对惯性系的旋转用四元数 $\boldsymbol{\theta}=\begin{bmatrix}\theta_0 & \theta_1 & \theta_2 & \theta_3\end{bmatrix}^{\mathrm{T}}$ 表示，则在惯性系 $X_1X_2X_3$ 下，该向量可以表示为

$$\boldsymbol{r}=\boldsymbol{A}\bar{\boldsymbol{r}} \tag{2.1.2}$$

其中，$\boldsymbol{A}$ 为从本体系到惯性系的维数为 3×3 的旋转矩阵，即

$$\boldsymbol{A}=\begin{bmatrix}1-2\theta_2^2-2\theta_3^2 & 2\left(\theta_1\theta_2-\theta_0\theta_3\right) & 2\left(\theta_1\theta_3+\theta_0\theta_2\right)\\ 2\left(\theta_1\theta_2+\theta_0\theta_3\right) & 1-2\left(\theta_1\right)^2-2\left(\theta_3\right)^2 & 2\left(\theta_2\theta_3-\theta_0\theta_1\right)\\ 2\left(\theta_1\theta_3-\theta_0\theta_2\right) & 2\left(\theta_2\theta_3+\theta_0\theta_1\right) & 1-2\theta_1^2-2\theta_2^2\end{bmatrix} \tag{2.1.3}$$

旋转矩阵 $\boldsymbol{A}$ 有如下性质，即

$$\boldsymbol{A}^{\mathrm{T}}\boldsymbol{A}=\boldsymbol{A}\boldsymbol{A}^{\mathrm{T}}=\boldsymbol{I} \tag{2.1.4}$$

即

$$\boldsymbol{A}^{-1}=\boldsymbol{A}^{\mathrm{T}} \tag{2.1.5}$$

因此，式 (2.1.2) 可以写为

$$\bar{\boldsymbol{r}}=\boldsymbol{A}^{\mathrm{T}}\boldsymbol{r} \tag{2.1.6}$$

式 (2.1.2) 中的旋转矩阵 $\boldsymbol{A}$ 也可以表示成两个矩阵相乘的形式，且这两个矩阵都只与四元数有关，即

$$\boldsymbol{A}=\boldsymbol{E}\bar{\boldsymbol{E}}^{\mathrm{T}} \tag{2.1.7}$$

其中，$\boldsymbol{E}$ 和 $\bar{\boldsymbol{E}}$ 都是 3×4 的矩阵，即

$$\boldsymbol{E}=\begin{bmatrix}-\theta_1 & \theta_0 & -\theta_3 & \theta_2\\ -\theta_2 & \theta_3 & \theta_0 & -\theta_1\\ -\theta_3 & -\theta_2 & \theta_1 & \theta_0\end{bmatrix} \tag{2.1.8}$$

$$\bar{\boldsymbol{E}}=\begin{bmatrix}-\theta_1 & \theta_0 & \theta_3 & -\theta_2\\ -\theta_2 & -\theta_3 & \theta_0 & \theta_1\\ -\theta_3 & \theta_2 & -\theta_1 & \theta_0\end{bmatrix} \tag{2.1.9}$$

矩阵 $\boldsymbol{E}$ 和 $\bar{\boldsymbol{E}}$ 有如下性质，即

$$\bar{\boldsymbol{E}}\boldsymbol{\theta}=\boldsymbol{0} \tag{2.1.10}$$

$$\boldsymbol{E}\boldsymbol{E}^{\mathrm{T}}=\bar{\boldsymbol{E}}\bar{\boldsymbol{E}}^{\mathrm{T}}=\boldsymbol{I} \tag{2.1.11}$$

$$\boldsymbol{E}^{\mathrm{T}}\boldsymbol{E}=\bar{\boldsymbol{E}}^{\mathrm{T}}\bar{\boldsymbol{E}}=\boldsymbol{I}_4-\boldsymbol{\theta}\boldsymbol{\theta}^{\mathrm{T}} \tag{2.1.12}$$

其中，$\boldsymbol{I}_4$ 是 4×4 的单位阵。

计算刚体的速度在多刚体动力学中是不可避免的。速度包括线速度和角速度。计算刚体速度时涉及旋转矩阵 $\boldsymbol{A}$ 对时间的导数。由 $\boldsymbol{A}\boldsymbol{A}^{\mathrm{T}}=\boldsymbol{I}$，对时间的微分可得

$$\dot{\boldsymbol{A}}\boldsymbol{A}^{\mathrm{T}}+\boldsymbol{A}\dot{\boldsymbol{A}}^{\mathrm{T}}=\boldsymbol{0} \tag{2.1.13}$$

由式 (2.1.13) 可得相应的关系式，即

$$\dot{\boldsymbol{A}}\boldsymbol{A}^{\mathrm{T}}=-\boldsymbol{A}\dot{\boldsymbol{A}}^{\mathrm{T}}=-(\dot{\boldsymbol{A}}\boldsymbol{A}^{\mathrm{T}})^{\mathrm{T}} \tag{2.1.14}$$

由于 $\dot{\boldsymbol{A}}\boldsymbol{A}^{\mathrm{T}}$ 等于其转置的负数，因此 $\dot{\boldsymbol{A}}\boldsymbol{A}^{\mathrm{T}}$ 是反对称矩阵。

令 $\dot{\boldsymbol{A}}\boldsymbol{A}^{\mathrm{T}}=\tilde{\boldsymbol{\omega}}$，其中 $\tilde{\boldsymbol{\omega}}$ 为 $\boldsymbol{\omega}$ 的反对称矩阵，那么旋转矩阵 $\boldsymbol{A}$ 对时间的导数为

$$\dot{\boldsymbol{A}}=\tilde{\boldsymbol{\omega}}\boldsymbol{A} \tag{2.1.15}$$

同理，将 $\boldsymbol{A}^{\mathrm{T}}\boldsymbol{A}=\boldsymbol{I}$ 对时间微分，可以定义另一个反对称矩阵 $\tilde{\bar{\boldsymbol{\omega}}}$。它定义了在本体系下的角速度矢量 $\bar{\boldsymbol{\omega}}$，即

$$\tilde{\bar{\boldsymbol{\omega}}}=\boldsymbol{A}^{\mathrm{T}}\dot{\boldsymbol{A}} \tag{2.1.16}$$

由式 (2.1.16) 可以得到 $\dot{\boldsymbol{A}}$ 的另一种表示方式，又根据式 (2.1.15)，可得

$$\dot{\boldsymbol{A}}=\tilde{\boldsymbol{\omega}}\boldsymbol{A}=\boldsymbol{A}\tilde{\bar{\boldsymbol{\omega}}} \tag{2.1.17}$$

角速度矢量可以用于表示旋转的矢量对时间的导数。设一个固连在刚体上的矢量在本体系下表示为 $\bar{\boldsymbol{u}}^i$，在惯性系下表示为 $\boldsymbol{u}^i$，则有 $\boldsymbol{u}^i = \boldsymbol{A}^i\bar{\boldsymbol{u}}^i$，对时间的导数为

$$\begin{cases}\dot{\boldsymbol{u}}^i = \dot{\boldsymbol{A}}^i\bar{\boldsymbol{u}}^i = \tilde{\boldsymbol{\omega}}^i\boldsymbol{A}^i\bar{\boldsymbol{u}}^i = \boldsymbol{\omega}^i \times \boldsymbol{u}^i \\ \dot{\boldsymbol{u}}^i = \dot{\boldsymbol{A}}^i\bar{\boldsymbol{u}}^i = \boldsymbol{A}^i\tilde{\bar{\boldsymbol{\omega}}}^i\bar{\boldsymbol{u}}^i = \boldsymbol{A}^i(\bar{\boldsymbol{\omega}}^i \times \bar{\boldsymbol{u}}^i)\end{cases} \tag{2.1.18}$$

其中，$\tilde{\boldsymbol{\omega}}$ 为反对称矩阵，也称叉乘矩阵，具体形式为

$$\tilde{\bar{\boldsymbol{\omega}}} = \begin{bmatrix} 0 & -\bar{\omega}_3 & \bar{\omega}_2 \\ \bar{\omega}_3 & 0 & -\bar{\omega}_1 \\ -\bar{\omega}_2 & \bar{\omega}_1 & 0 \end{bmatrix} = 2\bar{\boldsymbol{E}}\dot{\bar{\boldsymbol{E}}}^{\mathrm{T}} \tag{2.1.19}$$

同样，$\tilde{\boldsymbol{\omega}}$ 也有类似性质，即 $\tilde{\boldsymbol{\omega}} = 2\dot{\boldsymbol{E}}\boldsymbol{E}^{\mathrm{T}}$。

向量 $\bar{\boldsymbol{\omega}}$ 与 $\boldsymbol{\omega}$ 有如下性质，即

$$\boldsymbol{\omega} = \boldsymbol{A}\bar{\boldsymbol{\omega}} \tag{2.1.20}$$

$$\bar{\boldsymbol{\omega}} = 2\bar{\boldsymbol{E}}\dot{\boldsymbol{\theta}} = -2\dot{\bar{\boldsymbol{E}}}\boldsymbol{\theta} \tag{2.1.21}$$

$$\boldsymbol{\omega} = 2\boldsymbol{E}\dot{\boldsymbol{\theta}} = -2\dot{\boldsymbol{E}}\boldsymbol{\theta} \tag{2.1.22}$$

如图 2.1 所示，刚体上一点 P 的位置矢量可以表示为

$$\boldsymbol{r}^i = \boldsymbol{R}^i + \boldsymbol{u}^i \tag{2.1.23}$$

其中，$\boldsymbol{R}^i$ 为体坐标系原点在惯性系下的位置矢量；$\boldsymbol{u}^i$ 为 P 在本体系下向量在惯性系的投影。

根据旋转矩阵的性质，式 (2.1.23) 可以写为

$$\boldsymbol{r}^i = \boldsymbol{R}^i + \boldsymbol{A}^i\bar{\boldsymbol{u}}^i \tag{2.1.24}$$

式 (2.1.24) 对时间的导数为

$$\dot{\boldsymbol{r}}^i = \dot{\boldsymbol{R}}^i + \dot{\boldsymbol{A}}^i\bar{\boldsymbol{u}}^i \tag{2.1.25}$$

根据式 (2.1.18)，式 (2.1.25) 可以写为

$$\dot{\boldsymbol{r}}^i = \dot{\boldsymbol{R}}^i + \boldsymbol{A}^i(\bar{\boldsymbol{\omega}}^i \times \bar{\boldsymbol{u}}^i) \tag{2.1.26}$$

为了运算方便，引入矩阵 $\boldsymbol{G}^i$ 和 $\bar{\boldsymbol{G}}^i$，即

$$\boldsymbol{G}^i = 2\boldsymbol{E}^i \tag{2.1.27}$$

$$\bar{\boldsymbol{G}}^i = 2\bar{\boldsymbol{E}}^i \tag{2.1.28}$$

显然，$\boldsymbol{G}^i$ 和 $\bar{\boldsymbol{G}}^i$ 都是 3×4 的矩阵。此时，角速度的表达式为

$$\boldsymbol{\omega}^i = \boldsymbol{G}^i \dot{\boldsymbol{\theta}}^i \tag{2.1.29}$$

$$\bar{\boldsymbol{\omega}}^i = \bar{\boldsymbol{G}}^i \dot{\boldsymbol{\theta}}^i \tag{2.1.30}$$

因此，式 (2.1.26) 可以写为

$$\dot{\boldsymbol{r}}^i = \dot{\boldsymbol{R}}^i + \boldsymbol{A}^i(\bar{\boldsymbol{\omega}}^i \times \bar{\boldsymbol{u}}^i) = \dot{\boldsymbol{R}}^i - \boldsymbol{A}^i(\bar{\boldsymbol{u}}^i \times \bar{\boldsymbol{\omega}}^i) = \dot{\boldsymbol{R}}^i - \boldsymbol{A}^i \tilde{\bar{\boldsymbol{u}}}^i \bar{\boldsymbol{G}}^i \dot{\boldsymbol{\theta}}^i \tag{2.1.31}$$

其中，$\tilde{\bar{\boldsymbol{u}}}^i$ 为反对称矩阵，其形式为

$$\tilde{\bar{\boldsymbol{u}}}^i = \begin{bmatrix} 0 & -\bar{u}_3^i & \bar{u}_2^i \\ \bar{u}_3^i & 0 & -\bar{u}_1^i \\ -\bar{u}_2^i & \bar{u}_1^i & 0 \end{bmatrix} \tag{2.1.32}$$

在求得速度后，继续对时间求导可以得到加速度。下面探讨刚体运动学中加速度的计算。

根据角速度的关系式可得

$$\dot{\boldsymbol{A}}\bar{\boldsymbol{r}} = \tilde{\boldsymbol{\omega}}\boldsymbol{A}\bar{\boldsymbol{r}} \tag{2.1.33}$$

考虑 $\bar{\boldsymbol{r}}$ 不是常量，向量 $\boldsymbol{r}$ 的导数（速度）可以写为

$$\dot{\boldsymbol{r}} = \boldsymbol{A}\dot{\bar{\boldsymbol{r}}} + \tilde{\boldsymbol{\omega}}\boldsymbol{A}\bar{\boldsymbol{r}} \tag{2.1.34}$$

对式 (2.1.34) 两边求导可以得到加速度的表达式，即

$$\ddot{\boldsymbol{r}} = \dot{\boldsymbol{A}}\dot{\bar{\boldsymbol{r}}} + \boldsymbol{A}\ddot{\bar{\boldsymbol{r}}} + \dot{\tilde{\boldsymbol{\omega}}}\boldsymbol{A}\bar{\boldsymbol{r}} + \tilde{\boldsymbol{\omega}}\dot{\boldsymbol{A}}\bar{\boldsymbol{r}} + \tilde{\boldsymbol{\omega}}\boldsymbol{A}\dot{\bar{\boldsymbol{r}}} \tag{2.1.35}$$

将 $\bar{\boldsymbol{r}}$ 对时间的导数记作 $\boldsymbol{v}_g = \boldsymbol{A}\dot{\bar{\boldsymbol{r}}}$，同时运用 $\dot{\boldsymbol{A}}\dot{\bar{\boldsymbol{r}}} = \tilde{\boldsymbol{\omega}}\boldsymbol{v}_g$，可以将式 (2.1.35) 改写为

$$\ddot{\boldsymbol{r}} = \boldsymbol{A}\ddot{\bar{\boldsymbol{r}}} + 2\tilde{\boldsymbol{\omega}}\boldsymbol{v}_g + \dot{\tilde{\boldsymbol{\omega}}}\boldsymbol{r} + \tilde{\boldsymbol{\omega}}\dot{\boldsymbol{A}}\bar{\boldsymbol{r}} \tag{2.1.36}$$

最终得到加速度的表达式，即

$$\ddot{\boldsymbol{r}} = \boldsymbol{A}\ddot{\bar{\boldsymbol{r}}} + 2\boldsymbol{\omega} \times \boldsymbol{v}_g + \dot{\boldsymbol{\omega}} \times \boldsymbol{r} + \boldsymbol{\omega} \times (\boldsymbol{\omega} \times \boldsymbol{r}) \tag{2.1.37}$$

将式 (2.1.37) 中的 $\dot{\boldsymbol{\omega}}$ 记作 $\boldsymbol{\alpha}$，表示角加速度向量。$\boldsymbol{\alpha}$ 可以用 $\boldsymbol{E}$ 和 $\ddot{\boldsymbol{\theta}}$ 表示为

$$\boldsymbol{\alpha} = 2\boldsymbol{E}\ddot{\boldsymbol{\theta}} \tag{2.1.38}$$

在此基础上，参考式 (2.1.31)，可以给出刚体上点 P 在惯性系下的加速度，即

$$\ddot{\boldsymbol{r}}^i = \ddot{\boldsymbol{R}}^i + \boldsymbol{A}^i[\bar{\boldsymbol{\omega}}^i \times (\bar{\boldsymbol{\omega}}^i \times \bar{\boldsymbol{u}}^i)] + \boldsymbol{A}^i(\bar{\boldsymbol{\alpha}}^i \times \bar{\boldsymbol{u}}^i) \tag{2.1.39}$$

其中，$\bar{\boldsymbol{\omega}}^i$ 和 $\bar{\boldsymbol{\alpha}}^i$ 为本体系下的角速度和角加速度矢量。

由此可计算出刚体上一点的速度、加速度，在建模时还应选取合适的坐标系。一般来说，由于空间中一个自由的刚体有 6 个自由度，因此选择 6 个独立坐标分量就可以完全表征刚体的参数，通常用 3 个坐标分量表示刚体坐标系原点的位置，即刚体的位移，接着用另外 3 个坐标分量表示体坐标系相对惯性系的转动，即刚体的姿态。表征刚体姿态的参数主要有欧拉角、四元数（欧拉参数）、罗德里格斯参数等，其中欧拉角恰好有 3 个独立坐标分量，也是物理含义最直观的，但是欧拉角在使用中计算烦琐，存在死锁现象。为了便于编程计算，这里选择四元数表示刚体的姿态。

单个刚体的广义坐标 $\boldsymbol{q}_r^i$ 为

$$\boldsymbol{q}_r^i = \begin{bmatrix} \boldsymbol{R}^i \\ \boldsymbol{\theta}^i \end{bmatrix} \tag{2.1.40}$$

其中，$\boldsymbol{R}^i$ 表示刚体的位移；$\boldsymbol{\theta}^i$ 表示刚体的姿态，其完整形式为

$$\boldsymbol{q}_r^i = \begin{bmatrix} R_1^i & R_2^i & R_3^i & \theta_0^i & \theta_1^i & \theta_2^i & \theta_3^i \end{bmatrix}^{\mathrm{T}} \tag{2.1.41}$$

本节用 7 个坐标分量表示刚体的参数，这意味着有 1 个坐标分量是非独立的。

2.1.3 单刚体动力学方程

本节通过拉格朗日方程建立单刚体的动力学方程。首先，拉格朗日方程的基本形式为

$$\frac{\mathrm{d}}{\mathrm{d}t}\left(\frac{\partial T}{\partial \dot{q}_j}\right) - \frac{\partial T}{\partial q_j} = Q_j, \quad j = 1, 2, \cdots, n \tag{2.1.42}$$

其中，T 为系统动能；q_j 和 $\dot{q}_j$ 为广义坐标分量及其导数；Q_j 为对应广义坐标分量的广义力；系统中有 n 个广义坐标分量就对应 n 个方程。

式 (2.1.42) 可以简写为向量的形式，即

$$\frac{\mathrm{d}}{\mathrm{d}t}\left(\frac{\partial T}{\partial \dot{\boldsymbol{q}}}\right) - \frac{\partial T}{\partial \boldsymbol{q}} = \boldsymbol{Q}^{\mathrm{T}} \tag{2.1.43}$$

刚体 i 的动能表达式为

$$T^i = \frac{1}{2}\int_{V^i} \rho^i \dot{\boldsymbol{r}}^{i\mathrm{T}} \dot{\boldsymbol{r}}^i \mathrm{d}V^i \tag{2.1.44}$$

其中，ρ^i 和 V^i 为刚体 i 的密度和体积；$\dot{\boldsymbol{r}}^i$ 可写成两部分相乘的形式，即

$$\dot{\boldsymbol{r}}^i = \begin{bmatrix} \boldsymbol{I} & -\boldsymbol{A}^i\tilde{\bar{\boldsymbol{u}}}^i\bar{\boldsymbol{G}}^i \end{bmatrix} \begin{bmatrix} \dot{\boldsymbol{R}}^i \\ \dot{\boldsymbol{\theta}}^i \end{bmatrix} \tag{2.1.45}$$

将式 (2.1.45) 代入刚体的动能表达式，可得

$$T^i = \frac{1}{2}\int_{V^i} \rho^i \begin{bmatrix} \dot{\boldsymbol{R}}^{i\mathrm{T}} & \dot{\boldsymbol{\theta}}^{i\mathrm{T}} \end{bmatrix} \begin{bmatrix} \boldsymbol{I} \\ -\bar{\boldsymbol{G}}^{i\mathrm{T}}\tilde{\bar{\boldsymbol{u}}}^{i\mathrm{T}}\boldsymbol{A}^{i\mathrm{T}} \end{bmatrix} \begin{bmatrix} \boldsymbol{I} & -\boldsymbol{A}^i\tilde{\bar{\boldsymbol{u}}}^i\bar{\boldsymbol{G}}^i \end{bmatrix} \begin{bmatrix} \dot{\boldsymbol{R}}^i \\ \dot{\boldsymbol{\theta}}^i \end{bmatrix} \mathrm{d}V^i \tag{2.1.46}$$

整理式 (2.1.46)，可得

$$T^i = \frac{1}{2}\begin{bmatrix} \dot{\boldsymbol{R}}^{i\mathrm{T}} & \dot{\boldsymbol{\theta}}^{i\mathrm{T}} \end{bmatrix} \left(\int_{V^i} \rho^i \begin{bmatrix} \boldsymbol{I} & -\boldsymbol{A}^i\tilde{\bar{\boldsymbol{u}}}^i\bar{\boldsymbol{G}}^i \\ \text{对称} & \bar{\boldsymbol{G}}^{i\mathrm{T}}\tilde{\bar{\boldsymbol{u}}}^{i\mathrm{T}}\tilde{\bar{\boldsymbol{u}}}^i\bar{\boldsymbol{G}}^i \end{bmatrix} \mathrm{d}V^i \right) \begin{bmatrix} \dot{\boldsymbol{R}}^i \\ \dot{\boldsymbol{\theta}}^i \end{bmatrix} \tag{2.1.47}$$

最后，可以将式 (2.1.47) 进一步表示为

$$T^i = \frac{1}{2}\dot{\boldsymbol{q}}_r^{i\mathrm{T}}\boldsymbol{M}^i\dot{\boldsymbol{q}}_r^i \tag{2.1.48}$$

其中，$\dot{\boldsymbol{q}}_r^i = \begin{bmatrix} \boldsymbol{R}^i \\ \boldsymbol{\theta}^i \end{bmatrix}$ 为刚体 i 的广义坐标；$\boldsymbol{M}^i$ 为广义质量矩阵，即

$$\boldsymbol{M}^i = \int_{V^i} \rho^i \begin{bmatrix} \boldsymbol{I} & -\boldsymbol{A}^i\tilde{\bar{\boldsymbol{u}}}^i\bar{\boldsymbol{G}}^i \\ \text{对称} & \bar{\boldsymbol{G}}^{i\mathrm{T}}\tilde{\bar{\boldsymbol{u}}}^{i\mathrm{T}}\tilde{\bar{\boldsymbol{u}}}^i\bar{\boldsymbol{G}}^i \end{bmatrix} \mathrm{d}V^i \tag{2.1.49}$$

$\boldsymbol{M}^i$ 可以写成简化的形式，即

$$\boldsymbol{M}^i = \begin{bmatrix} \boldsymbol{m}_{RR}^i & \boldsymbol{m}_{R\theta}^i \\ \text{对称} & \boldsymbol{m}_{\theta\theta}^i \end{bmatrix} \tag{2.1.50}$$

其中

$$\boldsymbol{m}_{RR}^i = \int_{V^i} \rho^i\boldsymbol{I}\mathrm{d}V^i \tag{2.1.51}$$

$$\boldsymbol{m}_{R\theta}^i = -\int_{V^i} \rho^i\boldsymbol{A}^i\tilde{\bar{\boldsymbol{u}}}^i\bar{\boldsymbol{G}}^i\mathrm{d}V^i \tag{2.1.52}$$

$$\boldsymbol{m}_{\theta\theta}^i = \int_{V^i} \rho^i\bar{\boldsymbol{G}}^{i\mathrm{T}}\tilde{\bar{\boldsymbol{u}}}^{i\mathrm{T}}\tilde{\bar{\boldsymbol{u}}}^i\bar{\boldsymbol{G}}^i\mathrm{d}V^i \tag{2.1.53}$$

对于式 (2.1.51)，可以得到其具体形式，即

$$\boldsymbol{m}_{RR}^{i}=\int_{V^i}\rho^i\boldsymbol{I}\mathrm{d}V^i=\begin{bmatrix}m^i&0&0\\0&m^i&0\\0&0&m^i\end{bmatrix}\tag{2.1.54}$$

其中，m^i 为刚体 i 的总质量，因此与本体系平动有关的 $\boldsymbol{m}_{RR}^{i}$ 是一个常对角阵。

矩阵 $\boldsymbol{m}_{R\theta}^{i}$ 表征本体系平动和转动之间的惯性耦合，表达式为

$$\boldsymbol{m}_{R\theta}^{i}=-\int_{V^i}\rho^i\boldsymbol{A}^i\tilde{\bar{\boldsymbol{u}}}^i\bar{\boldsymbol{G}}^i\mathrm{d}V^i=-\boldsymbol{A}^i\left(\int_{V^i}\rho^i\tilde{\bar{\boldsymbol{u}}}^i\mathrm{d}V^i\right)\bar{\boldsymbol{G}}^i=-\boldsymbol{A}^i\tilde{\bar{\boldsymbol{U}}}^i\bar{\boldsymbol{G}}^i\tag{2.1.55}$$

其中，$\boldsymbol{A}^i$ 和 $\bar{\boldsymbol{G}}^i$ 是与姿态四元数有关的矩阵；$\tilde{\bar{\boldsymbol{U}}}^i$ 为反对称矩阵，即

$$\tilde{\bar{\boldsymbol{U}}}^i=\int_{V^i}\rho^i\tilde{\bar{\boldsymbol{u}}}^i\mathrm{d}V^i\tag{2.1.56}$$

从反对称矩阵的定义可以看出，如果本体系的原点被放在刚体的质心上，那么 $\tilde{\bar{\boldsymbol{U}}}^i$ 是零矩阵，相应的计算式为

$$\int_{V^i}\rho^i\bar{u}_k^i\mathrm{d}V^i=0,\quad k=1,2,3\tag{2.1.57}$$

其中，$\bar{u}_k^i$ 为向量 $\bar{\boldsymbol{u}}^i$ 在本体系中的坐标分量。

当然，如果本体系的原点不在刚体的质心上，这个结论就不成立了。

矩阵 $\boldsymbol{m}_{\theta\theta}^{i}$ 与本体系的转动有关，其具体表达式为

$$\boldsymbol{m}_{\theta\theta}^{i}=\int_{V^i}\rho^i\bar{\boldsymbol{G}}^{i\mathrm{T}}\tilde{\bar{\boldsymbol{u}}}^{i\mathrm{T}}\tilde{\bar{\boldsymbol{u}}}^i\bar{\boldsymbol{G}}^i\mathrm{d}V^i=\bar{\boldsymbol{G}}^{i\mathrm{T}}\int_{V^i}\rho^i\tilde{\bar{\boldsymbol{u}}}^{i\mathrm{T}}\tilde{\bar{\boldsymbol{u}}}^i\mathrm{d}V^i\bar{\boldsymbol{G}}^i=\bar{\boldsymbol{G}}^{i\mathrm{T}}\bar{\boldsymbol{I}}_{\theta\theta}^{i}\bar{\boldsymbol{G}}^i\tag{2.1.58}$$

其中，$\bar{\boldsymbol{I}}_{\theta\theta}^{i}$ 称为刚体的惯性张量矩阵，其表达式为

$$\bar{\boldsymbol{I}}_{\theta\theta}^{i}=\int_{V^i}\rho^i\tilde{\bar{\boldsymbol{u}}}^{i\mathrm{T}}\tilde{\bar{\boldsymbol{u}}}^i\mathrm{d}V^i\tag{2.1.59}$$

将 $\tilde{\bar{\boldsymbol{u}}}^i$ 代入式 (2.1.59) 可得 $\bar{\boldsymbol{I}}_{\theta\theta}^{i}$ 的具体形式，即

$$\bar{\boldsymbol{I}}_{\theta\theta}^{i}=\begin{bmatrix}i_{11}&i_{12}&i_{13}\\&i_{22}&i_{23}\\\text{对称}&&i_{33}\end{bmatrix}^i\tag{2.1.60}$$

其中

$$i_{11}=\int_{V^i}\rho^i\left[\left(\bar{u}_2^i\right)^2+\left(\bar{u}_3^i\right)^2\right]\mathrm{d}V^i,\quad i_{22}=\int_{V^i}\rho^i\left[\left(\bar{u}_1^i\right)^2+\left(\bar{u}_3^i\right)^2\right]\mathrm{d}V^i \tag{2.1.61}$$

$$i_{33}=\int_{V^i}\rho^i\left[\left(\bar{u}_1^i\right)^2+\left(\bar{u}_2^i\right)^2\right]\mathrm{d}V^i,\quad i_{12}=-\int_{V^i}\rho^i\bar{u}_1^i\bar{u}_2^i\mathrm{d}V^i \tag{2.1.62}$$

$$i_{13}=-\int_{V^i}\rho^i\bar{u}_1^i\bar{u}_3^i\mathrm{d}V^i,\quad i_{23}=-\int_{V^i}\rho^i\bar{u}_2^i\bar{u}_3^i\mathrm{d}V^i \tag{2.1.63}$$

其中，i_{11}、i_{22}、i_{33} 为转动惯量；i_{12}、i_{13}、i_{23} 为惯性积。

对刚体而言，这些量都是常量。对刚体 i 的广义坐标进行划分，刚体动能可以写成几个部分相加的形式，即

$$T^i=T_{RR}^i+T_{R\theta}^i+T_{\theta\theta}^i \tag{2.1.64}$$

其中

$$T_{RR}^i=\frac{1}{2}\dot{\boldsymbol{R}}^{i^{\mathrm{T}}}\boldsymbol{m}_{RR}^i\dot{\boldsymbol{R}}^i,\quad T_{R\theta}^i=\dot{\boldsymbol{R}}^{i^{\mathrm{T}}}\boldsymbol{m}_{R\theta}^i\dot{\boldsymbol{\theta}}^i,\quad T_{\theta\theta}^i=\frac{1}{2}\dot{\boldsymbol{\theta}}^{i^{\mathrm{T}}}\boldsymbol{m}_{\theta\theta}^i\dot{\boldsymbol{\theta}}^i \tag{2.1.65}$$

值得注意的是，当本体系的原点放在刚体的质心上时，$T_{R\theta}^i=0$。T_{RR}^i 称为平动动能，$T_{\theta\theta}^i$ 被称为转动动能。应用 $\bar{\boldsymbol{\omega}}^i=\bar{\boldsymbol{G}}^i\dot{\boldsymbol{\theta}}^i$（即式 (2.1.30)），可以将转动动能写成角速度和惯性张量的函数，即

$$T_{\theta\theta}^i=\frac{1}{2}\bar{\boldsymbol{\omega}}^{i^{\mathrm{T}}}\bar{\boldsymbol{I}}_{\theta\theta}^i\bar{\boldsymbol{\omega}}^i \tag{2.1.66}$$

进一步，由于 $\boldsymbol{\omega}^i=\boldsymbol{A}^i\bar{\boldsymbol{\omega}}^i$，即 $\bar{\boldsymbol{\omega}}^i=\boldsymbol{A}^{i^{\mathrm{T}}}\boldsymbol{\omega}^i$，式 (2.1.66) 可变为

$$T_{\theta\theta}^i=\frac{1}{2}\boldsymbol{\omega}^{i^{\mathrm{T}}}\boldsymbol{A}^i\bar{\boldsymbol{I}}_{\theta\theta}^i\boldsymbol{A}^{i^{\mathrm{T}}}\boldsymbol{\omega}^i=\frac{1}{2}\boldsymbol{\omega}^{i^{\mathrm{T}}}\boldsymbol{I}_{\theta\theta}^i\boldsymbol{\omega}^i \tag{2.1.67}$$

其中

$$\boldsymbol{I}_{\theta\theta}^i=\boldsymbol{A}^i\bar{\boldsymbol{I}}_{\theta\theta}^i\boldsymbol{A}^{i^{\mathrm{T}}} \tag{2.1.68}$$

在得到系统动能后，应用拉格朗日方程可以得到系统的动力学方程。将本体系的原点放在刚体质心上，可以令广义质量矩阵中的 $\boldsymbol{m}_{R\theta}^i$ 为零，从而使本体系的平动和转动解耦，使动力学方程变得更简单。在这种情况下，刚体 i 的广义质量 $\boldsymbol{M}^i$ 和动能 T^i 分别可以表示为

$$\boldsymbol{M}^i=\begin{bmatrix}\boldsymbol{m}_{RR}^i & \boldsymbol{0}\\ \boldsymbol{0} & \boldsymbol{m}_{\theta\theta}^i\end{bmatrix} \tag{2.1.69}$$

$$T^i = \frac{1}{2}\dot{\boldsymbol{q}}_r^{i^{\mathrm{T}}}\boldsymbol{M}^i\dot{\boldsymbol{q}}_r^i = \frac{1}{2}\dot{\boldsymbol{R}}^{i^{\mathrm{T}}}\boldsymbol{m}_{RR}^i\dot{\boldsymbol{R}}^i + \frac{1}{2}\dot{\boldsymbol{\theta}}^i\boldsymbol{m}_{\theta\theta}^i\dot{\boldsymbol{\theta}}^i \tag{2.1.70}$$

拉格朗日方程的形式为

$$\frac{\mathrm{d}}{\mathrm{d}t}\left(\frac{\partial T^i}{\partial \dot{\boldsymbol{q}}_r^i}\right) - \frac{\partial T^i}{\partial \boldsymbol{q}_r^i} = \boldsymbol{Q}_e^{i^{\mathrm{T}}} \tag{2.1.71}$$

其中，$\boldsymbol{Q}_e^i$ 为外力的广义力。

将式 (2.1.70) 代入可得

$$\frac{\mathrm{d}}{\mathrm{d}t}\left(\frac{\partial T^i}{\partial \dot{\boldsymbol{q}}_r^i}\right) = \begin{bmatrix} \boldsymbol{m}_{RR}^i\ddot{\boldsymbol{R}}^i \\ \boldsymbol{m}_{\theta\theta}^i\ddot{\boldsymbol{\theta}}^i + \dot{\boldsymbol{m}}_{\theta\theta}^i\dot{\boldsymbol{\theta}}^i \end{bmatrix}^{\mathrm{T}} \tag{2.1.72}$$

其中

$$\dot{\boldsymbol{m}}_{\theta\theta}^i\dot{\boldsymbol{\theta}}^i = \dot{\bar{\boldsymbol{G}}}^{i^{\mathrm{T}}}\bar{\boldsymbol{I}}_{\theta\theta}^i\bar{\boldsymbol{G}}^i\dot{\boldsymbol{\theta}}^i + \bar{\boldsymbol{G}}^{i^{\mathrm{T}}}\bar{\boldsymbol{I}}_{\theta\theta}^i\dot{\bar{\boldsymbol{G}}}^i\dot{\boldsymbol{\theta}}^i \tag{2.1.73}$$

应用 $\dot{\bar{\boldsymbol{G}}}^i\dot{\boldsymbol{\theta}}^i = \boldsymbol{0}$ 和 $\bar{\boldsymbol{\omega}}^i = \bar{\boldsymbol{G}}^i\dot{\boldsymbol{\theta}}^i$，式 (2.1.73) 可以写为

$$\dot{\boldsymbol{m}}_{\theta\theta}^i\dot{\boldsymbol{\theta}}^i = \dot{\bar{\boldsymbol{G}}}^{i^{\mathrm{T}}}\bar{\boldsymbol{I}}_{\theta\theta}^i\bar{\boldsymbol{G}}^i\dot{\boldsymbol{\theta}}^i = \dot{\bar{\boldsymbol{G}}}^{i^{\mathrm{T}}}\bar{\boldsymbol{I}}_{\theta\theta}^i\bar{\boldsymbol{\omega}}^i \tag{2.1.74}$$

刚体动能对广义坐标的偏导为

$$\frac{\partial T^i}{\partial \boldsymbol{q}_r^i} = \frac{1}{2}\frac{\partial}{\partial \boldsymbol{q}_r^i}\left(\dot{\boldsymbol{\theta}}^{i^{\mathrm{T}}}\boldsymbol{m}_{\theta\theta}^i\dot{\boldsymbol{\theta}}^i\right) = \begin{bmatrix}\boldsymbol{0} & \dfrac{1}{2}\dfrac{\partial}{\partial \boldsymbol{\theta}^i}\left(\dot{\boldsymbol{\theta}}^{i^{\mathrm{T}}}\boldsymbol{m}_{\theta\theta}^i\dot{\boldsymbol{\theta}}^i\right)\end{bmatrix} \tag{2.1.75}$$

将 $\bar{\boldsymbol{\omega}} = \bar{\boldsymbol{G}}\dot{\boldsymbol{\theta}}$、$\bar{\boldsymbol{G}}\dot{\boldsymbol{\theta}} = -\dot{\bar{\boldsymbol{G}}}\boldsymbol{\theta}$ 和 $\boldsymbol{m}_{\theta\theta}^i$ 的表达式代入式 (2.1.75)，其中的一部分为

$$\begin{aligned}\frac{\partial}{\partial \boldsymbol{\theta}^i}\left(\dot{\boldsymbol{\theta}}^{i^{\mathrm{T}}}\boldsymbol{m}_{\theta\theta}^i\dot{\boldsymbol{\theta}}^i\right) &= \frac{\partial}{\partial \boldsymbol{\theta}^i}\left(\dot{\boldsymbol{\theta}}^{i^{\mathrm{T}}}\bar{\boldsymbol{G}}^{i^{\mathrm{T}}}\bar{\boldsymbol{I}}_{\theta\theta}^i\bar{\boldsymbol{G}}^i\dot{\boldsymbol{\theta}}^i\right) \\ &= \frac{\partial}{\partial \boldsymbol{\theta}^i}\left(\boldsymbol{\theta}^{i^{\mathrm{T}}}\dot{\bar{\boldsymbol{G}}}^{i^{\mathrm{T}}}\bar{\boldsymbol{I}}_{\theta\theta}^i\dot{\bar{\boldsymbol{G}}}^i\boldsymbol{\theta}^i\right) \\ &= 2\boldsymbol{\theta}^{i^{\mathrm{T}}}\dot{\bar{\boldsymbol{G}}}^{i^{\mathrm{T}}}\bar{\boldsymbol{I}}_{\theta\theta}^i\dot{\bar{\boldsymbol{G}}}^i \\ &= -2\bar{\boldsymbol{\omega}}^{i^{\mathrm{T}}}\bar{\boldsymbol{I}}_{\theta\theta}^i\dot{\bar{\boldsymbol{G}}}^i\end{aligned} \tag{2.1.76}$$

将式 (2.1.76) 代入式 (2.1.75) 可得

$$\frac{\partial T^i}{\partial \boldsymbol{q}_r^i} = \begin{bmatrix}\boldsymbol{0} & \boldsymbol{\theta}^{i^{\mathrm{T}}}\dot{\bar{\boldsymbol{G}}}^{i^{\mathrm{T}}}\bar{\boldsymbol{I}}_{\theta\theta}^i\dot{\bar{\boldsymbol{G}}}^i\end{bmatrix} = \begin{bmatrix}\boldsymbol{0} & -\bar{\boldsymbol{\omega}}^{i^{\mathrm{T}}}\bar{\boldsymbol{I}}_{\theta\theta}^i\dot{\bar{\boldsymbol{G}}}^i\end{bmatrix} \tag{2.1.77}$$

将式 (2.1.72)、式 (2.1.74)、式 (2.1.77) 代入式 (2.1.71)，可得刚体 i 的动力学方程，即

$$\begin{aligned}\boldsymbol{m}_{RR}^{i}\ddot{\boldsymbol{R}}^{i}&=\bar{\boldsymbol{Q}}_{R}^{i}\\ \boldsymbol{m}_{\theta\theta}^{i}\ddot{\boldsymbol{\theta}}^{i}&=\bar{\boldsymbol{Q}}_{\theta}^{i}-2\dot{\bar{\boldsymbol{G}}}^{i^{\mathrm{T}}}\bar{\boldsymbol{I}}_{\theta\theta}^{i}\bar{\boldsymbol{\omega}}^{i}\end{aligned}\tag{2.1.78}$$

其中，$\bar{\boldsymbol{Q}}_{R}^{i}$ 和 $\bar{\boldsymbol{Q}}_{\theta}^{i}$ 为对应广义坐标分量 $\boldsymbol{R}$ 和 $\boldsymbol{\theta}$ 的外力的广义力。

根据质量矩阵和广义力的定义，可以将式 (2.1.78) 写成一个统一的微分方程，即

$$\boldsymbol{M}^{i}\ddot{\boldsymbol{q}}_{r}^{i}=\boldsymbol{Q}_{e}^{i}+\boldsymbol{Q}_{v}^{i}\tag{2.1.79}$$

其中，$\boldsymbol{Q}_{v}^{i}$ 为二次速度矢量，其表达式为

$$\boldsymbol{Q}_{v}^{i}=\begin{bmatrix}\boldsymbol{0}\\ -2\dot{\bar{\boldsymbol{G}}}^{i^{\mathrm{T}}}\bar{\boldsymbol{I}}_{\theta\theta}^{i}\bar{\boldsymbol{\omega}}^{i}\end{bmatrix}\tag{2.1.80}$$

至此，通过求出外力的广义力即可建立单刚体动力学方程。

我们可以用虚功方法求外力的广义力 $\boldsymbol{Q}_{e}^{i}=\begin{bmatrix}\bar{\boldsymbol{Q}}_{R}^{i}\\ \bar{\boldsymbol{Q}}_{\theta}^{i}\end{bmatrix}$。如图 2.2 所示，空间中一任意力 $\boldsymbol{F}^{i}$ 作用于刚体 i 的 P 点上，在惯性系下用 $\boldsymbol{F}^{i}=\begin{bmatrix}F_{1}^{i} & F_{2}^{i} & F_{3}^{i}\end{bmatrix}^{\mathrm{T}}$ 表示，P 点在惯性系下的位置向量为 $\boldsymbol{r}_{P}^{i}$，则该力的虚功可以表示为

$$\delta W^{i}=\boldsymbol{F}^{i^{\mathrm{T}}}\delta\boldsymbol{r}_{P}^{i}\tag{2.1.81}$$

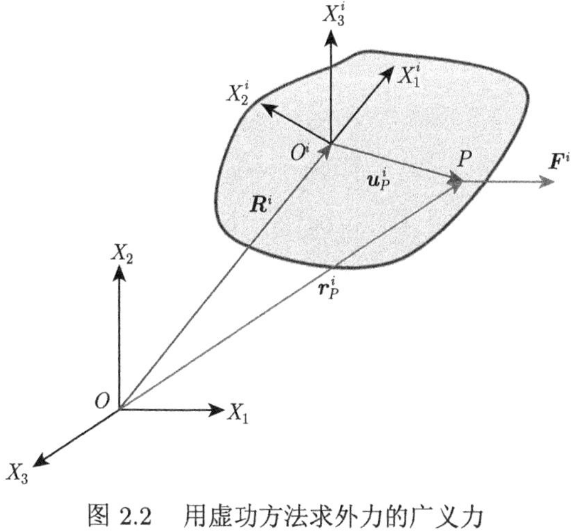

图 2.2 用虚功方法求外力的广义力

$\boldsymbol{r}_P^i$ 可以用刚体的广义坐标表示，即

$$\boldsymbol{r}_P^i = \boldsymbol{R}^i + \boldsymbol{A}^i \bar{\boldsymbol{u}}_P^i \tag{2.1.82}$$

其中，$\bar{\boldsymbol{u}}_P^i$ 为点 P 在本体系下的位置向量，因此

$$\delta \boldsymbol{r}_P^i = \delta \boldsymbol{R}^i + \frac{\partial}{\partial \boldsymbol{\theta}^i}\left(\boldsymbol{A}^i \bar{\boldsymbol{u}}_P^i\right)\delta \boldsymbol{\theta}^i \tag{2.1.83}$$

将式 (2.1.83) 代入式 (2.1.81) 可得力的虚功表达式，即

$$\begin{aligned}\delta W^i &= \boldsymbol{F}^{i^{\mathrm{T}}}\begin{bmatrix}\boldsymbol{I}_3 & \dfrac{\partial}{\partial \boldsymbol{\theta}^i}(\boldsymbol{A}^i \bar{\boldsymbol{u}}_P^i)\end{bmatrix}\begin{bmatrix}\delta \boldsymbol{R}^i \\ \delta \boldsymbol{\theta}^i\end{bmatrix} \\ &= \begin{bmatrix}\boldsymbol{F}^{i^{\mathrm{T}}} & \boldsymbol{F}^{i^{\mathrm{T}}}\dfrac{\partial}{\partial \boldsymbol{\theta}^i}(\boldsymbol{A}^i \bar{\boldsymbol{u}}_P^i)\end{bmatrix}\begin{bmatrix}\delta \boldsymbol{R}^i \\ \delta \boldsymbol{\theta}^i\end{bmatrix}\end{aligned} \tag{2.1.84}$$

同时，δW^i 又可表示为

$$\delta W^i = \boldsymbol{Q}_e^{i^{\mathrm{T}}}\delta \boldsymbol{q}_r^i = \begin{bmatrix}\bar{\boldsymbol{Q}}_R^{i^{\mathrm{T}}} & \bar{\boldsymbol{Q}}_\theta^{i^{\mathrm{T}}}\end{bmatrix}\begin{bmatrix}\delta \boldsymbol{R}^i \\ \delta \boldsymbol{\theta}^i\end{bmatrix} \tag{2.1.85}$$

即

$$\bar{\boldsymbol{Q}}_R^i = \boldsymbol{F}^i \tag{2.1.86}$$

$$\bar{\boldsymbol{Q}}_\theta^i = \left[\frac{\partial}{\partial \boldsymbol{\theta}^i}\left(\boldsymbol{A}^i \bar{\boldsymbol{u}}_P^i\right)\right]^{\mathrm{T}} \boldsymbol{F}^i \tag{2.1.87}$$

其中，$\boldsymbol{A}^i \bar{\boldsymbol{u}}_P^i$ 是维数为 3×1 的向量，记作 $\boldsymbol{B}^i = [B_1^i, B_2^i, B_3^i]$，则有

$$\frac{\partial}{\partial \boldsymbol{\theta}^i}\left(\boldsymbol{A}^i \bar{\boldsymbol{u}}_P^i\right) = \begin{bmatrix}\dfrac{\partial B_1^i}{\partial \theta_0^i} & \dfrac{\partial B_1^i}{\partial \theta_1^i} & \dfrac{\partial B_1^i}{\partial \theta_2^i} & \dfrac{\partial B_1^i}{\partial \theta_3^i} \\ \dfrac{\partial B_2^i}{\partial \theta_0^i} & \dfrac{\partial B_2^i}{\partial \theta_1^i} & \dfrac{\partial B_2^i}{\partial \theta_2^i} & \dfrac{\partial B_2^i}{\partial \theta_3^i} \\ \dfrac{\partial B_3^i}{\partial \theta_0^i} & \dfrac{\partial B_3^i}{\partial \theta_1^i} & \dfrac{\partial B_3^i}{\partial \theta_2^i} & \dfrac{\partial B_3^i}{\partial \theta_3^i}\end{bmatrix} \tag{2.1.88}$$

2.1.4 四元数归一化约束

采用四元数表示刚体旋转时，共有 4 个坐标分量，并且 4 个分量不相互独立。对于刚体 i，其四元数坐标 $\boldsymbol{\theta}^i$ 在任何时刻都要满足模长为 1 的约束，即

$$\theta_0^{i\,2} + \theta_1^{i\,2} + \theta_2^{i\,2} + \theta_3^{i\,2} = 1 \tag{2.1.89}$$

式 (2.1.89) 也可表示为

$$\boldsymbol{\theta}^{i\mathrm{T}}\boldsymbol{\theta}^{i} = 1 \tag{2.1.90}$$

此约束可以写成约束向量 $\boldsymbol{C}(\boldsymbol{q},t)=\boldsymbol{0}$ 的形式，即

$$C^i = \theta_0^{i\,2} + \theta_1^{i\,2} + \theta_2^{i\,2} + \theta_3^{i\,2} - 1 = 0 \tag{2.1.91}$$

多体系统中的每一个刚体 i 都有一个四元数归一化约束 $C^i=0$，在后续的多体系统计算中，需要计算以下几个量。

① 约束 $\boldsymbol{C}$ 对广义坐标 $\boldsymbol{q}$ 的雅可比矩阵，记作 $\boldsymbol{C_q}$，即

$$\boldsymbol{C_q} = \frac{\partial \boldsymbol{C}}{\partial \boldsymbol{q}} = \begin{bmatrix} 0 & 0 & 0 & 2\theta_0 & 2\theta_1 & 2\theta_2 & 2\theta_3 \end{bmatrix} \tag{2.1.92}$$

② 设四元数归一化约束对应的拉格朗日乘子为 $\boldsymbol{\lambda}$，则广义约束力为

$$\boldsymbol{C}_{\boldsymbol{q}}^{\mathrm{T}}\boldsymbol{\lambda} = \begin{bmatrix} 0 & 0 & 0 & 2\lambda\theta_0 & 2\lambda\theta_1 & 2\lambda\theta_2 & 2\lambda\theta_3 \end{bmatrix}^{\mathrm{T}} \tag{2.1.93}$$

③ 广义约束力对广义坐标的偏导（维数为 7×7 的雅可比矩阵）为

$$\frac{\partial}{\partial \boldsymbol{q}}\left(\boldsymbol{C}_{\boldsymbol{q}}^{\mathrm{T}}\boldsymbol{\lambda}\right) = 2\lambda\begin{bmatrix} \boldsymbol{0} & \\ & \boldsymbol{I}_4 \end{bmatrix} \tag{2.1.94}$$

④ 约束非线性项为

$$\left(\boldsymbol{C_q}\dot{\boldsymbol{q}}\right)_{\boldsymbol{q}}\dot{\boldsymbol{q}} = 2\dot{\theta}_0^2 + 2\dot{\theta}_1^2 + 2\dot{\theta}_2^2 + 2\dot{\theta}_3^2 \tag{2.1.95}$$

2.2 多刚体动力学

在得到每个单刚体 i 的动力学方程后，将这些单刚体组装到一起就形成多刚体系统。将多个单刚体的动力学方程及其之间的相互关系合并一起求解，便可以实现多刚体动力学方程的求解。本节用约束表示刚体之间的联系。在详细介绍约束之前，先引入 MARKER 点的概念，如图 2.3 所示。

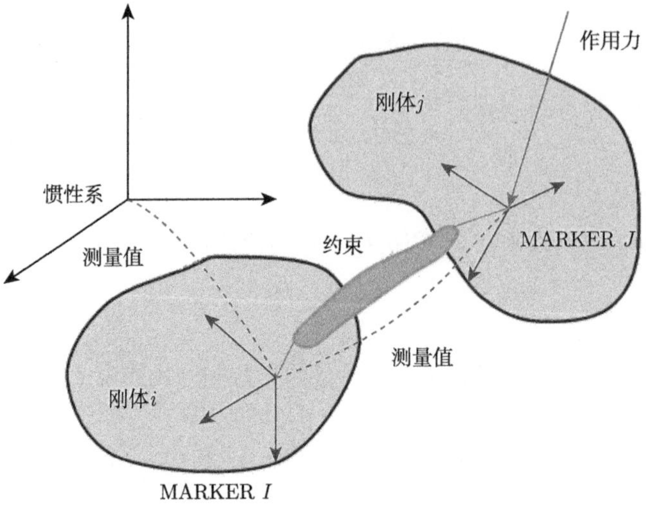

图 2.3　MARKER 点示意图

2.2.1　MARKER 点

MARKER 是附着在某个刚体上某一点的一个坐标系，包括坐标系原点和坐标基向量，相对刚体的本体系固定。利用 MARKER 可以建立各种运动副，施加各种作用力，测量各种数据等。

MARKER 的一个基础功能是记录或者计算一些物理量，以供后续的多体系统计算使用。设 MARKER I 位于刚体 i 上，在这个 MARKER 上需要表示的物理量如下，即

① MARKER 坐标系原点在惯性系下的坐标 $\boldsymbol{r}^I$ 和 MARKER 坐标系相对惯性系的旋转矩阵 $\boldsymbol{A}^I$，这些量可以用刚体 i 的广义坐标 $\boldsymbol{q}_r^i$ 表示。

② MARKER 坐标系在惯性系下的速度 $\dot{\boldsymbol{r}}^I$、体坐标系下的角速度 $\boldsymbol{\omega}^I$ 和惯性系下的角速度 $\boldsymbol{\Omega}^I$，这些量可以用刚体 i 的广义坐标 $\boldsymbol{q}_r^i$ 和广义速度 $\dot{\boldsymbol{q}}_r^i$ 表示。

③ MARKER 坐标系在惯性系下的加速度 $\ddot{\boldsymbol{r}}^I$、体坐标系下的角加速度 $\dot{\boldsymbol{\omega}}^I$ 和惯性系下的角加速度 $\dot{\boldsymbol{\Omega}}^I$，这些量可以用刚体 i 的广义坐标 $\boldsymbol{q}_r^i$、广义速度 $\dot{\boldsymbol{q}}_r^i$ 和广义加速度 $\ddot{\boldsymbol{q}}_r^i$ 表示。

在多体系统中建立一个 MARKER 只需要输入其初始位置 $\boldsymbol{r}^I(0)$ 和初始旋转矩阵 $\boldsymbol{A}^I(0)$（或四元数），设 MARKER 坐标系在刚体本体系下的位置向量为 $\bar{\boldsymbol{u}}_I$，相对本体系的旋转矩阵为 $\boldsymbol{A}_i^I$，它们之间的关系为

$$\bar{\boldsymbol{u}}_I = \boldsymbol{A}^{i\mathrm{T}} \left(\boldsymbol{r}^I - \boldsymbol{r}^i\right) \tag{2.2.1}$$

$$\boldsymbol{A}_i^I = \boldsymbol{A}^{i\mathrm{T}} \boldsymbol{A}^I \tag{2.2.2}$$

其中，$\boldsymbol{r}^i$ 和 $\boldsymbol{A}^i$ 为刚体 i 的本体系原点位置和旋转矩阵。

2.2.2 弹性连接

利用 MARKER 点可以在刚体之间施加弹性连接，常用于模拟弹簧阻尼元件。每个弹性连接在力学上等价于在 MARKER I 和 MARKER J 上作用的一对作用力和反作用力，因此弹性连接可以等效为作用力求解。

1. 线性弹簧阻尼

MARKER I 和 J 之间用线性弹簧阻尼模块连接。弹簧作用力的大小为

$$f = K(d^{IJ} - L) + Cv^{IJ} + f_0 \tag{2.2.3}$$

其中，L 为弹簧原长；f_0 为弹簧预应力；d^{IJ} 为 MARKER I 和 J 的距离；v^{IJ} 为 MARKER I 和 J 的径向相对速度。

$$d^{IJ} = \left\|\boldsymbol{r}^I - \boldsymbol{r}^J\right\|, \quad v^{IJ} = \frac{\left(\dot{\boldsymbol{r}}^I - \dot{\boldsymbol{r}}^J\right)\cdot\left(\boldsymbol{r}^I - \boldsymbol{r}^J\right)}{\left\|\boldsymbol{r}^I - \boldsymbol{r}^J\right\|} \tag{2.2.4}$$

作用在 MARKER I 和 J 上的力分别为

$$\boldsymbol{f}^I = -f\boldsymbol{e}^{IJ}, \quad \boldsymbol{f}^J = f\boldsymbol{e}^{IJ} \tag{2.2.5}$$

其中

$$\boldsymbol{e}^{IJ} = \frac{\boldsymbol{r}^I - \boldsymbol{r}^J}{\left\|\boldsymbol{r}^I - \boldsymbol{r}^J\right\|} \tag{2.2.6}$$

2. 扭转弹簧阻尼

扭转弹簧一般作用在旋转铰、圆柱铰上，因此只与旋转角度有关。设置扭转弹簧时需要设置 MARKER I 和 J 的 z 轴相互平行，那么弹簧上作用的力矩为

$$t = K(\theta^{IJ} - A) + C\frac{\mathrm{d}}{\mathrm{d}t}\theta^{IJ} + t_0 \tag{2.2.7}$$

其中，A 为弹簧初始扭转角；t_0 为弹簧预力矩；θ^{IJ} 为 MARKER I 相对 J 的 Z 轴的旋转角度，即

$$\theta^{IJ} = \arctan 2\left(\boldsymbol{x}^I \cdot \boldsymbol{y}^J, \boldsymbol{x}^I \cdot \boldsymbol{x}^J\right) \tag{2.2.8}$$

作用在 MARKER I 和 J 上的力矩分别为

$$\boldsymbol{t}^I = t\boldsymbol{z}^I, \quad \boldsymbol{t}^J = -t\boldsymbol{z}^J \tag{2.2.9}$$

3. Bushing 连接

Bushing 连接是最一般的线性弹簧阻尼连接，满足如下关系，即

$$\boldsymbol{F}^K=\boldsymbol{K}^K\boldsymbol{d}^K+\boldsymbol{C}^K\frac{\mathrm{d}}{\mathrm{d}t}\boldsymbol{d}^K+\boldsymbol{F}_0^K \tag{2.2.10}$$

其中，所有变量都在 MARKER K 下表示；刚度矩阵 $\boldsymbol{K}^K$ 和阻尼矩阵 $\boldsymbol{C}^K$ 都是维数为 6×6 的对称正定矩阵；$\boldsymbol{F}_0^K$ 为预应力。

$$\boldsymbol{F}^K=\begin{bmatrix}F_x(I,J,K)\\F_y(I,J,K)\\F_z(I,J,K)\\T_x(I,J,K)\\T_y(I,J,K)\\T_z(I,J,K)\end{bmatrix},\quad \boldsymbol{d}^K=\begin{bmatrix}D_x(I,J,K)\\D_y(I,J,K)\\D_z(I,J,K)\\A_x(I,J,K)\\A_y(I,J,K)\\A_z(I,J,K)\end{bmatrix} \tag{2.2.11}$$

其中，$F_x(I,J,K)$、$F_y(I,J,K)$、$F_z(I,J,K)$ 表示 MARKER J 对 I 的作用力在 MARKER K 三个轴上的投影；T_x、T_y、T_z 表示力矩值；D_x、D_y、D_z 表示位移值；A_x、A_y、A_z 表示 MARKER I 相对 J 的三个轴的旋转角度。

2.2.3 约束与驱动

约束用于刚体之间的连接，在多刚体系统的建模中常用的是理想约束。仿真中可以直接计算出约束力和约束摩擦力。在约束的初始化中，应当约定该约束涉及的所有 MARKER 的初始位置和坐标系都重合。单个约束方程的一般形式为

$$C=\left(\boldsymbol{P}^I,\boldsymbol{P}^J,\cdots,t\right)=0 \tag{2.2.12}$$

其中，$\boldsymbol{P}$ 表示 MARKER 上物理量的集合；上标 I 表示 MARKER 在刚体 i 上，将其记为

$$\boldsymbol{P}^I=\left(\boldsymbol{r}^I,\boldsymbol{A}^I,\dot{\boldsymbol{r}}^I,\boldsymbol{\omega}^I,\boldsymbol{\Omega}^I,\ddot{\boldsymbol{r}}^I,\dot{\boldsymbol{\omega}}^I,\dot{\boldsymbol{\Omega}}^I\right) \tag{2.2.13}$$

在计算中需要求约束方程对状态变量的偏导数，其中一阶偏导数为

$$\frac{\partial C}{\partial \boldsymbol{q}^i}=\frac{\partial C}{\partial \boldsymbol{P}^I}\frac{\partial \boldsymbol{P}^I}{\partial \boldsymbol{q}^i} \tag{2.2.14}$$

若系统中有 m 个约束方程，则可以组成约束方程的雅可比矩阵，即

$$\frac{\partial \boldsymbol{C}}{\partial \boldsymbol{q}^i} = \begin{bmatrix} \dfrac{\partial C_1}{\partial \boldsymbol{q}^i} \\ \dfrac{\partial C_2}{\partial \boldsymbol{q}^i} \\ \vdots \\ \dfrac{\partial C_m}{\partial \boldsymbol{q}^i} \end{bmatrix} \tag{2.2.15}$$

同时，可以求出广义约束力，即

$$\left(\frac{\partial \boldsymbol{C}}{\partial \boldsymbol{q}^i}\right)^{\mathrm{T}} \boldsymbol{\lambda} = \sum_{k=1}^{m} \lambda_k \left(\frac{\partial C_k}{\partial \boldsymbol{q}^i}\right)^{\mathrm{T}} \tag{2.2.16}$$

其中，$\boldsymbol{\lambda}$ 为动力学方程中解出的拉格朗日乘子。

约束方程对状态变量的二阶非零偏导数包括对角项和非对角项，相应的表达式为

$$\frac{\partial^2 \boldsymbol{C}}{\partial \boldsymbol{q}^{i\mathrm{T}} \partial \boldsymbol{q}^i} = \frac{\partial \boldsymbol{C}}{\partial \boldsymbol{P}^I} \frac{\partial^2 \boldsymbol{P}^I}{\partial \boldsymbol{q}^{i\mathrm{T}} \partial \boldsymbol{q}^i} + \left(\frac{\partial \boldsymbol{P}^I}{\partial \boldsymbol{q}^i}\right)^{\mathrm{T}} \frac{\partial^2 \boldsymbol{C}}{\partial \boldsymbol{P}^{I\mathrm{T}} \partial \boldsymbol{P}^I} \left(\frac{\partial \boldsymbol{r}^I}{\partial \boldsymbol{q}^i}\right) \tag{2.2.17}$$

$$\frac{\partial^2 \boldsymbol{C}}{\partial \boldsymbol{q}^{i\mathrm{T}} \partial \boldsymbol{q}^j} = \left(\frac{\partial \boldsymbol{P}^I}{\partial \boldsymbol{q}^i}\right)^{\mathrm{T}} \frac{\partial^2 \boldsymbol{C}}{\partial \boldsymbol{P}^{I\mathrm{T}} \partial \boldsymbol{P}^J} \left(\frac{\partial \boldsymbol{r}^J}{\partial \boldsymbol{q}^j}\right) \tag{2.2.18}$$

多体系统中常见的约束都是几何约束。各个约束的约束方程可以用 MARKER 的状态参数表示。常见的约束有以下几种。

1. 固定铰

对 MARKER I 和 J 的完全固定约束，即两个 MARKER 坐标系完全重合，如果两个刚体用固定铰约束连接，那么它们实际上是一个刚体，约束方程为

$$\begin{cases} \boldsymbol{r}^I - \boldsymbol{r}^J = \mathbf{0} \\ \boldsymbol{x}^I \cdot \boldsymbol{y}^J = \mathbf{0} \\ \boldsymbol{y}^I \cdot \boldsymbol{z}^J = \mathbf{0} \\ \boldsymbol{x}^I \cdot \boldsymbol{z}^J = \mathbf{0} \end{cases} \tag{2.2.19}$$

对于式 (2.2.19) 所示的约束方程，需要将其转变为用刚体广义坐标表示的形式才能进行后续的计算。设 MARKER I 和 J 分别固定在刚体 i 和 j 上，它们相

对本体坐标系的旋转矩阵分别为 $\boldsymbol{A}_i^I$ 和 $\boldsymbol{A}_j^J$，MARKER 坐标系在本体系下的位置分别为 $\bar{\boldsymbol{u}}_I$ 和 $\bar{\boldsymbol{u}}_J$，则有

$$\boldsymbol{r}^I-\boldsymbol{r}^J=\boldsymbol{R}^i+\boldsymbol{A}^i\bar{\boldsymbol{u}}_I-\left(\boldsymbol{R}^j+\boldsymbol{A}^j\bar{\boldsymbol{u}}_J\right)=\boldsymbol{0} \tag{2.2.20}$$

令 $\boldsymbol{x}^I$ 是在惯性系下表示的 MARKER I 的 x 轴，因此可得

$$\boldsymbol{x}^I=\boldsymbol{A}^i\boldsymbol{A}_i^I\begin{bmatrix}1\\0\\0\end{bmatrix}=\boldsymbol{A}^i\bar{\boldsymbol{x}}_I \tag{2.2.21}$$

由于 MARKER 相对刚体的本体系是固定的，因此 $\boldsymbol{A}_i^I\begin{bmatrix}1\\0\\0\end{bmatrix}$ 是一个常量，记作 $\bar{\boldsymbol{x}}_I$，表示 MARKER 的 x 轴在本体系下的坐标，以同样的方式可以将 $\boldsymbol{x}^J$、$\boldsymbol{y}^I$、$\boldsymbol{y}^J$、$\boldsymbol{z}^I$、$\boldsymbol{z}^J$ 表示为

$$\boldsymbol{x}^J=\boldsymbol{A}^j\bar{\boldsymbol{x}}_J,\quad \boldsymbol{y}^I=\boldsymbol{A}^i\bar{\boldsymbol{y}}_I,\quad \boldsymbol{y}^J=\boldsymbol{A}^j\bar{\boldsymbol{y}}_J,\quad \boldsymbol{z}^I=\boldsymbol{A}^i\bar{\boldsymbol{z}}_I,\quad \boldsymbol{z}^J=\boldsymbol{A}^j\bar{\boldsymbol{z}}_J \tag{2.2.22}$$

因此，约束方程可以写为

$$\boldsymbol{x}^I\cdot\boldsymbol{y}^J=\left(\boldsymbol{A}^i\bar{\boldsymbol{x}}_I\right)^{\mathrm{T}}\boldsymbol{A}^j\bar{\boldsymbol{y}}_J=\bar{\boldsymbol{x}}_I^{\mathrm{T}}\boldsymbol{A}^{i\mathrm{T}}\boldsymbol{A}^j\bar{\boldsymbol{y}}_J=\boldsymbol{0} \tag{2.2.23}$$

$$\boldsymbol{y}^I\cdot\boldsymbol{z}^J=\left(\boldsymbol{A}^i\bar{\boldsymbol{y}}_I\right)^{\mathrm{T}}\boldsymbol{A}^j\bar{\boldsymbol{z}}_J=\bar{\boldsymbol{y}}_I^{\mathrm{T}}\boldsymbol{A}^{i\mathrm{T}}\boldsymbol{A}^j\bar{\boldsymbol{z}}_J=\boldsymbol{0} \tag{2.2.24}$$

$$\boldsymbol{x}^I\cdot\boldsymbol{z}^J=\left(\boldsymbol{A}^i\bar{\boldsymbol{x}}_I\right)^{\mathrm{T}}\boldsymbol{A}^j\bar{\boldsymbol{z}}_J=\bar{\boldsymbol{x}}_I^{\mathrm{T}}\boldsymbol{A}^{i\mathrm{T}}\boldsymbol{A}^j\bar{\boldsymbol{z}}_J=\boldsymbol{0} \tag{2.2.25}$$

由式 (2.2.20)、式 (2.2.23) ~ 式 (2.2.25)，可以将式 (2.2.19) 写为

$$\begin{aligned}\boldsymbol{C}&=\begin{bmatrix}C_1 & C_2 & C_3 & C_4 & C_5 & C_6\end{bmatrix}^{\mathrm{T}}\\&=\begin{bmatrix}\boldsymbol{R}^i+\boldsymbol{A}^i\bar{\boldsymbol{u}}_I-\left(\boldsymbol{R}^j+\boldsymbol{A}^j\bar{\boldsymbol{u}}_J\right)\\ \bar{\boldsymbol{x}}_I^{\mathrm{T}}\boldsymbol{A}^{i\mathrm{T}}\boldsymbol{A}^j\bar{\boldsymbol{y}}_J\\ \bar{\boldsymbol{y}}_I^{\mathrm{T}}\boldsymbol{A}^{i\mathrm{T}}\boldsymbol{A}^j\bar{\boldsymbol{z}}_J\\ \bar{\boldsymbol{x}}_I^{\mathrm{T}}\boldsymbol{A}^{i\mathrm{T}}\boldsymbol{A}^j\bar{\boldsymbol{z}}_J\end{bmatrix}\\&=\boldsymbol{0}\end{aligned} \tag{2.2.26}$$

可以看出，固定铰约束一共有 6 个约束方程，限制了 6 个自由度，其中前 3 个方程限制两个 MARKER 之间的相对位移，后三个方程限制两个 MARKER 之间的相对转动。在后续计算中还需要求出约束向量 $\boldsymbol{C}$ 对广义坐标的雅可比矩阵 $\boldsymbol{C_q}$，对于由刚体 i 和 j 组成的系统，广义坐标取以下的形式，是一个维数为 $(2\times 7)\times 1$ 的向量，即

$$\boldsymbol{q}=\begin{bmatrix}\boldsymbol{R}^i\\ \boldsymbol{\theta}^i\\ \boldsymbol{R}^j\\ \boldsymbol{\theta}^j\end{bmatrix} \tag{2.2.27}$$

雅可比矩阵 $\boldsymbol{C_q}$ 为

$$\boldsymbol{C_q}=\begin{bmatrix}\dfrac{\partial C_1}{\partial \boldsymbol{q}}\\ \dfrac{\partial C_2}{\partial \boldsymbol{q}}\\ \vdots\\ \dfrac{\partial C_6}{\partial \boldsymbol{q}}\end{bmatrix} \tag{2.2.28}$$

其中

$$\frac{\partial C_i}{\partial \boldsymbol{q}}=\begin{bmatrix}\dfrac{\partial C_i}{\partial \boldsymbol{R}^i} & \dfrac{\partial C_i}{\partial \theta^i} & \dfrac{\partial C_i}{\partial \boldsymbol{R}^j} & \dfrac{\partial C_i}{\partial \theta^j}\end{bmatrix},\quad i=1,2,\cdots,6 \tag{2.2.29}$$

雅可比矩阵的表达式可以进一步写为

$$\boldsymbol{C_q}=\begin{bmatrix}\boldsymbol{I}_3 & \dfrac{\partial\left(\boldsymbol{A}^i\bar{\boldsymbol{u}}_I\right)}{\partial \boldsymbol{\theta}^i} & -\boldsymbol{I}_3 & -\dfrac{\partial\left(\boldsymbol{A}^j\bar{\boldsymbol{u}}_J\right)}{\partial \boldsymbol{\theta}^j}\\ \boldsymbol{0} & \dfrac{\partial \boldsymbol{C}_{4-6}}{\partial \theta^i} & \boldsymbol{0} & \dfrac{\partial \boldsymbol{C}_{4-6}}{\partial \theta^j}\end{bmatrix} \tag{2.2.30}$$

$\dfrac{\partial \boldsymbol{C}_{4-6}}{\partial \theta^i}$ 与 $\dfrac{\partial \boldsymbol{C}_{4-6}}{\partial \theta^j}$ 的表达式相似，下面以其中一个为例，即

$$\boldsymbol{C}_{4-6}=\begin{bmatrix}C_4\\ C_5\\ C_6\end{bmatrix}=\begin{bmatrix}\bar{\boldsymbol{x}}_I^{\mathrm{T}}\boldsymbol{A}^{i\mathrm{T}}\boldsymbol{A}^j\bar{\boldsymbol{y}}_J\\ \bar{\boldsymbol{y}}_I^{\mathrm{T}}\boldsymbol{A}^{i\mathrm{T}}\boldsymbol{A}^j\bar{\boldsymbol{z}}_J\\ \bar{\boldsymbol{x}}_I^{\mathrm{T}}\boldsymbol{A}^{i\mathrm{T}}\boldsymbol{A}^j\bar{\boldsymbol{z}}_J\end{bmatrix} \tag{2.2.31}$$

$$\frac{\partial \boldsymbol{C}_{4-6}}{\partial \boldsymbol{\theta}^i}=\begin{bmatrix}\dfrac{\partial C_4}{\partial \theta_0^i} & \dfrac{\partial C_4}{\partial \theta_1^i} & \dfrac{\partial C_4}{\partial \theta_2^i} & \dfrac{\partial C_4}{\partial \theta_3^i}\\ \dfrac{\partial C_5}{\partial \theta_0^i} & \dfrac{\partial C_5}{\partial \theta_1^i} & \dfrac{\partial C_5}{\partial \theta_2^i} & \dfrac{\partial C_5}{\partial \theta_3^i}\\ \dfrac{\partial C_6}{\partial \theta_0^i} & \dfrac{\partial C_6}{\partial \theta_1^i} & \dfrac{\partial C_6}{\partial \theta_2^i} & \dfrac{\partial C_6}{\partial \theta_3^i}\end{bmatrix} \tag{2.2.32}$$

2. 平移铰

MARKER I 和 J 的姿态相同，只能沿两者公共的 z 轴相对滑动。该约束只有一个自由度，约束方程为

$$\begin{cases}\left(\boldsymbol{r}^I-\boldsymbol{r}^J\right)\cdot\boldsymbol{x}^I=0\\ \left(\boldsymbol{r}^I-\boldsymbol{r}^J\right)\cdot\boldsymbol{y}^I=0\\ \boldsymbol{x}^I\cdot\boldsymbol{y}^J=0\\ \boldsymbol{y}^I\cdot\boldsymbol{z}^J=0\\ \boldsymbol{x}^I\cdot\boldsymbol{z}^J=0\end{cases} \tag{2.2.33}$$

可以将约束方程改写为刚体广义坐标表示的形式，即

$$\boldsymbol{C}=\begin{bmatrix}C_1\\C_2\\C_3\\C_4\\C_5\end{bmatrix}=\begin{bmatrix}\boldsymbol{R}^{i\mathrm{T}}\boldsymbol{A}^i\bar{\boldsymbol{x}}_I+\bar{\boldsymbol{u}}_I^{\mathrm{T}}\bar{\boldsymbol{x}}_I-\boldsymbol{R}^{j\mathrm{T}}\boldsymbol{A}^i\bar{\boldsymbol{x}}_I-\bar{\boldsymbol{u}}_J^{\mathrm{T}}\boldsymbol{A}^{j\mathrm{T}}\boldsymbol{A}^i\bar{\boldsymbol{x}}_I\\ \boldsymbol{R}^{i\mathrm{T}}\boldsymbol{A}^i\bar{\boldsymbol{y}}_I+\bar{\boldsymbol{u}}_I^{\mathrm{T}}\bar{\boldsymbol{y}}_I-\boldsymbol{R}^{j\mathrm{T}}\boldsymbol{A}^i\bar{\boldsymbol{y}}_I-\bar{\boldsymbol{u}}_J^{\mathrm{T}}\boldsymbol{A}^{j\mathrm{T}}\boldsymbol{A}^i\bar{\boldsymbol{y}}_I\\ \bar{\boldsymbol{x}}_I^{\mathrm{T}}\boldsymbol{A}^{i\mathrm{T}}\boldsymbol{A}^j\bar{\boldsymbol{y}}_J\\ \bar{\boldsymbol{y}}_I^{\mathrm{T}}\boldsymbol{A}^{i\mathrm{T}}\boldsymbol{A}^j\bar{\boldsymbol{z}}_J\\ \bar{\boldsymbol{x}}_I^{\mathrm{T}}\boldsymbol{A}^{i\mathrm{T}}\boldsymbol{A}^j\bar{\boldsymbol{z}}_J\end{bmatrix}=\boldsymbol{0} \tag{2.2.34}$$

$$\begin{aligned}\frac{\partial \boldsymbol{C}}{\partial \boldsymbol{q}}&=\begin{bmatrix}\dfrac{\partial \boldsymbol{C}}{\partial \boldsymbol{R}^i} & \dfrac{\partial \boldsymbol{C}}{\partial \theta^i} & \dfrac{\partial \boldsymbol{C}}{\partial \boldsymbol{R}^j} & \dfrac{\partial \boldsymbol{C}}{\partial \theta^j}\end{bmatrix}\\ &=\begin{bmatrix}\left(\boldsymbol{A}^i\bar{\boldsymbol{x}}_I\right)^{\mathrm{T}} & \dfrac{\partial C_1}{\partial \theta^i} & -\left(\boldsymbol{A}^i\bar{\boldsymbol{x}}_I\right)^{\mathrm{T}} & \dfrac{\partial C_1}{\partial \theta^j}\\ \left(\boldsymbol{A}^i\bar{\boldsymbol{y}}_I\right)^{\mathrm{T}} & \dfrac{\partial C_2}{\partial \theta^i} & -\left(\boldsymbol{A}^i\bar{\boldsymbol{y}}_I\right)^{\mathrm{T}} & \dfrac{\partial C_2}{\partial \theta^j}\\ \boldsymbol{0} & \dfrac{\partial \boldsymbol{C}_{3-5}}{\partial \theta^i} & \boldsymbol{0} & \dfrac{\partial \boldsymbol{C}_{3-5}}{\partial \theta^j}\end{bmatrix}\end{aligned} \tag{2.2.35}$$

3. 球铰

如图 2.4 所示，MARKER I 和 J 的位置相同，可以自由转动。该约束有三个自由度，约束方程为

$$\boldsymbol{r}^I - \boldsymbol{r}^J = \mathbf{0} \tag{2.2.36}$$

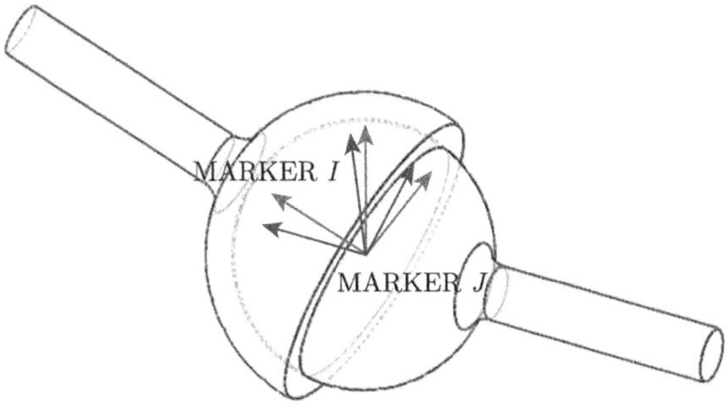

图 2.4 球铰约束

用刚体广义坐标表示，约束方程为

$$\boldsymbol{C} = \boldsymbol{R}^i + \boldsymbol{A}^i\bar{\boldsymbol{u}}_I - \boldsymbol{R}^j - \boldsymbol{A}^j\bar{\boldsymbol{u}}_J = \mathbf{0} \tag{2.2.37}$$

$$\begin{aligned}\frac{\partial \boldsymbol{C}}{\partial \boldsymbol{q}} &= \begin{bmatrix}\dfrac{\partial \boldsymbol{C}}{\partial \boldsymbol{R}^i} & \dfrac{\partial \boldsymbol{C}}{\partial \theta^i} & \dfrac{\partial \boldsymbol{C}}{\partial \boldsymbol{R}^j} & \dfrac{\partial \boldsymbol{C}}{\partial \theta^j}\end{bmatrix} \\ &= \begin{bmatrix}\boldsymbol{I}_3 & \dfrac{\partial\left(\boldsymbol{A}^i\bar{\boldsymbol{u}}_I\right)}{\partial \theta^i} & -\boldsymbol{I}_3 & -\dfrac{\partial\left(\boldsymbol{A}^j\bar{\boldsymbol{u}}_J\right)}{\partial \theta^j}\end{bmatrix}\end{aligned} \tag{2.2.38}$$

4. 旋转铰

如图 2.5 所示，MARKER I 和 J 的位置相同且 Z 轴在同一直线上，即可以绕 Z 轴相对转动（但不能滑动）。该约束只有一个自由度，约束方程为

$$\begin{cases}\boldsymbol{r}^I - \boldsymbol{r}^J = \mathbf{0} \\ \boldsymbol{z}^I \cdot \boldsymbol{x}^J = 0 \\ \boldsymbol{z}^I \cdot \boldsymbol{y}^J = 0\end{cases} \tag{2.2.39}$$

用刚体广义坐标表示，约束方程为

$$\boldsymbol{C} = \begin{bmatrix}\boldsymbol{R}^i + \boldsymbol{A}^i\bar{\boldsymbol{u}}_I - \boldsymbol{R}^j - \boldsymbol{A}^j\bar{\boldsymbol{u}}_J \\ \bar{\boldsymbol{z}}_I^{\mathrm{T}}\boldsymbol{A}^{i\mathrm{T}}\boldsymbol{A}^j\bar{\boldsymbol{x}}_J \\ \bar{\boldsymbol{z}}_I^{\mathrm{T}}\boldsymbol{A}^{i\mathrm{T}}\boldsymbol{A}^j\bar{\boldsymbol{y}}_J\end{bmatrix} = \mathbf{0} \tag{2.2.40}$$

$$
\frac{\partial \boldsymbol{C}}{\partial \boldsymbol{q}}=\begin{bmatrix}\dfrac{\partial \boldsymbol{C}}{\partial \boldsymbol{R}^i} & \dfrac{\partial \boldsymbol{C}}{\partial \theta^i} & \dfrac{\partial \boldsymbol{C}}{\partial \boldsymbol{R}^j} & \dfrac{\partial \boldsymbol{C}}{\partial \theta^j}\end{bmatrix}
=\begin{bmatrix}\boldsymbol{I}_3 & \dfrac{\partial\left(\boldsymbol{A}^i\bar{\boldsymbol{u}}_I\right)}{\partial \theta^i} & -\boldsymbol{I}_3 & -\dfrac{\partial\left(\boldsymbol{A}^j\bar{\boldsymbol{u}}_J\right)}{\partial \theta^j}\\ \boldsymbol{0} & \dfrac{\partial C_4}{\partial \theta^i} & \boldsymbol{0} & \dfrac{\partial C_4}{\partial \theta^j}\\ \boldsymbol{0} & \dfrac{\partial C_5}{\partial \theta^i} & \boldsymbol{0} & \dfrac{\partial C_5}{\partial \theta^j}\end{bmatrix} \tag{2.2.41}
$$

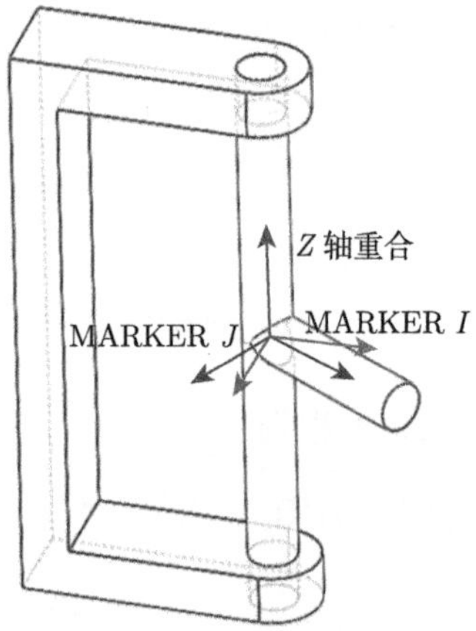

图 2.5　旋转铰约束

5. 圆柱铰

MARKER I 和 J 的 Z 轴在同一直线上，即可以绕 Z 轴相对转动，且沿 Z 轴相对滑动。该约束有两个自由度，约束方程为

$$
\begin{cases}\left(\boldsymbol{r}^I-\boldsymbol{r}^J\right)\cdot \boldsymbol{x}^I=0\\ \left(\boldsymbol{r}^I-\boldsymbol{r}^J\right)\cdot \boldsymbol{y}^I=0\\ \boldsymbol{z}^I\cdot \boldsymbol{x}^J=0\\ \boldsymbol{z}^I\cdot \boldsymbol{y}^J=0\end{cases} \tag{2.2.42}
$$

用刚体广义坐标表示，约束方程为

$$
\boldsymbol{C}=\begin{bmatrix}C_1\\ C_2\\ C_3\\ C_4\end{bmatrix}=\begin{bmatrix}\boldsymbol{R}^{i\mathrm{T}}\boldsymbol{A}^i\bar{\boldsymbol{x}}_I+\bar{\boldsymbol{u}}_I^{\mathrm{T}}\bar{\boldsymbol{x}}_I-\boldsymbol{R}^{j\mathrm{T}}\boldsymbol{A}^i\bar{\boldsymbol{x}}_I-\bar{\boldsymbol{u}}_J^{\mathrm{T}}\boldsymbol{A}^{j\mathrm{T}}\boldsymbol{A}^i\bar{\boldsymbol{x}}_I\\ \boldsymbol{R}^{i\mathrm{T}}\boldsymbol{A}^i\bar{\boldsymbol{y}}_I+\bar{\boldsymbol{u}}_I^{\mathrm{T}}\bar{\boldsymbol{y}}_I-\boldsymbol{R}^{j\mathrm{T}}\boldsymbol{A}^i\bar{\boldsymbol{y}}_I-\bar{\boldsymbol{u}}_J^{\mathrm{T}}\boldsymbol{A}^{j\mathrm{T}}\boldsymbol{A}^i\bar{\boldsymbol{y}}_I\\ \bar{\boldsymbol{z}}_I^{\mathrm{T}}\boldsymbol{A}^{i\mathrm{T}}\boldsymbol{A}^j\bar{\boldsymbol{x}}_J\\ \bar{\boldsymbol{z}}_I^{\mathrm{T}}\boldsymbol{A}^{i\mathrm{T}}\boldsymbol{A}^j\bar{\boldsymbol{y}}_J\end{bmatrix}=\boldsymbol{0} \tag{2.2.43}
$$

$$
\frac{\partial \boldsymbol{C}}{\partial \boldsymbol{q}}=\begin{bmatrix}\dfrac{\partial \boldsymbol{C}}{\partial \boldsymbol{R}^i} & \dfrac{\partial \boldsymbol{C}}{\partial \theta^i} & \dfrac{\partial \boldsymbol{C}}{\partial \boldsymbol{R}^j} & \dfrac{\partial \boldsymbol{C}}{\partial \theta^j}\end{bmatrix}
=\begin{bmatrix}(\boldsymbol{A}^i\bar{\boldsymbol{x}}_I)^{\mathrm{T}} & \dfrac{\partial C_1}{\partial \theta^i} & -(\boldsymbol{A}^i\bar{\boldsymbol{x}}_I)^{\mathrm{T}} & \dfrac{\partial C_1}{\partial \theta^j}\\ (\boldsymbol{A}^i\bar{\boldsymbol{y}}_I)^{\mathrm{T}} & \dfrac{\partial C_2}{\partial \theta^i} & -(\boldsymbol{A}^i\bar{\boldsymbol{y}}_I)^{\mathrm{T}} & \dfrac{\partial C_2}{\partial \theta^j}\\ \boldsymbol{0} & \dfrac{\partial C_3}{\partial \theta^i} & \boldsymbol{0} & \dfrac{\partial C_3}{\partial \theta^j}\\ \boldsymbol{0} & \dfrac{\partial C_4}{\partial \theta^i} & \boldsymbol{0} & \dfrac{\partial C_4}{\partial \theta^j}\end{bmatrix} \tag{2.2.44}
$$

6. 螺旋铰

MARKER I 和 J 的关系在圆柱铰的基础上再增加绕 Z 轴转动与沿 Z 轴滑动的关系，相比圆柱铰减少了一个自由度，剩下一个自由度，即

$$
D_z(I,J)=mA_z(I,J) \tag{2.2.45}
$$

7. 万向节

如图 2.6 所示，MARKER I 和 J 的位置相同，且 MARKER I 的 X 轴与 MARKER J 的 Y 轴垂直。该约束有两个自由度，约束方程为

$$
\begin{cases}\boldsymbol{r}^I-\boldsymbol{r}^J=\boldsymbol{0}\\ \boldsymbol{x}^I\cdot\boldsymbol{y}^J=0\end{cases} \tag{2.2.46}
$$

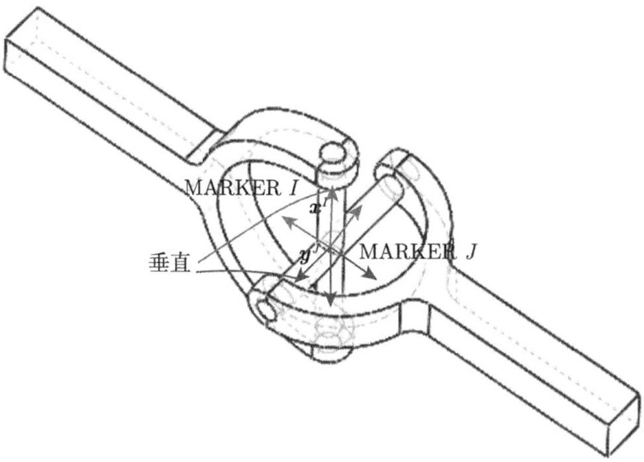

图 2.6 万向节约束

8. 平面约束

MARKER I 和 J 的 XY 平面重合，该约束有三个自由度，表达式为

$$\begin{cases}\left(\boldsymbol{r}^I-\boldsymbol{r}^J\right)\cdot\boldsymbol{z}^I=0\\ \boldsymbol{z}^I\cdot\boldsymbol{x}^J=0\\ \boldsymbol{z}^I\cdot\boldsymbol{y}^J=0\end{cases} \tag{2.2.47}$$

对于每种约束，剩余的自由度可以作用驱动，符号约定及表达式为

$$D_z(I,J)=\left(\boldsymbol{r}^I-\boldsymbol{r}^J\right)\cdot\boldsymbol{z}^I \tag{2.2.48}$$

$$A_x(I,J)=\arctan 2\left(-\boldsymbol{z}^I\cdot\boldsymbol{y}^J,\boldsymbol{z}^I\cdot\boldsymbol{z}^J\right) \tag{2.2.49}$$

$$A_y(I,J)=\arctan 2\left(\boldsymbol{z}^I\cdot\boldsymbol{x}^J,\boldsymbol{z}^I\cdot\boldsymbol{z}^J\right) \tag{2.2.50}$$

$$A_z(I,J)=\arctan 2\left(\boldsymbol{x}^I\cdot\boldsymbol{y}^J,\boldsymbol{x}^I\cdot\boldsymbol{x}^J\right) \tag{2.2.51}$$

其中，$D_z(I,J)$ 表示 MARKER I 相对 MARKER J 的位移在 Z 轴的投影，两个 MARKER 的 Z 轴是平行的；$A_x(I,J)$、$A_y(I,J)$、$A_z(I,J)$ 表示 MARKER I 相对 J 的 X、Y、Z 轴的旋转角度。

除了各类几何约束，多体系统中还存在多种驱动。下面给出几种常见的驱动。

9. 平移铰上的驱动

$$D_z(I,J)=p(t) \tag{2.2.52}$$

10. 球铰上的驱动

$$A_x(I,J)=\theta_1(t),\quad A_y(I,J)=\theta_2(t),\quad A_z(I,J)=\theta_3(t) \tag{2.2.53}$$

11. 旋转铰上的驱动

$$A_z(I,J)=\theta(t) \tag{2.2.54}$$

12. 圆柱铰上的驱动

$$D_z(I,J)=p(t),\quad A_z(I,J)=\theta(t) \tag{2.2.55}$$

13. 螺旋铰上的驱动

$$D_z(I,J)=p(t) \tag{2.2.56}$$

14. 万向节上的驱动

$$A_x(I,J)=\theta_1(t),\quad A_y(I,J)=\theta_2(t) \tag{2.2.57}$$

2.3 多刚体系统动力学方程

2.1 节给出了单刚体动力学方程，2.2 节给出了各种约束的表达式，在此基础上，可以建立多刚体系统的动力学方程。

单个刚体的动力学方程的形式如式 (2.3.1)，即

$$\boldsymbol{M}^i\ddot{\boldsymbol{q}}^i = \boldsymbol{Q}_e^i + \boldsymbol{Q}_v^i \tag{2.3.1}$$

约束被写成约束向量的形式，即 $\boldsymbol{C}(\boldsymbol{q},t) = \boldsymbol{0}$，对于单刚体而言，约束向量仅含一个四元数归一化约束，而对于多刚体系统，还有各个刚体之间的运动副约束。

在式(2.3.1)的基础上增加约束可以得到刚体 i 的动力学方程，其形式为

$$\boldsymbol{M}^i\ddot{\boldsymbol{q}}^i + \boldsymbol{C}_{\boldsymbol{q}^i}^{\mathrm{T}}\boldsymbol{\lambda} = \boldsymbol{Q}_e^i + \boldsymbol{Q}_v^i \tag{2.3.2}$$

其中，$\boldsymbol{M}^i$ 为刚体 i 的广义质量矩阵；$\boldsymbol{C}_{\boldsymbol{q}^i}$ 为约束的雅可比矩阵；$\boldsymbol{Q}_e^i$ 和 $\boldsymbol{Q}_v^i$ 为外力的广义力和二次速度矢量。

$\boldsymbol{\lambda}$ 为拉格朗日乘子，是一个列向量，即

$$\boldsymbol{\lambda} = \begin{bmatrix} \lambda_1 \\ \lambda_2 \\ \vdots \\ \lambda_{n_c} \end{bmatrix} \tag{2.3.3}$$

其中，n_c 为约束的个数。

在每个离散的时间步长中，需要计算广义坐标的加速度 $\ddot{\boldsymbol{q}}^i$ 和拉格朗日乘子 $\boldsymbol{\lambda}$，然后进行积分。$\boldsymbol{C}_{\boldsymbol{q}}^{\mathrm{T}}\boldsymbol{\lambda}$ 为广义约束力，根据各种约束的具体表达形式，可以计算出实际运动副上的约束力。

将各个刚体的动力学方程组合在一起便可得到多刚体系统的动力学方程，即

$$\boldsymbol{M}^i\ddot{\boldsymbol{q}}^i + \boldsymbol{C}_{\boldsymbol{q}^i}^{\mathrm{T}}\boldsymbol{\lambda} = \boldsymbol{Q}_e^i + \boldsymbol{Q}_v^i, \quad i = 1, 2, \cdots, n_b \tag{2.3.4}$$

其中，n_b 为刚体个数。

式(2.3.4)写成的矩阵形式为

$$\boldsymbol{M}\ddot{\boldsymbol{q}} + \boldsymbol{C}_{\boldsymbol{q}}^{\mathrm{T}}\boldsymbol{\lambda} = \boldsymbol{Q}_e + \boldsymbol{Q}_v \tag{2.3.5}$$

其中，$\boldsymbol{q}$ 为整个多刚体系统的广义坐标，即

$$\boldsymbol{q}=\begin{bmatrix}\boldsymbol{q}^1\\ \boldsymbol{q}^2\\ \vdots\\ \boldsymbol{q}^{n_b}\end{bmatrix} \tag{2.3.6}$$

其余各矩阵的形式为

$$\boldsymbol{M}=\begin{bmatrix}\boldsymbol{M}^1 & & & \\ & \boldsymbol{M}^2 & & \\ & & \ddots & \\ & & & \boldsymbol{M}^{n_b}\end{bmatrix} \tag{2.3.7}$$

$$\boldsymbol{C}_{\boldsymbol{q}}^{\mathrm{T}}=\begin{bmatrix}\boldsymbol{C}_{\boldsymbol{q}^1}^{\mathrm{T}}\\ \boldsymbol{C}_{\boldsymbol{q}^2}^{\mathrm{T}}\\ \vdots\\ \boldsymbol{C}_{\boldsymbol{q}^{n_b}}^{\mathrm{T}}\end{bmatrix},\quad \boldsymbol{Q}_e=\begin{bmatrix}\boldsymbol{Q}_e^1\\ \boldsymbol{Q}_e^2\\ \vdots\\ \boldsymbol{Q}_e^{n_b}\end{bmatrix},\quad \boldsymbol{Q}_v=\begin{bmatrix}\boldsymbol{Q}_v^1\\ \boldsymbol{Q}_v^2\\ \vdots\\ \boldsymbol{Q}_v^{n_b}\end{bmatrix} \tag{2.3.8}$$

以下是求解该动力学方程的一种方法。首先将约束向量 $\boldsymbol{C}=\boldsymbol{0}$ 对时间求两次导数，即

$$\boldsymbol{C}_{\boldsymbol{q}}\dot{\boldsymbol{q}}=-\boldsymbol{C}_t \tag{2.3.9}$$

$$\boldsymbol{C}_{\boldsymbol{q}}\ddot{\boldsymbol{q}}=-\boldsymbol{C}_{tt}-\left(\boldsymbol{C}_{\boldsymbol{q}}\dot{\boldsymbol{q}}\right)_{\boldsymbol{q}}\dot{\boldsymbol{q}}-2\boldsymbol{C}_{\boldsymbol{q}t}\dot{\boldsymbol{q}} \tag{2.3.10}$$

记 $\boldsymbol{Q}_c=\boldsymbol{C}_{\boldsymbol{q}}\ddot{\boldsymbol{q}}$，则有

$$\boldsymbol{Q}_c=-\boldsymbol{C}_{tt}-\left(\boldsymbol{C}_{\boldsymbol{q}}\dot{\boldsymbol{q}}\right)_{\boldsymbol{q}}\dot{\boldsymbol{q}}-2\boldsymbol{C}_{\boldsymbol{q}t}\dot{\boldsymbol{q}} \tag{2.3.11}$$

根据式 (2.3.5) 可以得到如下方程，然后求出 $\ddot{\boldsymbol{q}}$ 和 $\boldsymbol{\lambda}$ 便可以进行积分操作，即

$$\begin{bmatrix}\boldsymbol{M} & \boldsymbol{C}_{\boldsymbol{q}}^{\mathrm{T}}\\ \boldsymbol{C}_{\boldsymbol{q}} & \boldsymbol{0}\end{bmatrix}\begin{bmatrix}\ddot{\boldsymbol{q}}\\ \boldsymbol{\lambda}\end{bmatrix}=\begin{bmatrix}\boldsymbol{Q}_e+\boldsymbol{Q}_v\\ \boldsymbol{Q}_c\end{bmatrix} \tag{2.3.12}$$

第 3 章　小变形柔性体动力学建模

对于含小变形柔性体的多体系统，柔性体的弹性振动会使多体系统动力学特性复杂，动力学方程的刚性问题严重，求解困难。本章使用拉格朗日方法建立含小变形柔性体的多体系统动力学模型，给出相应的 DAE 形式[43,44]。

3.1　柔性体的动能与质量矩阵

设柔性体任意一点 P 的位置向量为

$$\boldsymbol{r}_p = \boldsymbol{R}_{O'} + \boldsymbol{A}\boldsymbol{u}' = \boldsymbol{R}_{O'} + \boldsymbol{A}(\boldsymbol{u}_{O'} + \boldsymbol{u}_f) \tag{3.1.1}$$

其中，$\boldsymbol{R}_{O'}$ 为连体坐标系 $O'x'y'z'$ 的原点位置向量；$\boldsymbol{A}$ 为连体坐标系的旋转变换矩阵；$\boldsymbol{u}'$ 为相对于体坐标系的位置向量，即未变形时的位置向量 $\boldsymbol{u}_{O'}$ 与变形引起的位置向量 $\boldsymbol{u}_f$ 的叠加，根据假设模态法可知

$$\boldsymbol{u}_f = \boldsymbol{\Phi}\boldsymbol{q}_f \tag{3.1.2}$$

其中，$\boldsymbol{\Phi}$ 为满足要求的假设模态矩阵；$\boldsymbol{q}_f$ 为变形广义坐标。

速度向量为

$$\dot{\boldsymbol{r}}_p = \dot{\boldsymbol{R}}_{O'} + \dot{\boldsymbol{A}}\boldsymbol{u}' + \dot{\boldsymbol{A}}\dot{\boldsymbol{u}}' = \dot{\boldsymbol{R}}_{O'} + \dot{\boldsymbol{A}}\boldsymbol{u}' + \boldsymbol{A}\boldsymbol{\Phi}\dot{\boldsymbol{q}}_f \tag{3.1.3}$$

选取四元数 $\boldsymbol{P}$ 作为描述连体坐标系姿态的广义坐标,则 P 点速度的表达式为

$$\dot{\boldsymbol{r}}_p = [\boldsymbol{I} \quad \boldsymbol{B} \quad \boldsymbol{A\Phi}][\dot{\boldsymbol{R}}_{O'} \quad \dot{\boldsymbol{P}} \quad \dot{\boldsymbol{q}}_f]^{\mathrm{T}} \tag{3.1.4}$$

$$\boldsymbol{B} = -2\boldsymbol{A}\widetilde{\boldsymbol{u}'}\hat{\boldsymbol{G}} \tag{3.1.5}$$

其中，$\boldsymbol{P} = \begin{bmatrix} p_0 & p_1 & p_2 & p_3 \end{bmatrix}^{\mathrm{T}}$ 为描述连体坐标系姿态的四元数；旋转矩阵 $\boldsymbol{A}$ 可表示为

$$\boldsymbol{A} = \begin{bmatrix} 2(p_0^2 + p_1^2) - 1 & 2(p_1p_2 - p_0p_3) & 2(p_1p_3 + p_0p_2) \\ 2(p_1p_2 + p_0p_3) & 2(p_0^2 + p_2^2) - 1 & 2(p_2p_3 - p_0p_1) \\ 2(p_1p_2 - p_0p_2) & 2(p_2p_3 + p_0p_1) & 2(p_0^2 + p_3^2) - 1 \end{bmatrix} \tag{3.1.6}$$

$$\hat{\boldsymbol{G}}=\begin{bmatrix}-p_1 & p_0 & p_3 & -p_2\\ -p_2 & -p_3 & p_0 & p_1\\ -p_3 & p_2 & -p_1 & p_0\end{bmatrix}\tag{3.1.7}$$

柔性体的动能表达式为

$$T=\frac{1}{2}\int_V \rho\dot{\boldsymbol{r}}_P^{\mathrm{T}}\dot{\boldsymbol{r}}_P\mathrm{d}V\tag{3.1.8}$$

其中，ρ 和 V 分别为柔性体的质量密度和体积；$\dot{\boldsymbol{r}}_P$ 为柔性体上点 P 的绝对速度。

将式(3.1.4)代入式 (3.1.8)，可得用广义速度表示的动能，即

$$T=\frac{1}{2}\dot{\boldsymbol{q}}^{\mathrm{T}}\boldsymbol{M}\dot{\boldsymbol{q}}\tag{3.1.9}$$

其中，广义坐标 $\boldsymbol{q}$ 为

$$\boldsymbol{q}=[\boldsymbol{R}_{O'}^{\mathrm{T}}\ \ \boldsymbol{P}^{\mathrm{T}}\ \ \boldsymbol{q}_f^{\mathrm{T}}]^{\mathrm{T}}\tag{3.1.10}$$

其中，$\boldsymbol{R}_{O'}$ 为连体坐标系原点 O' 的位置向量；$\boldsymbol{P}$ 为描述连体坐标系姿态的四元数；$\boldsymbol{q}_f$ 为描述变形的广义坐标。

$\boldsymbol{M}$ 为物体的质量矩阵，其分块形式为

$$\boldsymbol{M}=\int_V\rho\begin{bmatrix}\boldsymbol{I}\\ \boldsymbol{B}^{\mathrm{T}}\\ (\boldsymbol{A\Phi})^{\mathrm{T}}\end{bmatrix}[\boldsymbol{I}\ \ \boldsymbol{B}\ \ \boldsymbol{A\Phi}]\mathrm{d}V=\int_V\rho\begin{bmatrix}\boldsymbol{I} & \boldsymbol{B} & \boldsymbol{A\Phi}\\ & \boldsymbol{B}^{\mathrm{T}}\boldsymbol{B} & \boldsymbol{B}^{\mathrm{T}}\boldsymbol{A\Phi}\\ \text{对称} & & \boldsymbol{\Phi}^{\mathrm{T}}\boldsymbol{\Phi}\end{bmatrix}\mathrm{d}V\tag{3.1.11}$$

将式(3.1.11)各子矩阵分别定义，可以得到广义质量矩阵的表达式，即

$$\boldsymbol{M}=\begin{bmatrix}\boldsymbol{m}_{RR} & \boldsymbol{m}_{R\theta} & \boldsymbol{m}_{Rf}\\ & \boldsymbol{m}_{\theta\theta} & \boldsymbol{m}_{\theta f}\\ \text{对称} & & \boldsymbol{m}_{ff}\end{bmatrix}\tag{3.1.12}$$

其中，$\boldsymbol{m}_{RR}=\int_V\rho\boldsymbol{I}\mathrm{d}V$ 为物体的平动部分质量；$\boldsymbol{m}_{R\theta}=\int_V\rho\boldsymbol{B}\mathrm{d}V=\boldsymbol{m}_{\theta R}^{\mathrm{T}}$ 为物体移动和转动的惯性耦合；$\boldsymbol{m}_{Rf}=\boldsymbol{A}\int_V\rho\boldsymbol{\Phi}\mathrm{d}V=\boldsymbol{m}_{fR}^{\mathrm{T}}$ 为物体移动和柔性的惯性耦合；$\boldsymbol{m}_{\theta\theta}=\int_V\rho\boldsymbol{B}^{\mathrm{T}}\boldsymbol{B}\mathrm{d}V$ 为物体的转动部分惯性张量；$\boldsymbol{m}_{\theta f}=\int_V\rho\boldsymbol{B}^{\mathrm{T}}\boldsymbol{A\Phi}\mathrm{d}V=\boldsymbol{m}_{f\theta}^{\mathrm{T}}$ 为物体转动和柔性的惯性耦合；$\boldsymbol{m}_{ff}=\int_V\rho\boldsymbol{\Phi}^{\mathrm{T}}\boldsymbol{\Phi}\mathrm{d}V$ 为物体柔性的惯性张量。

物体动能可写为

$$T=\frac{1}{2}\Big(\dot{\boldsymbol{R}}_{O'}^{\mathrm{T}}\boldsymbol{m}_{RR}\dot{\boldsymbol{R}}_{O'}+2\dot{\boldsymbol{R}}_{O'}^{\mathrm{T}}\boldsymbol{m}_{R\theta}\dot{\boldsymbol{P}}+2\dot{\boldsymbol{R}}_{O'}^{\mathrm{T}}\boldsymbol{m}_{Rf}\dot{\boldsymbol{q}}_f \\ +\dot{\boldsymbol{P}}^{\mathrm{T}}\boldsymbol{m}_{\theta\theta}\dot{\boldsymbol{P}}+2\dot{\boldsymbol{P}}^{\mathrm{T}}\boldsymbol{m}_{\theta f}\dot{\boldsymbol{q}}_f+\dot{\boldsymbol{q}}_f^{\mathrm{T}}\boldsymbol{m}_{ff}\dot{\boldsymbol{q}}_f\Big) \tag{3.1.13}$$

由于在柔性体运动中，刚性运动与柔性振动耦合，而质量矩阵中的某些元素有其特殊性，因此可进一步分析简化。

① 平动质量矩阵 $\boldsymbol{m}_{RR}$ 为

$$\boldsymbol{m}_{RR}=\int_V\rho\boldsymbol{I}\mathrm{d}V=\int_V\rho\begin{bmatrix}1&0&0\\0&1&0\\0&0&1\end{bmatrix}\mathrm{d}V=\begin{bmatrix}m&0&0\\0&m&0\\0&0&m\end{bmatrix} \tag{3.1.14}$$

其中，m 为柔性体的总质量，与柔性体运动和变形无关。

② 平动转动耦合矩阵 $\boldsymbol{m}_{R\theta}$ 为

$$\boldsymbol{m}_{R\theta}=\boldsymbol{m}_{\theta R}^{\mathrm{T}}=\int_V\rho\boldsymbol{B}\mathrm{d}V=-2\int_V\rho\boldsymbol{A}\widetilde{\boldsymbol{u}}'\hat{\boldsymbol{G}}\mathrm{d}V \tag{3.1.15}$$

由于 $\boldsymbol{A}$、$\hat{\boldsymbol{G}}$ 与体积分无关，式(3.1.15) 写为

$$\boldsymbol{m}_{R\theta}=\boldsymbol{m}_{\theta R}^{\mathrm{T}}=-2\boldsymbol{A}\left(\int_V\rho\widetilde{\boldsymbol{u}}'\mathrm{d}V\right)\hat{\boldsymbol{G}}=-2\boldsymbol{A}\widetilde{S}_t\hat{\boldsymbol{G}} \tag{3.1.16}$$

其中，反对称矩阵 $\widetilde{\boldsymbol{S}}_t$ 为

$$\widetilde{\boldsymbol{S}}_t=\int_V\rho\widetilde{\boldsymbol{u}}'\mathrm{d}V \tag{3.1.17}$$

其中

$$\widetilde{\boldsymbol{u}}'=\begin{bmatrix}0&-u'_z&u'_y\\u'_z&0&-u'_x\\-u'_y&u'_x&0\end{bmatrix} \tag{3.1.18}$$

因此，$\widetilde{\boldsymbol{S}}_t$ 可以表示为

$$\widetilde{\boldsymbol{S}}_t=\begin{bmatrix}0&-S_z&S_y\\S_z&0&-S_x\\-S_y&S_x&0\end{bmatrix} \tag{3.1.19}$$

其中，$\boldsymbol{S}_t$ 表示质量对坐标轴的一次矩，即

$$\boldsymbol{S}_t = \int_V \rho \boldsymbol{u}' \mathrm{d}V \tag{3.1.20}$$

当考虑变形时，$\boldsymbol{S}_t$ 的表达式为

$$\boldsymbol{S}_t = \int_V \rho \left(\boldsymbol{u}'_O + \boldsymbol{u}_f\right) \mathrm{d}V = \int_V \rho \boldsymbol{u}'_O \mathrm{d}V + \int_V \rho \boldsymbol{\Phi} \boldsymbol{q}_f \mathrm{d}V \tag{3.1.21}$$

当连体坐标系的原点选在变形体未变形时的质心时，可得

$$\boldsymbol{I}_1 = \int_V \rho \boldsymbol{u}'_O \mathrm{d}V = \boldsymbol{0} \tag{3.1.22}$$

$$\int_V \rho \boldsymbol{\Phi} \boldsymbol{q}_f \mathrm{d}V = \left(\int_V \rho \boldsymbol{\Phi} \mathrm{d}V\right) \boldsymbol{q}_f = \boldsymbol{S} \boldsymbol{q}_f \tag{3.1.23}$$

其中

$$\boldsymbol{S} = \int_V \rho \boldsymbol{\Phi} \mathrm{d}V \tag{3.1.24}$$

当选定模态矩阵 $\boldsymbol{\Phi}$ 后，$\boldsymbol{S}$ 是定常矩阵。对于刚体，当连体坐标系原点选在质心上时，随刚体运动的柔性耦合 $\boldsymbol{m}_{R\theta}$ 为零。

③ 平动与柔性振动耦合矩阵 $\boldsymbol{m}_{Rf}$ 为随连体坐标系姿态变化而改变的子矩阵，即

$$\boldsymbol{m}_{Rf} = \boldsymbol{A} \int_V \rho \boldsymbol{\Phi} \mathrm{d}V = \boldsymbol{A} \boldsymbol{S} \tag{3.1.25}$$

④ 转动质量矩阵 $\boldsymbol{m}_{\theta\theta}$ 为

$$\begin{aligned}
\boldsymbol{m}_{\theta\theta} &= \int_V \rho \boldsymbol{B}^{\mathrm{T}} \boldsymbol{B} \mathrm{d}V \\
&= \int_V 4\rho (\boldsymbol{A} \widetilde{\boldsymbol{u}}' \hat{\boldsymbol{G}})^{\mathrm{T}} (\boldsymbol{A} \widetilde{\boldsymbol{u}}' \hat{\boldsymbol{G}}) \mathrm{d}V \\
&= 4 \int_V \rho \hat{\boldsymbol{G}}^{\mathrm{T}} \widetilde{\boldsymbol{u}}'^{\mathrm{T}} \widetilde{\boldsymbol{u}}' \hat{\boldsymbol{G}} \mathrm{d}V \\
&= 4 \hat{\boldsymbol{G}}^{\mathrm{T}} \left(\int_V \rho \widetilde{\boldsymbol{u}}'^{\mathrm{T}} \widetilde{\boldsymbol{u}}' \mathrm{d}V\right) \hat{\boldsymbol{G}} \\
&= 4 \hat{\boldsymbol{G}}^{\mathrm{T}} \boldsymbol{I}_{\theta\theta} \hat{\boldsymbol{G}}
\end{aligned} \tag{3.1.26}$$

其中，$\boldsymbol{I}_{\theta\theta}$ 为连体坐标系中柔性体的惯性张量，即

$$\begin{aligned}\boldsymbol{I}_{\theta\theta}&=\int_V \rho\widetilde{\boldsymbol{u}}'^{\mathrm{T}}\widetilde{\boldsymbol{u}}'\mathrm{d}V\\&=\int_V\rho\begin{bmatrix}0&u'_z&-u'_y\\-u'_z&0&u'_x\\u'_y&-u'_x&0\end{bmatrix}\begin{bmatrix}0&-u'_z&u'_y\\u'_z&0&-u'_x\\-u'_y&u'_x&0\end{bmatrix}\mathrm{d}V\\&=\begin{bmatrix}i'_{11}&i'_{12}&i'_{13}\\&i'_{22}&i'_{23}\\\text{对称}&&i'_{33}\end{bmatrix}\end{aligned}\tag{3.1.27}$$

对于刚体，$\boldsymbol{I}_{\theta\theta}$ 和 $\boldsymbol{m}_{\theta\theta}$ 均不随时间改变。

⑤ 转动与柔性振动耦合矩阵 $\boldsymbol{m}_{\theta f}$ 为

$$\begin{aligned}\boldsymbol{m}_{\theta f}&=\int_V\rho\boldsymbol{B}^{\mathrm{T}}\boldsymbol{A}\boldsymbol{\Phi}\mathrm{d}V\\&=-\int_V 2\rho\hat{\boldsymbol{G}}^{\mathrm{T}}\widetilde{\boldsymbol{u}}'^{\mathrm{T}}\boldsymbol{A}^{\mathrm{T}}\boldsymbol{A}\boldsymbol{\Phi}\mathrm{d}V\\&=-2\hat{\boldsymbol{G}}^{\mathrm{T}}\int_V\rho\widetilde{\boldsymbol{u}}'^{\mathrm{T}}\boldsymbol{\Phi}\mathrm{d}V\\&=-2\hat{\boldsymbol{G}}^{\mathrm{T}}\boldsymbol{I}_{\theta f}\end{aligned}\tag{3.1.28}$$

其中

$$\boldsymbol{I}_{\theta f}=\int_V\rho\widetilde{\boldsymbol{u}}'^{\mathrm{T}}\boldsymbol{\Phi}\mathrm{d}V\tag{3.1.29}$$

令 $\boldsymbol{\Phi}_i(i=1,2,3)$ 为 $\boldsymbol{\Phi}$ 的第 i 行，则式(3.1.29)可写为

$$\boldsymbol{I}_{\theta f}=\int_V\rho\begin{bmatrix}u'_y\Phi_3-u'_z\Phi_2\\u'_z\Phi_1-u'_x\Phi_3\\u'_x\Phi_2-u'_y\Phi_1\end{bmatrix}\mathrm{d}V\tag{3.1.30}$$

若 $\boldsymbol{u}'=\boldsymbol{u}'_O+\boldsymbol{\Phi}\boldsymbol{q}_f$，则式(3.1.30)可写为

$$\boldsymbol{I}_{\theta f}=\int_V\rho\begin{bmatrix}\boldsymbol{q}_f^{\mathrm{T}}\left(\Phi_2^{\mathrm{T}}\Phi_3-\Phi_3^{\mathrm{T}}\Phi_2\right)\\\boldsymbol{q}_f^{\mathrm{T}}\left(\Phi_3^{\mathrm{T}}\Phi_1-\Phi_1^{\mathrm{T}}\Phi_3\right)\\\boldsymbol{q}_f^{\mathrm{T}}\left(\Phi_1^{\mathrm{T}}\Phi_2-\Phi_2^{\mathrm{T}}\Phi_1\right)\end{bmatrix}\mathrm{d}V+\int_V\rho\begin{bmatrix}y_0\Phi_3-z_0\Phi_2\\z_0\Phi_1-x_0\Phi_3\\x_0\Phi_2-y_0\Phi_1\end{bmatrix}\mathrm{d}V\tag{3.1.31}$$

⑥ 柔性变形惯量张量 $\boldsymbol{m}_{ff}$ 与柔性振动模态矩阵相关，其表达式为

$$\boldsymbol{m}_{ff}=\int_V \rho\boldsymbol{\Phi}^{\mathrm{T}}\boldsymbol{\Phi}\mathrm{d}V \tag{3.1.32}$$

3.2 弹性力与广义力

1. *广义弹性力*

在空间线弹性问题中，弹性变形引起的内力虚功为

$$\begin{aligned}\delta W&=-\int_V \boldsymbol{\sigma}^{\mathrm{T}}\delta\boldsymbol{\varepsilon}\mathrm{d}V\\&=-\int_V \boldsymbol{\varepsilon}^{\mathrm{T}}\boldsymbol{E}^{\mathrm{T}}\delta\boldsymbol{\varepsilon}\mathrm{d}V\\&=-\int_V \boldsymbol{q}_f^{\mathrm{T}}\left(\boldsymbol{D}^*\boldsymbol{\Phi}\right)^{\mathrm{T}}\boldsymbol{E}\left(\boldsymbol{D}^*\boldsymbol{\Phi}\right)\delta\boldsymbol{q}_f\mathrm{d}V\\&=-\boldsymbol{q}_f^{\mathrm{T}}\left(\int_V\left(\boldsymbol{D}^*\boldsymbol{\Phi}\right)^{\mathrm{T}}\boldsymbol{E}\left(\boldsymbol{D}^*\boldsymbol{\Phi}\right)\mathrm{d}V\right)\delta\boldsymbol{q}_f\\&=-\boldsymbol{q}_f^{\mathrm{T}}\boldsymbol{K}_{ff}\delta\boldsymbol{q}_f\\&=-\delta U\end{aligned} \tag{3.2.1}$$

其中，$\boldsymbol{D}^*$ 为微分算子矩阵；$\boldsymbol{\varepsilon}=\boldsymbol{D}^*\boldsymbol{u}_f=\boldsymbol{D}^*\boldsymbol{\Phi}\boldsymbol{q}_f$；$\boldsymbol{\sigma}=\boldsymbol{E}\boldsymbol{\varepsilon}=\boldsymbol{E}\boldsymbol{D}^*\boldsymbol{\Phi}\boldsymbol{q}_f$；$U$ 为弹性变形内力的势能；$\boldsymbol{E}$ 为弹性模量矩阵。

虚功还可以写成矩阵形式，即

$$\delta W=\left[\boldsymbol{R}_{O'}^{\mathrm{T}}\ \ \boldsymbol{P}^{\mathrm{T}}\boldsymbol{q}_f^{\mathrm{T}}\right]\begin{bmatrix}\boldsymbol{0}&\boldsymbol{0}&\boldsymbol{0}\\\boldsymbol{0}&\boldsymbol{0}&\boldsymbol{0}\\\boldsymbol{0}&\boldsymbol{0}&\boldsymbol{K}_{ff}\end{bmatrix}\begin{bmatrix}\delta\boldsymbol{R}_{O'}\\\delta\boldsymbol{P}\\\delta\boldsymbol{q}_f\end{bmatrix}=-\boldsymbol{q}^{\mathrm{T}}\boldsymbol{K}\delta\boldsymbol{q} \tag{3.2.2}$$

2. *广义主动力*

令作用于柔性体上所有主动力为 $\boldsymbol{Q}_F$，柔性体广义虚位移 $\delta\boldsymbol{q}$ 上的虚功为

$$\delta W_F=\boldsymbol{Q}_F^{\mathrm{T}}\delta\boldsymbol{q} \tag{3.2.3}$$

令作用于柔性体上一点的集中力为 $\boldsymbol{F}=\boldsymbol{F}(\boldsymbol{q},t)$，其作用点虚位移上的虚功为

$$\delta W_F=\boldsymbol{F}^{\mathrm{T}}\left[\boldsymbol{I}\ \ \boldsymbol{B}\ \ \boldsymbol{A}\boldsymbol{\Phi}\right]\begin{bmatrix}\delta\boldsymbol{R}_{O'}\\\delta\boldsymbol{P}\\\delta\boldsymbol{q}_f\end{bmatrix}=\left[\boldsymbol{Q}_R^{\mathrm{T}}\ \ \boldsymbol{Q}_\theta^{\mathrm{T}}\ \ \boldsymbol{Q}_f^{\mathrm{T}}\right]\begin{bmatrix}\delta\boldsymbol{R}_{O'}\\\delta\boldsymbol{P}\\\delta\boldsymbol{q}_f\end{bmatrix} \tag{3.2.4}$$

3.3 柔性多体系统约束描述

完整约束的一般形式为

$$\boldsymbol{C}(\boldsymbol{q},t)=\boldsymbol{0} \tag{3.3.1}$$

对相邻两体 i,j 组成的系统，通过 $\boldsymbol{r}^{ij}$ 连接，则空间机械臂铰接有

$$\boldsymbol{r}^{ij}=(\boldsymbol{R}_O^j+\boldsymbol{A}^j\boldsymbol{u}^j)-(\boldsymbol{R}_O^i+\boldsymbol{A}^i\boldsymbol{u}^i)=\boldsymbol{0} \tag{3.3.2}$$

位置约束方程可写为

$$\boldsymbol{C}=\left[\boldsymbol{R}_O^j+\boldsymbol{A}^j(\boldsymbol{u}_O^{'j}+\boldsymbol{u}_f^j)\right]-\left[\boldsymbol{R}_O^i+\boldsymbol{A}^i(\boldsymbol{u}_O^{'i}+\boldsymbol{u}_f^i)\right]=\boldsymbol{0} \tag{3.3.3}$$

若两体中铰接点坐标系的单位向量分别为 $[\boldsymbol{b}_1^i\ \ \boldsymbol{b}_2^i\ \ \boldsymbol{b}_3^i]^{\mathrm{T}}$ 和 $[\boldsymbol{b}_1^j\ \ \boldsymbol{b}_2^j\ \ \boldsymbol{b}_3^j]^{\mathrm{T}}$，当两体以 $\boldsymbol{b}_3^j$ 为旋转轴的圆柱铰链接时，姿态约束方程为

$$\begin{aligned}(\boldsymbol{b}_3^i)^{\mathrm{T}}\boldsymbol{b}_1^j=\boldsymbol{0}\\(\boldsymbol{b}_3^i)^{\mathrm{T}}\boldsymbol{b}_2^j=\boldsymbol{0}\end{aligned} \tag{3.3.4}$$

3.4 柔性多体系统动力学方程

由拉格朗日方法可知

$$\frac{\mathrm{d}}{\mathrm{d}t}\left(\frac{\partial L}{\partial\dot{\boldsymbol{q}}}\right)-\frac{\partial L}{\partial\boldsymbol{q}}=\boldsymbol{Q} \tag{3.4.1}$$

将式(3.1.9)、式(3.2.1)、式(3.2.3)代入式(3.4.1)，可得各体的动力学方程，即

$$\boldsymbol{M}^i\ddot{\boldsymbol{q}}^i+\boldsymbol{K}^i\boldsymbol{q}^i=\boldsymbol{Q}_F^i+\boldsymbol{Q}_v^i,\quad i=1,2,\cdots,n_b \tag{3.4.2}$$

其中，n_b 为系统中运动体的总数。

将欧拉参数作为广义坐标时，式(3.4.2)的分块形式为

$$\begin{aligned}&\begin{bmatrix}\boldsymbol{m}_{RR}&\boldsymbol{m}_{R\theta}&\boldsymbol{m}_{Rf}\\&\boldsymbol{m}_{\theta\theta}&\boldsymbol{m}_{\theta f}\\\text{对称}&&\boldsymbol{m}_{ff}\end{bmatrix}^i\begin{bmatrix}\ddot{\boldsymbol{R}}_{O'}\\\ddot{\boldsymbol{P}}\\\ddot{\boldsymbol{q}}_f\end{bmatrix}^i+\begin{bmatrix}\boldsymbol{0}&\boldsymbol{0}&\boldsymbol{0}\\\boldsymbol{0}&\boldsymbol{0}&\boldsymbol{0}\\\boldsymbol{0}&\boldsymbol{0}&\boldsymbol{K}_{ff}\end{bmatrix}^i\begin{bmatrix}\boldsymbol{R}_{O'}\\\boldsymbol{P}\\\boldsymbol{q}_f\end{bmatrix}^i\\&=\begin{bmatrix}\boldsymbol{Q}_{FR}\\\boldsymbol{Q}_{F\theta}\\\boldsymbol{Q}_{Ff}\end{bmatrix}^i+\begin{bmatrix}\boldsymbol{Q}_{vR}\\\boldsymbol{Q}_{v\theta}\\\boldsymbol{Q}_{vf}\end{bmatrix}^i\end{aligned} \tag{3.4.3}$$

若将系统中 n_b 个运动体的动力学方程通过约束组合起来，用乘子法可得到以四元数描述连体坐标系姿态的柔性多体系统动力学方程，即

$$\boldsymbol{M}\ddot{\boldsymbol{q}}+\boldsymbol{K}\boldsymbol{q}+\boldsymbol{C}_{\boldsymbol{q}}^{\mathrm{T}}\boldsymbol{\lambda}=\boldsymbol{Q}_F+\boldsymbol{Q}_v \tag{3.4.4}$$

相应的约束方程为

$$\boldsymbol{C}(\boldsymbol{q},t)=\boldsymbol{0} \tag{3.4.5}$$

其中

$$\boldsymbol{q}=[\boldsymbol{q}_1^{\mathrm{T}}\quad \boldsymbol{q}_2^{\mathrm{T}}\quad \cdots\quad \boldsymbol{q}_{n_b}^{\mathrm{T}}]^{\mathrm{T}}$$

$$\boldsymbol{M}=\mathrm{diag}[\boldsymbol{M}_1\quad \boldsymbol{M}_2\quad \cdots\quad \boldsymbol{M}_{n_b}]$$

$$\boldsymbol{K}=\mathrm{diag}[\boldsymbol{K}_1\quad \boldsymbol{K}_2\quad \cdots\quad \boldsymbol{K}_{n_b}]$$

$$\boldsymbol{Q}_F=[\boldsymbol{Q}_{F_1}^{\mathrm{T}}\quad \boldsymbol{Q}_{F_2}^{\mathrm{T}}\quad \cdots\quad \boldsymbol{Q}_{F_{n_b}}^{\mathrm{T}}]^{\mathrm{T}}$$

$$\boldsymbol{Q}_v=[\boldsymbol{Q}_{v_1}^{\mathrm{T}}\quad \boldsymbol{Q}_{v_2}^{\mathrm{T}}\quad \cdots\quad \boldsymbol{Q}_{v_{n_b}}^{\mathrm{T}}]^{\mathrm{T}}$$

$$\boldsymbol{\lambda}=[\lambda_1\quad \lambda_2\quad \cdots\quad \lambda_{n_a}]^{\mathrm{T}}$$

$$\boldsymbol{C}_{\boldsymbol{q}}=[C_{1q}^{\mathrm{T}}\quad C_{2q}^{\mathrm{T}}\quad \cdots\quad C_{n_aq}^{\mathrm{T}}]^{\mathrm{T}}$$

其中，n_a 为约束方程数。

在约束方程中，除运动学约束外，还包含采用四元数带来的数学约束。由于四元数的模为 1，因此四元数的正则化约束方程为

$$\boldsymbol{C}^P=\begin{bmatrix}\boldsymbol{P}_1^{\mathrm{T}}\boldsymbol{P}_1-1\\ \vdots\\ \boldsymbol{P}_{n_b}^{\mathrm{T}}\boldsymbol{P}_{n_b}-1\end{bmatrix} \tag{3.4.6}$$

将式(3.4.6)对时间求导数，可得欧拉参数的速度列式，即

$$\boldsymbol{C}_P^P\dot{\boldsymbol{P}}=\boldsymbol{0} \tag{3.4.7}$$

其中

$$\boldsymbol{C}_P^P=2\mathrm{diag}[P_1^{\mathrm{T}}\quad P_2^{\mathrm{T}}\quad \cdots\quad P_{n_b}^{\mathrm{T}}] \tag{3.4.8}$$

考虑四元数正则化方程的变分形式为

$$\boldsymbol{C}_P^P\delta\boldsymbol{P}=\boldsymbol{0} \tag{3.4.9}$$

式(3.4.4)可以写为

$$\boldsymbol{M}\ddot{\boldsymbol{q}}+\boldsymbol{K}\boldsymbol{q}+\boldsymbol{C}_{\boldsymbol{q}}^{\mathrm{T}}\boldsymbol{\lambda}+(\boldsymbol{C}_P^P)^{\mathrm{T}}\boldsymbol{\lambda}^P=\boldsymbol{Q}_F+\boldsymbol{Q}_v \tag{3.4.10}$$

对应的约束方程为

$$\boldsymbol{C}(\boldsymbol{q},t)=\mathbf{0} \tag{3.4.11}$$

$$\boldsymbol{C}^P(\boldsymbol{P},t)=\mathbf{0} \tag{3.4.12}$$

其中

$$\begin{aligned}
\boldsymbol{\lambda}&=[\lambda_1\quad\lambda_2\quad\cdots\quad\lambda_{n_c}]^{\mathrm{T}}\\
\boldsymbol{\lambda}^P&=[\lambda_1^P\quad\lambda_2^P\quad\cdots\quad\lambda_{n_b}^P]^{\mathrm{T}}\\
\boldsymbol{C}_{\boldsymbol{q}}&=[C_{1q}^{\mathrm{T}}\quad C_{2q}^{\mathrm{T}}\quad\cdots\quad C_{n_cq}^{\mathrm{T}}]^{\mathrm{T}}\\
\boldsymbol{C}_P^P&=2\mathrm{diag}[P_1^{\mathrm{T}}\quad P_2^{\mathrm{T}}\quad\cdots\quad P_{n_b}^{\mathrm{T}}]
\end{aligned} \tag{3.4.13}$$

其中，约束方程数 $n_a=n_c+n_b$，是 n_c 个运动学约束方程和 n_b 个欧拉参数正则化约束方程之和。

在空间运动情况下，式(3.4.10)中与速度二次方有关的项 $\boldsymbol{Q}_v$ 为

$$\boldsymbol{Q}_v=\frac{\partial T}{\partial\boldsymbol{q}}-\dot{\boldsymbol{M}}\dot{\boldsymbol{q}} \tag{3.4.14}$$

分块形式为

$$\boldsymbol{Q}_v=[\boldsymbol{Q}_{vR}^{\mathrm{T}}\quad\boldsymbol{Q}_{v\theta}^{\mathrm{T}}\quad\boldsymbol{Q}_{vf}^{\mathrm{T}}]^{\mathrm{T}} \tag{3.4.15}$$

系统中第 i 个物体的相应项为 $\boldsymbol{Q}_v^i$，不难推出具体列式为

$$\boldsymbol{Q}_{vR}^i=-\boldsymbol{A}^i\left\{4\dot{\hat{\boldsymbol{G}}}^i\left[\boldsymbol{I}-\boldsymbol{P}^i\left(\boldsymbol{P}^i\right)^{\mathrm{T}}\right]\dot{\hat{\boldsymbol{G}}}^i\boldsymbol{S}_t^i+4\hat{\boldsymbol{G}}^i\left(\dot{\hat{\boldsymbol{G}}}^i\right)^{\mathrm{T}}\boldsymbol{S}^i\dot{\boldsymbol{q}}_f^i\right\} \tag{3.4.16}$$

$$\boldsymbol{Q}_{v\theta}^i=-8\left(\dot{\hat{\boldsymbol{G}}}^i\right)^{\mathrm{T}}\boldsymbol{I}_{\theta\theta}^i\hat{\boldsymbol{G}}^i\dot{\boldsymbol{P}}^i-4\left(\dot{\hat{\boldsymbol{G}}}^i\right)^{\mathrm{T}}\boldsymbol{I}_{\theta f}^i\dot{\boldsymbol{q}}_f^i-2\left(\hat{\boldsymbol{G}}^i\right)^{\mathrm{T}}\dot{\boldsymbol{I}}_{\theta\theta}^i\hat{\boldsymbol{G}}^i\dot{\boldsymbol{P}}^i \tag{3.4.17}$$

$$\boldsymbol{Q}_{vf}^i=-\int_{V^i}\rho^i\left((\boldsymbol{\Phi}^i)^{\mathrm{T}}\left\{4\hat{\boldsymbol{G}}^i\left[\boldsymbol{I}-\boldsymbol{P}^i\left(\boldsymbol{P}^i\right)^{\mathrm{T}}\right]\dot{\hat{\boldsymbol{G}}}^i\boldsymbol{u}'^i+4\hat{\boldsymbol{G}}^i\left(\dot{\hat{\boldsymbol{G}}}^i\right)^{\mathrm{T}}\dot{\boldsymbol{u}}_f^i\right\}\right)\mathrm{d}V^i \tag{3.4.18}$$

其中，$\boldsymbol{S}_t^i$、$\boldsymbol{S}^i$ 、$\boldsymbol{I}_{\theta\theta}^i$ 、$\boldsymbol{I}_{\theta f}^i$ 由式(3.1.21)、式(3.1.24)、式(3.1.27)、式(3.1.29)定义。

3.5 微分-代数混合方程组的解法

由式(3.4.10)可知，多体动力学方程为

$$\boldsymbol{M}\ddot{\boldsymbol{q}} + \boldsymbol{K}\boldsymbol{q} + \boldsymbol{C}_{\boldsymbol{q}}^{\mathrm{T}}\boldsymbol{\lambda} = \boldsymbol{Q}_F + \boldsymbol{Q}_v \tag{3.5.1}$$

由式(3.4.11)和式(3.4.12)可知，约束方程为

$$\boldsymbol{C}(\boldsymbol{q}, t) = \boldsymbol{0} \tag{3.5.2}$$

动力学方程为典型的微分-代数混合方程组。令 $\boldsymbol{M}$、$\boldsymbol{Q}$ 是广义坐标、广义速度和时间的非线性函数，当用四元数描述动参考系的姿态时，约束雅可比矩阵 $\boldsymbol{C}_{\boldsymbol{q}}$ 中应包含运动学和数学两类约束，而 $\boldsymbol{\lambda}$ 应包含两类约束的乘子。$\boldsymbol{C}(\boldsymbol{q}, t) = [C_1 \ \ C_2 \cdots C_{n_c}]^{\mathrm{T}}$，其中 $C_i(i = 1, 2, \cdots, n_c)$ 对自变量具有二阶连续偏导数且彼此线性独立。$\dot{\boldsymbol{q}}$、$\ddot{\boldsymbol{q}}$ 应满足的关系为

$$\boldsymbol{C}_{\boldsymbol{q}}\dot{\boldsymbol{q}} = \boldsymbol{v} \tag{3.5.3}$$

$$\boldsymbol{C}_{\boldsymbol{q}}\ddot{\boldsymbol{q}} = \boldsymbol{\gamma} \tag{3.5.4}$$

其中

$$\boldsymbol{v} = -\boldsymbol{C}_t \tag{3.5.5}$$

$$\boldsymbol{\gamma} = -\boldsymbol{C}_{tt} - 2\boldsymbol{C}_{\boldsymbol{q}t}\dot{\boldsymbol{q}} - (\boldsymbol{C}_{\boldsymbol{q}}\dot{\boldsymbol{q}})_{\boldsymbol{q}}\dot{\boldsymbol{q}} \tag{3.5.6}$$

若将加速度关系式与系统运动方程联立，可以得到以 $\ddot{\boldsymbol{q}}$、$\boldsymbol{\lambda}$ 为未知量的代数方程组，即

$$\begin{bmatrix} \boldsymbol{M} & \boldsymbol{C}_{\boldsymbol{q}}^{\mathrm{T}} \\ \boldsymbol{C}_{\boldsymbol{q}} & \boldsymbol{0} \end{bmatrix} \begin{bmatrix} \ddot{\boldsymbol{q}} \\ \boldsymbol{\lambda} \end{bmatrix} = \begin{bmatrix} \boldsymbol{Q}_F + \boldsymbol{Q}_v - \boldsymbol{K}\boldsymbol{q} \\ \boldsymbol{\gamma} \end{bmatrix} = \begin{bmatrix} \boldsymbol{Q}_F^* \\ \boldsymbol{\gamma} \end{bmatrix} \tag{3.5.7}$$

其中，$\boldsymbol{Q}_F^* = \boldsymbol{Q}_F + \boldsymbol{Q}_v - \boldsymbol{K}\boldsymbol{q}$。

式(3.5.7)又可以写为

$$\begin{bmatrix} \boldsymbol{m}_{rr} & \boldsymbol{m}_{rf} & \boldsymbol{C}_{\boldsymbol{q}_r}^{\mathrm{T}} \\ & \boldsymbol{m}_{ff} & \boldsymbol{C}_{\boldsymbol{q}_f}^{\mathrm{T}} \\ \text{对称} & & \boldsymbol{0} \end{bmatrix} \begin{bmatrix} \ddot{\boldsymbol{q}}_r \\ \ddot{\boldsymbol{q}}_f \\ \boldsymbol{\lambda} \end{bmatrix} = \begin{bmatrix} \boldsymbol{Q}_{Fr} + \boldsymbol{Q}_{vr} \\ \boldsymbol{Q}_{Ff} + \boldsymbol{Q}_{vf} - \boldsymbol{K}\boldsymbol{q} \\ \boldsymbol{\gamma} \end{bmatrix} \tag{3.5.8}$$

根据证明可知，式(3.5.8)左端系数矩阵非奇异，因此可唯一求得加速度和拉格朗日乘子，即

$$\ddot{\boldsymbol{q}} = \boldsymbol{f}(\boldsymbol{q},\ \dot{\boldsymbol{q}},\ t) \tag{3.5.9}$$

$$\boldsymbol{\lambda} = \boldsymbol{g}(\boldsymbol{q},\ \dot{\boldsymbol{q}},\ t) \tag{3.5.10}$$

然后，通过数值积分，可以求得相应的 $\dot{\boldsymbol{q}} = \dot{\boldsymbol{q}}(t)$、$\boldsymbol{q} = \boldsymbol{q}(t)$。

第 4 章　大变形柔性体动力学建模

4.1　ANCF 方法

在多体系统动力学的应用中，传统的柔性体建模通常采用浮动坐标方法。在该方法中，物体变形是基于传统有限元方法相对于固连在物体上的参考系来描述的。柔性体的变形通过参考坐标系的平移和转动来描述。这导致惯性力在参考坐标系和弹性坐标系之间表现出高度的非线性和强耦合性。当柔性体变形较小时，可以采用模态坐标作为描述柔性体运动的参考坐标，但是当柔性体变形较大时，模态坐标则无法准确地描述柔性体的变形。考虑浮动坐标方法在大变形柔性体动力学建模中的局限性，Shabana 提出 ANCF 方法。该方法以连续介质力学理论为基础，专门为多体应用中的大变形分析而设计。

为了准确地描述柔性体的变形场，ANCF 方法引入全局位置矢量及其梯度作为节点坐标，可以避开传统有限元方法中小转角的限制，描述任意的平动、转动和变形。另外，由于节点坐标在绝对坐标系中描述，因此单元的质量矩阵是常值，动力学方程中不存在离心力项和科氏力项，进一步简化了数值计算。ANCF 方法自提出以来，以其处理大变形体动力学问题上的优势，逐渐成为多体系统动力学领域的研究热点，相关研究已覆盖索梁单元、板壳单元和实体单元等。这些研究通过不同的方法修正或优化单元，从而提高单元运动、应变和应力描述等各方面的性能。采用 ANCF 方法进行大变形体动力学建模，所需单元数量少，建模精度和计算效率较高。另外，柔性体的大范围运动及变形均在绝对坐标系下描述，便于与其他多体系统进行统一建模，因此该方法成为大变形柔性体动力学建模的重要方法之一。

4.2　索梁单元动力学建模

4.2.1　三维全参数梁单元模型

本节介绍三维全参数实体梁单元模型[45,46]。如图 4.1 所示，三维全参数梁单元有 24 个自由度，两端节点坐标各有 12 个分量。

三维全参数梁任意一点 $\boldsymbol{x} = [x \quad y \quad z]^{\mathrm{T}}$ 的全局位置坐标用矢量 $\boldsymbol{r}$ 表示，节点

坐标矢量包含 3 个位置自由度和 9 个位置矢量梯度，即

$$\nabla \boldsymbol{r} = [\boldsymbol{r}_x \ \boldsymbol{r}_y \ \boldsymbol{r}_z] \tag{4.2.1}$$

其中，各分量为位置矢量 $\boldsymbol{r}$ 对物质坐标的偏微分，即

$$\boldsymbol{r}_x = \frac{\partial \boldsymbol{r}}{\partial x}, \quad \boldsymbol{r}_y = \frac{\partial \boldsymbol{r}}{\partial y}, \quad \boldsymbol{r}_z = \frac{\partial \boldsymbol{r}}{\partial z} \tag{4.2.2}$$

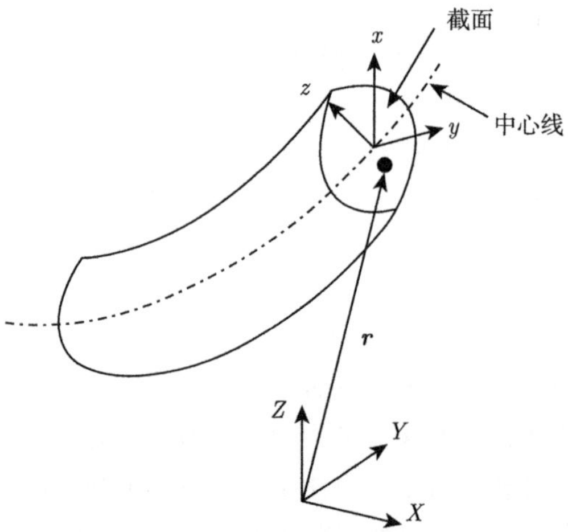

图 4.1 三维全参数梁单元模型

节点 i 的坐标为

$$\boldsymbol{q}_i = \left[\boldsymbol{r}^{\mathrm{T}} \ \ \boldsymbol{r}_x^{\mathrm{T}} \ \ \boldsymbol{r}_y^{\mathrm{T}} \ \ \boldsymbol{r}_z^{\mathrm{T}}\right]^{\mathrm{T}} \tag{4.2.3}$$

单元的坐标为

$$\boldsymbol{q} = [\boldsymbol{q}_1^{\mathrm{T}} \ \ \boldsymbol{q}_2^{\mathrm{T}}]^{\mathrm{T}} \tag{4.2.4}$$

节点 1 和节点 2 的物质坐标为

$$\boldsymbol{r}_{\text{node1}} = \begin{bmatrix} x=0 \\ y=0 \\ z=0 \end{bmatrix}, \quad \boldsymbol{r}_{\text{node2}} = \begin{bmatrix} x=L \\ y=0 \\ z=0 \end{bmatrix} \tag{4.2.5}$$

梁上任一点的位置矢量 $\boldsymbol{r}$ 是关于物质坐标 x、y、z 的多项式函数，即

$$\boldsymbol{r} = \begin{bmatrix} r_1 \\ r_2 \\ r_3 \end{bmatrix} = \begin{bmatrix} a_0 + a_1 x + a_2 y + a_3 z + a_4 xy + a_5 xz + a_6 x^2 + a_7 x^3 \\ b_0 + b_1 x + b_2 y + b_3 z + b_4 xy + b_5 xz + b_6 x^2 + b_7 x^3 \\ c_0 + c_1 x + c_2 y + c_3 z + c_4 xy + c_5 xz + c_6 x^2 + c_7 x^3 \end{bmatrix} \tag{4.2.6}$$

位置矢量可表示为形函数与节点坐标乘积的形式，相应的表达式为

$$\boldsymbol{r}=\boldsymbol{S}\boldsymbol{q}=\begin{bmatrix} S_1\boldsymbol{I} & S_2\boldsymbol{I} & S_3\boldsymbol{I} & S_4\boldsymbol{I} & S_5 I & S_6\boldsymbol{I} & S_7\boldsymbol{I} & S_8\boldsymbol{I} \end{bmatrix}\boldsymbol{q} \tag{4.2.7}$$

其中，$\boldsymbol{I}$ 为 3×3 的单位矩阵，形函数矩阵中的各项分别为

$$\begin{aligned} S_1 &= 1-3\xi^2+2\xi^3 \\ S_2 &= L\left(\xi-3\xi^2+2\xi^3\right) \\ S_3 &= L\left(\eta-\xi\eta\right) \\ S_4 &= L\left(\zeta-\xi\zeta\right) \\ S_5 &= 3\xi^2-2\xi^3 \\ S_6 &= L\left(-\xi^2+\xi^3\right) \\ S_7 &= L\xi\eta \\ S_8 &= L\xi\zeta \end{aligned} \tag{4.2.8}$$

其中，无量纲的 ξ、η、ζ 定义为 $\xi=x/L$、$\eta=y/L$、$\zeta=z/L$；L 为未变形状态下梁单元的长度。

三维全参数梁单元的质量矩阵可以通过动能计算得到，动能的表达式为

$$T=\frac{1}{2}\int_V \rho\dot{\boldsymbol{r}}^{\mathrm{T}}\dot{\boldsymbol{r}}\mathrm{d}V \tag{4.2.9}$$

其中，ρ 为梁单元的密度；V 为梁单元的体积。

梁单元上任意一点的速度矢量为

$$\dot{\boldsymbol{r}}=\boldsymbol{S}\dot{\boldsymbol{q}} \tag{4.2.10}$$

代入式(4.2.9)可得

$$T=\frac{1}{2}\dot{\boldsymbol{q}}^{\mathrm{T}}\left(\int_V \rho\boldsymbol{S}^{\mathrm{T}}\boldsymbol{S}\mathrm{d}V\right)\dot{\boldsymbol{q}} \tag{4.2.11}$$

式(4.2.11)是关于速度的一个简单的二次型。因此，三维全参数梁单元的质量矩阵可定义为

$$\boldsymbol{M}=\int_V \rho\boldsymbol{S}^{\mathrm{T}}\boldsymbol{S}\mathrm{d}V=\begin{bmatrix} \boldsymbol{M}_1 & \boldsymbol{M}_2 \\ \boldsymbol{M}_3 & \boldsymbol{M}_4 \end{bmatrix} \tag{4.2.12}$$

$$
\begin{aligned}
\boldsymbol{M}_1 &= \begin{bmatrix}
\dfrac{13}{35}m\boldsymbol{I} & \dfrac{11}{210}Lm\boldsymbol{I} & \dfrac{7}{20}\rho LQ_z\boldsymbol{I} & \dfrac{7}{20}\rho LQ_y\boldsymbol{I} \\
\dfrac{11}{210}Lm\boldsymbol{I} & \dfrac{1}{105}L^2m\boldsymbol{I} & \dfrac{1}{20}\rho L^2Q_z\boldsymbol{I} & \dfrac{1}{20}\rho L^2Q_y\boldsymbol{I} \\
\dfrac{7}{20}\rho LQ_z\boldsymbol{I} & \dfrac{1}{20}\rho L^2Q_z\boldsymbol{I} & \dfrac{1}{3}\rho LI_{zz}\boldsymbol{I} & \dfrac{1}{3}\rho LI_{yz}\boldsymbol{I} \\
\dfrac{7}{20}\rho LQ_y\boldsymbol{I} & \dfrac{1}{20}\rho L^2Q_y\boldsymbol{I} & \dfrac{1}{3}\rho LI_{yz}\boldsymbol{I} & \dfrac{1}{3}\rho LI_{yy}\boldsymbol{I}
\end{bmatrix} \\
\boldsymbol{M}_2 &= \begin{bmatrix}
\dfrac{9}{70}m\boldsymbol{I} & -\dfrac{13}{420}Lm\boldsymbol{I} & \dfrac{3}{20}\rho LQ_z\boldsymbol{I} & \dfrac{3}{20}\rho LQ_y\boldsymbol{I} \\
\dfrac{13}{420}Lm\boldsymbol{I} & -\dfrac{1}{140}L^2m\boldsymbol{I} & \dfrac{1}{30}\rho L^2Q_z\boldsymbol{I} & \dfrac{1}{30}\rho L^2Q_y\boldsymbol{I} \\
\dfrac{3}{20}\rho LQ_z\boldsymbol{I} & -\dfrac{1}{30}\rho L^2Q_z\boldsymbol{I} & \dfrac{1}{6}\rho LI_{zz}\boldsymbol{I} & \dfrac{1}{6}\rho LI_{yz}\boldsymbol{I} \\
\dfrac{3}{20}\rho LQ_y\boldsymbol{I} & \dfrac{1}{30}\rho L^2Q_y\boldsymbol{I} & \dfrac{1}{6}\rho LI_{yz}\boldsymbol{I} & \dfrac{1}{6}\rho LI_{yz}\boldsymbol{I}
\end{bmatrix} \\
\boldsymbol{M}_3 &= \begin{bmatrix}
\dfrac{9}{70}m\boldsymbol{I} & \dfrac{13}{420}Lm\boldsymbol{I} & \dfrac{3}{20}\rho LQ_z\boldsymbol{I} & \dfrac{3}{20}\rho LQ_y\boldsymbol{I} \\
-\dfrac{13}{420}Lm\boldsymbol{I} & -\dfrac{1}{140}L^2m\boldsymbol{I} & -\dfrac{1}{30}\rho L^2Q_z\boldsymbol{I} & \dfrac{1}{30}\rho L^2Q_y\boldsymbol{I} \\
\dfrac{3}{20}\rho LQ_z\boldsymbol{I} & \dfrac{1}{30}\rho L^2Q_z\boldsymbol{I} & \dfrac{1}{6}\rho LI_{zz}\boldsymbol{I} & \dfrac{1}{6}\rho LI_{yz}\boldsymbol{I} \\
\dfrac{3}{20}\rho LQ_y\boldsymbol{I} & \dfrac{1}{30}\rho L^2Q_y\boldsymbol{I} & \dfrac{1}{6}\rho LI_{yz}\boldsymbol{I} & \dfrac{1}{6}\rho LI_{yy}\boldsymbol{I}
\end{bmatrix} \\
\boldsymbol{M}_4 &= \begin{bmatrix}
\dfrac{13}{35}m\boldsymbol{I} & -\dfrac{11}{210}Lm\boldsymbol{I} & \dfrac{7}{20}\rho LQ_z\boldsymbol{I} & \dfrac{7}{20}\rho LQ_y\boldsymbol{I} \\
-\dfrac{11}{210}Lm\boldsymbol{I} & \dfrac{1}{105}L^2m\boldsymbol{I} & -\dfrac{1}{20}\rho L^2Q_z\boldsymbol{I} & -\dfrac{1}{20}\rho L^2Q_y\boldsymbol{I} \\
\dfrac{7}{20}\rho LQ_z\boldsymbol{I} & -\dfrac{1}{20}\rho L^2Q_z\boldsymbol{I} & \dfrac{1}{3}\rho LI_{zz}\boldsymbol{I} & \dfrac{1}{3}\rho LI_{yz}\boldsymbol{I} \\
\dfrac{7}{20}\rho LQ_y\boldsymbol{I} & -\dfrac{1}{20}\rho L^2Q_y\boldsymbol{I} & \dfrac{1}{3}\rho LI_{yz}\boldsymbol{I} & \dfrac{1}{3}\rho LI_{yy}\boldsymbol{I}
\end{bmatrix}
\end{aligned}
\tag{4.2.13}
$$

其中，m 为单元质量；$Q_y = \int_A z\mathrm{d}A$；$Q_z = \int_A y\mathrm{d}A$；$I_{yy} = \int_A z^2\mathrm{d}A$；$I_{zz} = \int_A y^2\mathrm{d}A$；$I_{yz} = \int_A yz\mathrm{d}A$。

在有限元分析中，梁的弹性能一般由 6 个部分组成，即一个轴向力、两个弯矩、两个剪切力和一个扭矩。弹性能可以写为

$$U=\frac{1}{2}\int_0^l\left[EA\left(\frac{\partial u_x}{\partial x}\right)^2+EI_{yy}\left(\frac{\partial^2 u_y}{\partial y^2}\right)^2+EI_{zz}\left(\frac{\partial^2 u_z}{\partial z^2}\right)^2\right.$$
$$\left.+Gk\beta_y^2+Gk\beta_z^2+GI_{xx}\left(\frac{\partial\beta_x}{\partial x}\right)^2\right]\mathrm{d}x \tag{4.2.14}$$

其中，u_x、u_y 和 u_z 为梁的挠度在 x、y 和 z 方向的分量；β_x、β_y 和 β_z 为剪切角；k 为 Timoshenko 剪切系数；E 和 G 为弹性模量和剪切模量；I_{xx}、I_{yy} 和 I_{zz} 为截面惯性矩；A 为梁的横截面积。

4.2.2 梯度缺省的索梁单元模型

1. 运动学描述

本节介绍梯度缺省的索梁单元模型。参考文献 [47]，[48] 遵循经典的欧拉-伯努利梁理论假设建立索梁单元。该理论中梁横截面为刚性平面，并且始终垂直于梁的轴线方向。在欧拉-伯努利梁理论中，需要考虑轴向变形和弯曲变形，而剪切变形可以忽略不计。此时仅利用索梁的中心轴线即可完全描述其运动。ANCF 索梁单元模型如图 4.2 所示。

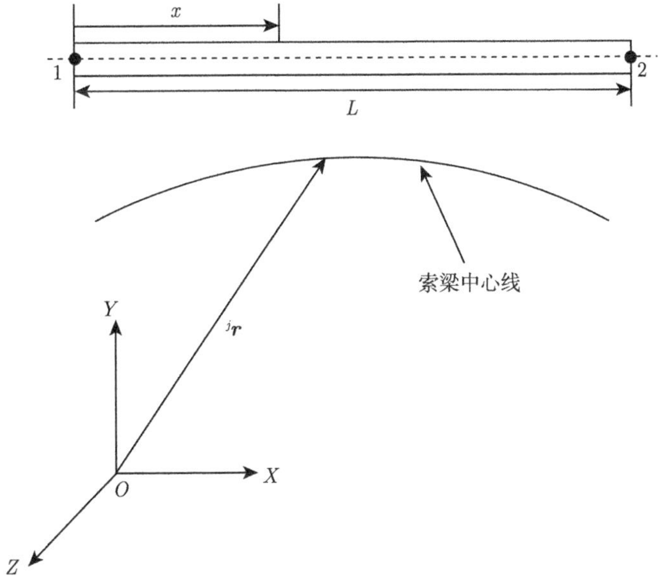

图 4.2 ANCF 索梁单元模型

索梁中心轴线上任意点的位置可表示为

$$
{}^j\boldsymbol{r}=\begin{bmatrix}{}^jr_1\\{}^jr_2\\{}^jr_3\end{bmatrix}=\begin{bmatrix}a_0+a_1x+a_2x^2+a_3x^3\\b_0+b_1x+b_2x^2+b_3x^3\\c_0+c_1x+c_2x^2+c_3x^3\end{bmatrix}\tag{4.2.15}
$$

由式(4.2.15)可知，位置矢量 ${}^j\boldsymbol{r}$ 是关于参数 x 的函数，x 为索梁在未变形状态下的物质坐标。三维全参数 ANCF 梁单元需要考虑轴向、弯曲、剪切和扭转变形，每个单元有 24 个自由度。本节梯度缺省 ANCF 索梁单元，仅考虑轴向和弯曲变形。单元的广义坐标包括两端节点的位置和对轴向的导数。每个单元有 12 个自由度，具有较高的计算效率。设单元的长度为 L，广义坐标可表示为

$$
{}^j\boldsymbol{q}=\begin{bmatrix}{}^j\boldsymbol{q}_1{}^{\mathrm{T}} & {}^j\boldsymbol{q}_2{}^{\mathrm{T}}\end{bmatrix}^{\mathrm{T}}=\begin{bmatrix}{}^j\boldsymbol{r}^{\mathrm{T}}(0) & {}^j\boldsymbol{r}_x^{\mathrm{T}}(0) & {}^j\boldsymbol{r}^{\mathrm{T}}(L) & {}^j\boldsymbol{r}_x^{\mathrm{T}}(L)\end{bmatrix}^{\mathrm{T}}\tag{4.2.16}
$$

其中，${}^j\boldsymbol{r}(0)$ 和 ${}^j\boldsymbol{r}_x(0)$ 为端点 1 处的位置向量和梯度向量；${}^j\boldsymbol{r}(L)$ 和 ${}^j\boldsymbol{r}_x(L)$ 为端点 2 处的位置向量和梯度向量；j 表示第 j 个单元。

索梁单元中轴线上任一点（x 处）的位置矢量还可表示为形函数矩阵和广义坐标向量乘积的形式，即

$$
{}^j\boldsymbol{r}(x,t)=\boldsymbol{S}(x){}^j\boldsymbol{q}(t)\tag{4.2.17}
$$

其中，$\boldsymbol{S}(x)$ 为单元的形函数，定义 $\xi=\dfrac{x}{L}$，则 $\boldsymbol{S}(x)$ 具体形式为

$$
\boldsymbol{S}(x)=\left[\begin{matrix}1-3\xi^2+2\xi^3 & 0 & 0\\0 & 1-3\xi^2+2\xi^3 & 0\\0 & 0 & 1-3\xi^2+2\xi^3\end{matrix}\right.
$$
$$
\begin{matrix}L(\xi-2\xi^2+\xi^3) & 0 & 0\\0 & L(\xi-2\xi^2+\xi^3) & 0\\0 & 0 & L(\xi-2\xi^2+\xi^3)\end{matrix}
$$
$$
\begin{matrix}3\xi^2-2\xi^3 & 0 & 0\\0 & 3\xi^2-2\xi^3 & 0\\0 & 0 & 3\xi^2-2\xi^3\end{matrix}\tag{4.2.18}
$$
$$
\left.\begin{matrix}L(-\xi^2+\xi^3) & 0 & 0\\0 & L(-\xi^2+\xi^3) & 0\\0 & 0 & L(-\xi^2+\xi^3)\end{matrix}\right]
$$

2. 单元动能

索梁单元形函数矩阵中各项均为常数,因此单元上任意一点的速度矢量可写为

$$ {}^{j}\dot{\boldsymbol{r}} = \boldsymbol{S}{}^{j}\dot{\boldsymbol{q}} \tag{4.2.19}$$

基于式(4.2.19)，单元的动能可写为

$$\begin{aligned} {}^{j}T &= \frac{1}{2}\int_{0}^{L}\rho\int_{A}{}^{j}\dot{\boldsymbol{q}}^{\mathrm{T}}\boldsymbol{S}^{\mathrm{T}}\boldsymbol{S}{}^{j}\dot{\boldsymbol{q}}\mathrm{d}A\mathrm{d}x \\ &= \frac{1}{2}{}^{j}\dot{\boldsymbol{q}}^{\mathrm{T}}\left[\int_{0}^{L}\rho\left(A\boldsymbol{S}^{\mathrm{T}}\boldsymbol{S}\right)\mathrm{d}x\right]{}^{j}\dot{\boldsymbol{q}} \\ &= \frac{1}{2}{}^{j}\dot{\boldsymbol{q}}^{\mathrm{T}}\,{}^{j}\boldsymbol{M}{}^{j}\dot{\boldsymbol{q}} \end{aligned} \tag{4.2.20}$$

其中，ρ 和 A 为索梁单元的密度和横截面积；${}^{j}\boldsymbol{M} = \displaystyle\int_{0}^{L}\rho\left(A\boldsymbol{S}^{\mathrm{T}}\boldsymbol{S}\right)\mathrm{d}x$ 为单元的质量矩阵，各项均为常数，具体表达式为

$$ {}^{j}\boldsymbol{r} = \int_{0}^{L}\rho\left(A\boldsymbol{S}^{\mathrm{T}}\boldsymbol{S}\right)\mathrm{d}x = m\begin{bmatrix} \frac{13}{35}\boldsymbol{I} & \frac{11}{210}L\boldsymbol{I} & \frac{9}{70}\boldsymbol{I} & -\frac{13}{420}L\boldsymbol{I} \\ & \frac{1}{105}L^{2}\boldsymbol{I} & \frac{13}{420}L\boldsymbol{I} & -\frac{1}{140}L^{2}\boldsymbol{I} \\ & & \frac{13}{35}\boldsymbol{I} & -\frac{11}{210}L\boldsymbol{I} \\ \text{对称} & & & \frac{1}{105}L^{2}\boldsymbol{I} \end{bmatrix} \tag{4.2.21}$$

3. 单元内能

基于欧拉-伯努利梁理论，索梁单元的弹性能可写为

$$ {}^{j}U = \frac{1}{2}\int_{0}^{L}\left(EA{}^{j}\varepsilon^{2} + EJ{}^{j}\kappa^{2}\right)\mathrm{d}x \tag{4.2.22}$$

其中，E 为弹性模量；J 为截面惯性矩；轴向应变 ${}^{j}\varepsilon$ 和曲率 ${}^{j}\kappa$ 的计算式为

$$ {}^{j}\varepsilon = \sqrt{{}^{j}\boldsymbol{r}_{x}^{\mathrm{T}}{}^{j}\boldsymbol{r}_{x}} - 1 \tag{4.2.23}$$

$$ {}^{j}\kappa = \frac{\|\,{}^{j}\boldsymbol{r}_{x}\times{}^{j}\boldsymbol{r}_{xx}\,\|}{\|\,{}^{j}\boldsymbol{r}_{x}\,\|^{3}} \tag{4.2.24}$$

4. *动力学方程*

系统总的动能和弹性能可写为

$$\begin{aligned} T &= \sum_{j=1}^{k} {}^{j}T = \frac{1}{2}\dot{\boldsymbol{q}}^{\mathrm{T}}\boldsymbol{M}\dot{\boldsymbol{q}} \\ U &= \sum_{j=1}^{k} {}^{j}U = \frac{1}{2}\sum_{j=1}^{k}\int_0^L \left(EA^j\varepsilon^2 + EJ^j\kappa^2\right)\mathrm{d}x \end{aligned} \tag{4.2.25}$$

其中

$$\boldsymbol{M} = \begin{bmatrix} {}^{1}\boldsymbol{M} & & & \\ & {}^{2}\boldsymbol{M} & & \\ & & \ddots & \\ & & & {}^{k}\boldsymbol{M} \end{bmatrix} \tag{4.2.26}$$

得到系统动能和弹性能后，可以基于拉格朗日方程得到索梁系统动力学方程，即

$$\begin{cases} \dfrac{\mathrm{d}}{\mathrm{d}t}\left(\dfrac{\partial T}{\partial \dot{\boldsymbol{q}}}\right)^{\mathrm{T}} - \left(\dfrac{\partial T}{\partial \boldsymbol{q}}\right)^{\mathrm{T}} + \left(\dfrac{\partial U}{\partial \boldsymbol{q}}\right)^{\mathrm{T}} + \left(\dfrac{\partial \boldsymbol{C}}{\partial \boldsymbol{q}}\right)^{\mathrm{T}}\boldsymbol{\lambda} = \boldsymbol{Q}_f \\ \boldsymbol{C}(\boldsymbol{q},t) = \boldsymbol{0} \end{cases} \tag{4.2.27}$$

其中，$\boldsymbol{q}$ 为广义坐标；T 为总动能；U 为总弹性能；$\boldsymbol{C}(\boldsymbol{q},t)=\boldsymbol{0}$ 为约束方程；$\boldsymbol{\lambda}$ 为约束方程对应的拉氏乘子；$\boldsymbol{Q}_f$ 为外力的广义力。

由动能和弹性能的表达式可得

$$\frac{\mathrm{d}}{\mathrm{d}t}\left(\frac{\partial T}{\partial \dot{\boldsymbol{q}}}\right)^{\mathrm{T}} - \left(\frac{\partial T}{\partial \boldsymbol{q}}\right)^{\mathrm{T}} = \frac{\mathrm{d}}{\mathrm{d}t}(\boldsymbol{M}\dot{\boldsymbol{q}}) - \boldsymbol{0} = \boldsymbol{M}\ddot{\boldsymbol{q}} \tag{4.2.28}$$

$$\left(\frac{\partial U}{\partial \boldsymbol{q}}\right)^{\mathrm{T}} = \sum_{j=1}^{k}\int_0^L \left[EA^j\varepsilon\left(\frac{\partial^j\varepsilon}{\partial \boldsymbol{q}}\right)^{\mathrm{T}} + EJ^j\kappa\left(\frac{\partial^j\kappa}{\partial \boldsymbol{q}}\right)^{\mathrm{T}}\right]\mathrm{d}x = -\boldsymbol{Q}_e \tag{4.2.29}$$

索梁系统动力学方程可写为

$$\begin{cases} \boldsymbol{M}\ddot{\boldsymbol{q}} + \boldsymbol{C}_{\boldsymbol{q}}^{\mathrm{T}}\boldsymbol{\lambda} = \boldsymbol{Q}_e + \boldsymbol{Q}_f \\ \boldsymbol{C} = \boldsymbol{0} \end{cases} \tag{4.2.30}$$

4.2.3 可变长度柔性索梁单元模型

4.2.1 节采用 ANCF 方法建立了柔性索梁单元动力学模型。在此基础上，为反映索梁单元长度变化特性，参考文献 [49] 引入单元第一个边界节点处质量流动速度 v_1，如图 4.3 所示。当 $v_1 > 0$ 时，质量流入导致索梁单元延伸，反之则会缩短。仍然选取索梁单元两端节点处的位置和梯度向量为广义坐标，即

$$\boldsymbol{q} = \begin{bmatrix} \boldsymbol{q}_1{}^{\mathrm{T}} & \boldsymbol{q}_2{}^{\mathrm{T}} \end{bmatrix}^{\mathrm{T}} = \left[\boldsymbol{r}^{\mathrm{T}}(0) \quad \boldsymbol{r}_x^{\mathrm{T}}(0) \quad \boldsymbol{r}^{\mathrm{T}}(L) \quad \boldsymbol{r}_x^{\mathrm{T}}(L)\right]^{\mathrm{T}} \tag{4.2.31}$$

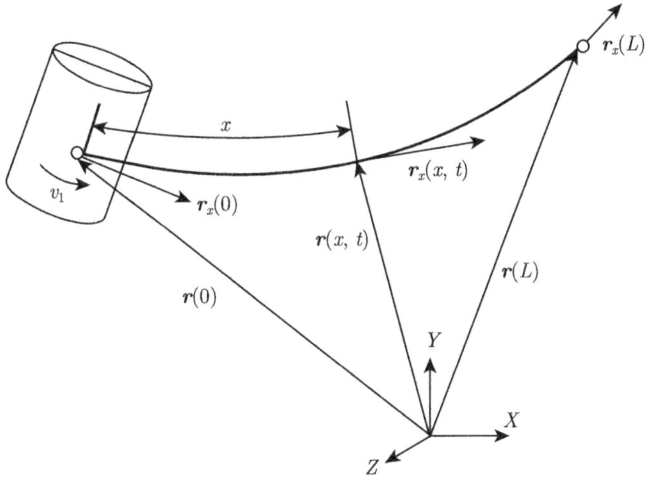

图 4.3 可变长度索梁单元

图 4.3 中的左侧节点是指索梁单元边界点，由于质量不断流动，因此不固连于任何质点。该节点属于欧拉节点，在索梁延伸和收缩过程中，该节点始终固定在索梁单元的边界上。右端节点为拉格朗日节点，固连于索梁结构上。

采用 Hermite 插值公式构造能够保证索梁单元梯度连续的形函数，则单元上任一点处的位置和梯度可以表示为

$$\boldsymbol{r}(x,t) = \boldsymbol{S}(x)\,\boldsymbol{q}(t) \tag{4.2.32}$$

$$\boldsymbol{r}_x(x,\ t) = \boldsymbol{S}_x(x)\,\boldsymbol{q}(t) \tag{4.2.33}$$

其中

$$\boldsymbol{S}(x) = \begin{bmatrix} S_1(x)\,\boldsymbol{I}_{3\times3} & S_2(x)\,\boldsymbol{I}_{3\times3} & S_3(x)\,\boldsymbol{I}_{3\times3} & S_4(x)\,\boldsymbol{I}_{3\times3} \end{bmatrix} \tag{4.2.34}$$

其中

$$\begin{cases} S_1 = \dfrac{1}{4}(\xi - 1)^2(\xi + 2) \\ S_2 = \dfrac{l(t)}{8}(\xi - 1)^2(\xi + 1) \\ S_3 = \dfrac{1}{4}(\xi + 1)^2(-\xi + 2) \\ S_4 = \dfrac{l(t)}{8}(\xi + 1)^2(\xi - 1) \end{cases} \tag{4.2.35}$$

$$\xi(x,t) = \frac{2x(t) - l(t)}{l(t)} \tag{4.2.36}$$

由于未变形索梁单元长度 l 和质点位置 x 随着单元长度的变化而发生改变，局部坐标 ξ 也会随着时间发生改变，可知

$$\dot{\xi} = \frac{v_1}{l}(1-\xi), \quad \ddot{\xi} = \frac{\dot{v}_1}{l}(1-\xi) - 2\frac{v_1^2}{l^2}(1-\xi) \tag{4.2.37}$$

单元任一点位置对时间进行求导可以得到速度和加速度。传统索梁单元由于长度不发生改变，形函数矩阵为常值，而变长度索梁单元形函数 $\boldsymbol{S}(x,t)$ 为时间的函数，因此任一点的速度和加速度可表示为

$$\dot{\boldsymbol{r}}(x,\ t) = \boldsymbol{S}(x)\dot{\boldsymbol{q}}(t) + \dot{\boldsymbol{S}}(x)\boldsymbol{q}(t) \tag{4.2.38}$$

$$\ddot{\boldsymbol{r}}(x,\ t) = \boldsymbol{S}(x)\ddot{\boldsymbol{q}}(t) + 2\dot{\boldsymbol{S}}(x)\dot{\boldsymbol{q}}(t) + \ddot{\boldsymbol{S}}(x)\boldsymbol{q}(t) \tag{4.2.39}$$

其中

$$\dot{\boldsymbol{S}} = \frac{\mathrm{d}\boldsymbol{S}}{\mathrm{d}\xi}\dot{\xi}, \quad \ddot{\boldsymbol{S}} = \frac{\mathrm{d}^2\boldsymbol{S}}{\mathrm{d}\xi^2}\dot{\xi}^2 + \frac{\mathrm{d}\boldsymbol{S}}{\mathrm{d}\xi}\ddot{\xi} \tag{4.2.40}$$

显然，速度和加速度表达式 (4.2.38) 和 (4.2.39) 在边界处物质流动速度为 0 时，表示的是长度不可变的索梁单元的速度和加速度。按照传统索梁单元动力学模型推导方法，多体系统的动力学方程可由拉格朗日方程推导得到。然而，在单元长度变化的情况下，边界处存在的质量流动导致拉格朗日方法不再适用。动力学方程的推导应从更为基础的达朗贝尔原理出发，即约束多体系统在任意时刻，惯性力和作用力对任意虚位移所做虚功之和为 $\mathbf{0}$，即

$$\sum_i (\boldsymbol{F}_i - m\ddot{\boldsymbol{r}}_i) \cdot \delta\boldsymbol{r}_i = \mathbf{0} \tag{4.2.41}$$

其中，$\delta\boldsymbol{r}_i$ 代表质点 i 在任意时刻满足约束条件的虚位移。

由于索梁单元作用力可以分解为弹性力 $\boldsymbol{F}_E$ 和外力 $\boldsymbol{F}_f$ ，式(4.2.41)可改写为

$$\int_{0(t)}^{l(t)} \delta \boldsymbol{r}^{\mathrm{T}}\left(\boldsymbol{F}_f+\boldsymbol{F}_E-\rho \ddot{\boldsymbol{r}}\right) \mathrm{d} x=\mathbf{0} \tag{4.2.42}$$

由于索梁单元的质量是变化的，式 (4.2.42) 的上下限随时间发生改变。考虑索梁的轴向弹性和横向弹性，包括黏滞阻尼效应，忽略假设中所述索梁单元横截面的扭转运动和弹性能，各部分虚功可以表示为

$$\int_{0(t)}^{l(t)} \delta \boldsymbol{r}^{\mathrm{T}}\left(\boldsymbol{F}_f\right) \mathrm{d} x=\delta \boldsymbol{q}^{\mathrm{T}} \int_{0(t)}^{l(t)} \boldsymbol{S}^{\mathrm{T}}(x) \boldsymbol{f}(x,\ t) \mathrm{d} x=\delta \boldsymbol{q}^{\mathrm{T}} \frac{\mathrm{d} x}{\mathrm{d} \xi} \int_{-1}^1 \boldsymbol{S}^{\mathrm{T}}(\xi) \boldsymbol{f}(\xi,\ t) \mathrm{d} \xi \tag{4.2.43}$$

$$\begin{aligned} & \int_{0(t)}^{l(t)} \delta \boldsymbol{r}^{\mathrm{T}}\left(\boldsymbol{F}_E\right) \mathrm{d} x \\ = & -\delta \boldsymbol{q}^{\mathrm{T}} \frac{\mathrm{d} x}{\mathrm{d} \xi} \int_{-1}^1\left[\left(\frac{\partial \varepsilon_0}{\partial \boldsymbol{q}}\right)^{\mathrm{T}} E A\left(\varepsilon_0+c \dot{\varepsilon}_0\right)+\left(\frac{\partial \kappa}{\partial \boldsymbol{q}}\right)^{\mathrm{T}} E J(\kappa+c \dot{\kappa})\right] \mathrm{d} \xi \end{aligned} \tag{4.2.44}$$

$$\int_{0(t)}^{l(t)}(\delta \boldsymbol{r})^{\mathrm{T}}(-\rho A \ddot{\boldsymbol{r}}) \mathrm{d} x=-\delta \boldsymbol{q}^{\mathrm{T}} \frac{\mathrm{d} x}{\mathrm{d} \xi} \int_{-1}^1 \rho A \boldsymbol{S}^{\mathrm{T}} \ddot{\boldsymbol{r}} \mathrm{d} \xi \tag{4.2.45}$$

由于索梁单元广义坐标变分 $\delta\boldsymbol{q}$ 在每个时刻的值都是任意的，因此单元动力学方程可以表示为

$$\boldsymbol{M}_{\mathrm{ele}} \ddot{\boldsymbol{q}}+\boldsymbol{M}_{v, \mathrm{ele}} \dot{\boldsymbol{q}}+\boldsymbol{M}_{q, \mathrm{ele}} \boldsymbol{q}+\boldsymbol{Q}_{\mathrm{ele}}=\mathbf{0} \tag{4.2.46}$$

其中

$$\boldsymbol{M}_{\mathrm{ele}}=\frac{l(t)}{2} \int_{-1}^1 \rho A \boldsymbol{S}^{\mathrm{T}} \boldsymbol{S} \mathrm{d} \xi \tag{4.2.47}$$

$$\boldsymbol{M}_{v, \mathrm{ele}}=\frac{l(t)}{2} \int_{-1}^1 \rho A \boldsymbol{S}^{\mathrm{T}} \dot{\boldsymbol{S}} \mathrm{d} \xi \tag{4.2.48}$$

$$\boldsymbol{M}_{q, \mathrm{ele}}=\frac{l(t)}{2} \int_{-1}^1 \rho A \boldsymbol{S}^{\mathrm{T}} \ddot{\boldsymbol{S}} \mathrm{d} \xi \tag{4.2.49}$$

$$\boldsymbol{Q}_{\mathrm{ele}}=\boldsymbol{Q}_e+\boldsymbol{Q}_f \tag{4.2.50}$$

$$\boldsymbol{Q}_e=\frac{l(t)}{2} \int_{-1}^1\left[\left(\frac{\partial \varepsilon}{\partial \boldsymbol{q}}\right)^{\mathrm{T}} E A(\varepsilon+c \dot{\varepsilon})+\left(\frac{\partial \kappa}{\partial \boldsymbol{q}}\right)^{\mathrm{T}} E J(\kappa+c \dot{\kappa})\right] \mathrm{d} \xi \tag{4.2.51}$$

$$\boldsymbol{Q}_f = -\frac{l(t)}{2}\int_{-1}^{1}\boldsymbol{S}^{\mathrm{T}}\boldsymbol{f}\mathrm{d}\xi \tag{4.2.52}$$

其中，$\boldsymbol{Q}_e$ 和 $\boldsymbol{Q}_f$ 为广义弹性力和广义外力。

通过上述推导可以得到变长度索梁单元的动力学方程，上述方程仅考虑第一个边界点处的质量流动，采用相同的方法也可以建立索梁单元两个边界点均具有质量流动的动力学方程。在此基础上，可进一步考虑具有 $N-1$ 个索梁单元组成的索梁模型。该模型只有两端索梁单元长度可以变化，其他单元长度保持不变，如图 4.4 所示。

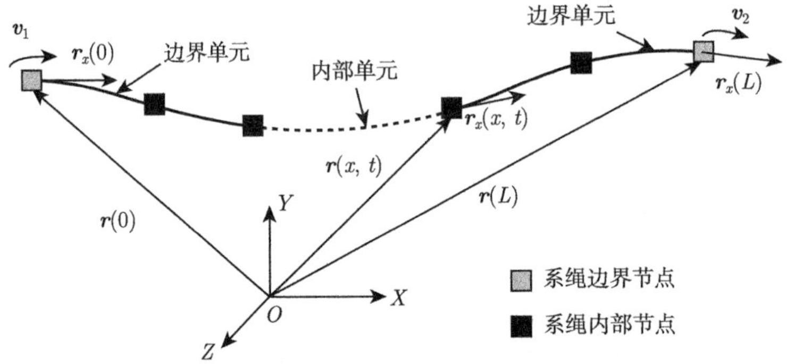

图 4.4　具有质量流动边界条件的索梁模型

将所有单元的动力学方程进行组集，可以得到变长度索梁模型的流动控制方程，即

$$\boldsymbol{M}_t\ddot{\boldsymbol{q}}_t + \boldsymbol{Q}_t = \boldsymbol{0} \tag{4.2.53}$$

其中，$\boldsymbol{M}_t$ 和 $\boldsymbol{Q}_t$ 表示索梁系统的质量矩阵和广义力；$\boldsymbol{q}_t$ 表示系统的广义坐标，由所有节点的广义坐标组成，即

$$\boldsymbol{q}_t = \begin{bmatrix} \boldsymbol{r}^{\mathrm{T}}(0) & \boldsymbol{r}_x^{\mathrm{T}}(0) & \cdots & \boldsymbol{r}^{\mathrm{T}}(L) & \boldsymbol{r}_x^{\mathrm{T}}(L) \end{bmatrix}^{\mathrm{T}} \tag{4.2.54}$$

对式(4.2.53)积分，可以计算得到整个索梁的运动。然而，有一点值得注意，边界单元具有变长度能力，在计算过程中可能会变得极长或极短。当边界单元过长时，仿真的精度会下降；反之，当边界单元过短时，刚度矩阵发生奇异，不能正常积分。因此，有必要检测边界单元的长度。如果边界单元长度超出给定的最大阈值长度时，则在边界单元中插入新的节点，将过长单元划分为两个新单元。另外，当边界单元长度小于给定的最小阈值长度时，靠近边界节点的内部节点将被移除，使边界单元与邻近单元相结合，形成一个新的单元。边界单元调整示意图

如图 4.5 所示。虽然插入新的节点和移除内部节点会带来一些误差，但是如果阈值长度选取得当，误差对于整个索梁的影响会很小，甚至可以忽略不计。

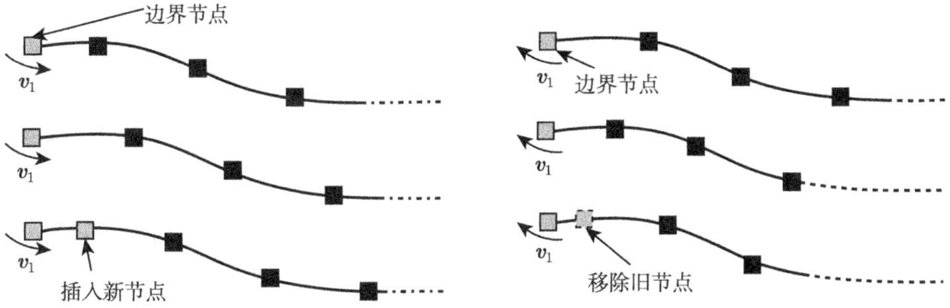

(a) 边界单元过长时插入新单元示意图　(b) 边界单元过短时移除旧单元示意图

图 4.5　边界单元调整示意图

4.2.4 考虑热应力的 ANCF 梁单元模型

1. 热力分析

在热弹性方程中，形变和位移之间的几何关系与弹性理论没有区别。由温度变化产生的热应力引起，每个微元体受到膨胀或收缩引起热应变。对于 ANCF 梁单元，仅考虑热应力引起的轴向热应变，即

$$\varepsilon_0 = \alpha\Delta T = \alpha\left(T - T_0\right) \tag{4.2.55}$$

其中，α 为热膨胀系数；T 和 T_0 为柔性梁上任意一点的温度和参考温度。

考虑温度变化引起的应变，此时轴向应力与应变的关系为

$$\sigma_1 = E(\varepsilon - \varepsilon_0) \tag{4.2.56}$$

2. 考虑热应力的 ANCF 模型

以梯度缺省的 ANCF 索梁单元为例，考虑温度变化引起的热应力时，单元应变能可以表示为

$$\begin{aligned} U_e &= U_{e1} + U_{e2} \\ &= \int_0^L \left(A\int \sigma_1 \mathrm{d}\varepsilon\right)\mathrm{d}x + \int_0^L \left(J\int \sigma_2 \mathrm{d}\kappa\right)\mathrm{d}x \\ &= EA\int_0^L \left(\frac{1}{2}\varepsilon^2 - \alpha\Delta T\varepsilon\right)\mathrm{d}x + \frac{1}{2}EJ\int_0^L \kappa^2 \mathrm{d}x \end{aligned} \tag{4.2.57}$$

其中，U_{e1} 和 U_{e2} 为轴向应变能和弯曲应变能。

由式(4.2.57)中的应变能对广义坐标求偏导数，可得单元广义弹性力，即

$$\boldsymbol{Q}_e = \boldsymbol{Q}_{e1} + \boldsymbol{Q}_{e2} = \int_0^L EA\left(\varepsilon - \alpha\Delta T\right)\left(\frac{\partial \varepsilon}{\partial \boldsymbol{q}}\right)^{\mathrm{T}} \mathrm{d}x + \int_0^L EJ\kappa\left(\frac{\partial \kappa}{\partial \boldsymbol{q}}\right)^{\mathrm{T}} \mathrm{d}x \tag{4.2.58}$$

在式(4.2.58)的基础上，考虑材料的黏弹性，则单元轴向应变对应的广义力可写为

$$\boldsymbol{Q}_{e1} = \int_0^L EA\left(\varepsilon - \alpha\Delta T + c\dot{\varepsilon}\right)\left(\frac{\partial \varepsilon}{\partial \boldsymbol{q}}\right)^{\mathrm{T}} \mathrm{d}x \tag{4.2.59}$$

3. 温度输入

① 已知温度场 $\Delta T = \Delta T(X, Y, Z, t)$ 或 $\Delta T = \Delta T(\boldsymbol{q}, x, t)$，通过高斯积分点处的温度可以计算轴向广义力，即

$$\boldsymbol{Q}_{e1} = \sum_{i=1}^{5} w_i EA\left(\varepsilon(x_i) - \alpha\Delta T + c\dot{\varepsilon}(x_i)\right)\left(\frac{\partial \varepsilon(x_i)}{\partial \boldsymbol{q}}\right)^{\mathrm{T}} \tag{4.2.60}$$

其中，x_i 和 w_i 为高斯积分点和权重系数。

② 仅知节点处温度 $\Delta T = \begin{bmatrix} \Delta T_1, \Delta T_2, \cdots, \Delta T_n \end{bmatrix}$，可取两端节点温度的平均值计算轴向广义力，即

$$\boldsymbol{Q}_{e1}^j = \int_0^L EA\left(\varepsilon - \alpha\frac{\Delta T_{j-1} + \Delta T_j}{2} + c\dot{\varepsilon}\right)\left(\frac{\partial \varepsilon}{\partial \boldsymbol{q}}\right)^{\mathrm{T}} \mathrm{d}x \tag{4.2.61}$$

4.3 薄膜/板壳单元动力学建模

4.3.1 ANCF 薄膜/板壳单元模型

本节给出基于 ANCF 方法的薄膜/板壳单元模型[50]。首先，通过单元形函数描述薄膜/板壳的运动及变形，然后基于本构关系建立其动力学模型。

在建模过程中,薄膜/板壳通过网格划分离散成一定数量的 4 节点单元。ANCF 薄膜/板壳单元如图 4.6 所示。

定义板壳单元 i 上任意物质点 $\boldsymbol{x}^i = \begin{bmatrix} x^i & y^i & z^i \end{bmatrix}^{\mathrm{T}}$ 的全局坐标 $\boldsymbol{r}^i$ 为

$$\boldsymbol{r}^i = \boldsymbol{r}_m^i\left(x^i, y^i\right) + z^i\frac{\partial \boldsymbol{r}^i}{\partial z^i}\left(x^i, y^i\right) \tag{4.3.1}$$

其中，$\boldsymbol{r}_m^i(x^i, y^i)$ 为中心面上的全局坐标；$\partial \boldsymbol{r}^i(x^i, y^i)/\partial z^i$ 为横向梯度向量，用于描述该点周围无穷小体积的方向和变形量；全局坐标 $\boldsymbol{r}^i$ 使用二次多项式插值，即

$$\boldsymbol{r}^i = a_0 + a_1 x^i + a_2 y^i + a_3 x^i y^i + z^i(a_4 + a_5 x^i + a_6 y^i + a_7 x^i y^i) \tag{4.3.2}$$

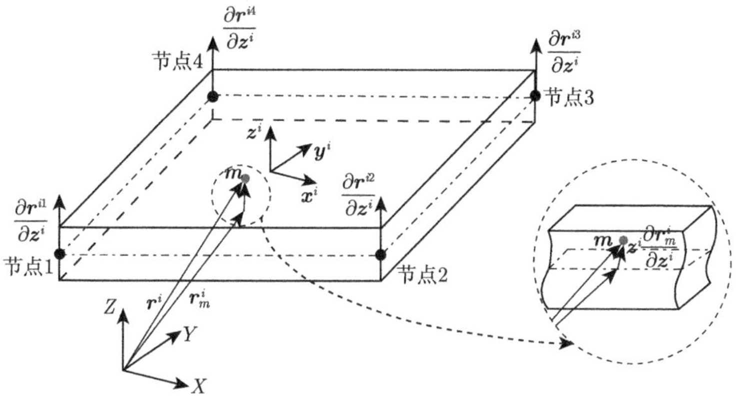

图 4.6　ANCF 薄膜/板壳单元

用一个型函数矩阵 $\boldsymbol{S}_m^i$ 可以表示 $\boldsymbol{r}_m^i(x^i, y^i)$,$\partial \boldsymbol{r}^i(x^i, y^i)/\partial z^i$ 为

$$\boldsymbol{r}_m^i(x^i, y^i) = \boldsymbol{S}_m^i(x^i, y^i)\boldsymbol{e}_p^i, \quad \partial \boldsymbol{r}^i(x^i, y^i)/\partial z^i = \boldsymbol{S}_m^i(x^i, y^i)\boldsymbol{e}_g^i \tag{4.3.3}$$

其中，$\boldsymbol{S}_m^i = \begin{bmatrix} S_1^i \boldsymbol{I} & S_2^i \boldsymbol{I} & S_3^i \boldsymbol{I} & S_4^i \boldsymbol{I} \end{bmatrix}$。

$$\begin{aligned} S_1^i &= \frac{1}{4}\left(1-\xi^i\right)\left(1-\eta^i\right) \\ S_2^i &= \frac{1}{4}\left(1+\xi^i\right)\left(1-\eta^i\right) \\ S_3^i &= \frac{1}{4}\left(1+\xi^i\right)\left(1+\eta^i\right) \\ S_4^i &= \frac{1}{4}\left(1-\xi^i\right)\left(1+\eta^i\right) \end{aligned} \tag{4.3.4}$$

其中，$\xi^i = 2x^i/l^i\ \eta^i = 2y^i/\omega^i$，$l^i$ 和 ω^i 是单元沿 x^i 和 y^i 轴方向的长度。

式(4.3.3)中向量 $\boldsymbol{e}_p^i$ 和 $\boldsymbol{e}_g^i$ 代表单元上与节点全局位置和横向梯度相关的矢量。对于单元 i 的节点 k 有，$\boldsymbol{e}_p^{ik} = \boldsymbol{r}^{ik}k$ ，$\boldsymbol{e}_g^{ik} = \partial \boldsymbol{r}^{ik}/\partial z^i$ 。需要注意，$\boldsymbol{r}_m^i$ 不包含梯度坐标，变形和指向仅由横向梯度坐标量表示。将式(4.3.3)代入式(4.3.1)可以得到 ANCF 全局坐标表示，即

$$\boldsymbol{r}^i(x^i, y^i, z^i) = \boldsymbol{S}^i(x^i, y^i, z^i)\boldsymbol{e}^i \tag{4.3.5}$$

形函数矩阵和节点全局坐标向量 $\boldsymbol{S}^i$ 和 $\boldsymbol{e}^i$ 的表达式分别为

$$\boldsymbol{S}^i = \begin{bmatrix} \boldsymbol{S}_m^i & z^i\boldsymbol{S}_m^i \end{bmatrix}, \quad \boldsymbol{e}^i = \begin{bmatrix} \left(\boldsymbol{e}_p^i\right)^{\mathrm{T}} & \left(\boldsymbol{e}_g^i\right)^{\mathrm{T}} \end{bmatrix}^{\mathrm{T}} \tag{4.3.6}$$

1. 单元变形描述

(1) 广义弹性力

单元 i 上物质点的格林-拉格朗日应变张量 $\boldsymbol{E}$ 定义为

$$\boldsymbol{E}^i = \frac{1}{2}\left(\left(\boldsymbol{F}^i\right)^{\mathrm{T}}\boldsymbol{F}^i - \boldsymbol{I}\right) \tag{4.3.7}$$

其中，$\boldsymbol{F}^i$ 为全局位置的变形梯度矩阵，即

$$\boldsymbol{F}^i = \frac{\partial \boldsymbol{r}^i}{\partial \boldsymbol{X}^i} = \frac{\partial \boldsymbol{r}^i}{\partial \boldsymbol{x}^i}\left(\frac{\partial \boldsymbol{X}^i}{\partial \boldsymbol{x}^i}\right)^{-1} = \bar{\boldsymbol{J}}^i(\boldsymbol{J}^i)^{-1} \tag{4.3.8}$$

其中，$\bar{\boldsymbol{J}}^i = \partial \boldsymbol{r}^i/\partial \boldsymbol{x}^i$；$\boldsymbol{J}^i = \partial \boldsymbol{X}^i/\partial \boldsymbol{x}^i$；$\boldsymbol{X}^i$ 为单元 i 在任意参考构型下的全局坐标向量。

将式(4.3.8)代入式(4.3.7)可得

$$\boldsymbol{E}^i = (\boldsymbol{J}^i)^{-\mathrm{T}}\tilde{\boldsymbol{E}}^i(\boldsymbol{J}^i)^{-1} \tag{4.3.9}$$

其中，$\tilde{\boldsymbol{E}}^i$ 为协变张量，即

$$\tilde{\boldsymbol{E}}^i = \frac{1}{2}\left(\left(\bar{\boldsymbol{J}}^i\right)^{\mathrm{T}}\bar{\boldsymbol{J}}^i - \left(\boldsymbol{J}^i\right)^{\mathrm{T}}\boldsymbol{J}^i\right) \tag{4.3.10}$$

式(4.3.9)给出的协变张量 $\tilde{\boldsymbol{E}}^i$ 变换可以用工程应变张量 $\tilde{\boldsymbol{\varepsilon}}^i$ 重新表示为

$$\boldsymbol{\varepsilon}^i = \left(\boldsymbol{T}^i\right)^{-\mathrm{T}}\tilde{\boldsymbol{\varepsilon}}^i \tag{4.3.11}$$

其中

$$\boldsymbol{\varepsilon}^i = \begin{bmatrix} \varepsilon_{xx}^i & \varepsilon_{yy}^i & \varepsilon_{xy}^i & \varepsilon_{zz}^i & \varepsilon_{xz}^i & \varepsilon_{yz}^i \end{bmatrix}^{\mathrm{T}} \tag{4.3.12}$$

$$\tilde{\boldsymbol{\varepsilon}}^i = \begin{bmatrix} \tilde{\varepsilon}_{xx}^i & \tilde{\varepsilon}_{yy}^i & \tilde{\varepsilon}_{xy}^i & \tilde{\varepsilon}_{zz}^i & \tilde{\varepsilon}_{xz}^i & \tilde{\varepsilon}_{yz}^i \end{bmatrix}^{\mathrm{T}} \tag{4.3.13}$$

$$\boldsymbol{T}^i = \begin{bmatrix} \left(J_{11}^i\right)^2 & \left(J_{12}^i\right)^2 & 2J_{11}^iJ_{12}^i & \left(J_{13}^i\right)^2 & 2J_{11}^iJ_{13}^i & 2J_{12}^iJ_{13}^i \\ \left(J_{21}^i\right)^2 & \left(J_{22}^i\right)^2 & 2J_{21}^iJ_{22}^i & \left(J_{23}^i\right)^2 & 2J_{21}^iJ_{23}^i & 2J_{22}^iJ_{23}^i \\ J_{11}^iJ_{12}^i & J_{11}^iJ_{22}^i & J_{11}^iJ_{22}^i + J_{12}^iJ_{21}^i & J_{13}^iJ_{23}^i & J_{11}^iJ_{23}^i + J_{13}^iJ_{21}^i & J_{12}^iJ_{23}^i + J_{13}^iJ_{22}^i \\ \left(J_{11}^i\right)^2 & \left(J_{11}^i\right)^2 & 2J_{31}^iJ_{32}^i & \left(J_{33}^i\right)^2 & 2J_{31}^iJ_{33}^i & 2J_{31}^iJ_{33}^i \\ J_{11}^iJ_{31}^i & J_{12}^iJ_{32}^i & J_{11}^iJ_{32}^i + J_{12}^iJ_{31}^i & J_{13}^iJ_{33}^i & J_{11}^iJ_{33}^i + J_{13}^iJ_{31}^i & J_{12}^iJ_{33}^i + J_{13}^iJ_{32}^i \\ J_{21}^iJ_{31}^i & J_{22}^iJ_{32}^i & J_{21}^iJ_{32}^i + J_{22}^iJ_{31}^i & J_{21}^iJ_{33}^i & J_{21}^iJ_{33}^i + J_{23}^iJ_{31}^i & J_{22}^iJ_{33}^i + J_{23}^iJ_{32}^i \end{bmatrix} \tag{4.3.14}$$

其中，J_{ab}^{i} 为 $\boldsymbol{J}^{i}$ 中第 a 行 b 列的时间常数。

广义弹性力可由虚功原理获得，即

$$\boldsymbol{Q}_{k}^{i}=\int_{V_{0}^{i}}\left(\frac{\partial\boldsymbol{\varepsilon}^{i}}{\partial\boldsymbol{e}^{i}}\right)^{\mathrm{T}}\boldsymbol{\sigma}^{i}\mathrm{d}V_{0}^{i} \tag{4.3.15}$$

其中，$\boldsymbol{\sigma}^{i}$ 为第二类 Piola-Kirchhoff 应力；$\mathrm{d}V_{0}^{i}$ 为单元 i 参考构型下的无穷小体积。

由此可以使用各种非线性材料模型获得板壳单元的应力。

(2) 单元横向剪切和平面内剪切/正应变闭锁问题

如文献 [51] 所述，双线性四边形板壳单元存在横向剪切和平面内剪切/法向闭锁的问题。横向剪切闭锁可以使用 Baach 和 Dvorkin 提出的假设自然应变 (assumed natural strain, ANS) 方法消除。在该方法中，协变横向剪切应变使用图 4.7 中的采样点 A、B、C、D 处的值进行插值，即

$$\begin{cases}\tilde{\gamma}_{xz}^{\mathrm{ANS}}=\dfrac{1}{2}(1-\eta)\tilde{\gamma}_{xz}^{C}+\dfrac{1}{2}(1+\eta)\tilde{\gamma}_{xz}^{D}\\[2mm]\tilde{\gamma}_{yz}^{\mathrm{ANS}}=\dfrac{1}{2}(1-\xi)\tilde{\gamma}_{xz}^{A}+\dfrac{1}{2}(1+\xi)\tilde{\gamma}_{xz}^{B}\end{cases} \tag{4.3.16}$$

其中，$\tilde{\gamma}_{xz}^{C}$、$\tilde{\gamma}_{xz}^{D}$、$\tilde{\gamma}_{yz}^{A}$、$\tilde{\gamma}_{yz}^{B}$ 为采样点处的相容协变横向剪切应变。

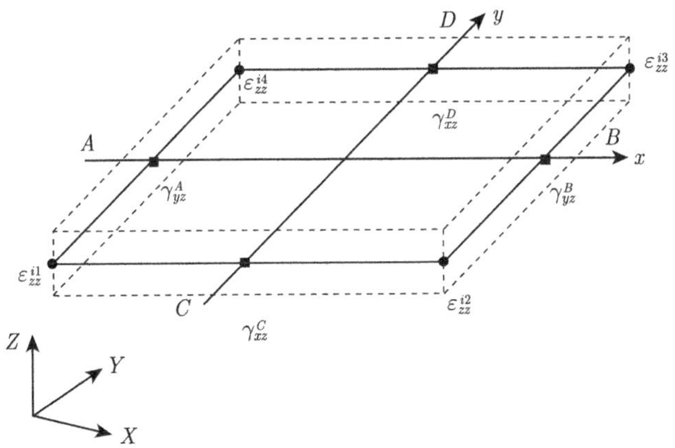

图 4.7 ANS 模型示意图

在纯弯曲载荷下，面内的附加剪切应变是双线性四边形单元中的典型闭锁问题，通过引入增强假设应变 (enhanced assumed strain，EAS) 项 $\boldsymbol{\varepsilon}^{\mathrm{EAS}}$，可以增强由假定位移场获得的共用面内应变，即

$$\boldsymbol{\varepsilon}=\boldsymbol{\varepsilon}^{C}+\boldsymbol{\varepsilon}^{\mathrm{EAS}} \tag{4.3.17}$$

其中，$\boldsymbol{\varepsilon}^{C}$ 为相容应变；$\boldsymbol{\varepsilon}^{\mathrm{EAS}}$ 为

$$\boldsymbol{\varepsilon}^{\mathrm{EAS}}(\xi)=\boldsymbol{G}(\boldsymbol{\xi})\boldsymbol{\alpha} \tag{4.3.18}$$

其中,$\boldsymbol{\alpha}$ 为引入的内部参数向量,用于定义平面内应变场的增强;矩阵 $\boldsymbol{G}(\boldsymbol{\xi})$ 定义为

$$\boldsymbol{G}(\boldsymbol{\xi})=\frac{|\boldsymbol{J}_0|}{|\boldsymbol{J}(\boldsymbol{\xi})|}\boldsymbol{T}_0^{-\mathrm{T}}\boldsymbol{N}(\boldsymbol{\xi}) \tag{4.3.19}$$

其中，$\boldsymbol{J}(\boldsymbol{\xi})$ 和 $\boldsymbol{J}_0$ 为高斯积分点 $\boldsymbol{\xi}$ 和单元中心点 $(\boldsymbol{\xi}=\boldsymbol{0})$ 处在参考构型下的全局位置梯度；$\boldsymbol{\xi}$ 为参数域内的单元坐标系向量；$\boldsymbol{T}_0$ 为单元中心点的常变换矩阵；$\boldsymbol{N}(\boldsymbol{\xi})$ 定义了用于增强参数域内的面内应变场的多项式。

例如，考虑面内应变 $(\varepsilon_{xx},\varepsilon_{yy},\varepsilon_{xy})$ 的线性分布，需要引入以下插值矩阵，即

$$\boldsymbol{N}(\boldsymbol{\xi})=\begin{bmatrix}\xi&0&0&0\\0&\eta&0&0\\0&0&\xi&\eta\\0&0&0&0\\0&0&0&0\\0&0&0&0\end{bmatrix} \tag{4.3.20}$$

式(4.3.20)引入了 EAS 参数，$\boldsymbol{N}(\boldsymbol{\xi})$ 需要满足的条件为

$$\int\boldsymbol{N}(\boldsymbol{\xi})\,\mathrm{d}\boldsymbol{\xi}=\boldsymbol{0} \tag{4.3.21}$$

应力应变间的正交关系满足下式，即

$$\int_{V_0}\boldsymbol{\sigma}\cdot\boldsymbol{\varepsilon}^{\mathrm{EAS}}\mathrm{d}V_0=\boldsymbol{0} \tag{4.3.22}$$

基于以上关系，未知的假设应力项可用 Hu-Washizu 定理消去，得到的广义弹性项为

$$\boldsymbol{Q}_k^i=-\int_{V_0^i}\left(\frac{\partial\boldsymbol{\varepsilon}^{C}}{\partial\boldsymbol{e}^i}\right)^{\mathrm{T}}\frac{\partial W^i\left(\boldsymbol{\varepsilon}^{C}+\boldsymbol{\varepsilon}^{\mathrm{EAS}}\right)}{\partial\boldsymbol{\varepsilon}^i}\mathrm{d}V_0^i \tag{4.3.23}$$

其中，W^i 为弹性应变势能函数。

nco-Hookean 材料模型的弹性应变能方程为

$$W=\frac{\mu}{2}\left(\mathrm{tr}\left(\boldsymbol{C}\right)-3\right)-\mu\ln J+\frac{\lambda}{2}(\ln J) \tag{4.3.24}$$

其中，λ 和 μ 为 Lame 常数；$\boldsymbol{C}=\boldsymbol{F}^{\mathrm{T}}\boldsymbol{F}$ 为右柯西-格林形变张量；$J=\det(\boldsymbol{F})=\sqrt{\det(\boldsymbol{C})}$ 。

EAS 模型的右柯西-格林形变张量定义为

$$\boldsymbol{C}=2(\boldsymbol{E}^{C}+\boldsymbol{E}^{\mathrm{EAS}})+\boldsymbol{I} \tag{4.3.25}$$

(3) 厚度闭锁

在 ANCF 板壳单元中使用横向梯度引入厚度拉伸，在双线性剪切变形 ANCF 板壳单元中显示横向法向应变相关的闭锁问题。这里使用 ANS 方法减轻厚度闭锁，单元中物质点处的横向法向应变近似为

$$\varepsilon_{zz}^{\mathrm{ANS}}=S_1^{\mathrm{ANS}}\varepsilon_{zz}^{1}+S_2^{\mathrm{ANS}}\varepsilon_{zz}^{2}+S_3^{\mathrm{ANS}}\varepsilon_{zz}^{3}+S_4^{\mathrm{ANS}}\varepsilon_{zz}^{4} \tag{4.3.26}$$

其中，ε_{zz}^{k} 表示节点 k 处的相容横向正应变，$k=1,2,3,4$。

该方法应用基于弹性中心面方法的双线性剪切变形 ANCF 来缓解厚度闭锁问题。使用 EAS 方法可以更好地近似横向正应变分布，并且可以减轻厚度锁定。也就是说，添加与增强的横向正应变相关的内部附加 EAS 参数可以描述沿厚度坐标 Z_i 的横向正应变的线性分布。换句话说，式(4.3.19)中 $\boldsymbol{N}(\boldsymbol{\xi})$ 由平面内法向/剪切闭锁引入的插值矩阵应修改为

$$\boldsymbol{N}(\boldsymbol{\xi})=\begin{bmatrix}\xi&0&0&0&0\\0&\eta&0&0&0\\0&0&\xi&\eta&0\\0&0&0&0&\xi\\0&0&0&0&0\\0&0&0&0&0\end{bmatrix} \tag{4.3.27}$$

其中，$\xi=2z/h$ 。

在式(4.3.19)中，变换矩阵 $\boldsymbol{G}(\boldsymbol{\xi})$ 中相关面内和厚度增强应变项假设是解耦的，可用近似变换矩阵表示。

为了进一步改善基于连续介质力学的单元中横向正应变分布，用式(4.3.26)定义的 ANS 替换相容横向正应变，即

$$\varepsilon_{zz}=\varepsilon_{zz}^{\mathrm{ANS}}+\varepsilon_{zz}^{\mathrm{EAS}} \tag{4.3.28}$$

对应的协变应变为

$$\tilde{\boldsymbol{\varepsilon}}=\begin{bmatrix}\tilde{\varepsilon}_{xx}&\tilde{\varepsilon}_{yy}&\tilde{\gamma}_{xy}&\tilde{\varepsilon}_{zz}^{\mathrm{ANS}}&\tilde{\varepsilon}_{xz}^{\mathrm{ANS}}&\tilde{\varepsilon}_{yz}^{\mathrm{ANS}}\end{bmatrix}^{\mathrm{T}} \tag{4.3.29}$$

2. 动力学方程

剪切变形 ANCF 板壳单元 i 的动力学方程可以表示为

$$\boldsymbol{M}^i\ddot{\boldsymbol{e}}^i = \boldsymbol{Q}_k^i(\boldsymbol{e}^i,\boldsymbol{\alpha}^i) + \boldsymbol{Q}_e^i(\boldsymbol{e}^i,\boldsymbol{e}^i,t) \tag{4.3.30}$$

其中，$\boldsymbol{Q}_k^i$ 和 $\boldsymbol{Q}_e^i$ 为单元弹性力和外力矢量；$\boldsymbol{M}^i$ 为常质量阵，其表达式为

$$\boldsymbol{M}^i = \int_{V_0^i} \rho_0^i(\boldsymbol{S}^i)^{\mathrm{T}}\boldsymbol{S}^i \mathrm{d}V_0^i \tag{4.3.31}$$

其中，ρ_0^i 为参考构型下的材料密度。

广义弹性力为节点坐标 $\boldsymbol{e}^i$ 和 EAS 参数 $\boldsymbol{\alpha}_i$ 的函数。参数 $\boldsymbol{\alpha}_i$ 可通过求解下面的方程得到，即

$$\boldsymbol{h}^i(\boldsymbol{e}^i,\boldsymbol{\alpha}^i) = \int_{V_0^i}\left(\frac{\partial\boldsymbol{\varepsilon}^{\mathrm{EAS}}}{\partial\boldsymbol{\alpha}^i}\right)\frac{\partial W^i(\boldsymbol{\varepsilon}^C+\boldsymbol{\varepsilon}^{\mathrm{EAS}})}{\partial\boldsymbol{\varepsilon}^i}\mathrm{d}V_0^i = \boldsymbol{0} \tag{4.3.32}$$

4.3.2 Reissner 薄膜/板壳单元模型

本节介绍 Reissner 薄膜/板壳单元模型[52]。将薄膜/板壳离散为图 4.8 所示的有限元单元。每个单元均为四节点组成的二维结构。该有限单元由 Witkowski 基于 EAS 和 ANS 原理提出。令 y 为壳体参考面的位置，在未变形壳体表面建立局部正交坐标系。T 是曲面上定义的局部正交空间坐标系。两个类 Biot 线性变形矢量可以通过计算变形和未变形的反向旋转位置导数获得，即

$$\tilde{\boldsymbol{\varepsilon}}_k = \boldsymbol{T}^{\mathrm{T}}\boldsymbol{y}_{/k} - {\boldsymbol{T}_0}^{\mathrm{T}}\boldsymbol{y}_{0/k} \tag{4.3.33}$$

其中，$\boldsymbol{y}_{/k}$ 为弧长坐标 $k(k=1,2)$ 的偏导数；下标 0 表示未变形的导数；$\tilde{\boldsymbol{\varepsilon}}_k$ 矢量与单位长度力的矢量 $\tilde{\boldsymbol{n}}_k$ 功共轭。

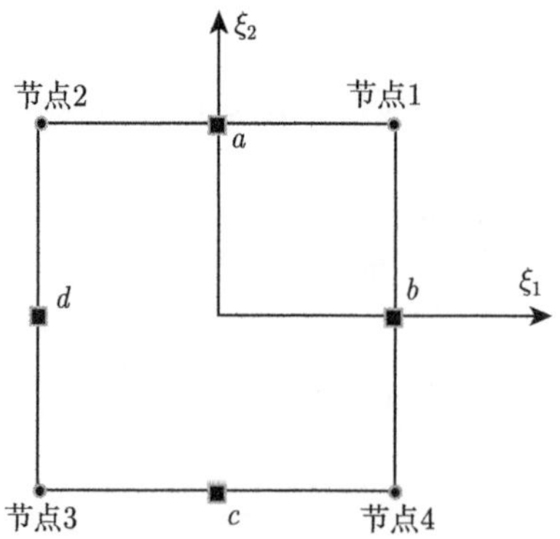

图 4.8 Reissner 单元示意图

类 Biot 角变形矢量为

$$\tilde{\boldsymbol{\kappa}}_k = \boldsymbol{T}^{\mathrm{T}}\boldsymbol{\kappa}_k - {\boldsymbol{T}_0}^{\mathrm{T}}\boldsymbol{\kappa}_{0k} \tag{4.3.34}$$

其中，$\boldsymbol{\kappa}_k$ 为张量 $\boldsymbol{T}$ 关于弧长坐标的空间导数矢量，即

$$\boldsymbol{\kappa}_k\times = \boldsymbol{T}\boldsymbol{T}^{\mathrm{T}} \tag{4.3.35}$$

角应变矢量与单元长度内力矩矢量 $\tilde{\boldsymbol{m}}_k$ 共轭。壳体的应变可以表示为

$$\boldsymbol{\varepsilon} = \begin{bmatrix} \tilde{\boldsymbol{\varepsilon}}_1 \\ \tilde{\boldsymbol{\varepsilon}}_2 \\ \tilde{\boldsymbol{\kappa}}_1 \\ \tilde{\boldsymbol{\kappa}}_2 \end{bmatrix} \tag{4.3.36}$$

与其功共轭的应力为

$$\boldsymbol{\sigma} = \begin{bmatrix} \tilde{\boldsymbol{n}}_1 \\ \tilde{\boldsymbol{n}}_2 \\ \tilde{\boldsymbol{m}}_1 \\ \tilde{\boldsymbol{m}}_2 \end{bmatrix} \tag{4.3.37}$$

内力虚功为

$$\delta L_i = \int_A \delta\boldsymbol{\varepsilon}^{\mathrm{T}}\boldsymbol{\sigma}\mathrm{d}A \tag{4.3.38}$$

这种方法与 Witkowski 和 Chroscielewski 在早期旋转场处理方面的工作不同。在他们的方法中，方向场 $\boldsymbol{T}$ 通过共旋坐标进行插值。本节提出的方法中，角应变矢量 $\tilde{\boldsymbol{\kappa}}_k$ 通过式(4.3.34)计算得到，而不是通过旋转张量 $\boldsymbol{\Phi} = \boldsymbol{T}\boldsymbol{T}_0^{\mathrm{T}}$ 的反向旋转梯度。此外，直接利用线性和角应变方程(4.3.33)和方程(4.3.34)及其单元力的功共轭，可以不使用应力矢量的共旋导数。

方向场的定义是每个节点 n 的正交矢量 $\boldsymbol{t}_{n1}$、$\boldsymbol{t}_{n2}$ 、$\boldsymbol{t}_{n3}$ ，其中 $\boldsymbol{t}_{n1}$ 和 $\boldsymbol{t}_{n2}$ 正切于壳体表面，$\boldsymbol{t}_{n3} = \boldsymbol{t}_{n1} \times \boldsymbol{t}_{n2}$ 。$\boldsymbol{R}_n$ 为节点 n 的方向张量，定义局部壳体方向，相应的表达式为

$$\boldsymbol{T}_n = \boldsymbol{R}_n\boldsymbol{R}_{0n}^{\mathrm{T}}[\boldsymbol{t}_{n1}, \boldsymbol{t}_{n2}, \boldsymbol{t}_{n3}] \tag{4.3.39}$$

其中，$\boldsymbol{R}_{0n}$ 为参考构型的节点方向；壳体的平均方向 $\bar{\boldsymbol{T}}$ 可以通过 $\bar{\boldsymbol{T}} = \exp(\log(1/4 \sum\limits_{n=1,4} \boldsymbol{T}_n))$ 计算；函数 $\log(\cdot)$ 是函数 $\exp[(\cdot)\times]$ 的反函数，用于计算转动张量，如 $\boldsymbol{R} = \exp(\log(\boldsymbol{R}))$ 和 $\boldsymbol{a}\times = \log(\exp(\boldsymbol{a}\times))$。

标准双线性插值形函数 $N_n(\boldsymbol{\xi})$ 通过每个节点 n 定义，其中 $\boldsymbol{\xi} \in [-1,1] \times [-1,1]$，它们用于通过插值定义相对节点旋转的矢量，如 $\tilde{\boldsymbol{R}}_n = \bar{\boldsymbol{T}}^{\mathrm{T}}\boldsymbol{T}_n$。令

$$\tilde{\boldsymbol{\phi}}_i(\boldsymbol{\xi})\times = \log(\tilde{\boldsymbol{R}}_i) = \sum_{n=1,4} N_n(\boldsymbol{\xi}) \log(\bar{\boldsymbol{T}}^{\mathrm{T}}\boldsymbol{T}_n) \tag{4.3.40}$$

其中，i 表示插值量，插值方向为 $\boldsymbol{T}_i = \bar{\boldsymbol{T}} \exp(\tilde{\boldsymbol{\phi}}_i\times)$ 。

式(4.3.38)用来计算内力虚功，它的线性化包括计算线性和角变形矢量的一阶变分 δ 和二阶变分 $\partial\delta$。对插值的虚旋转向量使用显式表达式 $\boldsymbol{\phi}_{i\delta}$ ，定义为 $\boldsymbol{\phi}_{i\delta}\times = \delta\boldsymbol{T}_i\boldsymbol{T}_i{}^{\mathrm{T}}$；虚旋转矢量 $\boldsymbol{\phi}_{i\delta}$ 可以通过 $\boldsymbol{\phi}_\delta = \boldsymbol{\Gamma}(\boldsymbol{\phi})\delta\boldsymbol{\phi}$ 计算，其中 $\boldsymbol{\Gamma}(\boldsymbol{\phi})$ 为二阶张量。插值虚旋转矢量为

$$\boldsymbol{\phi}_{i\delta} = \sum_{n=1,4} \boldsymbol{\Phi}_{in} N_{in} \boldsymbol{\phi}_{n\delta} \tag{4.3.41}$$

其中

$$\boldsymbol{\Phi}_{in} = \bar{\boldsymbol{T}}\tilde{\boldsymbol{\Gamma}}_i\tilde{\boldsymbol{\Gamma}}_n^{-1}\bar{\boldsymbol{T}}^{\mathrm{T}} \tag{4.3.42}$$

在第 i 个积分点 $\boldsymbol{\xi}_i$ 时，$N_{in} = N_n(\boldsymbol{\xi}_i)$。

线应变为

$$\tilde{\boldsymbol{\varepsilon}}_k = \boldsymbol{T}_i^{\mathrm{T}}\boldsymbol{y}_{i/k} = \boldsymbol{T}_i^{\mathrm{T}} \sum_{n=1,4} N_{in/k}\boldsymbol{y}_n \tag{4.3.43}$$

一阶变分为

$$\delta(\boldsymbol{T}_i^{\mathrm{T}}\boldsymbol{y}_{i/k}) = \boldsymbol{T}_i^{\mathrm{T}}(\boldsymbol{y}_{i/k} \times \boldsymbol{\phi}_{i\delta} + \delta\boldsymbol{y}_{i/k}) \tag{4.3.44}$$

二阶变分为

$$\begin{aligned}\partial\delta(\boldsymbol{T}_i^{\mathrm{T}}\boldsymbol{y}_{i/k}) = \boldsymbol{T}_i^{\mathrm{T}}[&(\boldsymbol{y}_{i/k} \times \boldsymbol{\phi}_{i\delta} + \delta\boldsymbol{y}_{i/k}) \times \boldsymbol{\phi}_{i\partial} \\ &- \boldsymbol{\phi}_{i\delta} \times \partial\boldsymbol{y}_{i/k} + \boldsymbol{y}_{i/k} \times \partial\boldsymbol{\phi}_{i\delta}]\end{aligned} \tag{4.3.45}$$

反向旋转曲率为

$$\tilde{\boldsymbol{\kappa}}_{ik} = \boldsymbol{T}_i^{\mathrm{T}}\boldsymbol{\kappa}_{ik} = \tilde{\boldsymbol{\Gamma}}_i^{\mathrm{T}} \sum_{n=1,4} N_{in/k}\tilde{\boldsymbol{\phi}}_n \tag{4.3.46}$$

其一阶变分为

$$\begin{aligned}\delta(\boldsymbol{T}_i^{\mathrm{T}}\boldsymbol{\kappa}_{ik}) &= \boldsymbol{T}_i^{\mathrm{T}}\boldsymbol{\kappa}_{ik} \times \boldsymbol{\phi}_{i\delta} + \boldsymbol{T}_i^{\mathrm{T}}\delta\boldsymbol{\kappa}_{ik} \\ &= \boldsymbol{T}_i^{\mathrm{T}}\boldsymbol{\phi}_{i\delta/k} \\ &= \boldsymbol{T}_i^{\mathrm{T}} \sum_{n=1,4} (\boldsymbol{\Phi}_{in/k}N_{in} + \boldsymbol{\phi}_{in}N_{in/k})\boldsymbol{\phi}_{n\delta}\end{aligned} \tag{4.3.47}$$

根据 Schwartz 定理，$\delta(\boldsymbol{T}_i^{\mathrm{T}}\boldsymbol{\kappa}_{ik})=\delta(\boldsymbol{T}_i)_{/k}$,$\delta\boldsymbol{\kappa}_{ik}=\boldsymbol{\phi}_{i\delta/k}-\boldsymbol{\kappa}_{ik}\times\boldsymbol{\phi}_{i\delta}$，二阶变分中把式(4.3.47)考虑进去，可得

$$
\begin{aligned}
\partial\delta(\boldsymbol{T}_i^{\mathrm{T}}\boldsymbol{\kappa}_{ik}) &= \partial(\boldsymbol{T}_i^{\mathrm{T}}\boldsymbol{\phi}_{i\delta/k}) \\
&= \boldsymbol{T}_i^{\mathrm{T}}(\boldsymbol{\phi}_{i\delta/k}\times\boldsymbol{\phi}_{i\partial}+\partial\boldsymbol{\phi}_{i\delta/k}) \\
&= \boldsymbol{T}_i^{\mathrm{T}}\left[\sum_{n=1,4}(\varPhi_{in/k}N_{in}+\boldsymbol{\varPhi}_{in}N_{in/k})\boldsymbol{\phi}_{n\delta}\times\sum_{n=1,4}\boldsymbol{\varPhi}_{in}N_{in}\boldsymbol{\phi}_{n\partial}\right. \\
&\quad \left.+\sum_{n=1,4}(\partial\boldsymbol{\varPhi}_{in/k}N_{in}+\partial\boldsymbol{\varPhi}_{in}N_{in/k})\boldsymbol{\phi}_{n\delta}\right]
\end{aligned}
\tag{4.3.48}
$$

壳体的本构关系需要事先计算,式(4.3.37)中的广义应力矢量表示式(4.3.36)中广义变形矢量的函数。例如，各向同性平板的本构关系为

$$
\begin{bmatrix}\boldsymbol{n}_1\\ \boldsymbol{n}_2\\ \boldsymbol{m}_1\\ \boldsymbol{m}_2\end{bmatrix}=\boldsymbol{D}\begin{bmatrix}\tilde{\boldsymbol{\varepsilon}}_1\\ \tilde{\boldsymbol{\varepsilon}}_2\\ \tilde{\boldsymbol{\kappa}}_1\\ \tilde{\boldsymbol{\kappa}}_2\end{bmatrix}
\tag{4.3.49}
$$

其中

$$
\boldsymbol{D}=\begin{bmatrix}
C & 0 & 0 & 0 & \nu C & 0 & 0 & 0 & 0 & 0 & 0 & 0\\
0 & 2Gh & 0 & 0 & 0 & 0 & 0 & 0 & 0 & 0 & 0 & 0\\
0 & 0 & \alpha Gh & 0 & 0 & 0 & 0 & 0 & 0 & 0 & 0 & 0\\
0 & 0 & 0 & 2Gh & 0 & 0 & 0 & 0 & 0 & 0 & 0 & 0\\
\nu C & 0 & 0 & 0 & C & 0 & 0 & 0 & 0 & 0 & 0 & 0\\
0 & 0 & 0 & 0 & 0 & \alpha Gh & 0 & 0 & 0 & 0 & 0 & 0\\
0 & 0 & 0 & 0 & 0 & 0 & 2F & 0 & 0 & 0 & 0 & 0\\
0 & 0 & 0 & 0 & 0 & 0 & 0 & D & 0 & -\nu D & 0 & 0\\
0 & 0 & 0 & 0 & 0 & 0 & 0 & 0 & \beta F & 0 & 0 & 0\\
0 & 0 & 0 & 0 & 0 & 0 & 0 & -\nu D & 0 & D & 0 & 0\\
0 & 0 & 0 & 0 & 0 & 0 & 0 & 0 & 0 & 0 & 2F & 0\\
0 & 0 & 0 & 0 & 0 & 0 & 0 & 0 & 0 & 0 & 0 & \beta F
\end{bmatrix}
\tag{4.3.50}
$$

其中，$C=Eh/(1-\nu^2)$；$D=Ch^2/12$；$F=Gh^3/12$；E 为杨氏模量；ν 为泊松系数；G 为剪切模量；h 为壳体厚度；α 和 β 为剪切和力矩系数。

4.4　实体单元动力学建模

4.4.1　四面体单元模型

本节介绍实体单元中常用的四面体单元模型[53]，这里仅给出四面体单元的形函数。

1. 体积坐标

如图 4.9 所示，引入如式(4.4.1)所示的坐标，即

$$\begin{cases} x = L_1 x_1 + L_2 x_2 + L_3 x_3 + L_4 x_4 \\ y = L_1 y_1 + L_2 y_2 + L_3 y_3 + L_4 y_4 \\ z = L_1 z_1 + L_2 z_2 + L_3 z_3 + L_4 z_4 \\ 1 = L_1 + L_2 + L_3 + L_4 \end{cases} \tag{4.4.1}$$

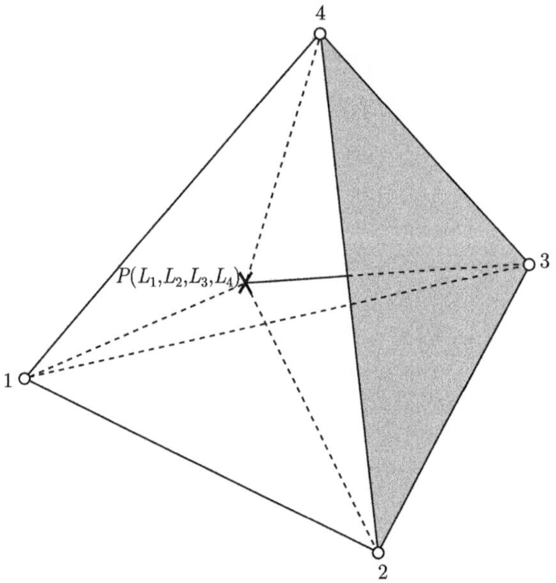

图 4.9　体积坐标

求解式(4.4.1)，可得

$$L_k = \frac{a_k + b_k x + c_k y + d_k z}{6V}, \quad k = 1, 2, \cdots, 4 \tag{4.4.2}$$

其中

$$6V = \det\begin{bmatrix} 1 & x_1 & y_1 & z_1 \\ 1 & x_2 & y_2 & z_2 \\ 1 & x_3 & y_3 & z_3 \\ 1 & x_4 & y_4 & z_4 \end{bmatrix} \tag{4.4.3}$$

其中，V 为四面体单元的体积。

同时可以求解出系数 a_k、b_k、c_k、d_k，以第 1 组为例，可得

$$\begin{aligned} a_1 &= \det\begin{bmatrix} x_2 & y_2 & z_2 \\ x_3 & y_3 & z_3 \\ x_4 & y_4 & z_4 \end{bmatrix}, \quad b_1 = -\det\begin{bmatrix} 1 & y_2 & z_2 \\ 1 & y_3 & z_3 \\ 1 & y_4 & z_4 \end{bmatrix} \\ c_1 &= -\det\begin{bmatrix} x_2 & 1 & z_2 \\ x_3 & 1 & z_3 \\ x_4 & 1 & z_4 \end{bmatrix}, \quad d_1 = -\det\begin{bmatrix} x_2 & y_2 & 1 \\ x_3 & y_3 & 1 \\ x_4 & y_4 & 1 \end{bmatrix} \end{aligned} \tag{4.4.4}$$

其他系数可通过下标按 1、2、3、4 的次序替换得到。

L_k 的物理含义为以内点 P 为顶点构成的四面体 (图 4.9) 与整个四面体的体积之比，例如

$$L_1 = \frac{\text{volume } P234}{\text{volume } 1234} \tag{4.4.5}$$

2. 形函数

(1) 线性型

对于图 4.10(a) 所示的线性型四面体单元，其体积坐标随笛卡儿坐标线性变化，形函数为

$$N_a = L_a, \quad a = 1, 2, 3, 4 \tag{4.4.6}$$

通过建立适当的拉格朗日型方程，可以用与推导三角形函数相似的方式得到高阶四面体的形函数。

(2) 二次型

对于图 4.10(b) 所示的二次型四面体单元，角节点的形函数为

$$N_a = (2L_a - 1)\, L_a, \quad a = 1, 2, 3, 4 \tag{4.4.7}$$

边线中点节点的形函数为

$$N_5 = 4L_1L_2 \tag{4.4.8}$$

(3) 立方型

对于图 4.10(c) 所示的立方型四面体单元，角节点的形函数为

$$N_1 = \frac{1}{2}(3L_a - 1)(3L_a - 2)L_a, \quad a = 1, 2, 3, 4 \tag{4.4.9}$$

边线中点节点的形函数为

$$N_5 = \frac{9}{2}L_1L_2(3L_1 - 1) \tag{4.4.10}$$

面中点节点的形函数为

$$N_{17} = 27L_1L_2L_3 \tag{4.4.11}$$

常用的积分式为

$$\iiint_V L_1^a L_2^b L_3^c L_4^d \, \mathrm{d}x\mathrm{d}y\mathrm{d}z = \frac{a!\ b!\ c!\ d!}{(a+b+c+d+3)!}6V \tag{4.4.12}$$

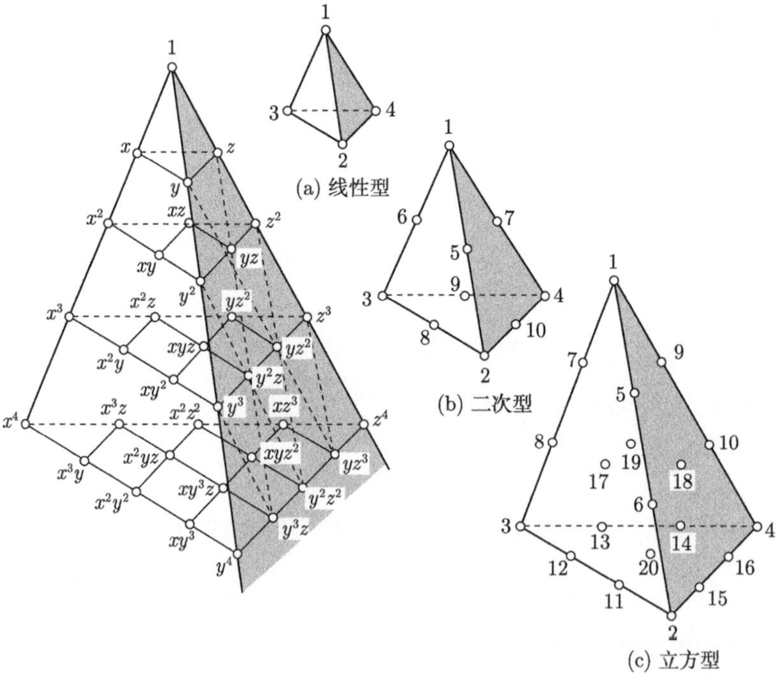

图 4.10　四面体单元

4.4.2 六面体单元模型

本节介绍实体单元常用的六面体单元模型，参考文献 [54] 给出了单元的形函数、连续性条件，以及本构方程。

1. 形函数

每个六面体实体单元由 8 个节点组成，每个节点由 4 个定义在全局坐标系下的坐标向量描述，因此单元具有 32 个节点坐标向量和 96 个自由度。六面体实体单元示意图如图 4.11 所示。

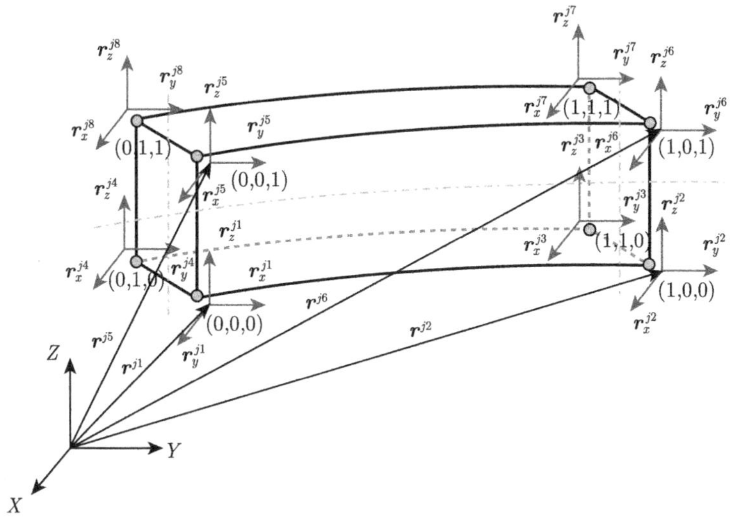

图 4.11 六面体实体单元示意图

单元上任意点在全局坐标系下的位置可以由幂基多项式描述为

$$\boldsymbol{\Phi} = \begin{bmatrix} \phi_1(x,y,z) \\ \phi_2(x,y,z) \\ \phi_3(x,y,z) \end{bmatrix} = \begin{bmatrix} a_1 + a_2 x + \cdots + a_{38} xyz^3 \\ b_1 + b_2 x + \cdots + b_{38} xyz^3 \\ c_1 + c_2 x + \cdots + c_{38} xyz^3 \end{bmatrix} \tag{4.4.13}$$

其中，a_k 、b_k、c_k 为多项式系数；ϕ_1 、ϕ_2、ϕ_3 为沿 x、y、z 方向的插值函数；$\phi_1(x,y,z)$ 为

$$\begin{aligned}\phi_1(x,y,z) = {} & a_1 + a_2x + a_3y + a_4z + a_5x^2 + a_6y^2 + a_7z^2 + a_8xy + a_9yz \\ & + a_{10}xz + a_{11}x^3 + a_{12}y^3 + a_{13}z^3 + a_{14}x^2y + a_{15}x^2z + a_{16}y^2z \\ & + a_{17}xy^2 + a_{18}xz^2 + a_{19}yz^2 + a_{20}xyz + a_{24}x^3y + a_{25}x^3z\end{aligned}$$

$$
\begin{aligned}
&+a_{26}xy^3+a_{27}y^3z+a_{28}xz^3+a_{29}yz^3+a_{30}x^2yz\\
&+a_{31}xy^2z+a_{32}xyz^2+a_{36}x^3yz\\
&+a_{37}xy^3z+a_{38}xyz^3
\end{aligned}\tag{4.4.14}
$$

式(4.4.14)为含最高次数项为五次的幂基插值多项式，为了简化和对称考虑，将 x^4、y^4、z^4 和 x^2y^2、y^2z^2 、z^2x^2 作为冗余项忽略，因此 $\phi_1(x,y,z)$ 形式上是一个不完备插值多项式。由于单元为等参单元，为满足等参变换的相容性，$\phi_2(x,y,z)$ 和 $\phi_3(x,y,z)$ 除系数不同外，形式与式(4.4.14)一致，因此通常将上述插值多项式简记为 $\phi(x,y,z)$ ，作为 $\boldsymbol{\Phi}(x,y,z)$ 的缩减形式使用。

根据有限单元方法和连续介质理论，通过 ANCF 向量 $\boldsymbol{e}^{jk}$ 和插值函数 $\boldsymbol{\Phi}(x,y,z)$ 求解实体单元的全局形函数，得到的形函数为

$$
\begin{cases}
S^{k,1}=(-1)^{1+\xi_k+\eta_k+\zeta_k}(\xi+\xi_k-1)(\eta+\eta_k-1)(\zeta+\zeta_k-1)\\
\qquad\times[1+(\xi-\xi_k)(1-2\xi)+(\eta-\eta_k)(1-2\eta)\\
\qquad+(\zeta-\zeta_k)(1-2\zeta)]\\
S^{k,2}=(-1)^{\eta_k+\zeta_k}a\xi^{\xi_k+1}(\xi-1)^{2-\xi_k}\\
\qquad\times\eta^{\eta_k}(\eta-1)^{1-\eta_k}\zeta^{\zeta_k}(\zeta-1)^{1-\zeta_k},\quad k=1,2,\cdots,8\\
S^{k,3}=(-1)^{\xi_k+\zeta_k}b\xi^{\xi_k}(\xi-1)^{1-\xi_k}\eta^{\eta_k+1}\\
\qquad\times(\eta-1)^{2-\eta_k}\zeta^{\zeta_k}(\zeta-1)^{1-\zeta_k}\\
S^{k,4}=(-1)^{\xi_k+\eta_k}c\xi^{\xi_k}(\xi-1)^{1-\xi_k}\eta^{\eta_k}\\
\qquad\times(\eta-1)^{1-\eta_k}\zeta^{\zeta_k+1}(\zeta-1)^{2-\zeta_k}
\end{cases}\tag{4.4.15}
$$

其中，a、b、c 为单元 j 在初始构型下沿 x、y、z 方向的尺寸；ξ_k、η_k、ζ_k 为无量纲参数，$\xi_k=x_k/a$、$\eta_k=y_k/b$、$\zeta_k=z_k/c$ 。

在已知单元 j 的全局形函数 $\boldsymbol{S}$ 和单元节点坐标 $\boldsymbol{e}$ 的情况下，可以得到实体单元的位移场，即

$$
\boldsymbol{r}^j=\boldsymbol{S}^j\boldsymbol{e}^j=\sum_{k=1}^{8}\left[S^{k,1}\boldsymbol{I}_{3\times3}\quad S^{k,2}\boldsymbol{I}_{3\times3}\quad S^{k,3}\boldsymbol{I}_{3\times3}\quad S^{k,4}\boldsymbol{I}_{3\times3}\right]\boldsymbol{e}^{jk}\tag{4.4.16}
$$

其中，$\boldsymbol{r}^j$ 为单元 j 的位移场；$\boldsymbol{S}^j$ 为单元 j 的全局形函数矩阵；$\boldsymbol{I}$ 为单位阵；$\boldsymbol{e}^j$ 为单元 j 的节点坐标向量。

2. 连续性条件

在 ANCF 列式实体单元的建模过程中，单元位移场采用不完备高次插值函数描述，既可以保证场函数精度，又可以避免单元在求解大刚度或大细长比结构

时产生曲率厚度闭锁和剪切闭锁问题。但是，不完备插值函数的使用会导致单元在边界上存在高阶连续不一致的情况，因此为了保证使用多个单元时的建模精度，需要考虑单元之间的连续性问题。根据连续性定义，如果相邻单元在共用节点处的位移场满足位置连续，那么单元具有 C^0 连续；如果位移场在共用节点处同时满足位置导数连续，那么单元具有 C^1 连续；如果位移场在共用节点处同时满足位置、位置导数及曲率连续，那么单元具有 C^2 连续。本节讨论 C^0 和 C^1 连续性条件的添加，即在实体单元模型基础上给出由代数约束方程组建的单元连续性条件。

以两个相邻 ANCF 列式实体单元为例，建立连续性条件。如图 4.12 所示，数字表示单元节点编号，上标表示单元序号，下标表示相应方向的物质导数。

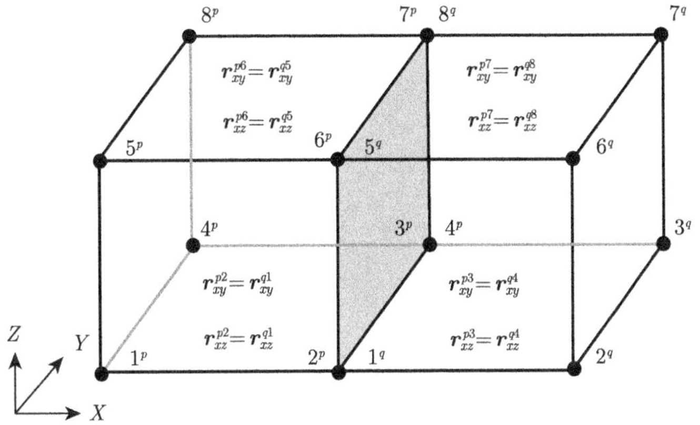

图 4.12 相邻单元 C^1 连续性定义

由于实体单元采用位置和位置导数作为节点坐标，因此由连续性定义可知，单元直接满足 C^1 连续。于是单元 p 和单元 q 相邻表面上的节点直接满足 C^0、C_y^1 和 C_z^1 连续，因此只需添加连续性条件保证相邻表面节点处的 C_x^1 连续就可以保证单元间的 C^1 连续。

由位移场模型及连续性定义可知，为了保持相邻节点处的 C_x^1 连续，需要满足的关系式为

$$\boldsymbol{S}_x^p(\xi=1)\cdot\boldsymbol{e}^p=\boldsymbol{S}_x^q(\xi=0)\cdot\boldsymbol{e}^q \tag{4.4.17}$$

其中，$\boldsymbol{S}_x^p$ 为单元 p 的全局形函数 $\boldsymbol{S}$ 在 x 方向上的导数矩阵；$\boldsymbol{e}^p$ 为单元 p 的 ANCF 向量。

将式(4.4.17)进一步写为约束方程 (连续性方程) 的形式，即

$$\left\{\begin{array}{l}\boldsymbol{r}_{xy}^{pm}=\boldsymbol{r}_{xy}^{qn}\\ \boldsymbol{r}_{xz}^{pm}=\boldsymbol{r}_{xz}^{qn}\end{array}\right.,\quad m=2,3,6,7;\ n=1,4,\ 5,8 \tag{4.4.18}$$

其中，$\boldsymbol{r}_{xy}^{pm}$ 为单元 p 上节点 m 的绝对位置矢量沿 x、y 方向的连续导数；m 和 n 为单元 p 和 q 在相邻表面上的共用节点，m 和 n 的对应关系如图 4.12 所示。

如图 4.13 所示，边界面两侧的箭头分别表示单元在邻接表面沿 x 方向的一阶方向导数。根据箭头走势可以看出，连续性方程添加前后位移场在相邻单元边界面上的连续性发生明显的变化。进一步，为了保证更高阶的连续性，可以继续向单元添加 C^2 和 C^3 连续，但是随着连续性的提升，代数约束方程的数量也将进一步增加，单元自由度逐渐减少，最终导致相邻单元退化成一个单元。此时，单元间的连续性退化为单元内部连续性，其连续程度由单元模型本身决定。

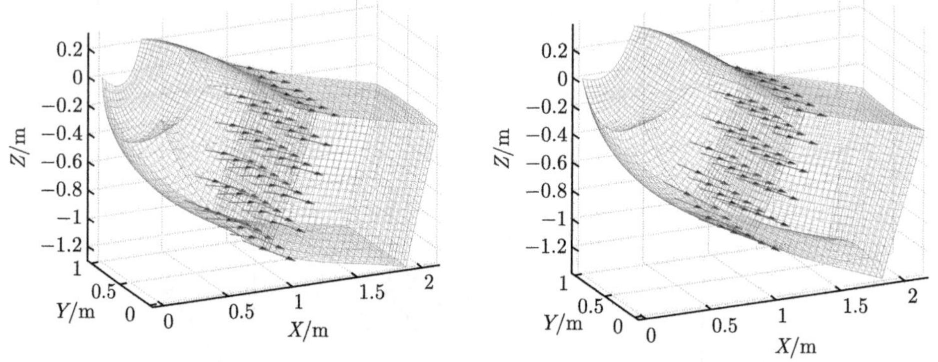

(a) 连续性条件添加前两相邻单元位移场　(b) 连续性条件添加后两相邻单元位移场

图 4.13　连续性条件添加前后两相邻单元位移场

3. 本构方程

设单元为各向同性均质的黏弹性体，根据 Kelvin-Voigt 模型，定义单元所受应力形式的表达式为

$$\boldsymbol{\sigma}_k = \boldsymbol{\sigma}_{ke} + \boldsymbol{\sigma}_{kd} \tag{4.4.19}$$

其中，$\boldsymbol{\sigma}_k$ 为单元所受应力；$\boldsymbol{\sigma}_{ke}$ 为与变形相关的应力；$\boldsymbol{\sigma}_{kd}$ 为与阻尼相关的应力。

根据连续介质理论，以单元变形前的参考构型为基准，采用格林-拉格朗日应变张量描述单元应变为

$$\boldsymbol{\varepsilon} = \frac{1}{2}(\boldsymbol{J}^{\mathrm{T}}\boldsymbol{J} - \boldsymbol{I}) \tag{4.4.20}$$

其中，$\boldsymbol{\varepsilon}$ 为应变张量；$\boldsymbol{J}$ 为变形梯度矩阵，与节点位置坐标的关系为

$$\boldsymbol{J}=\begin{bmatrix}\boldsymbol{r}_x & \boldsymbol{r}_y & \boldsymbol{r}_z\end{bmatrix}=\begin{bmatrix}\dfrac{\partial r_1}{\partial x} & \dfrac{\partial r_1}{\partial y} & \dfrac{\partial r_1}{\partial z}\\ \dfrac{\partial r_2}{\partial x} & \dfrac{\partial r_2}{\partial y} & \dfrac{\partial r_2}{\partial z}\\ \dfrac{\partial r_3}{\partial x} & \dfrac{\partial r_3}{\partial y} & \dfrac{\partial r_3}{\partial z}\end{bmatrix} \tag{4.4.21}$$

为了便于表示，通常将式(4.4.20)写成式(4.4.22)所示的向量形式，其中下标表示二阶张量的向量形式，即

$$\boldsymbol{\varepsilon}_v=\frac{1}{2}\begin{bmatrix}\boldsymbol{r}_x^{\mathrm{T}}\boldsymbol{r}_x-1 & \boldsymbol{r}_y^{\mathrm{T}}\boldsymbol{r}_y-1 & \boldsymbol{r}_z^{\mathrm{T}}\boldsymbol{r}_z-1 & \boldsymbol{r}_x^{\mathrm{T}}\boldsymbol{r}_y & \boldsymbol{r}_x^{\mathrm{T}}\boldsymbol{r}_z & \boldsymbol{r}_y^{\mathrm{T}}\boldsymbol{r}_z\end{bmatrix}^{\mathrm{T}} \tag{4.4.22}$$

相应地，在参考构型下，采用第二 Piola-Kirchhoff 应力张量描述单元弹性应力，即

$$\boldsymbol{\sigma}_{P2}=J\boldsymbol{J}^{-1}\boldsymbol{\sigma}\boldsymbol{J}^{-1^{\mathrm{T}}} \tag{4.4.23}$$

其中，$\boldsymbol{\sigma}_{P2}$ 表示第二 Piola-Kirchhoff 应力张量；J 表示变形梯度 $\boldsymbol{J}$ 的行列式，$J=|\boldsymbol{r}_x\ \ \boldsymbol{r}_y\ \ \boldsymbol{r}_z|=\boldsymbol{r}_x\cdot(\boldsymbol{r}_y\times\boldsymbol{r}_z)$；$\boldsymbol{\sigma}$ 表示柯西应力张量。

根据弹性体广义胡克定律，应力和应变满足的关系为

$$\boldsymbol{\sigma}_{P2,v}=\boldsymbol{E}\boldsymbol{\varepsilon}_v \tag{4.4.24}$$

其中，$\boldsymbol{\sigma}_{P2,v}$ 为应力张量的向量形式，定义为

$$\boldsymbol{\sigma}_{P2,v}=\begin{bmatrix}\sigma_{11} & \sigma_{22} & \sigma_{33} & \sigma_{12} & \sigma_{13} & \sigma_{23}\end{bmatrix}^{\mathrm{T}} \tag{4.4.25}$$

$\boldsymbol{E}$ 表示材料弹性系数矩阵，由本构方程决定，在各向同性均质材料情况下，可用矩阵形式表示为

$$\boldsymbol{E}=\frac{E}{(1+\nu)(1-2\nu)}\begin{bmatrix}1-\nu & \nu & \nu & 0 & 0 & 0\\ \nu & 1-\nu & \nu & 0 & 0 & 0\\ \nu & \nu & 1-\nu & 0 & 0 & 0\\ 0 & 0 & 0 & 1-2\nu & 0 & 0\\ 0 & 0 & 0 & 0 & 1-2\nu & 0\\ 0 & 0 & 0 & 0 & 0 & 1-2\nu\end{bmatrix} \tag{4.4.26}$$

其中，E 为弹性模量；ν 为泊松比。

于是，弹性应变能的表达式为

$$U_{ke} = \frac{1}{2}\int_V \boldsymbol{\sigma}_{P2} : \boldsymbol{\varepsilon}\mathrm{d}V \tag{4.4.27}$$

其中，: 为张量二重积运算符号，如 $\boldsymbol{A} : \boldsymbol{B} = \mathrm{tr}\left(\boldsymbol{A}^{\mathrm{T}}\boldsymbol{B}\right)$。

定义单元内部的阻尼应力为 $\boldsymbol{\sigma}_d$ ，同时定义阻尼应力和应变张量变化率满足的关系为

$$\boldsymbol{\sigma}_{d,v} = \boldsymbol{D}\dot{\boldsymbol{\varepsilon}}_v \tag{4.4.28}$$

其中，$\dot{\boldsymbol{\varepsilon}}$ 为应变张量变化率，对式(4.4.22)求导可得

$$\begin{aligned}\dot{\boldsymbol{\varepsilon}}_v = \Big[&\boldsymbol{e}^{\mathrm{T}}\boldsymbol{S}_x^{\mathrm{T}}\boldsymbol{S}_x\dot{\boldsymbol{e}} \quad \boldsymbol{e}^{\mathrm{T}}\boldsymbol{S}_y^{\mathrm{T}}\boldsymbol{S}_{\mathrm{y}}\dot{\boldsymbol{e}} \quad \boldsymbol{e}^{\mathrm{T}}\boldsymbol{S}_z^{\mathrm{T}}\boldsymbol{S}_z\dot{\boldsymbol{e}} \\ &\frac{1}{2}\boldsymbol{e}^{\mathrm{T}}(\boldsymbol{S}_x^{\mathrm{T}}\boldsymbol{S}_y+\boldsymbol{S}_y^{\mathrm{T}}\boldsymbol{S}_x)\dot{\boldsymbol{e}} \quad \frac{1}{2}\boldsymbol{e}^{\mathrm{T}}(\boldsymbol{S}_x^{\mathrm{T}}\boldsymbol{S}_z+\boldsymbol{S}_z^{\mathrm{T}}\boldsymbol{S}_x)\dot{\boldsymbol{e}} \quad \frac{1}{2}\boldsymbol{e}^{\mathrm{T}}(\boldsymbol{S}_y^{\mathrm{T}}\boldsymbol{S}_z+\boldsymbol{S}_z^{\mathrm{T}}\boldsymbol{S}_y)\dot{\boldsymbol{e}}\Big]^{\mathrm{T}}\end{aligned} \tag{4.4.29}$$

$\boldsymbol{D}$ 表示材料阻尼系数矩阵，由本构方程决定，在各向同性均质材料情况下，可用矩阵形式表示为

$$\boldsymbol{D} = \begin{bmatrix} \lambda_v + 2\mu_v & \lambda_v & \lambda_v & 0 & 0 & 0 \\ \lambda_v & \lambda_v + 2\mu_v & \lambda_v & 0 & 0 & 0 \\ \lambda_v & \lambda_v & \lambda_v + 2\mu_v & 0 & 0 & 0 \\ 0 & 0 & 0 & 2\mu_v & 0 & 0 \\ 0 & 0 & 0 & 0 & 2\mu_v & 0 \\ 0 & 0 & 0 & 0 & 0 & 2\mu_v \end{bmatrix} \tag{4.4.30}$$

其中，λ_v 和 μ_v 的定义分别为 $\lambda_v = \left[E\gamma_{\mathrm{di}}-2G\gamma_{\mathrm{de}}(1-2\nu)\right]/3(1-2\nu)$ 和 $\mu_v = G\gamma_{\mathrm{de}}$，$G$ 为剪切模量，γ_{di} 和 γ_{de} 为应变球张量和应变偏张量变化率耗散因子，由材料试验给出。

因此，与应变张量变化率相关的能量耗散功率为

$$P_{kd} = \frac{1}{2}\int_V \boldsymbol{\sigma}_d\dot{\boldsymbol{\varepsilon}}\mathrm{d}V \tag{4.4.31}$$

将式(4.4.24)和式(4.4.28)代入式(4.4.19)，可得弹性系数矩阵和阻尼系数矩阵表述的单元本构方程，即

$$\boldsymbol{\sigma}_{k,v} = \boldsymbol{E}\boldsymbol{\varepsilon}_v + \boldsymbol{D}\dot{\boldsymbol{\varepsilon}}_v \tag{4.4.32}$$

当单元应变较小或可忽略几何非线性项和变形高阶项时，式(4.4.32)可以退化为式(4.4.33)所示的分量形式，即适用于小变形或增量列式形式的黏弹性本构方程，即

$$\sigma_{ij}=\underbrace{\left[\frac{E}{3(1-2v)}-\frac{2G}{3}\right]\varepsilon_{ii}\delta_{k,ij}+2G\varepsilon_{ij}}_{\boldsymbol{\sigma}_{ke}}+\underbrace{\left[\frac{E\gamma_{\mathrm{di}}}{3(1-2v)}-\frac{2G\gamma_{\mathrm{de}}}{3}\right]\dot{\varepsilon}_{ii}\delta_{k,ij}+2G\gamma_{\mathrm{de}}\dot{\varepsilon}_{ij}}_{\boldsymbol{\sigma}_{kd}} \tag{4.4.33}$$

其中，$i,j=1,2,3$；δ_k 为克罗内克函数。

根据上述推导过程可以看到，由于建模过程直接使用格林-拉格朗日应变张量推导单元应变能，没有引入小变形、小转动假设，格林应变所含的几何非线性项及变形高阶项在单元应变能推导过程中得以保留，因此可以通过格林应变直接描述单元大变形、大转动的情况，无须引入额外描述，与建模目的相符。

4.5 流体单元动力学建模

受限于位移场插值函数的非有理特性，传统 ANCF 公式无法精确描述参考构型下具有复杂几何形态（含有圆锥曲线）的流体单元。本节采用有理绝对节点坐标 (rational absolute nodal coordinate formulation，RANCF) 公式，改进传统 ANCF 在这方面的不足。为实现将流体与多体系统内其他刚体或柔性体进行统一建模的目标，我们未选择从理论方法或计算流体动力学方法常用的 Navier-Stokes 方程组入手，而是通过对连续介质的受力平衡分析，应用虚功原理得到虚功方程，从而建立流体单元的系统动力学模型。本节从运动学描述和动力学建模两方面建立 RANCF 流体单元的系统动力学模型，推导同时含有流体和刚体的简单多体系统的系统控制方程[54]。

4.5.1 连续介质力学基础

连续介质力学的研究对象是连续介质，其与刚体的最大区别在于连续介质内各物质点的相对位置会发生变化（即连续介质会产生变形）。因此，描述连续介质的运动状态时，不仅需要考虑其整体在空间内的运动，还需考虑其自身发生的变形。对于整体空间运动，可以通过有限多个位置、姿态坐标进行描述。对于自身发生的变形（即物质点运动），由于连续介质存在无穷多个物质点，理论上需要对无穷多个位置、姿态坐标进行完整描述，但是无穷多个坐标显然无法进行科学计算，因此针对连续介质自身变形的特点，多采用设置有限物质点坐标的方法进行简化处理。

图 4.14 所示为任一有限控制体积连续介质在两时刻下的位置及形状，即连续

介质的构型描述。

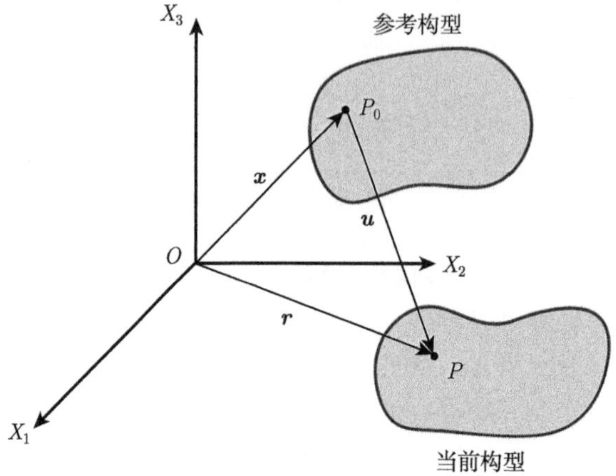

图 4.14　连续介质的构型描述

在初始时刻，由于连续介质未发生变形，定义该时刻的介质形状为参考构型。运动进行至当前时刻，连续介质在进行空间运动的同时发生变形，定义该时刻的介质形状为当前构型。取连续介质内任一物质点，在参考构型下记为 P_0，在当前构型下记为 P。取参考坐标系 $OX_1X_2X_3$，连续介质在所有构型下的位置、位移向量均统一至该坐标系下描述。参考构型下 P_0 的位置向量表示为 $\boldsymbol{x}$，当前构型下 P 的位置向量表示为 $\boldsymbol{r}$，同一物质点（P_0, P）在两构型间的位移向量表示为 $\boldsymbol{u}$，此位移的产生既包含连续介质的运动，也包含连续介质的变形。由图 4.14 可知，3 个向量间的关系为

$$\boldsymbol{r} = \boldsymbol{x} + \boldsymbol{u} \tag{4.5.1}$$

其中，位置向量 $\boldsymbol{r}$ 和位移向量 $\boldsymbol{u}$ 均为位置向量 $\boldsymbol{x}$ 的函数，可以表示为

$$\boldsymbol{r} = \boldsymbol{r}(\boldsymbol{x}, t), \quad \boldsymbol{u} = \boldsymbol{u}(\boldsymbol{x}, t) \tag{4.5.2}$$

以上 3 个向量在参考坐标系下的分量分别为

$$\boldsymbol{x} = [x_1,\ \ x_2,\ \ x_3]^{\mathrm{T}}, \quad \boldsymbol{r} = [r_1,\ \ r_2,\ \ r_3]^{\mathrm{T}}, \quad \boldsymbol{u} = [u_1,\ \ u_2,\ \ u_3]^{\mathrm{T}} \tag{4.5.3}$$

参考构型下的物质点位置向量 $\boldsymbol{x}$ 又称物质坐标或拉格朗日坐标，当前构型下的物质点位置向量 $\boldsymbol{r}$ 又称空间坐标或欧拉坐标。拉格朗日坐标的运动学描述方法称为拉格朗日描述。欧拉坐标的运动学描述方法称为欧拉描述。

连续介质存在变形，而位移向量 $\boldsymbol{u}$ 耦合了变形和运动，无法独立描述连续介质的变形。因此，需要一种直接描述连续介质变形的方法。变形是发生于两种构

型间的转换，且变形与连续介质的整体运动相互独立，仅由介质内物质点的相对位置变化引起，相对位置变化直接影响连续介质内任意两物质点间的距离（即某一线段的长度）。考察当前构型下 P 点处的线段微元 $\mathrm{d}\boldsymbol{r}$ 和参考构型下 P_0 点处的线段微元 $\mathrm{d}\boldsymbol{x}$，两者是同一物质点在不同构型下的线段微元，若存在差别则说明发生变形。

由于空间坐标 $\boldsymbol{r}$ 是物质坐标 $\boldsymbol{x}$ 的函数，因此线段微元 $\mathrm{d}\boldsymbol{r}$ 与线段微元 $\mathrm{d}\boldsymbol{x}$ 的关系为

$$\mathrm{d}\boldsymbol{r}=\frac{\partial \boldsymbol{r}}{\partial \boldsymbol{x}}\mathrm{d}\boldsymbol{x}=\boldsymbol{J}\mathrm{d}\boldsymbol{x} \tag{4.5.4}$$

其中，$\boldsymbol{J}$ 为变形梯度，即

$$\boldsymbol{J}=\frac{\partial \boldsymbol{r}}{\partial \boldsymbol{x}}=\begin{bmatrix} \partial r_1/\partial x_1 & \partial r_1/\partial x_2 & \partial r_1/\partial x_3 \\ \partial r_2/\partial x_1 & \partial r_2/\partial x_2 & \partial r_2/\partial x_3 \\ \partial r_3/\partial x_1 & \partial r_3/\partial x_2 & \partial r_3/\partial x_3 \end{bmatrix}=\begin{bmatrix}\boldsymbol{r}_{x_1} & \boldsymbol{r}_{x_2} & \boldsymbol{r}_{x_3}\end{bmatrix} \tag{4.5.5}$$

其中，$\boldsymbol{r}_{x_i}=\partial \boldsymbol{r}/\partial x_i, i=1,2,3$。

由于两个不同构型间的位移向量 $\boldsymbol{u}$ 具有连续性，因此空间坐标表达式 $\boldsymbol{r}=\boldsymbol{r}(\boldsymbol{x},t)$ 是单值、连续的，具有唯一的反函数 $\boldsymbol{x}=\boldsymbol{x}(\boldsymbol{r},t)$。线段微元 $\mathrm{d}\boldsymbol{x}$ 与线段微元 $\mathrm{d}\boldsymbol{r}$ 的关系为

$$\mathrm{d}\boldsymbol{x}=\frac{\partial \boldsymbol{x}}{\partial \boldsymbol{r}}\mathrm{d}\boldsymbol{r}=\boldsymbol{J}^{-1}\mathrm{d}\boldsymbol{r} \tag{4.5.6}$$

以上性质可以确保连续介质的运动状态，在欧拉描述与拉格朗日描述间转换。

1. 应变及应力

通过引入变形梯度的概念，对不同构型下同一物质点处线段微元 $\mathrm{d}\boldsymbol{r}$ 和 $\mathrm{d}\boldsymbol{x}$ 间的线性关系进行表达，直接描述连续介质的变形。

在此基础上，考察当前构型下线段微元长度 l_c 的平方值，以及参考构型下线段微元长度 l_r 的平方值为

$$\begin{aligned} {l_r}^2&=\mathrm{d}\boldsymbol{x}^{\mathrm{T}}\mathrm{d}\boldsymbol{x} \\ {l_c}^2&=\mathrm{d}\boldsymbol{r}^{\mathrm{T}}\mathrm{d}\boldsymbol{r}=\mathrm{d}\boldsymbol{x}^{\mathrm{T}}\boldsymbol{J}^{\mathrm{T}}\boldsymbol{J}\mathrm{d}\boldsymbol{x} \end{aligned} \tag{4.5.7}$$

将两长度平方值相减可得

$${l_c}^2-{l_r}^2=\mathrm{d}\boldsymbol{r}^{\mathrm{T}}\mathrm{d}\boldsymbol{r}-\mathrm{d}\boldsymbol{x}^{\mathrm{T}}\mathrm{d}\boldsymbol{x}=\mathrm{d}\boldsymbol{x}^{\mathrm{T}}\left(\boldsymbol{J}^{\mathrm{T}}\boldsymbol{J}-\boldsymbol{I}\right)\mathrm{d}\boldsymbol{x}=\mathrm{d}\boldsymbol{x}^{\mathrm{T}}\boldsymbol{\varepsilon}\mathrm{d}\boldsymbol{x} \tag{4.5.8}$$

其中，$\boldsymbol{\varepsilon}$ 为格林-拉格朗日应变张量，使用变形梯度 $\boldsymbol{J}$ 的向量表达式可进一步算得到

$$\boldsymbol{\varepsilon}=\frac{1}{2}\left(\boldsymbol{J}^{\mathrm{T}}\boldsymbol{J}-\boldsymbol{I}\right)=\frac{1}{2}\begin{bmatrix}\boldsymbol{r}_{x_1}^{\mathrm{T}}\boldsymbol{r}_{x_1}-1 & \boldsymbol{r}_{x_1}^{\mathrm{T}}\boldsymbol{r}_{x_2} & \boldsymbol{r}_{x_1}^{\mathrm{T}}\boldsymbol{r}_{x_3}\\ \boldsymbol{r}_{x_2}^{\mathrm{T}}\boldsymbol{r}_{x_1} & \boldsymbol{r}_{x_2}^{\mathrm{T}}\boldsymbol{r}_{x_2}-1 & \boldsymbol{r}_{x_2}^{\mathrm{T}}\boldsymbol{r}_{x_3}\\ \boldsymbol{r}_{x_3}^{\mathrm{T}}\boldsymbol{r}_{x_1} & \boldsymbol{r}_{x_3}^{\mathrm{T}}\boldsymbol{r}_{x_2} & \boldsymbol{r}_{x_3}^{\mathrm{T}}\boldsymbol{r}_{x_3}-1\end{bmatrix} \tag{4.5.9}$$

可以看出 $\boldsymbol{\varepsilon}$ 具有对称性，即 $\boldsymbol{\varepsilon}=\boldsymbol{\varepsilon}^{\mathrm{T}}$。

令 $\boldsymbol{C}_r=\boldsymbol{J}^{\mathrm{T}}\boldsymbol{J}$ 为右柯西-格林变形张量，$\boldsymbol{C}_l=\boldsymbol{J}\boldsymbol{J}^{\mathrm{T}}$ 为左柯西-格林变形张量。

当前构型下 P 点处的速度向量 $\boldsymbol{v}$ 可表示为 $\boldsymbol{v}=\boldsymbol{v}(\boldsymbol{r},t)$。由于速度向量 $\boldsymbol{v}$ 是空间坐标 $\boldsymbol{r}$ 的函数，因此 $\mathrm{d}\boldsymbol{v}$ 和 $\mathrm{d}\boldsymbol{r}$ 之间的关系为

$$\mathrm{d}\boldsymbol{v}=\frac{\partial\boldsymbol{v}}{\partial\boldsymbol{r}}\mathrm{d}\boldsymbol{r}=\boldsymbol{L}\mathrm{d}\boldsymbol{r} \tag{4.5.10}$$

其中，$\boldsymbol{L}$ 为速度梯度，表示为 $\boldsymbol{J}$ 的函数，即

$$\boldsymbol{L}=\frac{\partial\boldsymbol{v}}{\partial\boldsymbol{r}}=\frac{\partial\boldsymbol{v}}{\partial\boldsymbol{x}}\frac{\partial\boldsymbol{x}}{\partial\boldsymbol{r}}=\dot{\boldsymbol{J}}\boldsymbol{J}^{-1} \tag{4.5.11}$$

令 $\boldsymbol{D}$ 为变形张量变化率，即

$$\boldsymbol{D}=\frac{1}{2}\left(\boldsymbol{L}+\boldsymbol{L}^{\mathrm{T}}\right)=\frac{1}{2}\left(\dot{\boldsymbol{J}}\boldsymbol{J}^{-1}+\boldsymbol{J}^{-1^{\mathrm{T}}}\dot{\boldsymbol{J}}^{\mathrm{T}}\right) \tag{4.5.12}$$

对 $\boldsymbol{\varepsilon}$ 求导可得

$$\dot{\boldsymbol{\varepsilon}}=\frac{\mathrm{d}}{\mathrm{d}t}\left[\frac{1}{2}\left(\boldsymbol{J}^{\mathrm{T}}\boldsymbol{J}-\boldsymbol{I}\right)\right]=\frac{1}{2}\left(\dot{\boldsymbol{J}}^{\mathrm{T}}\boldsymbol{J}+\boldsymbol{J}^{\mathrm{T}}\dot{\boldsymbol{J}}\right) \tag{4.5.13}$$

因此，变形张量变化率 $\boldsymbol{D}$ 与格林-拉格朗日应变张量变化率 $\dot{\boldsymbol{\varepsilon}}$ 间的关系可表示为

$$\begin{aligned}\dot{\boldsymbol{\varepsilon}}&=\boldsymbol{J}^{\mathrm{T}}\boldsymbol{D}\boldsymbol{J}\\ \boldsymbol{D}&=\boldsymbol{J}^{-1^{\mathrm{T}}}\dot{\boldsymbol{\varepsilon}}\boldsymbol{J}^{-1}\end{aligned} \tag{4.5.14}$$

变形梯度 $\boldsymbol{J}$ 能够用于计算 $\boldsymbol{\varepsilon}$，同时对同一物质点处体积微元、面积微元的应变计算同样发挥着重要作用。当前构型下 P 点处的线段微元 $\mathrm{d}\boldsymbol{r}$ 可表示为 $\boldsymbol{J}$ 与 $\mathrm{d}\boldsymbol{x}$ 分量乘积的形式，即

$$\mathrm{d}\boldsymbol{r}=\boldsymbol{J}\mathrm{d}\boldsymbol{x}=\begin{bmatrix}\boldsymbol{r}_{x_1} & \boldsymbol{r}_{x_2} & \boldsymbol{r}_{x_3}\end{bmatrix}\begin{bmatrix}\mathrm{d}x_1\\ \mathrm{d}x_2\\ \mathrm{d}x_3\end{bmatrix}=\boldsymbol{r}_{x_1}\mathrm{d}x_1+\boldsymbol{r}_{x_2}\mathrm{d}x_2+\boldsymbol{r}_{x_3}\mathrm{d}x_3=\boldsymbol{j}_1+\boldsymbol{j}_2+\boldsymbol{j}_3 \tag{4.5.15}$$

可以看出，线段微元 $\mathrm{d}\boldsymbol{r}$ 被表示为 3 个向量加和的形式。以这 3 个向量为边所组成的空间体称为当前构型下 P 点处的体积微元 $\mathrm{d}v$，由向量混合积公式可以得到 $\mathrm{d}v$ 的表达式，即

$$\mathrm{d}v=\boldsymbol{j}_1\cdot(\boldsymbol{j}_2\times\boldsymbol{j}_3)=\boldsymbol{r}_{x_1}\mathrm{d}x_1\cdot(\boldsymbol{r}_{x_2}\mathrm{d}x_2\times\boldsymbol{r}_{x_3}\mathrm{d}x_3)=[\boldsymbol{r}_{x_1}\cdot(\boldsymbol{r}_{x_2}\times\boldsymbol{r}_{x_3})]\,\mathrm{d}x_1\mathrm{d}x_2\mathrm{d}x_3 \tag{4.5.16}$$

其中，$\boldsymbol{r}_{x_1}\cdot(\boldsymbol{r}_{x_2}\times\boldsymbol{r}_{x_3})=|\boldsymbol{J}|=J$，$J$ 为 $\boldsymbol{J}$ 的行列式；$\mathrm{d}x_1\mathrm{d}x_2\mathrm{d}x_3=\mathrm{d}V$，即参考构型下 P_0 处的体积微元 $\mathrm{d}V$。

因此，当前构型下的体积微元 $\mathrm{d}v$ 与参考构型下的体积微元 $\mathrm{d}V$ 之间的关系为

$$\mathrm{d}v=J\mathrm{d}V \tag{4.5.17}$$

当前构型下 P 点处的面积微元定义为 $\mathrm{d}\boldsymbol{s}=\boldsymbol{n}\mathrm{d}s$，其与该点处体积微元的关系为 $\mathrm{d}v=\mathrm{d}\boldsymbol{r}\cdot\mathrm{d}\boldsymbol{s}=\mathrm{d}\boldsymbol{r}\cdot\boldsymbol{n}\mathrm{d}s$。参考构型下 P_0 处的面积微元定义为 $\mathrm{d}\boldsymbol{S}=\boldsymbol{N}\mathrm{d}S$，与该点处体积微元的关系为 $\mathrm{d}V=\mathrm{d}\boldsymbol{x}\cdot\mathrm{d}\boldsymbol{S}=\mathrm{d}\boldsymbol{x}\cdot\boldsymbol{N}\mathrm{d}S$。由于 $\mathrm{d}v=J\mathrm{d}V$，因此有

$$\mathrm{d}\boldsymbol{r}\cdot\boldsymbol{n}\mathrm{d}s=(\boldsymbol{J}\mathrm{d}\boldsymbol{x})\cdot\boldsymbol{n}\mathrm{d}s=J\mathrm{d}\boldsymbol{x}\cdot\boldsymbol{N}\mathrm{d}S \tag{4.5.18}$$

化简可以得到 $\boldsymbol{n}\mathrm{d}s$ 与 $\boldsymbol{N}\mathrm{d}S$ 间的关系，即

$$\boldsymbol{n}\mathrm{d}s=J\boldsymbol{J}^{-1^{\mathrm{T}}}\boldsymbol{N}\mathrm{d}S \tag{4.5.19}$$

当前构型下 P 点处的微元质量可表示为 $\rho\mathrm{d}v$，参考构型下 P_0 点处的微元质量可以表示为 $\rho_0\mathrm{d}V$，由于连续介质满足质量守恒且有 $\mathrm{d}v=J\mathrm{d}V$，因此 $\rho\mathrm{d}v=\rho J\mathrm{d}V=\rho_0\mathrm{d}V$，即 $\rho_0=\rho J$。对于不可压缩连续介质，不同构型下同一物质点处的密度不变，即 $\rho_0=\rho$，则变形梯度行列式 $J=1$。

连续介质满足质量守恒的另一种表达形式，是连续性方程，即

$$\frac{\mathrm{d}\rho}{\mathrm{d}t}+\rho\nabla\cdot\boldsymbol{v}=0 \tag{4.5.20}$$

其中，向量微分算子 $\nabla=\partial/\partial\boldsymbol{r}=[\partial/\partial r_1\ \ \partial/\partial r_2\ \ \partial/\partial r_3]$。

若连续介质具有不可压缩性，则满足 $\mathrm{d}\rho/\mathrm{d}t=0$，连续性方程可以简化为

$$\nabla\cdot\boldsymbol{v}=0 \tag{4.5.21}$$

由变形张量变化率 $\boldsymbol{D}$ 的定义可知，$\mathrm{tr}\,(\boldsymbol{D})=\nabla\cdot\boldsymbol{v}$，可以得到 $\mathrm{tr}\,(\boldsymbol{D})=0$。同时，变形梯度行列式的导数可表示为 $\dot{J}=\mathrm{tr}\,(\boldsymbol{D})\,J$，由于不可压缩连续介质存在 $J=1$，因此可得 $\dot{J}=0$。

$\boldsymbol{\sigma}$ 为柯西应力张量，对于不同类型的连续介质，柯西应力张量的表达式不尽相同，但是 $\boldsymbol{\sigma}$ 多为 $\boldsymbol{\varepsilon}$ 的函数 (即 $\boldsymbol{\sigma}=\boldsymbol{\sigma}(\boldsymbol{\varepsilon})$)，应力张量与应变张量间的函数关系也称连续介质的本构方程。

2. 平衡方程及虚功原理

如图 4.15 所示，对当前构型下任一有限控制体积连续介质进行受力分析，可知当前构型分别受到作用于单位体积的体力 $\boldsymbol{f}_b$、惯性力 $\rho\boldsymbol{a}$ 形成的体积力，以及作用于单位表面积的柯西应力 $\boldsymbol{\sigma}$ 形成的表面力。将体积力和表面力在当前构型下的体积域和表面积域积分，可以得到当前构型下连续介质的平衡方程，即

$$\int_s \boldsymbol{\sigma}\mathrm{d}\boldsymbol{s} + \int_v \boldsymbol{f}_b\mathrm{d}v = \int_v \rho\boldsymbol{a}\mathrm{d}v \tag{4.5.22}$$

由于 $\mathrm{d}\boldsymbol{s} = \boldsymbol{n}\mathrm{d}s$，采用散度定理，表面力积分项可表示为

$$\int_s \boldsymbol{\sigma}\mathrm{d}\boldsymbol{s} = \int_s \boldsymbol{\sigma}\boldsymbol{n}\mathrm{d}s = \int_v \left(\nabla\boldsymbol{\sigma}^{\mathrm{T}}\right)^{\mathrm{T}}\mathrm{d}v \tag{4.5.23}$$

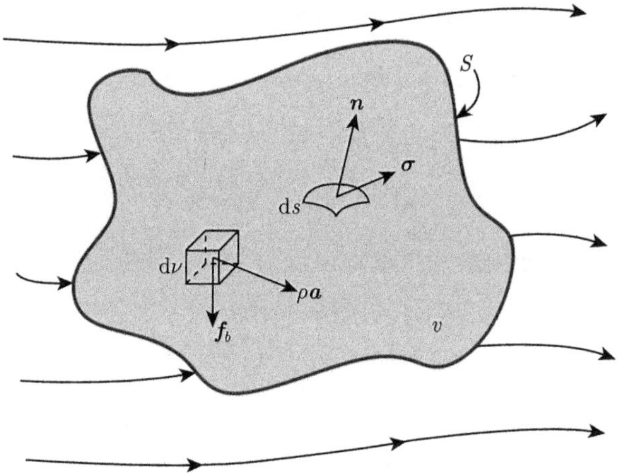

图 4.15 连续介质的平衡状态

因此，平衡方程可转化为

$$\int_v \left[\left(\nabla\boldsymbol{\sigma}^{\mathrm{T}}\right)^{\mathrm{T}} + \boldsymbol{f}_b - \rho\boldsymbol{a}\right]\mathrm{d}v = 0 \tag{4.5.24}$$

式(4.5.24)需在体积分域内处处保持，因此被积函数需为 0[55]，从而有微分形式的平衡方程，即

$$\left(\nabla\boldsymbol{\sigma}^{\mathrm{T}}\right)^{\mathrm{T}} + \boldsymbol{f}_b - \rho\boldsymbol{a} = 0 \tag{4.5.25}$$

采用虚功原理，将式 (4.5.25) 与虚位移 $\delta\boldsymbol{r}$ 相乘，并在体积域内积分可得

$$\int_v \left[(\nabla\boldsymbol{\sigma})^{\mathrm{T}} + \boldsymbol{f}_b - \rho\boldsymbol{a}\right]^{\mathrm{T}}\delta\boldsymbol{r}\mathrm{d}v = 0 \tag{4.5.26}$$

对式(4.5.26)进行简单计算变换，可得

$$\int_v \left[\nabla(\boldsymbol{\sigma}\delta\boldsymbol{r}) + (\boldsymbol{f}_b - \rho\boldsymbol{a})^{\mathrm{T}}\delta\boldsymbol{r}\right]\mathrm{d}v = 0 \tag{4.5.27}$$

其中，第一项 $\nabla(\boldsymbol{\sigma}\delta\boldsymbol{r})$ 可进一步表示为

$$\nabla(\boldsymbol{\sigma}\delta\boldsymbol{r}) = (\nabla\boldsymbol{\sigma})\delta\boldsymbol{r} + \boldsymbol{\sigma} : \frac{\partial}{\partial\boldsymbol{r}}(\delta\boldsymbol{r}) \tag{4.5.28}$$

其中，冒号运算符代表张量二重积。

张量二重积运算具有以下性质，即

$$\begin{aligned}
&\boldsymbol{A}:\boldsymbol{B} = \mathrm{tr}\left(\boldsymbol{A}^{\mathrm{T}}\boldsymbol{B}\right) = \mathrm{tr}\left(\boldsymbol{A}\boldsymbol{B}^{\mathrm{T}}\right) = \mathrm{tr}\left(\boldsymbol{B}^{\mathrm{T}}\boldsymbol{A}\right) = \mathrm{tr}\left(\boldsymbol{B}\boldsymbol{A}^{\mathrm{T}}\right)\\
&\boldsymbol{A}:(\boldsymbol{B}\boldsymbol{C}) = \left(\boldsymbol{A}\boldsymbol{C}^{\mathrm{T}}\right):\boldsymbol{B} = \left(\boldsymbol{B}^{\mathrm{T}}\boldsymbol{A}\right):\boldsymbol{C}
\end{aligned} \tag{4.5.29}$$

其中，$\partial(\delta\boldsymbol{r})/\partial\boldsymbol{r}$ 可进一步转化为

$$\frac{\partial}{\partial\boldsymbol{r}}(\delta\boldsymbol{r}) = \frac{\partial(\delta\boldsymbol{r})}{\partial\boldsymbol{x}}\frac{\partial\boldsymbol{x}}{\partial\boldsymbol{r}} = (\delta\boldsymbol{J})\boldsymbol{J}^{-1} \tag{4.5.30}$$

将式 (4.5.30) 代入式 (4.5.28)，再将式 (4.5.28) 代入式 (4.5.27)，可得

$$\int_v \left[(\nabla\boldsymbol{\sigma})\delta\boldsymbol{r} + \boldsymbol{\sigma}:(\delta\boldsymbol{J})\boldsymbol{J}^{-1} + \boldsymbol{f}_b^{\mathrm{T}}\delta\boldsymbol{r} - \rho\boldsymbol{a}^{\mathrm{T}}\delta\boldsymbol{r}\right]\mathrm{d}v = 0 \tag{4.5.31}$$

对式 (4.5.31) 进行简单计算变换，同时采用散度定理，可得

$$\int_s \boldsymbol{n}^{\mathrm{T}}\boldsymbol{\sigma}\delta\boldsymbol{r}\mathrm{d}s - \int_v \boldsymbol{\sigma}:(\delta\boldsymbol{J})\boldsymbol{J}^{-1}\mathrm{d}v + \int_v \boldsymbol{f}_b^{\mathrm{T}}\delta\boldsymbol{r}\mathrm{d}v - \int_v \rho\boldsymbol{a}^{\mathrm{T}}\delta\boldsymbol{r}\mathrm{d}v = 0 \tag{4.5.32}$$

式 (4.5.32) 为连续介质的虚功方程，可以表示为虚功形式，即

$$\delta W_s - \delta W_v + \delta W_b - \delta W_i = 0 \tag{4.5.33}$$

其中，δW_s 为表面张力虚功；δW_v 为黏性力虚功；δW_b 为体力虚功；δW_i 为惯性力虚功。

由于 $\boldsymbol{n}\mathrm{d}s = J\boldsymbol{J}^{-1^{\mathrm{T}}}\boldsymbol{N}\mathrm{d}S$，表面张力虚功可表示为

$$\begin{aligned}
\delta W_s &= \int_s \boldsymbol{n}^{\mathrm{T}}\boldsymbol{\sigma}\delta\boldsymbol{r}\mathrm{d}s\\
&= \int_S J\boldsymbol{N}^{\mathrm{T}}\boldsymbol{J}^{-1}\boldsymbol{\sigma}\delta\boldsymbol{r}\mathrm{d}S
\end{aligned} \tag{4.5.34}$$

由于 $\mathrm{d}v = J\mathrm{d}V$，且 $\delta\boldsymbol{\varepsilon} = 1/2\left[\boldsymbol{J}^{\mathrm{T}}\delta\boldsymbol{J} + \left(\delta\boldsymbol{J}^{\mathrm{T}}\right)\boldsymbol{J}\right]$，利用张量二重积性质，黏性力虚功可表示为

$$\begin{aligned}\delta W_v &= -\int_v \boldsymbol{\sigma} : (\delta\boldsymbol{J})\,\boldsymbol{J}^{-1}\mathrm{d}v \\ &= -\int_V J\boldsymbol{\sigma} : (\delta\boldsymbol{J})\,\boldsymbol{J}^{-1}\mathrm{d}V \\ &= -\int_V J\boldsymbol{\sigma} : \boldsymbol{J}^{-1^{\mathrm{T}}}\delta\boldsymbol{\varepsilon}\boldsymbol{J}^{-1}\mathrm{d}V \\ &= -\int_V \left(J\boldsymbol{J}^{-1}\boldsymbol{\sigma}\boldsymbol{J}^{-1^{\mathrm{T}}}\right) : \delta\boldsymbol{\varepsilon}\mathrm{d}V\end{aligned} \tag{4.5.35}$$

由于 $\mathrm{d}v = J\mathrm{d}V$，体力虚功可表示为

$$\begin{aligned}\delta W_b &= \int_v \boldsymbol{f}_b^{\mathrm{T}}\delta\boldsymbol{r}\mathrm{d}v \\ &= \int_V J\boldsymbol{f}_b^{\mathrm{T}}\delta\boldsymbol{r}\mathrm{d}V\end{aligned} \tag{4.5.36}$$

由于质量守恒，在当前构型和参考构型下，相同物质点处的微元质量相同，即 $\rho\mathrm{d}v = \rho_0\mathrm{d}V$，则惯性力虚功可表示为

$$\begin{aligned}\delta W_i &= \int_v \rho\boldsymbol{a}^{\mathrm{T}}\delta\boldsymbol{r}\mathrm{d}v \\ &= \int_V \rho_0\boldsymbol{a}^{\mathrm{T}}\delta\boldsymbol{r}\mathrm{d}V\end{aligned} \tag{4.5.37}$$

4.5.2 RANCF 公式

1. 有理 Bézier 函数

传统 ANCF 公式与 RANCF 公式的根本差异在于，使用不同形式的插值函数，前者多采用不完备多项式或非有理函数，后者采用有理函数。有理函数类型众多，这里仅应用其中一种作为计算连续介质构型的插值函数，即有理 Bézier 函数。根据描述所需变形维度的不同，有理 Bézier 函数可分为有理 Bézier 曲线、曲面、实体。

有理 Bézier 曲线定义为

$$\boldsymbol{r}(\xi) = \sum_{i=0}^{p} R_{i,p}(\xi)\,\boldsymbol{P}_i \tag{4.5.38}$$

其中，$\boldsymbol{r}(\xi)$ 为曲线上任意一点的位置向量；ξ 为无量纲参数，$0 \leqslant \xi \leqslant 1$；$\boldsymbol{P}_i$ 为控制点位置向量；i 为控制点编号；p 为有理 Bézier 曲线的阶数，$p+1$ 为控制点数量；$R_{i,p}(\xi)$ 定义为有理基函数，其表达式为

$$R_{i,p}(\xi) = \frac{B_{i,p}(\xi)\,\omega_i}{\sum\limits_{n=0}^{p} B_{n,p}(\xi)\,\omega_n} \tag{4.5.39}$$

其中，ω_i 为控制点权系数。

$B_{i,p}(\xi)$ 定义为伯恩斯坦多项式，计算式为

$$B_{i,p}(\xi) = \frac{p!}{i!\,(p-i)!}\xi^i(1-\xi)^{p-i} \tag{4.5.40}$$

有理 Bézier 曲面定义为

$$\boldsymbol{r}(\xi,\eta) = \sum_{i=0}^{p}\sum_{j=0}^{q} R_{i,j}(\xi,\eta)\,\boldsymbol{P}_{ij} \tag{4.5.41}$$

其中，$\boldsymbol{r}(\xi,\eta)$ 为曲面上任意一点的位置向量；η 为无量纲参数，$0 \leqslant \eta \leqslant 1$；$\boldsymbol{P}_{ij}$ 为控制点位置向量，i、j 均为控制点编号；p、q 为有理 Bézier 曲面两个维度的阶数，$(p+1)(q+1)$ 的数值为控制点数量。

$R_{i,j}(\xi,\eta)$ 同样为有理基函数，表达形式略有不同，即

$$R_{i,j}(\xi,\eta) = \frac{B_{i,p}(\xi)\,B_{j,q}(\eta)\,\omega_{ij}}{\sum\limits_{n=0}^{p}\sum\limits_{m=0}^{q} B_{n,p}(\xi)\,B_{m,q}(\eta)\,\omega_{nm}} \tag{4.5.42}$$

其中，ω_{ij} 为控制点权系数。

$B_{j,q}(\eta)$ 同样为伯恩斯坦多项式，即

$$B_{j,q}(\eta) = \frac{q!}{j!\,(q-j)!}\eta^j(1-\eta)^{q-j} \tag{4.5.43}$$

有理 Bézier 实体定义为

$$\boldsymbol{r}(\xi,\eta,\zeta) = \sum_{i=0}^{p}\sum_{j=0}^{q}\sum_{k=0}^{r} R_{i,j,k}(\xi,\eta,\zeta)\,\boldsymbol{P}_{ijk} \tag{4.5.44}$$

其中，$\boldsymbol{r}(\xi,\eta,\zeta)$ 为实体上任意一点的位置向量；ζ 为无量纲参数，$0\leqslant\zeta\leqslant 1$；$\boldsymbol{P}_{ijk}$ 为控制点位置向量，i、j、k 均为控制点编号；p、q、r 为有理 Bézier 实体 3 个维度的阶数，$(p+1)(q+1)(r+1)$ 为控制点数量；$R_{i,j,k}(\xi,\eta,\zeta)$ 同样为有理基函数，可表示为

$$R_{i,j,k}(\xi,\eta,\zeta)=\frac{B_{i,p}(\xi)\,B_{j,q}(\eta)\,B_{k,r}(\zeta)\,\omega_{ijk}}{\sum\limits_{n=0}^{p}\sum\limits_{m=0}^{q}\sum\limits_{l=0}^{r}B_{n,p}(\xi)\,B_{m,q}(\eta)\,B_{l,r}(\zeta)\,\omega_{nml}} \tag{4.5.45}$$

其中，ω_{ijk} 为控制点权系数；$B_{k,r}(\zeta)$ 同样为伯恩斯坦多项式，即

$$B_{k,r}(\zeta)=\frac{r!}{k!\,(r-k)!}\zeta^{k}(1-\zeta)^{r-k} \tag{4.5.46}$$

图 4.16 所示为分别考虑 3 种变形维度的三阶有理 Bézier 函数，圆圈代表控制点。可以看出，通过改变控制点的位置，位移场就会产生相应的变化，改变控制点权系数同样能够影响位移场。图中仅就简单的控制点变化进行展示，更多复杂的构型可以根据有理 Bézier 函数的相关理论进行计算，得到与所需构型对应的控制点位置向量和权系数，即可插值出该位移场。相较于非有理函数，有理 Bézier 函数能够精确描述圆锥曲线、曲面。图 4.17 给出了分别使用三阶有理 Bézier 曲线、5×5 阶有理 Bézier 曲面描述 1/4 圆弧、1/8 球面的实例。圆弧圆心坐标为 $(\sqrt{2}/2,\sqrt{2}/2)$，球面球心坐标为 $(0,0,1)$，圆弧与球面半径均为 1。

表 4.1 和表 4.2 分别给出了控制点位置向量及权系数（非唯一解）。圆弧与球面是两种基本的圆锥曲线、曲面，是组成圆柱体贮箱、球体贮箱的主要几何构型，具有重要的研究意义。上述 1/4 圆弧、1/8 球面的控制点位置向量及权系数计算方法在文献 [56] 中给出，本节直接使用其计算结果建立相应的流体单元初始构型。

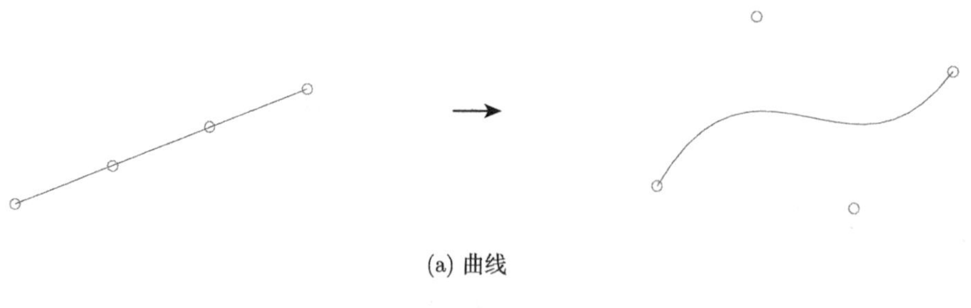

(a) 曲线

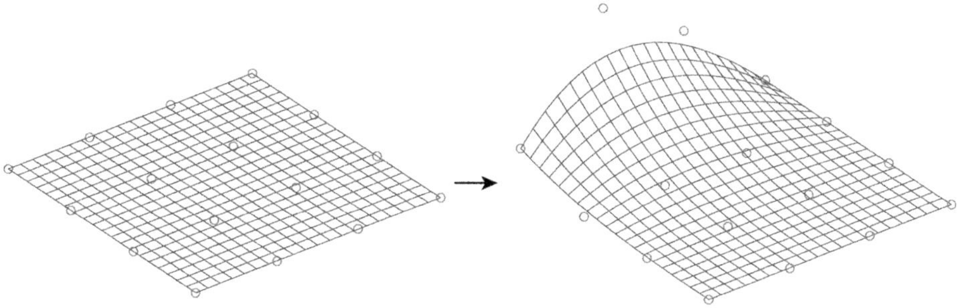

(b) 曲面

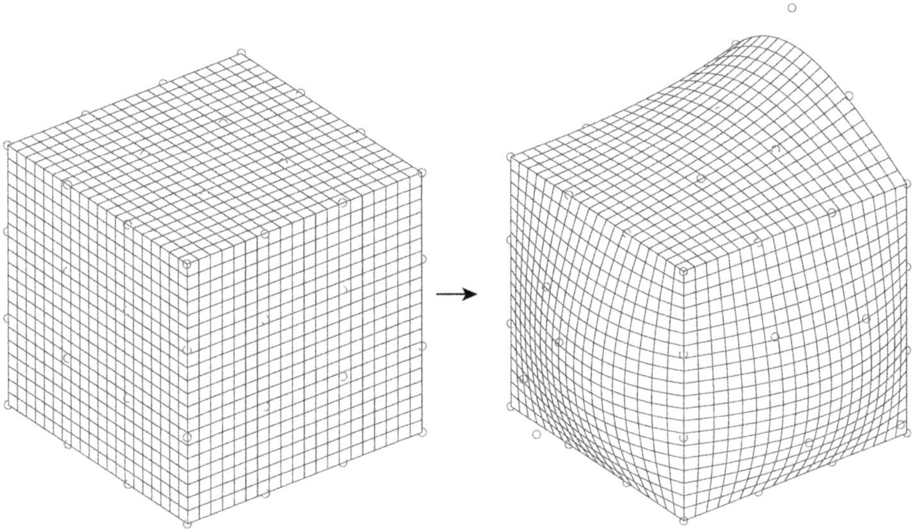

(c) 实体

图 4.16　三阶有理 Bézier 函数

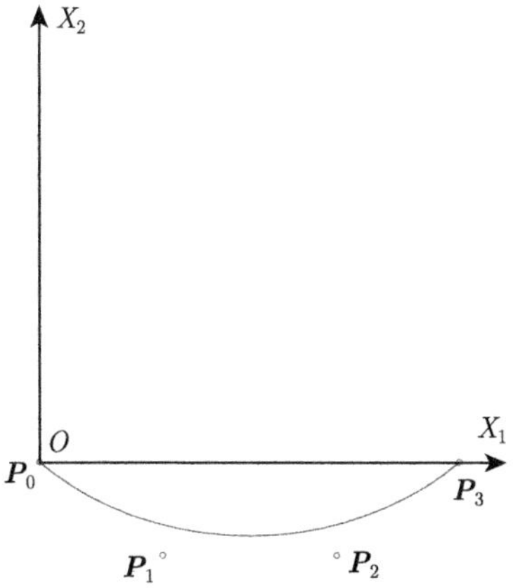

(a) 1/4 圆弧

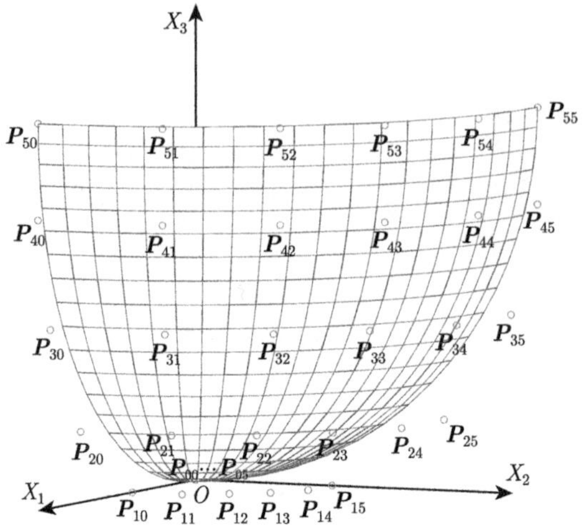

(b) 1/8 球面

图 4.17　三阶有理 Bézier 曲线、5 × 5 阶有理 Bézier 曲面实例

表 4.1　1/4 圆弧控制点位置向量及权系数

位置向量	ωx_1	ωx_2	ω
$\boldsymbol{P}_0$	0	0	1
$\boldsymbol{P}_1$	1/3	−1/3	$\left(\sqrt{2}+1\right)/3$
$\boldsymbol{P}_2$	$\left(\sqrt{2}+1\right)/3$	−1/3	$\left(\sqrt{2}+1\right)/3$
$\boldsymbol{P}_3$	$\sqrt{2}$	0	1

表 4.2　1/8 球面控制点位置向量及权系数

位置向量	ωx_1	ωx_2	ωx_3	ω	位置向量	ωx_1	ωx_2	ωx_3	ω
$\boldsymbol{P}_{00}$	0	0	0	4	$\boldsymbol{P}_{30}$	4.8	0	2.4	5.2
$\boldsymbol{P}_{01}$	0	0	0	3.0627	$\boldsymbol{P}_{31}$	3.6753	1.3576	1.8376	3.9816
$\boldsymbol{P}_{02}$	0	0	0	2.7314	$\boldsymbol{P}_{32}$	2.7976	2.1188	1.6388	3.5508
$\boldsymbol{P}_{03}$	0	0	0	2.7314	$\boldsymbol{P}_{33}$	2.1188	2.7976	1.6388	3.5508
$\boldsymbol{P}_{04}$	0	0	0	3.0627	$\boldsymbol{P}_{34}$	1.3576	3.6753	1.8376	3.9816
$\boldsymbol{P}_{05}$	0	0	0	4	$\boldsymbol{P}_{35}$	0	4.8	2.4	5.2
$\boldsymbol{P}_{10}$	1.6	0	0	4	$\boldsymbol{P}_{40}$	6.4	0	4.8	6.4
$\boldsymbol{P}_{11}$	1.2251	0.4525	0	3.0627	$\boldsymbol{P}_{41}$	4.9904	1.8102	3.6753	4.9904
$\boldsymbol{P}_{12}$	0.9325	0.7063	0	2.7314	$\boldsymbol{P}_{42}$	3.7302	2.8251	3.2776	4.3702
$\boldsymbol{P}_{13}$	0.7063	0.9325	0	2.7314	$\boldsymbol{P}_{43}$	2.8251	3.7302	3.2776	4.3702
$\boldsymbol{P}_{14}$	0.4525	1.2251	0	3.0627	$\boldsymbol{P}_{44}$	1.8102	4.9904	3.6753	4.9904
$\boldsymbol{P}_{15}$	0	1.6	0	4	$\boldsymbol{P}_{45}$	0	6.4	4.8	6.4
$\boldsymbol{P}_{20}$	3.2	0	0.8	4.4	$\boldsymbol{P}_{50}$	8	0	8	8
$\boldsymbol{P}_{21}$	2.4502	0.9051	0.6125	3.3690	$\boldsymbol{P}_{51}$	6.1255	2.2627	6.1255	6.1255
$\boldsymbol{P}_{22}$	1.8651	1.4125	0.5463	3.0045	$\boldsymbol{P}_{52}$	4.6627	3.5314	5.4627	5.4627
$\boldsymbol{P}_{23}$	1.4125	1.8651	0.5463	3.0045	$\boldsymbol{P}_{53}$	3.5314	4.6627	5.4627	5.4627
$\boldsymbol{P}_{24}$	0.9051	2.4502	0.6125	3.3690	$\boldsymbol{P}_{54}$	2.2627	6.1255	6.1255	6.1255
$\boldsymbol{P}_{25}$	0	3.2	0.8	4.4	$\boldsymbol{P}_{55}$	0	8	8	8

2. ANCF 公式

ANCF 公式是对传统有限元方法的一种改进，将当前构型下任一有限控制体积连续介质分割为有限个单元。每个单元的任一物质点的空间坐标由单元节点坐标向量和单元形函数矩阵确定。该方法与传统有限元方法的区别在于，单元节点坐标的选取方式。首先，节点坐标均表示为绝对坐标（即统一在参考坐标系下），可以避免坐标系间的转换，便于动力学方程求解的一致性。其次，节点坐标采用斜率代替转角，具备描述大变形的能力。采用 ANCF 公式，当前构型下单元任一物质点的位置向量可以表示为

$$\boldsymbol{r} = \boldsymbol{S}\boldsymbol{q} \tag{4.5.47}$$

其中，$\boldsymbol{r}$ 为单元任一物质点的空间坐标，在参考坐标系下，它是物质坐标 $\boldsymbol{x}$ 和时间 t 的函数；$\boldsymbol{q}$ 为单元节点坐标向量，是时间 t 的函数；$\boldsymbol{S}$ 为单元形函数矩阵，不随时间变化，在参考构型下，是物质坐标 $\boldsymbol{x}$ 的函数。

因此，式 (4.5.47) 可进一步表示为

$$\begin{gathered}\boldsymbol{r}(\boldsymbol{x}, t) = \boldsymbol{S}(\boldsymbol{x})\,\boldsymbol{q}(t) \\ \boldsymbol{r}(x_1, x_2, x_3, t) = \boldsymbol{S}(x_1, x_2, x_3)\,\boldsymbol{q}(t)\end{gathered} \tag{4.5.48}$$

空间坐标 $\boldsymbol{r}$ 的全导、偏导、变分可表示为

$$\begin{aligned}&\dot{\boldsymbol{r}} = \boldsymbol{S}\dot{\boldsymbol{q}} \\ &\boldsymbol{r}_{x_i} = \boldsymbol{S}_{x_i}\boldsymbol{q}, \quad i = 1, 2, 3 \\ &\delta\boldsymbol{r} = \boldsymbol{S}\delta\boldsymbol{q}\end{aligned} \tag{4.5.49}$$

单元节点坐标向量 $\boldsymbol{q}$ 由单元中每个节点的节点坐标向量组成，即

$$\boldsymbol{q} = \begin{bmatrix}\boldsymbol{q}^{1^{\mathrm{T}}} & \cdots & \boldsymbol{q}^{k^{\mathrm{T}}} & \cdots & \boldsymbol{q}^{n^{\mathrm{T}}}\end{bmatrix}^{\mathrm{T}} \tag{4.5.50}$$

其中，$\boldsymbol{q}^k$ 为单元中第 k 个节点的节点坐标向量；n 为单元节点总数。

根据研究问题的不同需求，第 k 个节点坐标向量的组成不尽相同，主要区别在于所研究对象需要考虑几维变形。

考虑一维、二维、三维变形的第 k 个节点的节点坐标向量，即

$$\begin{aligned}&\boldsymbol{q}^k = \begin{bmatrix}\boldsymbol{r}^{k^{\mathrm{T}}} & \boldsymbol{r}_{x_1}^{k^{\mathrm{T}}}\end{bmatrix}^{\mathrm{T}} \\ &\boldsymbol{q}^k = \begin{bmatrix}\boldsymbol{r}^{k^{\mathrm{T}}} & \boldsymbol{r}_{x_1}^{k^{\mathrm{T}}} & \boldsymbol{r}_{x_2}^{k^{\mathrm{T}}}\end{bmatrix}^{\mathrm{T}} \\ &\boldsymbol{q}^k = \begin{bmatrix}\boldsymbol{r}^{k^{\mathrm{T}}} & \boldsymbol{r}_{x_1}^{k^{\mathrm{T}}} & \boldsymbol{r}_{x_2}^{k^{\mathrm{T}}} & \boldsymbol{r}_{x_3}^{k^{\mathrm{T}}}\end{bmatrix}^{\mathrm{T}}\end{aligned} \tag{4.5.51}$$

图 4.18 给出了 3 种典型的 ANCF 单元，与上述 3 种节点坐标向量一一对应。当对单元描述连续介质变形的能力有更高要求时，单元节点坐标向量的组成会更加复杂，含有空间坐标 $\boldsymbol{r}$ 对物质坐标 $\boldsymbol{x}$ 的高阶偏导。

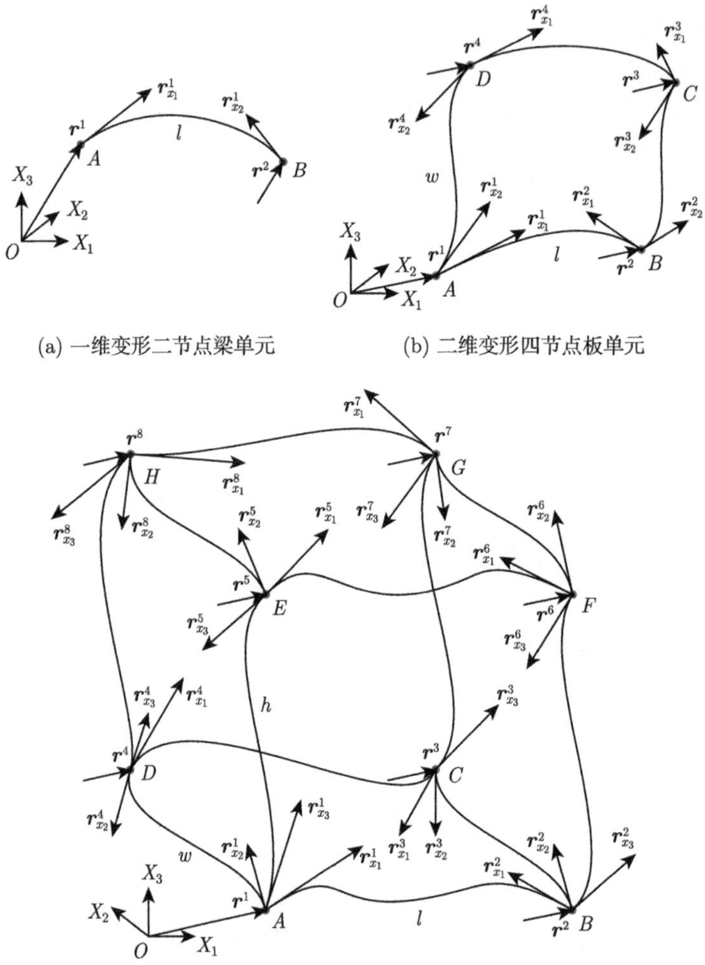

(a) 一维变形二节点梁单元　　(b) 二维变形四节点板单元

(c) 三维变形八节点实体单元

图 4.18　典型 ANCF 单元

对于单元形函数矩阵 $\boldsymbol{S}$，考虑时间不变性，多在参考构型下求解。在参考构型下，式 (4.5.47) 应改写为 $\boldsymbol{x}=\boldsymbol{S}\boldsymbol{q}$，根据有限元理论参考构型下单元任一物质点的位置向量 $\boldsymbol{x}$ 可由幂基多项式描述，即 $\boldsymbol{x}=\varphi\boldsymbol{I}$。$\varphi$ 为幂基多项式，是物质坐标 $\boldsymbol{x}$ 的函数，即 $\varphi=\varphi(\boldsymbol{x})$。根据不同问题考虑的不同维度变形，存在 $\varphi(x_1)$、$\varphi(x_1,x_2)$、$\varphi(x_1,x_2,x_3)$。幂基多项式 φ 的各项系数是未知量，由于参考构型下

单元节点的物质坐标是已知的，因此可以建立幂基多项式 φ 与单元节点坐标向量 $\boldsymbol{q}$ 间的函数关系，即 $\varphi=\varphi(\boldsymbol{q})$，从而建立参考构型下单元任一物质点的位置向量 $\boldsymbol{x}$ 与单元节点坐标向量 $\boldsymbol{q}$ 间的函数关系，即 $\boldsymbol{x}=\boldsymbol{x}(\boldsymbol{q})$，最终得到单元形函数矩阵 $\boldsymbol{S}$ 的表达式，即 $\boldsymbol{x}(\boldsymbol{q})=\boldsymbol{S}\boldsymbol{q}$。

4.5.3 ANCF 流体单元模型

如图 4.19 所示，采用 ANCF 描述流体单元时，单元的节点坐标是定义在惯性参考系中的。单元上任一点的全局位置矢量可以用全局形函数和单元 ANCF 来描述，而节点坐标可以由节点位移和斜率表示，即

$$\boldsymbol{r}=\boldsymbol{S}(x,y,z)\boldsymbol{e}(t) \tag{4.5.52}$$

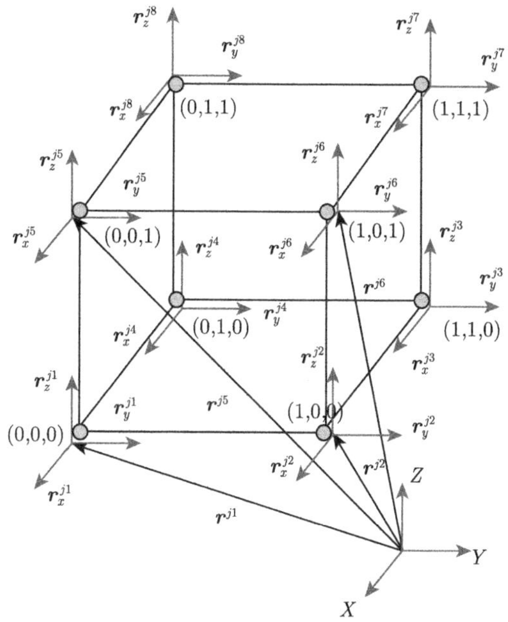

图 4.19 ANCF 流体单元

由此可知，流体单元直接考虑流体三维空间流动的情况。每个流体单元含有 8 个节点。每个节点具有 4 个定义在全局坐标系下的节点坐标向量，包括 1 个位置矢量和 3 个斜率矢量，即单元共有 32 个节点坐标向量和 96 个自由度。位移场可以由这 32 个节点坐标向量表示。根据有限单元理论和形函数的求解方法可以求解流体单元的全局形函数和位移场函数。

根据有限单元方法和连续介质理论，通过绝对坐标 $\boldsymbol{e}$ 和位移插值函数 $\varPhi(x,$

$y,z)$ 可以求解流体单元的全局形函数，得到形函数，即

$$
\begin{aligned}
S^{k,1} &= (-1)^{1+\xi_k+\eta_k+\zeta_k}(\xi+\xi_k-1)(\eta+\eta_k-1)(\zeta+\zeta_k-1)[1+(\xi-\xi_k)\\
&\quad\cdot(1-2\xi)+(\eta-\eta_k)(1-2\eta)+(\zeta-\zeta_k)(1-2\zeta)]\\
S^{k,2} &= (-1)^{\eta_k+\zeta_k}a\xi^{\xi_k+1}(\xi-1)^{2-\xi_k}\eta^{\eta_k}(\eta-1)^{1-\eta_k}\zeta^{\zeta_k}(\zeta-1)^{1-\zeta_k}, \quad k=1,2,\cdots,8\\
S^{k,3} &= (-1)^{\zeta_k+\xi_k}b\xi^{\xi_k}(\xi-1)^{1-\xi_k}\eta^{\eta_k+1}(\eta-1)^{2-\eta_k}\zeta^{\zeta_k}(\zeta-1)^{1-\zeta_k}\\
S^{k,4} &= (-1)^{\eta_k+\xi_k}c\xi^{\xi_k}(\xi-1)^{1-\xi_k}\eta^{\eta_k}(\eta-1)^{1-\eta_k}\zeta^{\zeta_k+1}(\zeta-1)^{2-\zeta_k}
\end{aligned}
\tag{4.5.53}
$$

4.5.4 RANCF 形函数

根据有理 Bézier 实体的定义,单元内任一物质点的位置向量可写成式 (4.5.44) 的形式。该式可简写为

$$\boldsymbol{r}=\boldsymbol{R}\boldsymbol{P} \tag{4.5.54}$$

其中，$\boldsymbol{R}$ 为所有 $R_{i,j,k}(\xi,\eta,\zeta)\boldsymbol{I}$ 组成的行向量，$\boldsymbol{R}=\left[R_{0,0,0}(\xi,\eta,\zeta)\boldsymbol{I}\cdots R_{p,q,r}(\xi,\eta,\zeta)\boldsymbol{I}\right]$；$\boldsymbol{P}$ 为所有 $\boldsymbol{P}_{ijk}$ 组成的列向量，$\boldsymbol{P}=\left[\boldsymbol{P}_{000}^{\mathrm{T}}\cdots\boldsymbol{P}_{pqr}^{\mathrm{T}}\right]^{\mathrm{T}}$。

由于单元形函数矩阵具有时间不变性，多在参考构型下求解。单元的初始构型一经确定，与该单元相应的控制点位置向量和权系数就可以通过有理 Bézier 函数理论进行求解，即 $\boldsymbol{P}_{ijk}$ 和 ω_{ijk} 均为已知量。此时，单元任一物质点的位置向量 $\boldsymbol{r}$ 仅为 ξ、η、ζ 的函数，而 ξ、η、ζ 又与物质坐标 x_1、x_2、x_3 存在线性函数关系。因此，参考构型下单元任一物质点的位置向量 $\boldsymbol{r}$ 最终可表示为物质坐标 $\boldsymbol{x}$ 的函数，从而 $\boldsymbol{r}$ 对 $\boldsymbol{x}$ 的各类偏导数 $\boldsymbol{r}_{x_i}$、$\boldsymbol{r}_{x_ix_j}$、$\boldsymbol{r}_{x_ix_jx_k}\cdots(i,j,k=1,2,3)$ 均可直接进行偏导计算，显式表达。根据 4.5.2 节，单元内每个节点的节点坐标向量一般由该节点的空间坐标和空间坐标对物质坐标的各阶偏导数组成，同时各节点的 ξ、η、ζ 均为确定值（物质坐标 x_1、x_2、x_3 与单元尺寸 l、w、h 的比值）。因此，参考构型下单元内各节点的节点坐标向量可由式 (4.5.54) 及其各阶偏导数进行计算，并得到单元节点坐标向量 $\boldsymbol{q}$ 与 $\boldsymbol{P}$ 的变换关系，即

$$\boldsymbol{q}=\boldsymbol{M}_T\boldsymbol{P} \tag{4.5.55}$$

其中，$\boldsymbol{M}_T$ 定义为 $\boldsymbol{q}$ 与 $\boldsymbol{P}$ 的变换矩阵；等式两边同时乘以 $\boldsymbol{M}_T$ 的逆矩阵，则可以得到 $\boldsymbol{P}$ 与 $\boldsymbol{q}$ 的变换关系，即 $\boldsymbol{P}=\boldsymbol{M}_T^{-1}\boldsymbol{q}$。

式 (4.5.47) 与式 (4.5.54) 的相似形式启发了 RANCF 形函数矩阵的计算方法[57,58]，将 $\boldsymbol{P}=\boldsymbol{M}_T^{-1}\boldsymbol{q}$ 代入式 (4.5.47) 和式 (4.5.54)，可得

$$\begin{aligned} \boldsymbol{r} &= \boldsymbol{R}\boldsymbol{P} \\ &= \boldsymbol{R}\boldsymbol{M}_T^{-1}\boldsymbol{q} \\ &= \boldsymbol{S}\boldsymbol{q} \end{aligned} \tag{4.5.56}$$

通过式(4.5.56)可以直接写出 RANCF 的形函数矩阵，即

$$\boldsymbol{S} = \boldsymbol{R}\boldsymbol{M}_T^{-1} \tag{4.5.57}$$

4.5.5 流体单元系统动力学模型

1. 流体本构及虚功方程

RANCF 给出了连续介质运动学描述的方法，连续性方程、虚功方程则给出了连续介质动力学建模的体系。不同类型连续介质的柯西应力张量 $\boldsymbol{\sigma}$ 具有不同的表达形式，即不同类型的连续介质具有不同形式的本构方程。流体属于连续介质，自身具有独特的本构方程形式。对于各向同性的牛顿流体，柯西应力张量可表示为

$$\boldsymbol{\sigma} = \left(-p - \frac{2}{3}\mu\mathrm{tr}\left(\boldsymbol{D}\right)\right)\boldsymbol{I} + 2\mu\boldsymbol{D} \tag{4.5.58}$$

其中，p 为流体静压力；μ 为流体黏性系数；$\boldsymbol{D} = \boldsymbol{J}^{-1^{\mathrm{T}}}\dot{\boldsymbol{\varepsilon}}\boldsymbol{J}^{-1}$。

对于不可压缩各向同性牛顿流体，由 4.5.1 节的相关计算有 $\mathrm{tr}\left(\boldsymbol{D}\right) = 0$，则柯西应力张量可化简为

$$\begin{aligned} \boldsymbol{\sigma} &= -p\boldsymbol{I} + 2\mu\boldsymbol{D} \\ &= -p\boldsymbol{I} + 2\mu\boldsymbol{J}^{-1^{\mathrm{T}}}\dot{\boldsymbol{\varepsilon}}\boldsymbol{J}^{-1} \end{aligned} \tag{4.5.59}$$

可以看出，柯西应力张量 $\boldsymbol{\sigma}$ 为格林-拉格朗日应变张量 $\boldsymbol{\varepsilon}$ 的函数。不可压缩各向同性的牛顿流体作为一类特殊的连续介质，同样遵循连续性方程、虚功方程等力学基本方程。

对于虚功方程，将不可压缩各向同性的牛顿流体本构方程式 (4.5.59) 代入，可得到各项虚功的进一步表达式。

表面张力虚功可进一步计算为

$$\begin{aligned} \delta W_s &= \int_S J\boldsymbol{N}^{\mathrm{T}}\boldsymbol{J}^{-1}\boldsymbol{\sigma}\delta\boldsymbol{r}\mathrm{d}S \\ &= \int_S 2\mu J\boldsymbol{N}^{\mathrm{T}}\boldsymbol{J}^{-1}\boldsymbol{J}^{-1^{\mathrm{T}}}\dot{\boldsymbol{\varepsilon}}\boldsymbol{J}^{-1}\boldsymbol{S}\delta\boldsymbol{q}\mathrm{d}S \\ &= \int_S 2\mu J\boldsymbol{N}^{\mathrm{T}}\boldsymbol{C}_r^{-1}\dot{\boldsymbol{\varepsilon}}\boldsymbol{J}^{-1}\boldsymbol{S}\mathrm{d}S\delta\boldsymbol{q} \end{aligned}$$

$$=\boldsymbol{Q}_s^{\mathrm{T}}\delta\boldsymbol{q} \tag{4.5.60}$$

其中，$\boldsymbol{Q}_s$ 为广义表面张力，其表达式为

$$\boldsymbol{Q}_s^{\mathrm{T}}=\int_S 2\mu J\boldsymbol{N}^{\mathrm{T}}\boldsymbol{C}_r^{-1}\dot{\boldsymbol{\varepsilon}}\boldsymbol{J}^{-1}\boldsymbol{S}\mathrm{d}S \tag{4.5.61}$$

黏性力虚功可进一步计算为

$$\begin{aligned}\delta W_v &= -\int_V\left(J\boldsymbol{J}^{-1}\boldsymbol{\sigma}\boldsymbol{J}^{-1^{\mathrm{T}}}\right):\delta\boldsymbol{\varepsilon}\mathrm{d}V\\ &= -\int_V 2\mu\left(J\boldsymbol{J}^{-1}\boldsymbol{J}^{-1^{\mathrm{T}}}\dot{\boldsymbol{\varepsilon}}\boldsymbol{J}^{-1}\boldsymbol{J}^{-1^{\mathrm{T}}}\right):\delta\boldsymbol{\varepsilon}\mathrm{d}V\\ &= -\int_V 2\mu\left(J\boldsymbol{C}_r^{-1}\dot{\boldsymbol{\varepsilon}}\boldsymbol{C}_r^{-1}\right):\delta\boldsymbol{\varepsilon}\mathrm{d}V\\ &= -\int_V 2\mu\left(J\boldsymbol{C}_r^{-1}\dot{\boldsymbol{\varepsilon}}\boldsymbol{C}_r^{-1}\right):\frac{\partial\boldsymbol{\varepsilon}}{\partial\boldsymbol{q}}\mathrm{d}V\delta\boldsymbol{q}\\ &= \boldsymbol{Q}_v^{\mathrm{T}}\delta\boldsymbol{q}\end{aligned} \tag{4.5.62}$$

其中，$\boldsymbol{Q}_v$ 为广义黏性力，其表达式为

$$\boldsymbol{Q}_v^{\mathrm{T}}=-\int_V 2\mu\left(J\boldsymbol{C}_r^{-1}\dot{\boldsymbol{\varepsilon}}\boldsymbol{C}_r^{-1}\right):\frac{\partial\boldsymbol{\varepsilon}}{\partial\boldsymbol{q}}\mathrm{d}V \tag{4.5.63}$$

格林-拉格朗日应变张量 $\boldsymbol{\varepsilon}$ 定义为

$$\boldsymbol{\varepsilon}=\frac{1}{2}\begin{bmatrix}\boldsymbol{r}_{x_1}^{\mathrm{T}}\boldsymbol{r}_{x_1}-1 & \boldsymbol{r}_{x_1}^{\mathrm{T}}\boldsymbol{r}_{x_2} & \boldsymbol{r}_{x_1}^{\mathrm{T}}\boldsymbol{r}_{x_3}\\ \boldsymbol{r}_{x_2}^{\mathrm{T}}\boldsymbol{r}_{x_1} & \boldsymbol{r}_{x_2}^{\mathrm{T}}\boldsymbol{r}_{x_2}-1 & \boldsymbol{r}_{x_2}^{\mathrm{T}}\boldsymbol{r}_{x_3}\\ \boldsymbol{r}_{x_3}^{\mathrm{T}}\boldsymbol{r}_{x_1} & \boldsymbol{r}_{x_3}^{\mathrm{T}}\boldsymbol{r}_{x_2} & \boldsymbol{r}_{x_3}^{\mathrm{T}}\boldsymbol{r}_{x_3}-1\end{bmatrix} \tag{4.5.64}$$

为求解 $\partial\boldsymbol{\varepsilon}/\partial\boldsymbol{q}$，采用向量积求导法则，即

$$\begin{aligned}&\frac{\partial\left(\boldsymbol{U}^{\mathrm{T}}\boldsymbol{V}\right)}{\partial\boldsymbol{X}}=\frac{\partial\left(\boldsymbol{U}^{\mathrm{T}}\right)}{\partial\boldsymbol{X}}\boldsymbol{V}+\frac{\partial\left(\boldsymbol{V}^{\mathrm{T}}\right)}{\partial\boldsymbol{X}}\boldsymbol{U}\\ &\frac{\partial\left(\boldsymbol{X}^{\mathrm{T}}\boldsymbol{A}\right)}{\partial\boldsymbol{X}}=\frac{\partial\left(\boldsymbol{X}^{\mathrm{T}}\right)}{\partial\boldsymbol{X}}\boldsymbol{A}+\frac{\partial\left(\boldsymbol{A}^{\mathrm{T}}\right)}{\partial\boldsymbol{X}}\boldsymbol{X}=\boldsymbol{I}\boldsymbol{A}+\boldsymbol{0}\boldsymbol{X}=\boldsymbol{A}\end{aligned} \tag{4.5.65}$$

其中，$\boldsymbol{U}$、$\boldsymbol{V}$ 为 $\boldsymbol{X}$ 的函数；$\boldsymbol{A}$ 为常量矩阵。

由式 (4.5.49) 有 $\boldsymbol{r}_{x_i}=\boldsymbol{S}_{x_i}\boldsymbol{q}$, $i=1,2,3$，因此 $\partial\left(\boldsymbol{r}_{x_i}^{\mathrm{T}}\boldsymbol{r}_{x_j}\right)/\partial\boldsymbol{q}$ 可推导为

$$\begin{aligned}\frac{\partial\left(\boldsymbol{r}_{x_i}^{\mathrm{T}}\boldsymbol{r}_{x_j}\right)}{\partial\boldsymbol{q}} &= \frac{\partial\boldsymbol{r}_{x_i}^{\mathrm{T}}}{\partial\boldsymbol{q}}\boldsymbol{r}_{x_j}+\frac{\partial\boldsymbol{r}_{x_j}^{\mathrm{T}}}{\partial\boldsymbol{q}}\boldsymbol{r}_{x_i}\\ &= \frac{\partial\left(\boldsymbol{q}^{\mathrm{T}}\boldsymbol{S}_{x_i}^{\mathrm{T}}\right)}{\partial\boldsymbol{q}}\boldsymbol{S}_{x_j}\boldsymbol{q}+\frac{\partial\left(\boldsymbol{q}^{\mathrm{T}}\boldsymbol{S}_{x_j}^{\mathrm{T}}\right)}{\partial\boldsymbol{q}}\boldsymbol{S}_{x_i}\boldsymbol{q}\\ &= \boldsymbol{S}_{x_i}^{\mathrm{T}}\boldsymbol{S}_{x_j}\boldsymbol{q}+\boldsymbol{S}_{x_j}^{\mathrm{T}}\boldsymbol{S}_{x_i}\boldsymbol{q}\end{aligned} \tag{4.5.66}$$

则 $\partial\varepsilon/\partial\boldsymbol{q}$ 最终计算为

$$\frac{\partial\varepsilon}{\partial\boldsymbol{q}}=\frac{1}{2}\begin{bmatrix}2\boldsymbol{S}_{x_1}^{\mathrm{T}}\boldsymbol{S}_{x_1}\boldsymbol{q} & \boldsymbol{S}_{x_1}^{\mathrm{T}}\boldsymbol{S}_{x_2}\boldsymbol{q}+\boldsymbol{S}_{x_2}^{\mathrm{T}}\boldsymbol{S}_{x_1}\boldsymbol{q} & \boldsymbol{S}_{x_1}^{\mathrm{T}}\boldsymbol{S}_{x_3}\boldsymbol{q}+\boldsymbol{S}_{x_3}^{\mathrm{T}}\boldsymbol{S}_{x_1}\boldsymbol{q}\\ \boldsymbol{S}_{x_2}^{\mathrm{T}}\boldsymbol{S}_{x_1}\boldsymbol{q}+\boldsymbol{S}_{x_1}^{\mathrm{T}}\boldsymbol{S}_{x_2}\boldsymbol{q} & 2\boldsymbol{S}_{x_2}^{\mathrm{T}}\boldsymbol{S}_{x_2}\boldsymbol{q} & \boldsymbol{S}_{x_2}^{\mathrm{T}}\boldsymbol{S}_{x_3}\boldsymbol{q}+\boldsymbol{S}_{x_3}^{\mathrm{T}}\boldsymbol{S}_{x_2}\boldsymbol{q}\\ \boldsymbol{S}_{x_3}^{\mathrm{T}}\boldsymbol{S}_{x_1}\boldsymbol{q}+\boldsymbol{S}_{x_1}^{\mathrm{T}}\boldsymbol{S}_{x_3}\boldsymbol{q} & \boldsymbol{S}_{x_3}^{\mathrm{T}}\boldsymbol{S}_{x_2}\boldsymbol{q}+\boldsymbol{S}_{x_2}^{\mathrm{T}}\boldsymbol{S}_{x_3}\boldsymbol{q} & 2\boldsymbol{S}_{x_3}^{\mathrm{T}}\boldsymbol{S}_{x_3}\boldsymbol{q}\end{bmatrix} \tag{4.5.67}$$

体力虚功可进一步计算为

$$\begin{aligned}\delta W_b &= \int_V J\boldsymbol{f}_b{}^{\mathrm{T}}\delta\boldsymbol{r}\mathrm{d}V\\ &= \int_V \rho_0 J\boldsymbol{g}^{\mathrm{T}}\boldsymbol{S}\delta\boldsymbol{q}\mathrm{d}V\\ &= \int_V \rho_0 J\boldsymbol{g}^{\mathrm{T}}\boldsymbol{S}\mathrm{d}V\delta\boldsymbol{q}\\ &= \boldsymbol{Q}_b^{\mathrm{T}}\delta\boldsymbol{q}\end{aligned} \tag{4.5.68}$$

其中，$\boldsymbol{Q}_b$ 为广义体力，其表达式为

$$\boldsymbol{Q}_b^{\mathrm{T}}=\int_V \rho_0 J\boldsymbol{g}^{\mathrm{T}}\boldsymbol{S}\mathrm{d}V \tag{4.5.69}$$

惯性力虚功可进一步计算为

$$\begin{aligned}\delta W_i &= \int_V \rho_0\boldsymbol{a}^{\mathrm{T}}\delta\boldsymbol{r}\mathrm{d}V\\ &= \int_V \rho_0\ddot{\boldsymbol{r}}^{\mathrm{T}}\delta\boldsymbol{r}\mathrm{d}V\\ &= \int_V \rho_0\ddot{\boldsymbol{q}}^{\mathrm{T}}\boldsymbol{S}^{\mathrm{T}}\boldsymbol{S}\delta\boldsymbol{q}\mathrm{d}V\\ &= \ddot{\boldsymbol{q}}^{\mathrm{T}}\int_V \rho_0\boldsymbol{S}^{\mathrm{T}}\boldsymbol{S}\mathrm{d}V\delta\boldsymbol{q}\end{aligned}$$

$$= \ddot{\boldsymbol{q}}^{\mathrm{T}} \boldsymbol{M} \delta \boldsymbol{q} \tag{4.5.70}$$

其中，$\boldsymbol{M}_{\boldsymbol{q}}$ 为广义质量矩阵，其表达式为

$$\boldsymbol{M}_{\boldsymbol{q}} = \int_V \rho_0 \boldsymbol{S}^{\mathrm{T}} \boldsymbol{S} \mathrm{d}V \tag{4.5.71}$$

对于连续性方程，由于存在不可压缩条件，出现两项运动学约束，即 $J=1$ 和 $\dot{J}=0$。采用罚方法引入两项广义力等价描述两项运动学约束，并将这两项广义力代入虚功方程一同计算。引入罚刚度能 U_{IC}、罚耗散能 U_{TD}，定义 k_{IC} 为罚刚度系数、c_{TD} 为罚耗散系数、$\boldsymbol{Q}_{\mathrm{IC}}$ 为广义罚刚度力、$\boldsymbol{Q}_{\mathrm{TD}}$ 为广义罚耗散力，罚刚度能可表示为 $U_{\mathrm{IC}} = k_{\mathrm{IC}}(J-1)^2/2$，罚耗散能可表示为 $U_{\mathrm{TD}} = c_{\mathrm{TD}}\left(\dot{J}\right)^2/2$。

广义罚刚度力定义为罚刚度能对节点坐标的偏导，即

$$\boldsymbol{Q}_{\mathrm{IC}} = \frac{\partial U_{\mathrm{IC}}}{\partial \boldsymbol{q}} = k_{\mathrm{IC}}\left(J-1\right)\frac{\partial J}{\partial \boldsymbol{q}} \tag{4.5.72}$$

广义罚耗散力定义为罚耗散能对节点坐标导数的偏导，即

$$\boldsymbol{Q}_{\mathrm{TD}} = \frac{\partial U_{\mathrm{TD}}}{\partial \dot{\boldsymbol{q}}} = c_{\mathrm{TD}} \dot{J} \frac{\partial \dot{J}}{\partial \dot{\boldsymbol{q}}} \tag{4.5.73}$$

变形梯度行列式定义为 $J = \boldsymbol{r}_{x_1} \cdot (\boldsymbol{r}_{x_2} \times \boldsymbol{r}_{x_3})$，为求解 $\partial J/\partial \boldsymbol{q}$，采用向量积求导计算式 (4.5.65) 和式 (4.5.49)，可以推导出

$$\begin{aligned}
\frac{\partial J}{\partial \boldsymbol{q}} &= \frac{\partial \boldsymbol{r}_{x_1}^{\mathrm{T}}}{\partial \boldsymbol{q}}\left(\boldsymbol{r}_{x_2} \times \boldsymbol{r}_{x_3}\right) + \frac{\partial (\boldsymbol{r}_{x_2} \times \boldsymbol{r}_{x_3})^{\mathrm{T}}}{\partial \boldsymbol{q}} \boldsymbol{r}_{x_1} \\
&= \boldsymbol{S}_{x_1}^{\mathrm{T}}\left(\boldsymbol{r}_{x_2} \times \boldsymbol{r}_{x_3}\right) + \left(\boldsymbol{S}_{x_2}^{\mathrm{T}} \times \boldsymbol{r}_{x_3} + \boldsymbol{r}_{x_2} \times \boldsymbol{S}_{x_3}^{\mathrm{T}}\right)\boldsymbol{r}_{x_1} \\
&= \boldsymbol{S}_{x_1}^{\mathrm{T}}\left(\boldsymbol{r}_{x_2} \times \boldsymbol{r}_{x_3}\right) + \boldsymbol{S}_{x_2}^{\mathrm{T}}\left(\boldsymbol{r}_{x_3} \times \boldsymbol{r}_{x_1}\right) + \boldsymbol{S}_{x_3}^{\mathrm{T}}\left(\boldsymbol{r}_{x_1} \times \boldsymbol{r}_{x_2}\right)
\end{aligned} \tag{4.5.74}$$

变形梯度行列式的导数可计算为

$$\begin{aligned}
\dot{J} &= \dot{\boldsymbol{r}}_{x_1} \cdot \left(\boldsymbol{r}_{x_2} \times \boldsymbol{r}_{x_3}\right) + \boldsymbol{r}_{x_1} \cdot \left(\dot{\boldsymbol{r}}_{x_2} \times \boldsymbol{r}_{x_3} + \boldsymbol{r}_{x_2} \times \dot{\boldsymbol{r}}_{x_3}\right) \\
&= \dot{\boldsymbol{r}}_{x_1}\left(\boldsymbol{r}_{x_2} \times \boldsymbol{r}_{x_3}\right) + \dot{\boldsymbol{r}}_{x_2}\left(\boldsymbol{r}_{x_3} \times \boldsymbol{r}_{x_1}\right) + \dot{\boldsymbol{r}}_{x_3}\left(\boldsymbol{r}_{x_1} \times \boldsymbol{r}_{x_2}\right)
\end{aligned} \tag{4.5.75}$$

为求解 $\partial \dot{J}/\partial \dot{\boldsymbol{q}}$，同样采用式 (4.5.65) 和式 (4.5.49)，可得

$$\begin{aligned}
\frac{\partial \dot{J}}{\partial \dot{\boldsymbol{q}}} &= \frac{\partial\left(\dot{\boldsymbol{q}}^{\mathrm{T}} \boldsymbol{S}_{x_1}^{\mathrm{T}}\right)}{\partial \dot{\boldsymbol{q}}}\left(\boldsymbol{r}_{x_2} \times \boldsymbol{r}_{x_3}\right) + \frac{\partial\left(\dot{\boldsymbol{q}}^{\mathrm{T}} \boldsymbol{S}_{x_2}^{\mathrm{T}}\right)}{\partial \dot{\boldsymbol{q}}}\left(\boldsymbol{r}_{x_3} \times \boldsymbol{r}_{x_1}\right) + \frac{\partial\left(\dot{\boldsymbol{q}}^{\mathrm{T}} \boldsymbol{S}_{x_3}^{\mathrm{T}}\right)}{\partial \dot{\boldsymbol{q}}}\left(\boldsymbol{r}_{x_1} \times \boldsymbol{r}_{x_2}\right) \\
&= \boldsymbol{S}_{x_1}^{\mathrm{T}}\left(\boldsymbol{r}_{x_2} \times \boldsymbol{r}_{x_3}\right) + \boldsymbol{S}_{x_2}^{\mathrm{T}}\left(\boldsymbol{r}_{x_3} \times \boldsymbol{r}_{x_1}\right) + \boldsymbol{S}_{x_3}^{\mathrm{T}}\left(\boldsymbol{r}_{x_1} \times \boldsymbol{r}_{x_2}\right)
\end{aligned} \tag{4.5.76}$$

因此，广义罚刚度力可进一步计算为

$$\boldsymbol{Q}_{\mathrm{IC}}=k_{\mathrm{IC}}\left(J-1\right)\left[\boldsymbol{S}_{x_1}^{\mathrm{T}}\left(\boldsymbol{r}_{x_2}\times\boldsymbol{r}_{x_3}\right)+\boldsymbol{S}_{x_2}^{\mathrm{T}}\left(\boldsymbol{r}_{x_3}\times\boldsymbol{r}_{x_1}\right)+\boldsymbol{S}_{x_3}^{\mathrm{T}}\left(\boldsymbol{r}_{x_1}\times\boldsymbol{r}_{x_2}\right)\right] \tag{4.5.77}$$

广义罚耗散力可进一步计算为

$$\boldsymbol{Q}_{\mathrm{TD}}=c_{\mathrm{TD}}\dot{J}\left[\boldsymbol{S}_{x_1}^{\mathrm{T}}\left(\boldsymbol{r}_{x_2}\times\boldsymbol{r}_{x_3}\right)+\boldsymbol{S}_{x_2}^{\mathrm{T}}\left(\boldsymbol{r}_{x_3}\times\boldsymbol{r}_{x_1}\right)+\boldsymbol{S}_{x_3}^{\mathrm{T}}\left(\boldsymbol{r}_{x_1}\times\boldsymbol{r}_{x_2}\right)\right] \tag{4.5.78}$$

通过以上计算，采用罚方法的不可压缩各向同性的牛顿流体虚功方程可最终表示为广义力的形式，即

$$\boldsymbol{M}_q\ddot{\boldsymbol{q}}=\boldsymbol{Q}_s+\boldsymbol{Q}_b-\left(\boldsymbol{Q}_v+\boldsymbol{Q}_{\mathrm{IC}}+\boldsymbol{Q}_{\mathrm{TD}}\right) \tag{4.5.79}$$

2. 约束方程

液体一般存放于贮箱中，因此其运动状态受到贮箱的约束。贮箱对液体的约束以壁面约束为主，即液体不能渗透到贮箱的壁面外。存储液体的贮箱结构多样，主要的贮箱形状包括长方体贮箱、圆柱体贮箱、球体贮箱等。根据贮箱形状的不同，贮箱对液体的壁面约束可分为平面约束、圆柱面约束、球面约束等。常见的贮箱形状及其约束类型如图 4.20 所示。

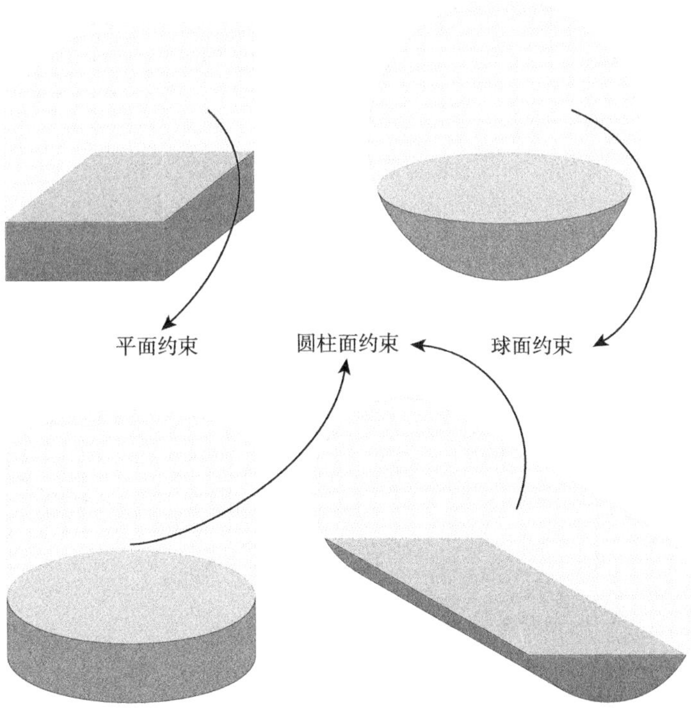

图 4.20 常见的贮箱形状及其约束类型

下面将贮箱作为刚体进行动力学分析，贮箱内的液体作为流体进行动力学分析。流体通过流体单元节点坐标 $\boldsymbol{q}$ 进行运动学描述，刚体通过刚体坐标系 $\boldsymbol{q}_r$ 进行运动学描述。贮箱与其内部的液体组成一个简单的多体系统。由于贮箱约束液体的运动状态，因此需要准确建立两者间的约束方程。约束方程是一组代数方程，可以通过限制特定的流体单元节点坐标或刚体坐标达到所需的等价约束效果，因此约束方程中含有上述两种坐标，可表示为

$$\boldsymbol{C}(\boldsymbol{q}_r, \boldsymbol{q}) = \boldsymbol{0} \tag{4.5.80}$$

对于存在约束的多体系统，可以采用拉格朗日乘子法进行求解，因此需要计算约束方程的雅可比矩阵。由于约束方程同时含有流体单元节点坐标和刚体坐标，因此需要分别计算约束方程对这两种坐标的雅可比矩阵，即

$$\begin{aligned} \boldsymbol{C}_{\boldsymbol{q}_r} &= \frac{\partial \boldsymbol{C}(\boldsymbol{q}_r, \boldsymbol{q})}{\partial \boldsymbol{q}_r} \\ \boldsymbol{C}_{\boldsymbol{q}} &= \frac{\partial \boldsymbol{C}(\boldsymbol{q}_r, \boldsymbol{q})}{\partial \boldsymbol{q}} \end{aligned} \tag{4.5.81}$$

不同的约束类型必然得到不同的约束方程，从而计算出不同的雅可比矩阵。

3. 系统控制方程

存储液体的贮箱一般存在于多体系统中。为了使流体的动力学模型与其他刚体或柔性体的动力学模型具有统一的形式，我们选择式 (4.5.79) 所示的广义力形式虚功方程。考虑约束作用的流体虚功方程，可以进一步写为

$$\boldsymbol{M}_{\boldsymbol{q}}\ddot{\boldsymbol{q}} + \boldsymbol{C}_{\boldsymbol{q}}^{\mathrm{T}}\boldsymbol{\lambda} = \boldsymbol{Q}_s + \boldsymbol{Q}_b - (\boldsymbol{Q}_v + \boldsymbol{Q}_{\mathrm{IC}} + \boldsymbol{Q}_{\mathrm{TD}}) \tag{4.5.82}$$

其中，$\boldsymbol{\lambda}$ 为拉格朗日乘子组成的列向量。

对于液体和贮箱组成的简单多体系统，系统控制方程的表达式为

$$\begin{bmatrix} \boldsymbol{M}_{\boldsymbol{q}_r} & \boldsymbol{0} & \boldsymbol{C}_{\boldsymbol{q}_r}^{\mathrm{T}} \\ \boldsymbol{0} & \boldsymbol{M}_{\boldsymbol{q}} & \boldsymbol{C}_{\boldsymbol{q}}^{\mathrm{T}} \\ \boldsymbol{C}_{\boldsymbol{q}_r} & \boldsymbol{C}_{\boldsymbol{q}} & \boldsymbol{0} \end{bmatrix} \begin{bmatrix} \ddot{\boldsymbol{q}}_r \\ \ddot{\boldsymbol{q}} \\ \boldsymbol{\lambda} \end{bmatrix} = \begin{bmatrix} \boldsymbol{Q}_r \\ \boldsymbol{Q}_s + \boldsymbol{Q}_b - (\boldsymbol{Q}_v + \boldsymbol{Q}_{\mathrm{IC}} + \boldsymbol{Q}_{\mathrm{TD}}) \\ \boldsymbol{Q}_d \end{bmatrix} \tag{4.5.83}$$

其中，$\boldsymbol{Q}_r$ 为刚体所受的广义力；$\boldsymbol{Q}_d$ 为二次速度矢量，由约束方程对时间二次求导得出。

第 5 章　接触碰撞动力学

在进行多体系统仿真时，有时为了模拟真实环境中的情况，需要考虑多体系统之间的接触情况。在现实中，两个物体产生接触将产生接触力。接触力是指由接触产生的力。接触力无处不在，形成宏观物质之间最明显的相互作用。在地板上移动沙发、踢球或在房间里推动桌子，这些是接触力起作用的一些日常例子。从直观角度来看，接触力通常可分解成正交分量，一个垂直于接触表面，称为法向力，一个平行于接触表面，称为摩擦力。法向力通常又称为碰撞力。

计算接触力的前提是判断两个物体之间是否发生接触。在现实生活中，我们从视觉上很容易判断两个物体是否发生了接触。对于计算机来说，判断两个物体之间是否发生接触是一个比较复杂的问题。为了判断两个物体之间是否发生了接触，同时判断两个物体之间的接触深度，需要碰撞检测算法。

5.1　碰 撞 检 测

5.1.1　复杂机械构型的精细几何描述

为了提高碰撞检测的效率，需要先将接触两体的机械设计三维 CAD 模型进行简化。简化原则是，不影响两体的质量惯量及碰撞特性。首先，基于简化模型对零件的表面进行三角片元化，根据仿真精度要求得到不同粒度的零件表面片元模型，用于后续的精细碰撞检测。对于任意的三维实体模型，根据表面上相邻三个节点的坐标即可定义一个三角面片。六面体、五面体和四面体单元的三角面片定义如图 5.1 所示。用三角面片可以逼近实体的复杂几何体外形。对于复杂几何体之间的接触，通过定义有效接触面可以大幅度提高接触分析的效率。

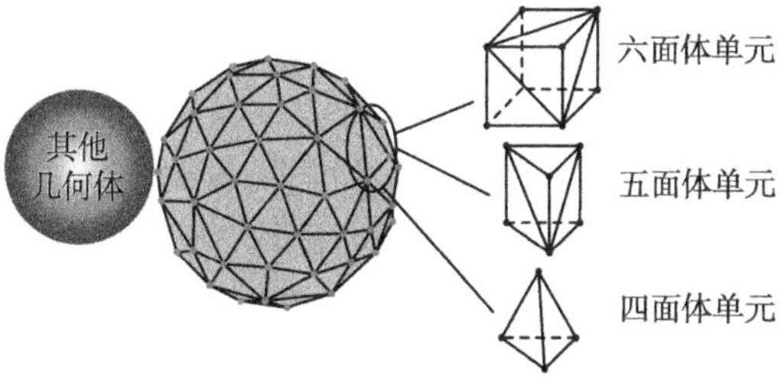

图 5.1　实体单元三角面片定义

5.1.2　大规模几何片元碰撞检测

对于复杂机械构型的精细几何片元描述，采用 bounding volume tree 方法对大规模的三角形片元进行建模，由于碰撞检测算法的复杂性和对效率的高要求，采用轴向包围盒 (axis-aligned bounding box, AABB) 算法对物体之间进行碰撞检测，从而得到两个复杂机械结构的碰撞点位置及嵌入深度量。

一个给定对象的 AABB 定义为包含该对象且各边平行于坐标轴的最小六面体。AABB 的计算十分简单。如图 5.2 所示，只需分别计算组成对象的基本几何元素集合中各个元素顶点坐标的最小值和最大值即可，因此描述一个 AABB 仅需 6 个标量。在构造 AABB 时，需沿着物体局部坐标系的轴向来构造，所有的 AABB 具有一致的方向。这种包围盒具有紧密性较好和计算简单的优点。碰撞检测时，首先判断 2 棵树根节点的包围盒是否相交，如果不相交，那么这 2 个物体肯定不会碰撞；否则，递归遍历 2 棵树，对相应的子节点进行求交判断。如果参与求交运算的 2 个子节点中至少有一个为非叶节点，则检测 2 个节点的包围盒是否相交，如果不相交则不必再判断子节点。如果 2 个节点均为叶节点，且检测出它们的包围盒相交，则进一步判断这 2 个包围盒内包含的多边形（一般为三角形）是否发生碰撞。如果相交检测都判断完，没有发现相交的情况，则 2 个物体不发生碰撞。

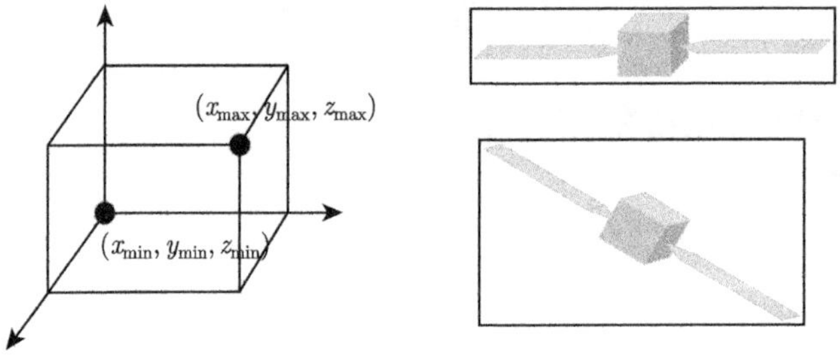

图 5.2　AABB 示意图

5.1.3　碰撞检测算法框架

基于包围盒的碰撞检测算法在处理包含大量对象的复杂场景时，一般分为两个阶段。在第一阶段首先快速排除多数明显不相交的对象，这一阶段我们称为碰撞检测算法的全局搜索阶段。在全局搜索之后的后继阶段，算法对可能相交的对象进一步检测，我们称为碰撞检测算法的局部检测阶段。在局部检测阶段，基于层次包围盒的碰撞检测算法首先同时遍历对象的层次包围盒树，递归检测树节点之间是否相交，直到树叶子节点，然后精确检测叶子节点中包围的对象多边形面片或基本体素之间是否相交。其中，局部检测阶段又可分为两层，一是逐步求精层；二是精确求交层。在逐步求精层中，算法进行层次树的遍历。精确求交层中的算法主要处理多边形面片或基本体素之间的精确相交检测。

1. 包围盒树的构造方法

采用自顶向下的方法构造包围盒树，将给定节点 V 的基本几何元素划分成两个子集，直到每个元素都是基本几何元素。该方法的核心是，把一个集合划分成若干各不相交的子集。

具体构造过程如下。

① 根据根节点 V 包含的基本几何元素的坐标值求出各元素的表现点。

② 求节点 V 的包围盒。

③ 使用最长轴方法确定分裂轴。

④ 使用中值方法确定分裂点，定位分裂平面。

⑤ 应用基于分裂平面的划分方法将所有元素分为两个子集。

⑥ 把两个子集分别作为根节点，返回步骤②，直到每个基本几何元素的包围盒都是叶子节点。

由此得到的包围盒树是一棵完全二叉树，树的每个叶节点仅含一个基本几何元素。本节的基本几何元素是三角形。

2. 包围盒树的更新

虚拟环境中的对象运动或变形后，其原来的包围盒树将不再适合要求，必须进行更新，可用两种方法完成包围盒树的更新，即重新构造包围盒树和只对包围盒树中的部分包围盒进行更新。显然，前者比后者要花费更多的时间。同时，根据时空相关性，虚拟环境中的运动对象通常在每个时间采样点上都会由运动而产生位置和状态的变化，但是相邻时间点的变化一般不大。对象的变形通常只发生在部分基本几何元素中，为保证碰撞检测的实时性，必须在最短的时间内完成包围盒树的更新。因此，通常选择后者处理对象运动或变形后包围盒树的更新[59]。

对象的运动分为平移和旋转两类。运动对象可以在虚拟环境中进行六个自由度的运动，其运动具有很大的任意性，尽管无法得到关于时间的运动方程，但是可以从输入设备得到当前时刻对象相对于原始状态的位置参数和方向参数。对象平移运动后，对其包围盒进行同样的平移转换，即可得到新位置处的包围盒。对象发生旋转以后，其新位置处的包围盒不能通过简单的旋转得到。为了提高碰撞检测的效率，减少包围盒树更新的时间，对于 AABB 的更新，采用一种近似法，即先求出 AABB 最长边的一半 (称为 AABB 的半径)，用 radius 表示，当 AABB 发生运动变换以后，用中心到各边的距离为 radius 的立方体来近似代替新位置处的 AABB 包围盒，只要对原中心进行同样的变换，即可得到新 AABB 包围盒的中心。虽然得到的包围盒不是包围对象的最小包围盒，但是更新时间会大大减少，相对于碰撞检测效率来说还是值得的。

3. 三角形间的相交测试

当两物体的包围盒树在遍历到各自叶节点时仍判断叶节点相交，算法就到达最底层——基本几何元素间的相交测试。物体由什么组成取决于物体的建模方法，其基本几何元素一般都是三角形（面模型）。因此，碰撞检测最后的一步是三角形之间的相交测试。本节主要对三角形与三角形之间的相交测试进行讨论。

三角形和三角形之间的相交测试结果将直接和物体碰撞检测的结果相关，即如果三角形相交测试结果为三角形相交，则判定两物体发生碰撞；否则，继续进行其他三角形对的相交测试。如果所有三角形对均不相交，则判定两物体不相交。碰撞检测过程中只要有一对三角形相交，则立即停止三角形对的相交测试，返回碰撞结果，触发碰撞响应。

三角形之间的相交测试可以分为三维空间的相交测试和二维空间的相交测试。因此，需要进行三维空间的相交测试，如果在三维平面得出两三角形相交，则投影到二维空间进行二维平面的相交测试；如果二维平面仍相交，则说明物体发生碰撞，否则继续进行其他三角形的相交测试，直到得出碰撞检测结果。

碰撞检测流程如图 5.3 所示。

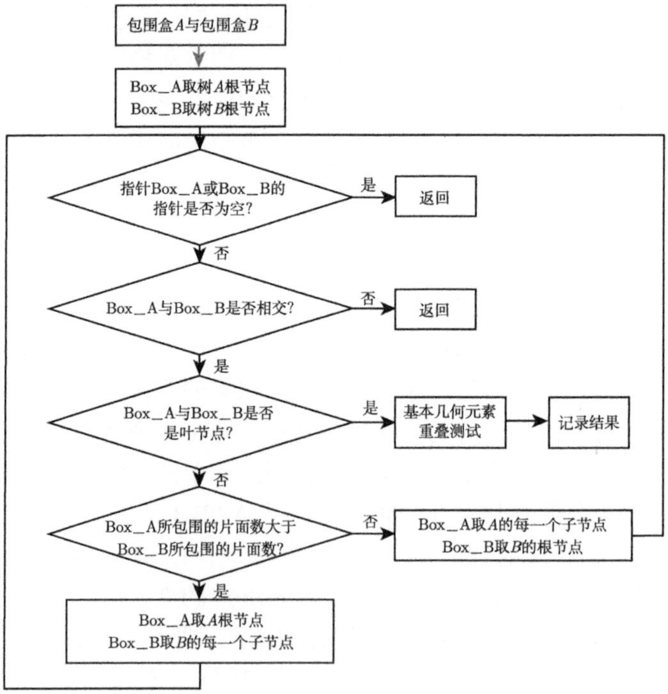

图 5.3　碰撞检测流程

首先，判断 2 棵树根节点的包围盒是否相交，如果不相交，那么这两个物体肯定不发生碰撞；否则，递归遍历 2 棵树，对相应的子节点进行求交判断。如果参与求交运算的 2 个子节点中至少有一个为非叶节点，则检测 2 个节点的包围盒是否相交，如果不相交则不必再判断子节点；若 2 个节点均为叶节点，且检测出它们的包围盒相交，则进一步判断这两个包围盒内所包含的多边形 (一般为三角形) 是否发生碰撞。如果没有发现相交的情况，则两物体不碰撞。

5.2 法向碰撞力模型

当碰撞检测显示两物体发生重叠时，则认为两物体发生碰撞，接触处发生局部变形。碰撞力可由碰撞力模型（方法）计算得到，如恢复系数法、连续碰撞力模型（非线性弹簧模型、非线性弹簧阻尼模型）、有限元接触方法等。

一般来讲，动态计算接触力的方法均是由 Hertz 模型发展而来的，比较典型的方法有 H-C 接触模型、L-N 接触模型、Flores 等。典型的商业软件，如 ADAMS 使用的接触力模型主要有两种，即冲击函数模型和恢复系数模型。其计算流程如下，首先进行接触判断，当判断两个物体之间产生接触后，两个物体之间通过公式进行接触力的计算。两个物体之间的碰撞力大小主要取决于物体之间的法向相对速度及其材料属性。当两个物体之间没有相对角速度的时候，接触力可根据材料属性分为以下几种。

① 弹性。接触引起的变形是可逆的且与相对速度无关。根据根节点 V 包含的基本几何元素的坐标值求各元素的表现点。

② 黏弹性。接触引起的变形是不可逆的，但是变形取决于相对速度。

③ 塑性。碰撞使相关物体永久变形，但是物体的变形与相对速度无关。

④ 黏塑性。冲击是不可逆的且类似于黏弹性接触，但是变形取决于相对速度。

5.2.1 恢复系数法

恢复系数法是基于离散思想的接触碰撞模型，假设碰撞在极短时间发生，碰撞过程中碰撞体的外形没有根本改变，碰撞分析仅包括碰撞前后的动力学分析，且求解不需积分，计算效率高，但是主要用于估计目标碰撞后的动力学响应，而忽略碰撞阶段，无法给出撞击力在碰撞过程中的具体时间历程。当存在摩擦时，切向恢复系数较难计算。因此，恢复系数法经常用在解决多刚体系统做大范围运动时所产生的接触碰撞动力学问题。根据不同的需要，工程上定义了不同的恢复系数，如 Newton、Poisson、Stronge 恢复系数等。不同的恢复系数对碰撞体的状态变量和能量损失的影响不同。一般来讲，恢复系数表达式定义为

$$\varepsilon = \left|\frac{v_1 - v_2}{u_1 - u_2}\right| \tag{5.2.1}$$

其中，u_1、u_2、v_1、v_2 为碰撞前后两物体的速度大小。

在 ADAMS 中，恢复系数方法计算法向碰撞力的计算公式为

$$F_n = p\frac{\mathrm{d}g}{\mathrm{d}t} \tag{5.2.2}$$

其中，g 为切入深度；p 为惩罚系数，理论上其无穷时接近真实情况，但是无穷时会产生数值问题。

5.2.2　非线性弹簧模型

该方法在碰撞模型中较为常用，首先由 Hertz 提出，即 Hertz 模型。他认为，碰撞体仅在碰撞区域附近发生变形，可以用非线性弹簧描述碰撞力。由弹性理论可知，其值取决于材料和几何性质。Hertz 模型采用静力学的本构关系，可由静力学理论得出，因此适合低速碰撞。经典接触理论认为，碰撞过程中的接触面产生局部变形，而法向碰撞力则由碰撞体的局部接触变形产生。在接触引起的变形中，接触的压缩和回弹过程将碰撞力描述为相对挤压部分与回弹恢复部分。

以 Hertz 接触模型为例，在 Hertz 理论中，用弹簧模拟接触的弹性形变，相互嵌入导致复杂的区域变形，因此产生法向碰撞力，可以表示为关于物理接触面嵌入量的函数。Hertz 接触力是变形的非线性幂函数，即

$$F_n = K_c\delta^n \tag{5.2.3}$$

其中，K_c 为接触刚度；δ 为接触体之间的相对法向变形量；通常指数 $n=3/2$。

接触刚度一般与接触物体的几何形状和材料相关，对于接触的两个物体 i 和 j，其表达式为

$$K = \frac{4}{3\pi(\sigma_i+\sigma_j)}\left(\frac{R_iR_j}{R_i+R_j}\right)^{\frac{1}{2}} \tag{5.2.4}$$

$$\sigma_i = \frac{1-{\beta_i}^2}{\pi E_i} \tag{5.2.5}$$

$$\sigma_j = \frac{1-{\beta_j}^2}{\pi E_j} \tag{5.2.6}$$

其中，R_i 和 R_j 为两接触物体接触处的局部曲率变形半径；β 和 E 为泊松比和杨氏模量。

5.2.3　非线性弹簧阻尼模型

该模型采用弹簧与阻尼器来等效接触区域的变形部分。与非线性弹簧模型相比，非线性弹簧阻尼模型在回弹部分增加了阻尼特性。非线性弹簧阻尼模型的碰撞力 F_n 的计算理论如下，即

$$S_n = 2E\sqrt{R_{\text{eff}}\delta_n} \tag{5.2.7}$$

$$\beta = \ln\left(r_{\text{eff}}\right) / \sqrt{\left(\ln\left(r_{\text{eff}}\right)\right)^2 + \pi^2} \tag{5.2.8}$$

$$m_{\text{eff}} = m_A m_B / \left(m_A + m_B\right) \tag{5.2.9}$$

$$k_n = \frac{2}{3} S_n \tag{5.2.10}$$

$$g_n = -2\sqrt{\frac{5}{6}}\beta\sqrt{S_n \mathrm{m}_{\text{eff}}} \tag{5.2.11}$$

$$F_n = k_n \delta_n - g_n v_n \tag{5.2.12}$$

其中，E 为材料的弹性模量；R_{eff} 为接触点处有效曲率半径；r_{eff} 为碰撞恢复系数；δ_n 为法向嵌入量；m_A 和 m_B 为接触物体的质量。

5.2.4 有限元接触方法

在碰撞的接触过程中，物体的接触面面积、接触局部变形、接触面上的应力分布及碰撞力都随时间变化，尤其是在较高速度下发生碰撞。由于碰撞力极大，很容易使物体在局部发生塑性屈服或者整体发生断裂，而材料在屈服后的力学行为，尤其是动态力学行为将变得更为复杂。同时，由于碰撞物体间的碰撞力未知，因此物体内部的应力分布、屈服发生后，物体内部应力演化规律更是很难准确地从理论上得到。有限元方法作为区别于实验研究和理论分析的又一种力学研究工具，将复杂的力学问题离散化，利用求解节点处的力学信息来近似分析结构整体的力学行为。近年来，随着计算机技术的成熟，用于复杂结构力学问题求解的有限元软件得到迅速的发展。常见的有限元软件有 ANSYS、ADINA、Abaqus 等。有限元分析方法给出了大量实验和理论分析暂时没有得到的力学信息。例如，接触面上的应力分布规律及其演化进程、碰撞接触物体内部的应力场及碰撞力的演化进程等，可以为进一步准确构建碰撞力模型提供宝贵的信息资源。

有限元模拟同时还得到现有实验技术难以获得的接触面分布应力及其演化规律，这对于深入理解碰撞物体的力学行为响应、分析弹塑性碰撞、准确构建弹塑性碰撞模型具有非常重要的意义。

5.3 摩擦力模型

摩擦力的产生依赖接触面间的相对速度、两个接触面的材料特性、接触深度、温度等。摩擦是一种非常复杂的现象，通常我们只能对一些指标进行近似，无法精确计算获得摩擦力。为了克服摩擦给系统带来的影响，研究人员从摩擦力建模，以及控制的角度对摩擦进行补偿。经过研究和发展，已经有三十多种摩擦模型被提出，但是一些模型并不适合控制问题。从便于控制的角度，常用的模型主要分为静态摩擦模型与动态摩擦模型两种。静态摩擦模型主要有库仑模型、库仑 + 黏滞模型、静摩擦 + 库仑 + 黏性模型、Stribeck 模型。动态摩擦模型主要有 Dahl 模型和 Lugre 模型等。

5.3.1　库仑模型

常用的静态摩擦模型为库仑摩擦模型，其表达式为

$$F_f(\dot{x}) = \begin{cases} F_{\mathrm{tm}}\mathrm{sgn}(\dot{x}), & \dot{x} \neq 0 \\ F_t, & \dot{x} = 0 \end{cases} \tag{5.3.1}$$

其中，F_f 为摩擦力大小；$\dot{x}$ 为两接触面之间的相对速度；F_t 为水平方向推力大小；F_{tm} 为最大静摩擦力，即

$$F_{\mathrm{tm}} = \mu_t F_n \tag{5.3.2}$$

其中，F_n 为接触正压力大小；μ_t 为静摩擦系数；F_{tm} 为最大静摩擦力。

库仑摩擦模型认为最大静摩擦力与动摩擦力相等，如图 5.4 所示。

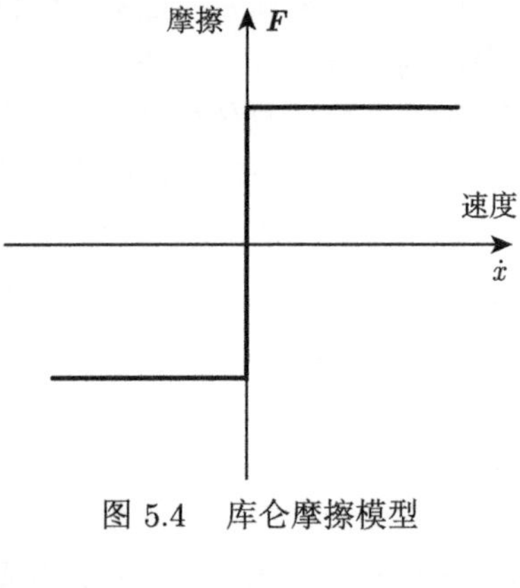

图 5.4　库仑摩擦模型

5.3.2　库仑 + 黏滞模型

库仑黏滞摩擦力计算公式为

$$F_f(\dot{x}) = \begin{cases} F_s\mathrm{sgn}(\dot{x}) + \beta\dot{x}, & \dot{x} \neq 0 \\ F_t, & \dot{x} = 0 \end{cases} \tag{5.3.3}$$

其中，F_s 为低速区动摩擦力大小；β 为黏滞摩擦系数。

库仑 + 黏滞摩擦模型认为最大静摩擦力的大小 F_{tm} 与低速区 ($\dot{x} = 0^+$ 和 $\dot{x} = 0^-$) 动摩擦力的大小 F_s 相等，$F_s = \mu_s F_n$，μ_s 为动摩擦系数。

库仑 + 黏滞模型如图 5.5 所示。

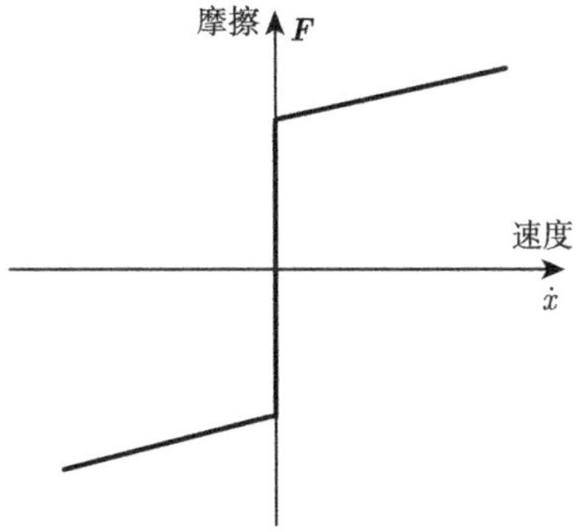

图 5.5 库仑 + 黏滞模型

5.3.3 静摩擦 + 库仑 + 黏滞模型

静摩擦 + 库仑 + 黏滞模型与库仑 + 黏滞模型的区别在于当两个接触面相对速度为 0 时，水平推力从 0 逐渐增加到最大静摩擦力之后，二者产生滑动瞬间的动摩擦力小于最大静摩擦力，即 $F_f(0^+) = F_f(0^-) < F_{\text{tm}}$。静摩擦 + 库仑 + 黏滞摩擦力计算公式为

$$F_f(\dot{x}) = \begin{cases} F_s\text{sgn}(\dot{x}) + \beta\dot{x}, & \dot{x} \neq 0 \\ F_t, & \dot{x} = 0, 0 < F_t < F_{\text{tm}} \end{cases} \tag{5.3.4}$$

其中，F_s 为低速区动摩擦力大小；β 为黏滞摩擦系数；F_t 为水平推力大小，其最大值 $F_{\text{tm}} = \mu_t F_n$；$\mu_t$ 为静摩擦系数，并且 $\mu_s < \mu_t$。

静摩擦 + 库仑 + 黏滞模型如图 5.6 所示。

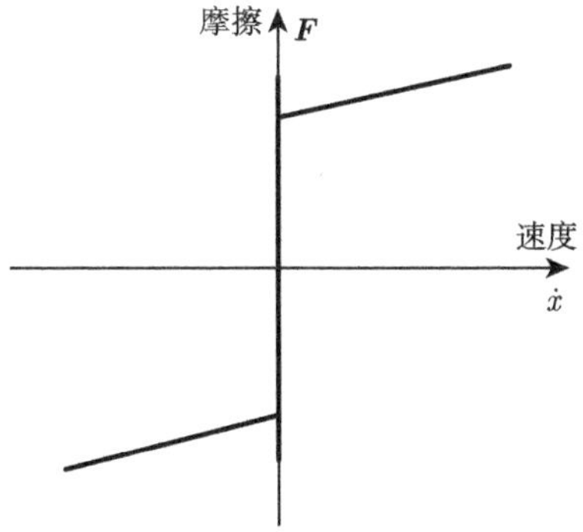

图 5.6 静摩擦 + 库仑 + 黏滞模型

5.3.4 Stribeck 模型

Stribeck 通过实验发现，动静摩擦到动摩擦的过渡并不是如图 5.6 所示的突变过程，而是一个连续过程。因此，Stribeck 模型对静摩擦 + 库仑 + 黏滞模型进行了改进，即

$$F_f(\dot{x}) = \begin{cases} \left[F_s + (F_{\mathrm{tm}} - F_s)\mathrm{e}^{-\left|\frac{\dot{x}}{v_s}\right|^{\delta}}\right]\mathrm{sgn}(\dot{x}) + \beta\dot{x}, & \dot{x} \neq 0 \\ F_t, \quad \dot{x} = 0, 0 < F_t < F_{\mathrm{tm}} \end{cases} \tag{5.3.5}$$

其中，v_s 为静摩擦到动摩擦的过渡速度区域；δ 控制静摩擦到动摩擦的过渡速度；F_s 为低速区动摩擦力大小；β 为黏滞摩擦系数；F_t 为水平推力大小；F_{tm} 为最大静摩擦力。

可见，当 $\dot{x}$ 较大时，动摩擦力近似为 $F_f(\dot{x}) = F_s\mathrm{sgn}(\dot{x}) + \beta\dot{x}$。Stribeck 模型如图 5.7 所示。

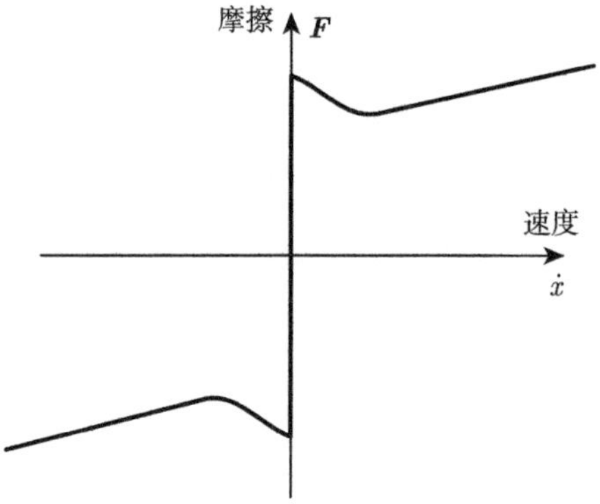

图 5.7 Stribeck 模型

5.3.5 Dahl 模型

Dahl 模型是一种鬃毛模型。鬃毛模型模拟两个接触面之间有均匀分布的鬃毛。当两个面之间产生相对滑动时，鬃毛的变形量 z 对摩擦力的大小有直接的影响。鬃毛变形示意图如图 5.8 所示。

从公式的角度讲，z 是一个引入的中间变量，用来描述摩擦力变化的滞后性，即记忆效应。常见的 Dahl 摩擦力计算公式为

$$\begin{aligned} \dot{z} &= \dot{x} - \sigma\frac{|\dot{x}|}{F_s}z \\ F_f &= \sigma z \end{aligned} \tag{5.3.6}$$

其中，σ 为鬃毛刚度参数。

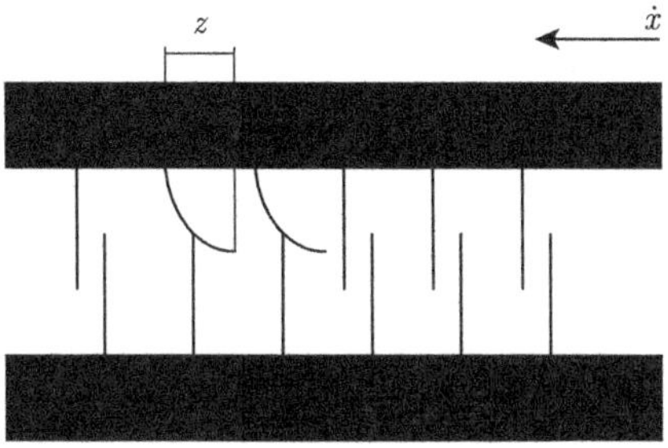

图 5.8 鬃毛变形示意图

Dahl 模型能够反映摩擦记忆现象，但是不能描述低速区的静摩擦到动摩擦的转换过程。

设置 $\sigma = 1$、$F_s = 1$，初始时刻 $z = 0$，物体速度随时间变化规律为 $\dot{x} = 2t$。对该过程绘图，摩擦力大小随时间的变化如图 5.9 所示。

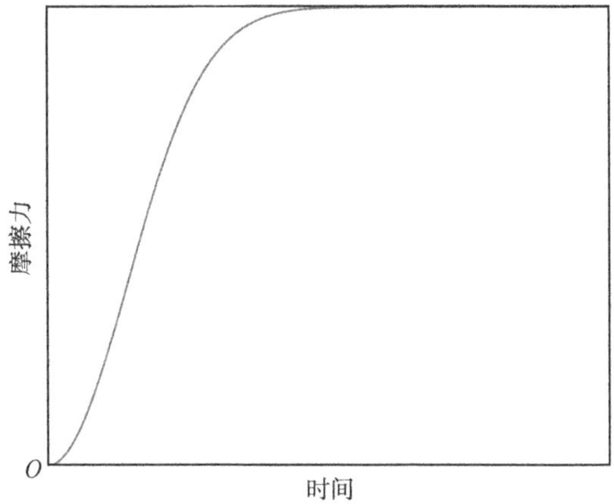

图 5.9 Dahl 模型摩擦力随时间的变化

5.3.6 Lugre 模型

Lugre 模型在 Dahl 模型的基础上进行了较大的改进，增加了静摩擦到动摩擦转换过程的描述。当合理选择描述函数时，可以使 Lugre 模型具有描述 Stribeck 效应的能力。Lugre 模型是目前较为完善的一种模型，其摩擦力计算公式为

$$g(\dot{x}) = F_{\text{tm}} + (F_s - F_{\text{tm}})\mathrm{e}^{-\left|\frac{\dot{x}}{v_s}\right|^{\delta}}$$

$$\dot{z} = \dot{x} - \sigma\frac{|\dot{x}|}{g(\dot{x})}z$$

$$F_f = \sigma z + \sigma_1 \dot{z} + \beta \dot{x} \tag{5.3.7}$$

其中，σ_1 为黏性阻尼系数。

设置 $\sigma = 1$、$\sigma_1 = 0.1$、$\beta = 0.05$、$v_s = 2$、$F_{\mathrm{tm}} = 1.2$、$F_s = 1$、$\delta = 1$，初始时刻 $z = 0$，物体速度随时间变化的规律为 $\dot{x} = 2t$。对该过程绘图，摩擦力随时间的变化如图 5.10 所示。

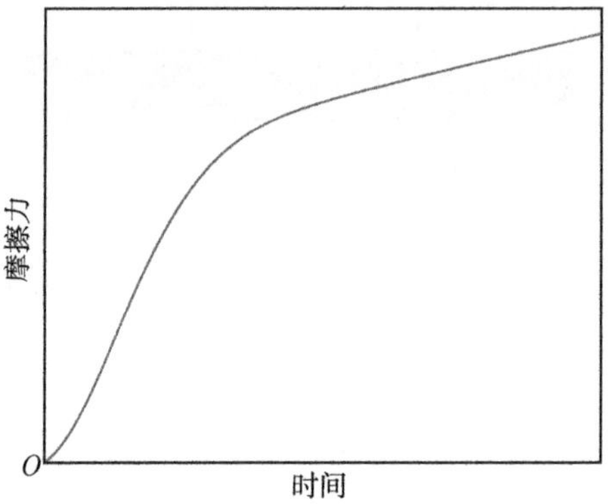

图 5.10　Lugre 模型摩擦力随时间的变化

5.3.7　基于切向嵌入量的非线性摩擦模型

该模型的静摩擦为基于切向嵌入量的黏弹性模型，动摩擦为库仑模型，其计算理论如下，即

$$S_t = 8G\sqrt{R_{\mathrm{eff}}\delta_t} \tag{5.3.8}$$

其中，δ_t 为切向嵌入量；G 为材料的剪切模量。

$$k_t = S_t \tag{5.3.9}$$

其中，k_t 为切向刚度系数。

$$g_t = -2\sqrt{\frac{5}{6}}\beta\sqrt{S_t m_{\mathrm{eff}}} \tag{5.3.10}$$

当 $|-k_t\delta_t - g_t v_t| \leqslant \mu|F_n|$ 时，摩擦力为静摩擦，摩擦力计算公式为

$$F_f = -k_t\delta_t - g_t v_t \tag{5.3.11}$$

其中，v_t 为切向相对速度；当 $|-k_t\delta_t - g_t v_t| > \mu|F_n|$ 时，摩擦力为动摩擦，摩擦力计算公式为

$$F_f = -\mu|F_n| \tag{5.3.12}$$

其中，μ 为摩擦系数；F_n 为法向接触力。其他参数定义见 5.2.3 节。

5.3.8 非线性库仑摩擦模型

非线性库仑摩擦模型是一种比较典型的便于工程实践的模型，也是 ADAMS 软件使用的模型。根据库仑摩擦，接触摩擦力大小 F_f 为

$$F_f = \mu(|v_t|)F_n \tag{5.3.13}$$

其中，v_t 为切向速度大小，即

$$v_t = v_r - (v_r \cdot n)n \tag{5.3.14}$$

其中，v_r 为对应在两个检测体上的碰撞点之间的相对速度。

摩擦系数 μ 由切向相对速度 v_t 决定，相应的表达式为

$$\mu(v_t) = \begin{cases} -\mathrm{sgn}(v_t)\mu_d, & |v_t| > v_d \\ \mathrm{sgn}(v_t)\mathrm{step}(|v_t|, v_d, \mu_d, v_s, \mu_s), & v_s \leqslant |v_t| \leqslant v_d \\ \mathrm{step}(v_t, -v_s, -\mu_s, v_s, \mu_s), & -v_s < v_t < v_s \end{cases} \tag{5.3.15}$$

其中，v_s 和 v_d 分别为静、动摩擦的临界速度；μ_s 和 μ_d 分别为静、动摩擦系数，这些系数一般都由实验测得。

函数 $\mathrm{step}(x, x_0, h_0, x_1, h_1)$ 为三次插值函数，通用表达式为

$$\mathrm{step}(x, x_0, h_0, x_1, h_1) = \begin{cases} h_0, & x \leqslant x_0 \\ h_0 + a\Delta^2(3 - 2\Delta), & x_0 < x < x_1 \\ h_1, & x \geqslant x_1 \end{cases} \tag{5.3.16}$$

其中，$a = h_1 - h_0$；$\Delta = (x - x_0)/(x_1 - x_0)$。

非线性库仑摩擦力示意图如图 5.11 所示。

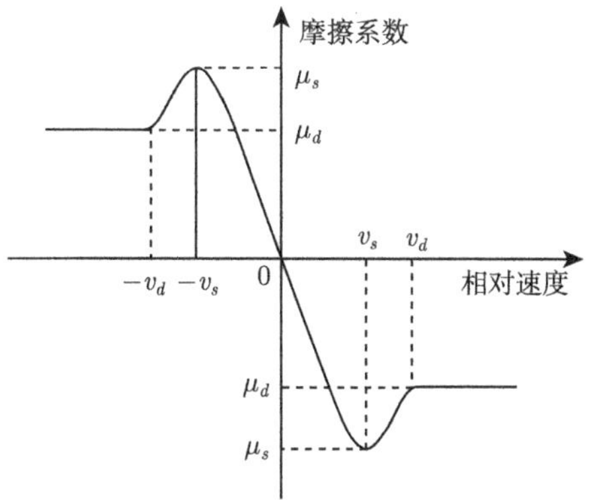

图 5.11 非线性库仑摩擦力示意图

第 6 章　多体系统动力学数值求解

6.1　约束多体系统动力学方程

柔性多体系统动力学中结构变形描述与约束几何关系是建模的关键，直接影响动力学方程的特性与求解算法的设计。本节介绍分析力学中的两大基本力学原理，并讨论约束的几何意义，以及约束方程的各阶微分形式[60]。

经典力学将多体系统抽象为一系列物质点，研究时间与空间的运动过程。力学理论一般分为牛顿矢量力学、拉格朗日和 Hamilton 分析力学。分析力学通过标量函数的形式表示系统能量。动力学方程可由虚功原理或变分原理获得，是广义上的分析方法。

6.1.1　拉格朗日力学原理

1. 广义坐标与广义力

质量为 m^k 的刚体所受的合力 $\boldsymbol{F}^k$ 可分解为作用力 $\boldsymbol{F}_a^k$ 和约束力 $\boldsymbol{F}_c^k$ 两部分，分别视为外力与内力，给定任意虚位移 $\delta\boldsymbol{r}^k$，可根据 D'Alembert 原理得到 N 体系统虚功，即

$$\begin{aligned}\delta W &= \sum_{k=1}^{N}\left(\boldsymbol{F}^k-\dot{\boldsymbol{p}}^k\right)\cdot\delta\boldsymbol{r}^k\\ &= \sum_{k=1}^{N}\left(\boldsymbol{F}_a^k+\boldsymbol{F}_c^k-\dot{\boldsymbol{p}}^k\right)\cdot\delta\boldsymbol{r}^k\\ &= 0\end{aligned}\tag{6.1.1}$$

其中，$\dot{\boldsymbol{p}}^k=m^k\ddot{\boldsymbol{r}}^k$ 为广义动量的导数，表示惯性力项。

由于约束力不做功，实际系统的虚功可以写为矢量形式，即

$$\begin{aligned}&\delta W=(\boldsymbol{F}_a-\dot{\boldsymbol{p}})\cdot\delta\boldsymbol{r}=0\\ &\boldsymbol{F}_a=\left[\begin{array}{cccc}\boldsymbol{F}_a^{1^{\mathrm{T}}}, & \boldsymbol{F}_a^{2^{\mathrm{T}}}, & \cdots, & \boldsymbol{F}_a^{N^{\mathrm{T}}}\end{array}\right]^{\mathrm{T}}\\ &\dot{\boldsymbol{p}}=\left[\begin{array}{cccc}\dot{\boldsymbol{p}}^{1^{\mathrm{T}}}, & \dot{\boldsymbol{p}}^{2^{\mathrm{T}}}, & \cdots, & \dot{\boldsymbol{p}}^{N^{\mathrm{T}}}\end{array}\right]^{\mathrm{T}}\\ &\delta\boldsymbol{r}=\left[\begin{array}{cccc}\delta\boldsymbol{r}^{1^{\mathrm{T}}}, & \delta\boldsymbol{r}^{2^{\mathrm{T}}}, & \cdots, & \delta\boldsymbol{r}^{N^{\mathrm{T}}}\end{array}\right]^{\mathrm{T}}\end{aligned}\tag{6.1.2}$$

使用一组广义变量 $\boldsymbol{q}$ 表示空间位移矢量 $\boldsymbol{r}=\boldsymbol{r}(\boldsymbol{q})$，虚位移也可由广义虚位移表示，即

$$\delta\boldsymbol{r}=\frac{\partial\boldsymbol{r}}{\partial\boldsymbol{q}}\delta\boldsymbol{q} \tag{6.1.3}$$

将式(6.1.3)代入虚功方程，则虚位移是广义虚位移，可得

$$\delta W=(\boldsymbol{F}_a-\dot{\boldsymbol{p}})\cdot\left(\frac{\partial\boldsymbol{r}}{\partial\boldsymbol{q}}\delta\boldsymbol{q}\right)=0 \tag{6.1.4}$$

在笛卡儿坐标系下定义的位移矢量 $\boldsymbol{r}$ 出现部分线性相关时，变量的维度 $3N$ 大于系统实际自由度 n，需要选取一组线性独立的广义变量 $\boldsymbol{q}$，使式(6.1.4)满足

$$(\boldsymbol{F}_a-\dot{\boldsymbol{p}})\cdot\left(\frac{\partial\boldsymbol{r}}{\partial\boldsymbol{q}}\right)=\boldsymbol{0} \tag{6.1.5}$$

其中，$\boldsymbol{F}_a$ 对应的广义力为 $\boldsymbol{Q}$。

广义力是势能的梯度，势能与速度无关时的关系为

$$\boldsymbol{Q}=\boldsymbol{F}_a\cdot\left(\frac{\partial\boldsymbol{r}}{\partial\boldsymbol{q}}\right)=-\frac{\partial U(\boldsymbol{q},t)}{\partial\boldsymbol{q}} \tag{6.1.6}$$

根据位移矢量对时间的导数，即

$$\dot{\boldsymbol{r}}=\frac{\partial\boldsymbol{r}}{\partial\boldsymbol{q}}\dot{\boldsymbol{q}}+\frac{\partial\boldsymbol{r}}{\partial t} \tag{6.1.7}$$

可以得到两偏导数间的等价关系，即

$$\frac{\partial\dot{\boldsymbol{r}}}{\partial\dot{\boldsymbol{q}}}=\frac{\partial\boldsymbol{r}}{\partial\boldsymbol{q}} \tag{6.1.8}$$

式(6.1.5)中第二项对应的广义惯性力为

$$\begin{aligned}\dot{\boldsymbol{p}}\cdot\frac{\partial\boldsymbol{r}}{\partial\boldsymbol{q}}&=\frac{\mathrm{d}}{\mathrm{d}t}\left(\boldsymbol{p}\cdot\frac{\partial\boldsymbol{r}}{\partial\boldsymbol{q}}\right)-\boldsymbol{p}\cdot\frac{\partial\dot{\boldsymbol{r}}}{\partial\boldsymbol{q}}\\&=\frac{\mathrm{d}}{\mathrm{d}t}\left(\boldsymbol{p}\cdot\frac{\partial\dot{\boldsymbol{r}}}{\partial\dot{\boldsymbol{q}}}\right)-\boldsymbol{p}\cdot\frac{\partial\dot{\boldsymbol{r}}}{\partial\boldsymbol{q}}\end{aligned} \tag{6.1.9}$$

2. 拉格朗日动力学方程

平动动能为位移导数的二次项形式，即

$$T(\dot{\boldsymbol{r}})=\frac{1}{2}\dot{\boldsymbol{r}}\cdot\boldsymbol{M}\dot{\boldsymbol{r}}=\frac{1}{2}\dot{\boldsymbol{q}}\cdot\boldsymbol{M}(\boldsymbol{q})\dot{\boldsymbol{q}}=T(\boldsymbol{q},\dot{\boldsymbol{q}},t) \tag{6.1.10}$$

其中，$\boldsymbol{M}$ 为质量矩阵。

转动动能的形式与平动动能相同，为转角导数的二次项，对应惯量矩阵，在广义坐标下统一视为广义质量矩阵 $\boldsymbol{M}(\boldsymbol{q})$，对两种坐标下的动能分别取变分，即

$$\begin{aligned}\delta T(\dot{\boldsymbol{r}}) &= \boldsymbol{M}\dot{\boldsymbol{r}}\cdot\delta\dot{\boldsymbol{r}} = \boldsymbol{M}\dot{\boldsymbol{r}}\cdot\left(\frac{\partial\dot{\boldsymbol{r}}}{\partial\boldsymbol{q}}\delta\boldsymbol{q}+\frac{\partial\dot{\boldsymbol{r}}}{\partial\dot{\boldsymbol{q}}}\delta\dot{\boldsymbol{q}}\right)\\ \delta T(\boldsymbol{q},\dot{\boldsymbol{q}},t) &= \left(\frac{\partial T(\boldsymbol{q},\dot{\boldsymbol{q}},t)}{\partial\boldsymbol{q}}\delta\boldsymbol{q}+\frac{\partial T(\boldsymbol{q},\dot{\boldsymbol{q}},t)}{\partial\dot{\boldsymbol{q}}}\delta\dot{\boldsymbol{q}}\right)\end{aligned}\tag{6.1.11}$$

将其代入式(6.1.9)，可得动能与广义惯性力之间的关系，即

$$\dot{\boldsymbol{p}}\cdot\frac{\partial\boldsymbol{r}}{\partial\boldsymbol{q}}=\frac{\mathrm{d}}{\mathrm{d}t}\left(\frac{\partial T(\boldsymbol{q},\dot{\boldsymbol{q}},t)}{\partial\dot{\boldsymbol{q}}}\right)-\frac{\partial T(\boldsymbol{q},\dot{\boldsymbol{q}},t)}{\partial\boldsymbol{q}}\tag{6.1.12}$$

将式(6.1.5)中的广义力与广义惯性力分别由式(6.1.6)和式(6.1.12)替换，可以得到能量偏导表示的动力学方程，即

$$\frac{\partial(T(\boldsymbol{q},\dot{\boldsymbol{q}},t)-U(\boldsymbol{q},t))}{\partial\boldsymbol{q}}-\frac{\mathrm{d}}{\mathrm{d}t}\left(\frac{\partial T(\boldsymbol{q},\dot{\boldsymbol{q}},t)}{\partial\dot{\boldsymbol{q}}}\right)=\boldsymbol{0}\tag{6.1.13}$$

取动能与势能的差为拉格朗日势函数 $L(\boldsymbol{q},\dot{\boldsymbol{q}},t)$，即

$$L(\boldsymbol{q},\dot{\boldsymbol{q}},t)=T(\boldsymbol{q},\dot{\boldsymbol{q}},t)-U(\boldsymbol{q},t)\tag{6.1.14}$$

代入式(6.1.13)得到的拉格朗日动力学方程为

$$\frac{\partial L(\boldsymbol{q},\dot{\boldsymbol{q}},t)}{\partial\boldsymbol{q}}-\frac{\mathrm{d}}{\mathrm{d}t}\left(\frac{\partial L(\boldsymbol{q},\dot{\boldsymbol{q}},t)}{\partial\dot{\boldsymbol{q}}}\right)=\boldsymbol{0}\tag{6.1.15}$$

3. 拉格朗日乘子法

在根据虚功原理建立的拉格朗日动力学方程组中，约束力不做功导致约束广义力自动消除，不能通过能量梯度求得。约束关系具有几何意义，每一时刻约束力与约束表面的切平面正交，因此约束合力为约束方程梯度向量的线性组合，即

$$\boldsymbol{Q}_c=\sum_{j=1}^{m}\nabla G_j^{\mathrm{T}}\lambda_j=\boldsymbol{G}_{\boldsymbol{q}}^{\mathrm{T}}\boldsymbol{\lambda}\tag{6.1.16}$$

其中，$\boldsymbol{Q}_c$ 为广义约束力；$\boldsymbol{G}=\begin{bmatrix}G_1 & G_2 & \cdots & G_m\end{bmatrix}^{\mathrm{T}}\in\boldsymbol{R}^m$ 为约束方程组；λ_j 为线性组合系数，即拉格朗日乘子。

将约束广义力代入动平衡方程，可以得到一组由冗余坐标与拉格朗日乘子表示的约束多体系统第一类拉格朗日动力学方程，即

$$\mathbf{0}=\frac{\partial L(\boldsymbol{q},\dot{\boldsymbol{q}},t)}{\partial \boldsymbol{q}}-\frac{\mathrm{d}}{\mathrm{d}t}\left(\frac{\partial L(\boldsymbol{q},\dot{\boldsymbol{q}},t)}{\partial \dot{\boldsymbol{q}}}\right)-\boldsymbol{G}_{\boldsymbol{q}}^{\mathrm{T}}\boldsymbol{\lambda} \tag{6.1.17}$$

与位置完整约束共同构成多体系统指标-3 的动力学 DAE，即

$$\begin{cases}\mathbf{0}=\boldsymbol{M}(\boldsymbol{q})\ddot{\boldsymbol{q}}-\boldsymbol{Q}+\boldsymbol{G}_{\boldsymbol{q}}^{\mathrm{T}}\boldsymbol{\lambda}\\ \mathbf{0}=\boldsymbol{G}(\boldsymbol{q},t)\end{cases} \tag{6.1.18}$$

6.1.2 Hamilton 力学原理

Hamilton 力学原理与拉格朗日力学原理的主要区别在于，Hamilton 力学原理是在相空间上描述多体系统运动的力学体系，相空间由空间位形与动量共同组成，Hamilton 系统是时间一阶的微分系统；拉格朗日力学原理是构型空间下的力学体系，经 Legendre 变换可等价转化为 Hamilton 系统，拉格朗日系统是时间二阶微分的，构型空间下系统自由度是相空间的二分之一。相空间具有辛结构属性，即 Hamilton 相流保持不变，但只是体积量上的守恒，几何体形状仍会发生改变。

1. Legendre 变换

考虑变分形式的拉格朗日动力学方程，其表达式为

$$\delta L(\boldsymbol{q},\dot{\boldsymbol{q}},t)-\frac{\mathrm{d}}{\mathrm{d}t}\left(\frac{\partial L(\boldsymbol{q},\dot{\boldsymbol{q}},t)}{\partial \dot{\boldsymbol{q}}}\delta\boldsymbol{q}\right)=\mathbf{0} \tag{6.1.19}$$

定义拉格朗日函数对广义速度取偏微分后的正则动量，即

$$\boldsymbol{p}(\boldsymbol{q},\dot{\boldsymbol{q}},t)=\frac{\partial L(\boldsymbol{q},\dot{\boldsymbol{q}},t)}{\partial \dot{\boldsymbol{q}}} \tag{6.1.20}$$

正则动量即拉格朗日体系下的广义动量，对拉格朗日函数进行 Legendre 变换可以得到 Hamilton 函数，即

$$H(\boldsymbol{q},\boldsymbol{p},t)=\boldsymbol{p}\cdot\dot{\boldsymbol{q}}-L(\boldsymbol{q},\dot{\boldsymbol{q}},t) \tag{6.1.21}$$

广义质量矩阵是拉格朗日函数对广义速度二阶偏导形成的 Hessian 矩阵，是行列式不为零的正定阵，即

$$\left|\frac{\partial L^2(\boldsymbol{q},\dot{\boldsymbol{q}},t)}{\partial \dot{\boldsymbol{q}}^2}\right|=|\boldsymbol{M}(\boldsymbol{q})|\neq 0 \tag{6.1.22}$$

类似式(6.1.20)，Hamilton 函数对正则动量取偏微分后可以得到与之共轭的函数，即

$$\dot{\boldsymbol{q}}=\frac{\partial H\left(\boldsymbol{q},\boldsymbol{p},t\right)}{\partial \boldsymbol{p}} \tag{6.1.23}$$

Hamilton 函数对正则动量二阶偏导形成的 Hessian 矩阵是广义质量矩阵的逆矩阵，即

$$\left|\frac{\partial H^2\left(\boldsymbol{q},\dot{\boldsymbol{q}},t\right)}{\partial \boldsymbol{p}^2}\right|=\left|\boldsymbol{M}^{-1}\left(\boldsymbol{q}\right)\right|\neq 0 \tag{6.1.24}$$

同理，通过 Legendre 逆变换可根据 Hamilton 函数反推出拉格朗日函数，即

$$L\left(\boldsymbol{q},\dot{\boldsymbol{q}},t\right)=\boldsymbol{p}\cdot\dot{\boldsymbol{q}}-H\left(\boldsymbol{q},\boldsymbol{p},t\right) \tag{6.1.25}$$

Legendre 变换完成了构型空间到相空间的双射映射，即 $\dot{\boldsymbol{q}}\leftrightarrow\boldsymbol{p}$，可以得到一组对偶的正则坐标 $(\boldsymbol{q},\boldsymbol{p})\in\boldsymbol{R}^{2n}$。系统自由度是拉格朗日表述下的 2 倍。

2. Hamilton *动力学方程*

Hamilton 方程一般形式的全微分为

$$\mathrm{d}H\left(\boldsymbol{q},\boldsymbol{p},t\right)=\frac{\partial H}{\partial \boldsymbol{q}}\mathrm{d}\boldsymbol{q}+\frac{\partial H}{\partial \boldsymbol{p}}\mathrm{d}\boldsymbol{p}+\frac{\partial H}{\partial t}\mathrm{d}t \tag{6.1.26}$$

对式(6.1.21)取全微分，可得

$$\begin{aligned}\mathrm{d}H\left(\boldsymbol{q},\boldsymbol{p},t\right)&=\dot{\boldsymbol{q}}\cdot\mathrm{d}\boldsymbol{p}+\boldsymbol{p}\cdot\mathrm{d}\dot{\boldsymbol{q}}-\mathrm{d}L\left(\boldsymbol{q},\dot{\boldsymbol{q}},t\right)\\&=\dot{\boldsymbol{q}}\cdot\mathrm{d}\boldsymbol{p}+\boldsymbol{p}\cdot\mathrm{d}\dot{\boldsymbol{q}}-\left(\frac{\partial L}{\partial \boldsymbol{q}}\mathrm{d}\boldsymbol{q}+\frac{\partial L}{\partial \dot{\boldsymbol{q}}}\mathrm{d}\dot{\boldsymbol{q}}+\frac{\partial L}{\partial t}\mathrm{d}t\right)\\&=\dot{\boldsymbol{q}}\cdot\mathrm{d}\boldsymbol{p}-\dot{\boldsymbol{p}}\cdot\mathrm{d}\boldsymbol{q}-\frac{\partial L}{\partial t}\mathrm{d}t\end{aligned} \tag{6.1.27}$$

根据对应系数关系可以得到 Hamilton 正则方程组，即

$$\begin{aligned}\dot{\boldsymbol{q}}&=\frac{\partial H\left(\boldsymbol{q},\boldsymbol{p},t\right)}{\partial \boldsymbol{p}}\\\dot{\boldsymbol{p}}&=-\frac{\partial H\left(\boldsymbol{q},\boldsymbol{p},t\right)}{\partial \boldsymbol{q}}\end{aligned} \tag{6.1.28}$$

Hamilton 体系下的动力学方程组对时间是一阶微分的。若动力系统是时间不显含的自治系统，Hamilton 函数守恒，式(6.1.21)中第一项为动能的 2 倍，即 $\boldsymbol{p}\cdot\dot{\boldsymbol{q}}=2T\left(\boldsymbol{q},\dot{\boldsymbol{q}}\right)$，于是 Hamilton 函数代表系统动能与势能的总和，即

$$H\left(\boldsymbol{q},\boldsymbol{p}\right)=L\left(\boldsymbol{q},\dot{\boldsymbol{q}}\right)+U\left(\boldsymbol{q},\dot{\boldsymbol{q}}\right) \tag{6.1.29}$$

与拉格朗日乘子法类似，含约束 Hamilton 动力学方程组为

$$\begin{cases} \dot{\boldsymbol{q}} = \dfrac{\partial H(\boldsymbol{q},\boldsymbol{p},t)}{\partial \boldsymbol{p}} \\ \dot{\boldsymbol{p}} = -\dfrac{\partial H(\boldsymbol{q},\boldsymbol{p},t)}{\partial \boldsymbol{q}} - \boldsymbol{G}_{\boldsymbol{q}}^{\mathrm{T}}\boldsymbol{\lambda} \\ \boldsymbol{0} = \boldsymbol{G}(\boldsymbol{q},t) \end{cases} \tag{6.1.30}$$

6.2 多体系统约束方程

动力系统内各个体之间的运动受到约束的支配，构型空间下表示的位置、速度满足一定的运动学关系。约束产生的力是除了保守力与非保守力外的一种特有的力的形式，其作用是保持约束变量时刻在约束方程定义的几何面上变化。约束大体可分为两类，一类是根据是否可积分为完整约束和非完整约束，另一类是根据是否显含时间分为非定常约束和定常约束。本节主要介绍完整约束，首先介绍约束方程的几何意义及约束力与拉格朗日乘子之间的关系，然后讨论多体系统 DAE 的微分指标。

6.2.1 约束力

在 N 体系统中，定义向量 $\boldsymbol{q} \in \boldsymbol{R}^n$ 描述系统空间位置、姿态，$\boldsymbol{q}$ 中的某些分量通过固定、转动、平移、球铰等约束组合在一起，满足几何上的运动学关系，也就是位置约束方程，即

$$\boldsymbol{0} = \boldsymbol{G}(\boldsymbol{q},t) \in \boldsymbol{R}^m \tag{6.2.1}$$

约束方程 $\boldsymbol{0} = \boldsymbol{G}(\boldsymbol{q},t)$ 在构型空间确定了一个 $n-m$ 维的空间曲面。如图 6.1 所示，广义变量的运动轨迹 $\boldsymbol{q}(t)$ 必须保持在约束切平面上。

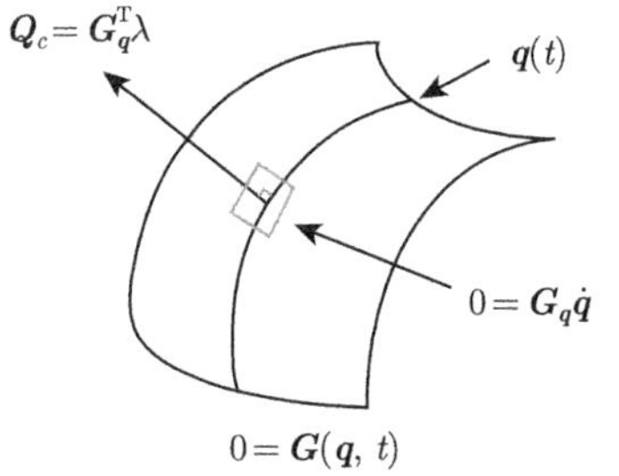

图 6.1 约束的几何表示

受约束的变量不再独立，系统自由度降为$n-m$，取约束方程的全微分，可得

$$0=\mathrm{d}G_j=\sum_{i=1}^{n}\frac{\partial G_j}{\partial q_i}\mathrm{d}q_i+\frac{\partial G_j}{\partial t}\mathrm{d}t,\quad j=1,2,\cdots,m \tag{6.2.2}$$

以向量标记表示的约束方程为

$$\nabla G_j\cdot\dot{\boldsymbol{q}}=-\frac{\partial G_j}{\partial t},\quad j=1,2,\cdots,m \tag{6.2.3}$$

其中，∇G_j 为约束方程对位移的梯度向量，对定常约束而言，∇G_j 与速度向量 $\dot{\boldsymbol{q}}$ 正交，速度约束方程表示位置约束曲面的切面（切空间，约束上的流形可微）。

m 个约束方程的梯度向量组成的长方矩阵是约束雅可比矩阵，即

$$\boldsymbol{G}_{\boldsymbol{q}}(\boldsymbol{q},t)=\frac{\partial\boldsymbol{G}(\boldsymbol{q},t)}{\partial\boldsymbol{q}}\in\boldsymbol{R}^{m\times n} \tag{6.2.4}$$

当约束方程相互之间线性独立时，约束雅可比矩阵是行满秩的，即

$$\mathrm{rank}\,\boldsymbol{G}_{\boldsymbol{q}}(\boldsymbol{q},t)=m \tag{6.2.5}$$

式(6.1.16)中，根据拉格朗日乘子定义的约束力 $\boldsymbol{Q}_c=\boldsymbol{G}_{\boldsymbol{q}}^{\mathrm{T}}\boldsymbol{\lambda}$ 方向垂直于约束曲面的切平面。

6.2.2　多柔体 DAE 微分指标

位置约束方程(6.2.1)分别取时间一阶微分与二阶微分，可得一般形式的速度、加速度约束，即

$$\begin{aligned}&\boldsymbol{0}=\boldsymbol{G}_t(\boldsymbol{q},t)+\boldsymbol{G}_{\boldsymbol{q}}(\boldsymbol{q},t)\dot{\boldsymbol{q}}\\&\boldsymbol{0}=\boldsymbol{G}_{tt}(\boldsymbol{q},t)+2\boldsymbol{G}_{t\boldsymbol{q}}(\boldsymbol{q},t)\dot{\boldsymbol{q}}+\left(\boldsymbol{G}_{\boldsymbol{q}}(\boldsymbol{q},t)\dot{\boldsymbol{q}}\right)_{\boldsymbol{q}}\dot{\boldsymbol{q}}+\boldsymbol{G}_{\boldsymbol{q}}(\boldsymbol{q},t)\ddot{\boldsymbol{q}}\end{aligned} \tag{6.2.6}$$

对于完整约束系统，微分阶的约束方程一般不直接给出，而是隐含的，但是依然对非独立的速度和加速度有限制作用。

DAE 的指标有多种定义，一般定性算法指标时采用微分指标，如 HHT-I3、HHT-I2 分别对应指标-3、指标-2 的求解格式。微分指标与几何约束方程的求导次数相关，决定 DAE 偏离 ODE 的奇异程度，指标越高越容易造成数值解不稳定。对指标大于 1 的 DAE 很难通过基于 BDF 多步法积分的微分代数系统求解器 (differential algebraic system solver, DASSL) 包得到稳定解，因此求解 DAE 最好是在降低指标的前提下进行。

多柔体动力系统引入约束后，动力学方程 $\mathbf{0}=\boldsymbol{M}\ddot{\boldsymbol{q}}+\boldsymbol{Q}_e-\boldsymbol{Q}_a$ 变为指标-3 的 DAE。这里不显含时间，相应的表达式为

$$\begin{cases}\mathbf{0}=\boldsymbol{M}\ddot{\boldsymbol{q}}+\boldsymbol{Q}_e-\boldsymbol{Q}_a+{\boldsymbol{G}_{\boldsymbol{q}}}^{\mathrm{T}}\boldsymbol{\lambda}\\ \mathbf{0}=\boldsymbol{G}(\boldsymbol{q})\end{cases}\tag{6.2.7}$$

引入速度约束可以得到指标-2 的 DAE，即

$$\begin{cases}\mathbf{0}=\boldsymbol{M}\ddot{\boldsymbol{q}}+\boldsymbol{Q}_e-\boldsymbol{Q}_a+{\boldsymbol{G}_{\boldsymbol{q}}}^{\mathrm{T}}\boldsymbol{\lambda}\\ \mathbf{0}=\boldsymbol{G}_{\boldsymbol{q}}(\boldsymbol{q})\dot{\boldsymbol{q}}\\ \mathbf{0}=\boldsymbol{G}(\boldsymbol{q})\end{cases}\tag{6.2.8}$$

继续添加加速度约束方程组，得到的增广形式指标-1 的 DAE 为

$$\begin{bmatrix}\boldsymbol{M}(\boldsymbol{q}) & \boldsymbol{G}_{\boldsymbol{q}}^{\mathrm{T}}\\ \boldsymbol{G}_{\boldsymbol{q}} & \mathbf{0}\end{bmatrix}\begin{bmatrix}\ddot{\boldsymbol{q}}\\ \boldsymbol{\lambda}\end{bmatrix}=\begin{bmatrix}\boldsymbol{Q}_a-\boldsymbol{Q}_e\\ -\left(\boldsymbol{G}_{\boldsymbol{q}}(\boldsymbol{q},t)\dot{\boldsymbol{q}}\right)_{\boldsymbol{q}}\dot{\boldsymbol{q}}\end{bmatrix}\tag{6.2.9}$$

6.3 二阶微分系统的数值阻尼积分方法

多柔体动力系统 DAE 的积分对象是二阶微分的。结构动力学领域发展出一系列针对振动方程的数值积分方法，微分方程组取 $\ddot{\boldsymbol{q}}=f(\dot{\boldsymbol{q}},\boldsymbol{q},t)$，在加速度级进行时域离散，时刻 $t\in\boldsymbol{T}=[0,t_{\mathrm{end}}]$ 是连续的，离散为 N 段，取时间间隔 $h=t_{n+1}-t_n$ 为积分步长，即

$$\boldsymbol{T}=\bigcup_{n=0}^{N-1}[t_n,t_{n+1}]\tag{6.3.1}$$

本节叙述隐式欧拉法、带数值阻尼的 Newmark 积分、HHT 法，求解如下形式的指标-3 大变形柔性体动力学 DAE，即

$$\begin{cases}\mathbf{0}=\boldsymbol{M}\ddot{\boldsymbol{q}}+\boldsymbol{Q}_e-\boldsymbol{Q}_a+\boldsymbol{G}_{\boldsymbol{q}}^{\mathrm{T}}\boldsymbol{\lambda}\\ \mathbf{0}=\boldsymbol{G}(\boldsymbol{q})\end{cases}\tag{6.3.2}$$

6.3.1 隐式欧拉法

为了后续表达方便，可以将微分方程的形式记为

$$\boldsymbol{M}\ddot{\boldsymbol{q}}=\boldsymbol{f}(\boldsymbol{q},\dot{\boldsymbol{q}},t)\tag{6.3.3}$$

$$\boldsymbol{G}(\boldsymbol{q},t)=\mathbf{0}\tag{6.3.4}$$

在解这个二阶微分方程时，取状态变量为 $\boldsymbol{y}=\begin{bmatrix}\boldsymbol{q}\\ \dot{\boldsymbol{q}}\end{bmatrix}$，则有 $\dot{\boldsymbol{y}}=\begin{bmatrix}\dot{\boldsymbol{q}}\\ \ddot{\boldsymbol{q}}\end{bmatrix}$，即可将微分方程改写成一阶形式。

首先，考虑没有约束的情况，隐式欧拉法的积分格式为

$$\boldsymbol{q}_{n+1}=\boldsymbol{q}_n+h\dot{\boldsymbol{q}}_{n+1} \tag{6.3.5}$$

$$\dot{\boldsymbol{q}}_{n+1}=\dot{\boldsymbol{q}}_n+h\ddot{\boldsymbol{q}}_{n+1} \tag{6.3.6}$$

其中，h 为积分步长；下标表示第 n 或 $n+1$ 个时间步。

根据 $\boldsymbol{f}=\boldsymbol{M}\ddot{\boldsymbol{q}}$，将表达式改写成 $\boldsymbol{F}=\boldsymbol{0}$ 的形式，可得

$$\boldsymbol{q}_{n+1}-\boldsymbol{q}_n-h\dot{\boldsymbol{q}}_{n+1}=\boldsymbol{0} \tag{6.3.7}$$

$$(\boldsymbol{M}_{n+1}+\boldsymbol{M}_n)(\dot{\boldsymbol{q}}_{n+1}-\dot{\boldsymbol{q}}_n)-2h\boldsymbol{f}_{n+1}=\boldsymbol{0} \tag{6.3.8}$$

假设相邻两步的质量阵近似相等，记 $\hat{\boldsymbol{M}}=\dfrac{1}{2}(\boldsymbol{M}_{n+1}+\boldsymbol{M}_n)$，式(6.3.8)可写为

$$\hat{\boldsymbol{M}}(\dot{\boldsymbol{q}}_{n+1}-\dot{\boldsymbol{q}}_n)-h\boldsymbol{f}_{n+1}=\boldsymbol{0} \tag{6.3.9}$$

定义 $\boldsymbol{F}=\begin{bmatrix}\boldsymbol{F}_{\boldsymbol{q}}\\ \boldsymbol{F}_{\dot{\boldsymbol{q}}}\end{bmatrix}$（对应式(6.3.7)和式 (6.3.9)）为残差，则需要通过牛顿迭代法找到一组 $\boldsymbol{q}_{n+1}$ 和 $\dot{\boldsymbol{q}}_{n+1}$，使得 $\boldsymbol{F}(\boldsymbol{q}_{n+1},\dot{\boldsymbol{q}}_{n+1})=\boldsymbol{0}$ 成立，这样便完成一个时间步长的积分。

下面对迭代格式进行推导，将 $\boldsymbol{F}(\boldsymbol{q}_{n+1},\dot{\boldsymbol{q}}_{n+1})=\boldsymbol{0}$ 在第 k 个迭代结果上进行一阶展开，即

$$\boldsymbol{F}(\boldsymbol{q}_{n+1}^k,\dot{\boldsymbol{q}}_{n+1}^k)+\boldsymbol{J}_{n+1}^k\begin{bmatrix}\boldsymbol{q}_{n+1}^{k+1}-\boldsymbol{q}_{n+1}^k\\ \dot{\boldsymbol{q}}_{n+1}^{k+1}-\dot{\boldsymbol{q}}_{n+1}^k\end{bmatrix}=\boldsymbol{0} \tag{6.3.10}$$

记 $\Delta\boldsymbol{q}_{n+1}=\boldsymbol{q}_{n+1}^{k+1}-\boldsymbol{q}_{n+1}^k$、$\Delta\dot{\boldsymbol{q}}_{n+1}=\dot{\boldsymbol{q}}_{n+1}^{k+1}-\dot{\boldsymbol{q}}_{n+1}^k$，则式(6.3.10)可以写为

$$\boldsymbol{J}_{n+1}^k\begin{bmatrix}\Delta\boldsymbol{q}_{n+1}\\ \Delta\dot{\boldsymbol{q}}_{n+1}\end{bmatrix}=-\boldsymbol{F}(\boldsymbol{q}_{n+1}^k,\dot{\boldsymbol{q}}_{n+1}^k) \tag{6.3.11}$$

其中，雅可比矩阵 $\boldsymbol{J}_{n+1}^k$ 的具体形式为

$$\boldsymbol{J}_{n+1}^k=\begin{bmatrix}\dfrac{\partial\boldsymbol{F}_{\boldsymbol{q}}}{\partial\boldsymbol{q}} & \dfrac{\partial\boldsymbol{F}_{\boldsymbol{q}}}{\partial\dot{\boldsymbol{q}}}\\[2ex] \dfrac{\partial\boldsymbol{F}_{\dot{\boldsymbol{q}}}}{\partial\boldsymbol{q}} & \dfrac{\partial\boldsymbol{F}_{\dot{\boldsymbol{q}}}}{\partial\dot{\boldsymbol{q}}}\end{bmatrix}_{n+1}^k=\begin{bmatrix}\boldsymbol{I} & h\boldsymbol{I}\\[2ex] -h\dfrac{\partial\boldsymbol{f}_{n+1}}{\partial\boldsymbol{q}} & \hat{\boldsymbol{M}}-h\dfrac{\partial\boldsymbol{f}_{n+1}}{\partial\dot{\boldsymbol{q}}}\end{bmatrix} \tag{6.3.12}$$

将 $\boldsymbol{J}_{n+1}^{k}$ 的具体形式代入式 (6.3.12)，由式(6.3.7)可知，当迭代接近 $\boldsymbol{F}=\boldsymbol{0}$ 时，有 $\Delta\boldsymbol{q}_{n+1}=h\Delta\dot{\boldsymbol{q}}_{n+1}$，得到的迭代格式为

$$\left(\hat{\boldsymbol{M}}-h^{2}\frac{\partial\boldsymbol{f}_{n+1}}{\partial\boldsymbol{q}}-h\frac{\partial\boldsymbol{f}_{n+1}}{\partial\dot{\boldsymbol{q}}}\right)\Delta\dot{\boldsymbol{q}}_{n+1}=\hat{\boldsymbol{M}}(\dot{\boldsymbol{q}}_{n}-\dot{\boldsymbol{q}}_{n+1})+h\boldsymbol{f}_{n+1} \tag{6.3.13}$$

$$\dot{\boldsymbol{q}}_{n+1}^{k+1}=\dot{\boldsymbol{q}}_{n+1}^{k}+\Delta\dot{\boldsymbol{q}}_{n+1} \tag{6.3.14}$$

$$\boldsymbol{q}_{n+1}=\boldsymbol{q}_{n}+h\dot{\boldsymbol{q}}_{n+1}^{k+1} \tag{6.3.15}$$

在第一步可以取初值 $\dot{\boldsymbol{q}}_{n+1}^{0}=\dot{\boldsymbol{q}}_{n}$，并认为 $\boldsymbol{f}_{n+1}\approx\boldsymbol{f}_{n}$，则第一步迭代为

$$\left(\hat{\boldsymbol{M}}-h^{2}\frac{\partial\boldsymbol{f}_{n+1}}{\partial\boldsymbol{q}}-h\frac{\partial\boldsymbol{f}_{n+1}}{\partial\dot{\boldsymbol{q}}}\right)\dot{\boldsymbol{q}}_{n+1}^{1}=\left(\hat{\boldsymbol{M}}-h^{2}\frac{\partial\boldsymbol{f}_{n+1}}{\partial\boldsymbol{q}}-h\frac{\partial\boldsymbol{f}_{n+1}}{\partial\dot{\boldsymbol{q}}}\right)\dot{\boldsymbol{q}}_{n}+h\boldsymbol{f}_{n} \tag{6.3.16}$$

$$\boldsymbol{q}_{n+1}=\boldsymbol{q}_{n}+h\dot{\boldsymbol{q}}_{n+1}^{1} \tag{6.3.17}$$

为了求解带约束的 DAE，在无约束的隐式欧拉法的基础上增加约束 $\boldsymbol{G}(\boldsymbol{q},t)=\boldsymbol{0}$，将约束加入每一步积分的牛顿迭代步骤中。加入约束后的积分格式为

$$\boldsymbol{q}_{n+1}-\boldsymbol{q}_{n}-h\dot{\boldsymbol{q}}_{n+1}=\boldsymbol{0} \tag{6.3.18}$$

$$\hat{\boldsymbol{M}}(\dot{\boldsymbol{q}}_{n+1}-\dot{\boldsymbol{q}}_{n})-h\boldsymbol{f}_{n+1}-h\boldsymbol{G}_{\boldsymbol{q}}^{\mathrm{T}}\boldsymbol{\lambda}_{n+1}=\boldsymbol{0} \tag{6.3.19}$$

$$\boldsymbol{G}(\boldsymbol{q}_{n+1},t_{n+1})=\boldsymbol{0} \tag{6.3.20}$$

记迭代过程中的残差为 $\boldsymbol{F}=\begin{bmatrix}\boldsymbol{F}_{q} & \boldsymbol{F}_{\dot{q}} & \boldsymbol{F}_{\boldsymbol{G}}\end{bmatrix}^{\mathrm{T}}$，与前面的步骤类似，得到的迭代方程为

$$\begin{bmatrix}\boldsymbol{I} & h\boldsymbol{I} & \boldsymbol{0}\\ -h\dfrac{\partial\boldsymbol{f}_{n+1}}{\partial q} & \hat{\boldsymbol{M}}-h\dfrac{\partial\boldsymbol{f}_{n+1}}{\partial\dot{q}} & -h\boldsymbol{G}_{\boldsymbol{q}}^{\mathrm{T}}\\ \boldsymbol{G}_{\boldsymbol{q}} & \boldsymbol{0} & \boldsymbol{0}\end{bmatrix}\begin{bmatrix}\Delta\boldsymbol{q}_{n+1}\\ \Delta\dot{\boldsymbol{q}}_{n+1}\\ \Delta\boldsymbol{\lambda}_{n+1}\end{bmatrix}=-\boldsymbol{F} \tag{6.3.21}$$

根据 $\Delta\boldsymbol{q}_{n+1}=h\Delta\dot{\boldsymbol{q}}_{n+1}$，得到的迭代格式为

$$\begin{bmatrix}\left(\hat{\boldsymbol{M}}-h^{2}\dfrac{\partial\boldsymbol{f}_{n+1}}{\partial q}-h\dfrac{\partial\boldsymbol{f}_{n+1}}{\partial\dot{q}}\right) & \boldsymbol{G}_{\boldsymbol{q}}^{\mathrm{T}}\\ \boldsymbol{G}_{\boldsymbol{q}} & \boldsymbol{0}\end{bmatrix}\begin{bmatrix}\Delta\dot{\boldsymbol{q}}_{n+1}\\ -h\Delta\boldsymbol{\lambda}_{n+1}\end{bmatrix}=\begin{bmatrix}\hat{\boldsymbol{M}}\left(\dot{\boldsymbol{q}}_{n}-\dot{\boldsymbol{q}}_{n+1}\right)+h\left(\boldsymbol{f}_{n+1}+\boldsymbol{G}_{\boldsymbol{q}}^{\mathrm{T}}\boldsymbol{\lambda}_{n+1}\right)\\ -\boldsymbol{G}_{n+1}/h\end{bmatrix} \tag{6.3.22}$$

$$\dot{\boldsymbol{q}}_{n+1}^{k+1}=\dot{\boldsymbol{q}}_{n+1}^{k}+\Delta\dot{\boldsymbol{q}}_{n+1} \tag{6.3.23}$$

$$\boldsymbol{\lambda}_{n+1}^{k+1}=\boldsymbol{\lambda}_{n+1}^{k}+\Delta\boldsymbol{\lambda}_{n+1} \tag{6.3.24}$$

$$\boldsymbol{q}_{n+1}=\boldsymbol{q}_{n}+h\dot{\boldsymbol{q}}_{n+1}^{k+1} \tag{6.3.25}$$

6.3.2 Newmark 法

1. Newmark 积分格式

设间隔 $[t_n, t_{n+1}]$ 内任意时刻的加速度为

$$\ddot{\boldsymbol{q}}_{\mathrm{avg}}=(1-\gamma)\ddot{\boldsymbol{q}}_{n}+\gamma\ddot{\boldsymbol{q}}_{n+1},\quad 0\leqslant\gamma\leqslant 1 \tag{6.3.26}$$

其中，γ 为控制插值系数，用于加速度差分近似。

t_{n+1} 时刻的离散动力学方程为

$$\boldsymbol{0}=\boldsymbol{M}\ddot{\boldsymbol{q}}_{n+1}-\boldsymbol{Q}_{n+1} \tag{6.3.27}$$

根据式(6.3.26)计算速度与位置的差分，即

$$\begin{aligned}&\boldsymbol{M}\frac{\dot{\boldsymbol{q}}_{n+1}-\dot{\boldsymbol{q}}_{n}}{h}=(1-\gamma)\boldsymbol{Q}_{n}+\gamma\boldsymbol{Q}_{n+1}\\&\boldsymbol{M}\frac{\boldsymbol{q}_{n+1}-\boldsymbol{q}_{n}}{h}=\boldsymbol{M}\dot{\boldsymbol{q}}_{n}+\frac{h}{2}(1-2\beta)\boldsymbol{Q}_{n}+h\beta\boldsymbol{Q}_{n+1}\end{aligned} \tag{6.3.28}$$

将式(6.3.27)代入式(6.3.28)可以得到 Newmark 积分格式，即

$$\begin{aligned}&\boldsymbol{q}_{n+1}=\boldsymbol{q}_{n}+h\dot{\boldsymbol{q}}_{n}+\frac{h^2}{2}\left[(1-2\beta)\ddot{\boldsymbol{q}}_{n}+2\beta\ddot{\boldsymbol{q}}_{n+1}\right]\\&\dot{\boldsymbol{q}}_{n+1}=\dot{\boldsymbol{q}}_{n}+h\left[(1-\gamma)\ddot{\boldsymbol{q}}_{n}+\gamma\ddot{\boldsymbol{q}}_{n+1}\right]\end{aligned} \tag{6.3.29}$$

2. 算法稳定性

单自由度分量 p 的一般自由振动方程为

$$\begin{aligned}&\ddot{q}_{n+1}^{p}+2\xi\omega\dot{q}_{n+1}^{p}+\omega^2 q_{n+1}^{p}=Q_{n+1}^{p}\\&q_{n+1}^{p}=q_{n}^{p}+h\dot{q}_{n}^{p}+\frac{1}{2}h^2\left[(1-2\beta)\ddot{q}_{n}^{p}+2\beta\ddot{q}_{n+1}^{p}\right]\\&\dot{q}_{n+1}^{p}=\dot{q}_{n}^{p}+h\left[(1-\gamma)\ddot{q}_{n}^{p}+\beta\ddot{q}_{n+1}^{p}\right]\end{aligned} \tag{6.3.30}$$

其中，ω 为特征频率；ξ 为结构阻尼系数。

数值阻尼参数的选取决定算法的稳定类型与稳定裕度，无条件稳定的 β 和 γ 满足

$$2\beta \geqslant \gamma \geqslant \frac{1}{2} \tag{6.3.31}$$

条件稳定的 β 和 γ 满足

$$\gamma < \frac{1}{2}, \quad \beta < \frac{1}{2}\gamma, \quad \varOmega = h\omega \leqslant \varOmega_{\text{crit}} \tag{6.3.32}$$

其中，稳定极限频率为

$$\varOmega_{\text{crit}} = \frac{\xi\left(\gamma - \dfrac{1}{2}\right) + \left[\dfrac{1}{2}\gamma - \beta + \xi^2\left(\gamma - \dfrac{1}{2}\right)^2\right]^{1/2}}{\dfrac{1}{2}\gamma - \beta} \tag{6.3.33}$$

对多自由度系统，必须在所有模态对应的特征频率均小于极限频率的情况下，Newmark 积分才能保持条件稳定。

γ 为控制数值阻尼，$\gamma = 0.5$ 时算法不引入数值阻尼，Newmark 方法保持二阶精度；$\gamma < 1/2$ 时，系统内引入的是负阻尼，会产生无界的振动响应；$\gamma > 1/2$ 时，阻尼为正，系统的瞬态响应逐渐衰减；$\gamma \neq 1/2$ 时，积分算法的精度降为时间一阶。无条件稳定的积分格式对高频模态的耗散更加明显。Newmark 类方法参数表如表 6.1 所示。

表 6.1　Newmark 类方法参数表

方法	β	γ	无阻尼稳定条件 $\varOmega_{\text{crit}}$	误差阶 $O(h^p)$
中心差分法	0	0.5	2	2
平均加速度法	0.25	0.5	–	2
线性加速度法	0.25	0.6	3.46	1
无条件稳定 1	0.3025	0.6	–	1
无条件稳定 2	0.36	0.7	–	1

中心差分法 $\left(\beta = 0, \gamma = \dfrac{1}{2}\right)$ 具有保辛特性，但是这类无数值阻尼的方法不适合含高频分量的多体动力系统，此时取 $\gamma > 0.5$。

6.3.3　HHT-α 法

HHT-α 法是 Newmark 类方法的改进，不仅通过参数 γ 对时间步长内加速度的差分进行高频耗散 (式(6.3.26))，还引入自由参数 α 作为主要控制数值阻尼的参数。这一改变可以减小数值阻尼对低频分量的耗散，并将积分算法的精度

提升至时间二阶。为此，对 t_{n+1} 时刻的离散动力学方程以广义力的插值形式给出，即

$$\boldsymbol{M}\ddot{\boldsymbol{q}}_{n+1} = (-\alpha)\,\boldsymbol{Q}_n + [1-(-\alpha)]\,\boldsymbol{Q}_{n+1} = \tilde{\boldsymbol{Q}}_{n+1} \tag{6.3.34}$$

速度与位置的积分仍沿用式(6.3.29)的格式，式(6.3.34)得到的广义力 $\tilde{\boldsymbol{Q}}_{n+1}$ 对应

$$\tilde{t}_{n+1} = t_n + (1+\alpha)\,h \tag{6.3.35}$$

其中，α 将参数 β 和 γ 联系在一起，积分算法无条件稳定时满足

$$-\frac{1}{3} \leqslant \alpha \leqslant 0, \quad \beta = \frac{(1-\alpha)^2}{4}, \quad \gamma = \frac{1-2\alpha}{2} \tag{6.3.36}$$

式(6.3.36)表明，β 与 γ 统一由 α 控制，算法保持时间二阶精度，α 为较小的负值时，系统耗散程度比较低，反之会增加数值阻尼耗散。当 $\alpha=0$ 时，HHT 方法退化为 Newmark 一阶精度的平均加速度法。

6.3.4 BDF 积分方法

设待求解动力学系统的 DAE 形式为

$$\begin{cases} \dot{\boldsymbol{p}} - \left(\dfrac{\partial T}{\partial \boldsymbol{q}}\right)^{\mathrm{T}} + \left(\dfrac{\partial U}{\partial \boldsymbol{q}}\right)^{\mathrm{T}} + \boldsymbol{C}_{\boldsymbol{q}}^{\mathrm{T}}\boldsymbol{\lambda} - \boldsymbol{Q} = \boldsymbol{0} \\ \boldsymbol{C} = \boldsymbol{0} \end{cases} \tag{6.3.37}$$

其中，$\boldsymbol{p} = \left(\dfrac{\partial T}{\partial \dot{\boldsymbol{q}}}\right)$，称为广义动量。

用隐式多步法求解该动力学方程，通过采用合适的积分格式，用积分变量在 $t_n, t_{n-1}, \cdots, t_{n-k}$ 时刻的值估计 t_{n+1} 时刻的导数值，进而可以完成当前时间步的积分。这里介绍隐式多步法的 BDF 积分格式，其一般表示形式为

$$\dot{y}^{(n+1)} = \sum_{i=1}^{s} d_i y^{(n-s+1+i)} \tag{6.3.38}$$

其中，s 为计算的步数；d_i 为积分格式的系数，由时间序列的时间间隔确定，与积分变量 y 无关。

对于式 (6.3.37) 所示的动力学系统，积分变量为广义坐标 $\boldsymbol{q}$ 和广义动量 $\boldsymbol{p}$，以 4 步为例 ($s=4$)，图 6.2 显示了一个积分步中涉及的变量，其中 n 表示当前时刻。$n+1$ 表示下一时刻，已知当前时刻及前两个时刻的系统状态，积分步需要求解系统在下一时刻的状态，即上标为 $n+1$ 的变量。

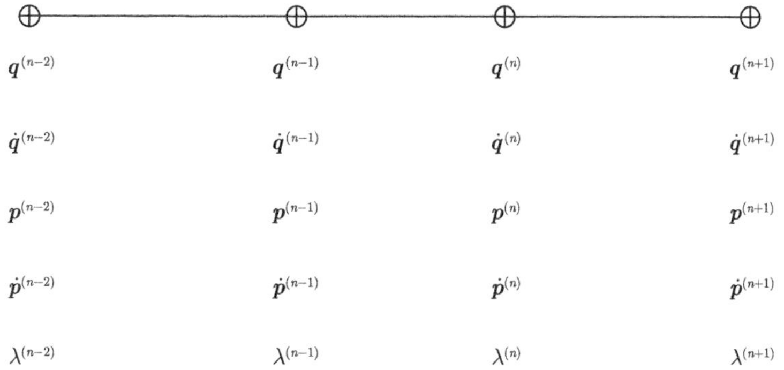

图 6.2　积分节点上涉及的变量 (以 4 步为例)

根据 BDF 积分格式（式(6.3.38)），可将广义速度和广义动量的导数 $\dot{\boldsymbol{q}}^{(n+1)}$ 和 $\dot{\boldsymbol{p}}^{(n+1)}$ 分别表示为 $\boldsymbol{q}^{(n-i)}$ 和 $\boldsymbol{p}^{(n-i)}$ 的线性组合，其形式为

$$\dot{\boldsymbol{q}}^{(n+1)}=\sum_{i=1}^{s}d_i\boldsymbol{q}^{(n-s+1+i)} \tag{6.3.39}$$

$$\dot{\boldsymbol{p}}^{(n+1)}=\sum_{i=1}^{s}d_i\boldsymbol{p}^{(n-s+1+i)} \tag{6.3.40}$$

因此，$n+1$ 步的 $\dot{\boldsymbol{q}}^{(n+1)}$、$\boldsymbol{p}^{(n+1)}$、$\dot{\boldsymbol{p}}^{(n+1)}$ 可以由相应的广义坐标确定。已知 $\boldsymbol{q}^{(n+1)}$，根据式(6.3.39)计算 $\dot{\boldsymbol{q}}^{(n+1)}$，再根据广义动量的定义计算 $\boldsymbol{p}^{(n+1)}$，最后根据式(6.3.40)计算 $\dot{\boldsymbol{p}}^{(n+1)}$。

将 $\dot{\boldsymbol{q}}^{(n+1)}$、$\boldsymbol{p}^{(n+1)}$、$\dot{\boldsymbol{p}}^{(n+1)}$ 写成广义坐标 $\boldsymbol{q}^{(n+1)}$ 的函数后，代入式(6.3.37)可得

$$\boldsymbol{\Phi}(\boldsymbol{x})=\begin{bmatrix}\dot{\boldsymbol{p}}-\left(\dfrac{\partial T}{\partial \boldsymbol{q}}\right)^{\mathrm{T}}+\left(\dfrac{\partial U}{\partial \boldsymbol{q}}\right)^{\mathrm{T}}+\boldsymbol{C}_{\boldsymbol{q}}^{\mathrm{T}}\boldsymbol{\lambda}-\boldsymbol{Q}\\ \boldsymbol{C}\end{bmatrix}^{(n+1)}=\mathbf{0} \tag{6.3.41}$$

以 $\boldsymbol{x}=\begin{bmatrix}\boldsymbol{q}^{(n+1)} & \boldsymbol{\lambda}^{(n+1)}\end{bmatrix}^{\mathrm{T}}$ 为未知数，求解该非线性代数方程，即可得到第 $n+1$ 步的积分结果。

6.3.5　隐式龙格-库塔法

与 BDF 法相比，隐式龙格-库塔 (implicit Runge-Kutta, IRK) 法作为单步积分法，不受系统阶数的不连续性或变化，以及时间步长的影响。隐式法中对每一个时间步长上 y_{n+1} 的求解需对一组非线性方程进行迭代求解，r 阶隐式龙格-库塔法的一般形式为

$$\begin{cases} k_i = f\left(t_n + c_i\Delta t, y_n + \Delta t\sum_{j=1}^{r} a_{ij}k_j\right) \\ y_{n+1} = y_n + \Delta t\sum_{i=1}^{r} b_i k_i \end{cases} \tag{6.3.42}$$

当所有的元素值为 0 时，k_i 可根据 $k_1, k_2, \cdots, k_{i-1}$ 显式计算得到，此时为显式龙格-库塔法。当所有 $j \geqslant i$ 的元素 a_{ij} 值为 0 且存在 a_{ii} 的情况时，为半显式龙格-库塔法。当所有对角线元素均满足 $a_{ii} \neq 0$ 时，为对角隐式龙格-库塔 (diagonal implicit Runge-Kutta, DIRK) 法，DIRK 法常用的有二级三阶和三级四阶，均为 A 稳定。DIRK 法最高计算至四阶，适合求解高频振荡问题，但是与 BDF 法相比精度低、计算量大。

显式方法的优势在于仅需计算函数值，并且计算的启动仅依赖初始条件，但是只在某些情况下稳定。在高阶系统，尤其是多体系统中，每一时间步长内对函数值的计算也大大增加了计算量。隐式方法则更加稳定且比显式方法精确。

6.4 一阶微分系统几何积分法

对高阶微分方程的数值积分可在降阶后进行，本质上还是由高阶逐级向低阶的顺序积分，微分方程变为

$$f = \dot{\boldsymbol{y}} = \begin{bmatrix} \dot{\boldsymbol{q}} \\ \dot{\boldsymbol{v}} \end{bmatrix} \tag{6.4.1}$$

微分方程个数比二阶系统方法增加了一倍。对 Hamilton 系统，位置导数 $\dot{\boldsymbol{q}}$ 由相空间的广义动量 $\boldsymbol{p}$ 代替，动力学微分方程自动降为一阶微分系统，即

$$f = \dot{\boldsymbol{y}} = \begin{bmatrix} \dot{\boldsymbol{q}} \\ \dot{\boldsymbol{p}} \end{bmatrix} \tag{6.4.2}$$

构造的数值积分又称几何积分方法，具有保辛保结构能力，时域离散后不会破坏原方程物理结构的属性。

本节在欧拉法的基础上研究一阶辛欧拉方法与二阶辛 Störmer-Verlet 法，求解指标-2 的大变形柔性体动力学 DAE。

6.4.1 基本欧拉法

对 $\boldsymbol{y}_{n+1}$ 在 t_n 处 Taylor 展开，进行数值逼近，即

$$\boldsymbol{y}_{n+1} = \boldsymbol{y}_n + h\boldsymbol{y}_n^{(1)} + \frac{h^2}{2!}\boldsymbol{y}_n^{(2)} + \cdots + \frac{h^n}{n!}\boldsymbol{y}_n^{(n)} \tag{6.4.3}$$

取前两项构造显式欧拉法，误差主项为时间二阶，即

$$\boldsymbol{y}_{n+1}=\boldsymbol{y}_n+h\dot{\boldsymbol{y}}_n+\boldsymbol{O}\left(h^2\right) \tag{6.4.4}$$

因此，欧拉法是时间一阶精度的。

同理，对 $\boldsymbol{y}_{n+1}$ 在 $-t_n$ 处 Taylor 展开，可得

$$\boldsymbol{y}_n=\boldsymbol{y}_{n+1}-h\boldsymbol{y}_{n+1}^{(1)}+\frac{h^2}{2!}\boldsymbol{y}_{n+1}^{(2)}-\cdots+(-1)^n\frac{h^n}{n!}\boldsymbol{y}_{n+1}^{(n)} \tag{6.4.5}$$

同样，取时间二阶局部截断误差构造隐式的欧拉法，即

$$\boldsymbol{y}_{n+1}=\boldsymbol{y}_n+h\dot{\boldsymbol{y}}_{n+1}+\boldsymbol{O}\left(h^2\right) \tag{6.4.6}$$

写成分量形式，位置和速度积分方程为

$$\left\{\begin{array}{l}\boldsymbol{q}_{n+1}=\boldsymbol{q}_n+h\dot{\boldsymbol{q}}_n\\ \dot{\boldsymbol{q}}_{n+1}=\dot{\boldsymbol{q}}_n+h\ddot{\boldsymbol{q}}_n\end{array}\right.,\quad \left\{\begin{array}{l}\boldsymbol{q}_{n+1}=\boldsymbol{q}_n+h\dot{\boldsymbol{q}}_n+h^2\ddot{\boldsymbol{q}}_{n+1}\\ \dot{\boldsymbol{q}}_{n+1}=\dot{\boldsymbol{q}}_n+h\ddot{\boldsymbol{q}}_{n+1}\end{array}\right. \tag{6.4.7}$$

显式的欧拉法称为向前欧拉法，隐式的欧拉法为向后欧拉法。拉格朗日体系下的微分方程为

$$f=\dot{\boldsymbol{y}}=\left[\begin{array}{c}\dot{\boldsymbol{q}}\\ \ddot{\boldsymbol{q}}\end{array}\right]=\left[\begin{array}{c}\dot{\boldsymbol{q}}\\ \boldsymbol{M}^{-1}\left(\boldsymbol{Q}-\boldsymbol{G}_{\boldsymbol{q}}^{\mathrm{T}}\boldsymbol{\lambda}\right)\end{array}\right] \tag{6.4.8}$$

拉格朗日乘子项 $\boldsymbol{\lambda}$ 可以通过联立动力学方程与加速度约束方程得到具体表达式，即

$$\boldsymbol{\lambda}=\left(\boldsymbol{G}_{\boldsymbol{q}}\boldsymbol{M}^{-1}\boldsymbol{G}_{\boldsymbol{q}}^{\mathrm{T}}\right)^{-1}\left(\boldsymbol{G}_{\boldsymbol{q}}\boldsymbol{M}^{-1}\boldsymbol{Q}-\boldsymbol{Q}_d\right) \tag{6.4.9}$$

6.4.2 辛欧拉法

辛积分是建立在 Hamilton 系统辛属性上的数值方法，若将一步数值积分看作映射关系，即 $(\boldsymbol{q}_n,\boldsymbol{p}_n)\rightarrow(\boldsymbol{q}_{n+1},\boldsymbol{p}_{n+1})$，那么几何积分的差分格式能保证这一过程也是辛映射，即时域上的离散过程并未破坏多体系统的结构几何属性。下面结合 Hamilton 正则方程构造欧拉积分格式，说明几何数值积分的保辛特性。

多体系统 Hamilton 约束动力学 DAE 为

$$\begin{aligned}&\dot{\boldsymbol{q}}=H_{\boldsymbol{p}}\left(\boldsymbol{p}_{n+1},\boldsymbol{q}_n\right)\\ &\dot{\boldsymbol{p}}=-H_{\boldsymbol{q}}\left(\boldsymbol{p}_{n+1},\boldsymbol{q}_n\right)-\boldsymbol{G}_{\boldsymbol{q}}^{\mathrm{T}}\boldsymbol{\lambda}\\ &\boldsymbol{0}=\boldsymbol{G}(\boldsymbol{q},t)\end{aligned} \tag{6.4.10}$$

考虑约束力，位移-动量的欧拉积分格式为

$$
\begin{aligned}
&\boldsymbol{p}_{n+1}=\boldsymbol{p}_n-h\left[H_{\boldsymbol{q}}\left(\boldsymbol{p}_{n+1},\boldsymbol{q}_n\right)+\boldsymbol{G}_{\boldsymbol{q}}^{\mathrm{T}}\boldsymbol{\lambda}_{n+1}\right]\\
&\boldsymbol{q}_{n+1}=\boldsymbol{q}_n+hH_{\boldsymbol{p}}\left(\boldsymbol{p}_{n+1},\boldsymbol{q}_n\right)\\
&\mathbf{0}=\boldsymbol{G}\left(\boldsymbol{q}_{n+1}\right)
\end{aligned}
\tag{6.4.11}
$$

其中，H 为哈密顿算子。

若将相空间视为一个二维向量场，q、p 为向量场内正交的两个方向，辛欧拉法的积分路径可以形象地通过图 6.3 表示，虚线表示其对偶方法的积分路径。

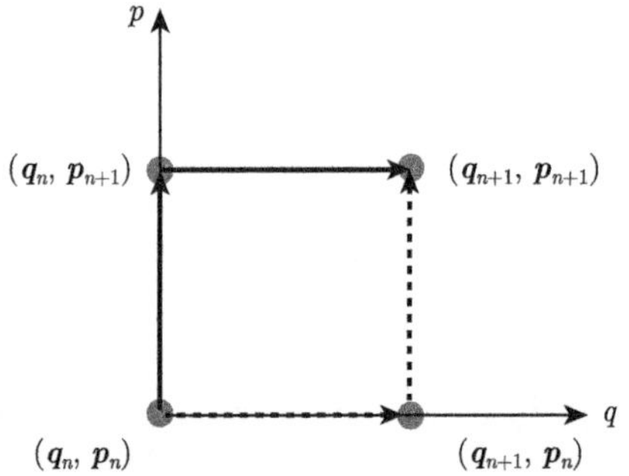

图 6.3 辛欧拉方法积分路径

通过积分方程(6.4.11)对 $(\boldsymbol{p}_n,\boldsymbol{q}_n)$ 求偏导数可以得到雅可比矩阵，分析相邻时刻积分映射矩阵的几何特性，乘子 $\boldsymbol{\lambda}_{n+1}$ 可以表示为 $(\boldsymbol{p}_n,\boldsymbol{q}_n)$ 的函数，即

$$
\begin{aligned}
&\begin{bmatrix}\boldsymbol{I}+h\boldsymbol{H}_{\boldsymbol{qp}}^{\mathrm{T}} & \mathbf{0}\\ -h\boldsymbol{H}_{\boldsymbol{pp}} & \boldsymbol{I}\end{bmatrix}\left(\frac{\partial\left(\boldsymbol{p}_{n+1},\boldsymbol{q}_{n+1}\right)}{\partial\left(\boldsymbol{p}_n,\boldsymbol{q}_n\right)}\right)\\
&=\begin{bmatrix}\boldsymbol{I}-h\boldsymbol{G}_{\boldsymbol{q}}^{\mathrm{T}}\boldsymbol{\lambda}_{\boldsymbol{p}} & -h\left(\boldsymbol{H}_{\boldsymbol{qq}}+\boldsymbol{\lambda}^{\mathrm{T}}\boldsymbol{G}_{\boldsymbol{qq}}+\boldsymbol{G}_{\boldsymbol{q}}^{\mathrm{T}}\boldsymbol{\lambda}_{\boldsymbol{q}}\right)\\ \mathbf{0} & \boldsymbol{I}+h\boldsymbol{H}_{\boldsymbol{qp}}\end{bmatrix}
\end{aligned}
\tag{6.4.12}
$$

其中，$\boldsymbol{H}_{\boldsymbol{pp}}$、$\boldsymbol{H}_{\boldsymbol{qp}}$、$\boldsymbol{H}_{\boldsymbol{qq}}$ 和 $\boldsymbol{G}_{\boldsymbol{q}}$ 在 $(\boldsymbol{p}_{n+1},\boldsymbol{q}_n)$ 处取值；$\boldsymbol{\lambda}$、$\boldsymbol{\lambda}_{\boldsymbol{p}}$、$\boldsymbol{\lambda}_{\boldsymbol{q}}$ 在 $(\boldsymbol{p}_n,\boldsymbol{q}_n)$ 处取值。

雅可比矩阵满足辛变换，即

$$
\left(\frac{\partial\left(\boldsymbol{p}_{n+1},\boldsymbol{q}_{n+1}\right)}{\partial\left(\boldsymbol{p}_n,\boldsymbol{q}_n\right)}\right)^{\mathrm{T}}\boldsymbol{J}\left(\frac{\partial\left(\boldsymbol{p}_{n+1},\boldsymbol{q}_{n+1}\right)}{\partial\left(\boldsymbol{p}_n,\boldsymbol{q}_n\right)}\right)=\boldsymbol{J}
\tag{6.4.13}
$$

其中，$\boldsymbol{J}$ 为标准辛矩阵，即

$$\boldsymbol{J}=\begin{bmatrix}\mathbf{0} & -\boldsymbol{I}\\ \boldsymbol{I} & \mathbf{0}\end{bmatrix} \tag{6.4.14}$$

式(6.4.13)说明，在 Hamilton 系统下构造的欧拉方法满足辛映射条件，是时间一阶精度的。对保守系统而言，动能与势能中的动量和位移可分离，积分为显式格式。

6.4.3 辛 Störmer-Verlet 法

在辛欧拉方法的基础上，研究更高精度的辛几何积分方法。对广义动量取半步长，使用两步辛欧拉法积分动量，其表达式为

$$\begin{aligned}&\boldsymbol{p}_{n+1/2}=\boldsymbol{p}_n-\frac{h}{2}\left(H_{\boldsymbol{q}}\left(\boldsymbol{p}_{n+1/2},\boldsymbol{q}_n\right)+\boldsymbol{G}_{\boldsymbol{q}}^{\mathrm{T}}\boldsymbol{\lambda}_n\right)\\&\boldsymbol{q}_{n+1}=\boldsymbol{q}_n+h\left(H_{\boldsymbol{p}}\left(\boldsymbol{p}_{n+1/2},\boldsymbol{q}_n\right)+H_{\boldsymbol{p}}\left(\boldsymbol{p}_{n+1/2},\boldsymbol{q}_{n+1}\right)\right)\\&\boldsymbol{p}_{n+1}=\boldsymbol{p}_{n+1/2}-\frac{h}{2}\left(H_{\boldsymbol{q}}\left(\boldsymbol{p}_{n+1/2},\boldsymbol{q}_{n+1}\right)+\boldsymbol{G}_{\boldsymbol{q}}^{\mathrm{T}}\boldsymbol{\lambda}_{n+1}\right)\\&\mathbf{0}=\boldsymbol{G}\left(\boldsymbol{q}_{n+1}\right)\end{aligned} \tag{6.4.15}$$

式(6.4.15)得到的是考虑每一时刻位置约束的辛 Störmer-Verlet 积分格式，具有二阶时间精度。如图 6.4 所示，有两处拐点，单步法则只有一处拐点，它的对偶方法由虚线表示，在广义位置上进行两步辛欧拉积分。同样，对于无耗散的保守系统，能量函数中的位移和动量可分离，Störmer-Verlet 积分是显式的。

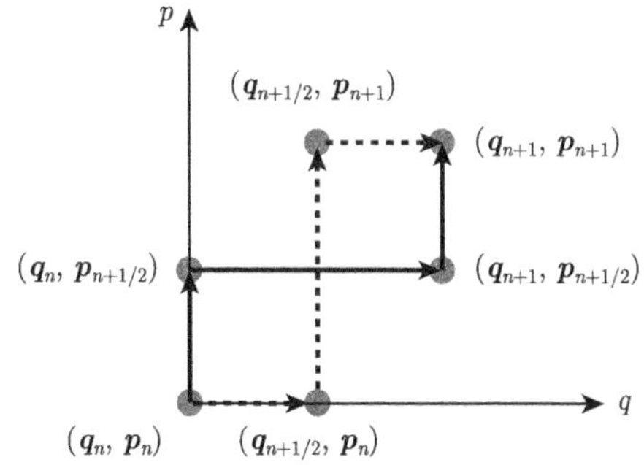

图 6.4 二阶辛几何方法积分路径

6.5 投影几何积分方法

柔性体的弹性变形分量变化周期远小于运动变量的变化周期，这对数值算法稳定性、能量保持，以及精度有很大的影响。在这里选取计算精度、效率均比较

高的二阶辛 Störmer-Verlet 几何方法作为基本积分结构，研究柔性多体系统频率特性对数值计算的影响。结合约束方程的微分阶条件，降低 DAE 系统的微分指标，并在此基础上改进积分计算结构，得到约束投影几何积分方法，将其运用在 ANCF 梁的动力学仿真与计算中。

直接通过积分算得的位置和动量不一定满足当前时刻的约束条件，广义变量会从原约束曲面上的路径漂移至约束平面外。约束违约导致的数值漂移如图 6.5 所示。对广义动量而言，若不满足速度约束方程，则会漂移出约束平面的切平面。因此，需要引入额外的乘子项，做两次约束投影修正。

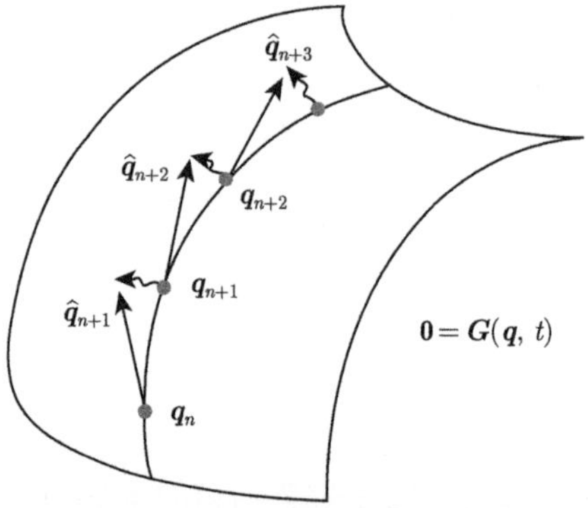

图 6.5　约束违约导致的数值漂移

指标-2 的多柔体系统 DAE 积分方程为

$$
\begin{aligned}
&\boldsymbol{p}_{n+1/2}=\boldsymbol{p}_n-\frac{h}{2}\left[-\boldsymbol{Q}_g\left(\boldsymbol{q}_n\right)+\boldsymbol{Q}_e\left(\boldsymbol{q}_n\right)+\boldsymbol{G}_{\boldsymbol{q}}^{\mathrm{T}}\boldsymbol{\lambda}_n\right]\\
&\boldsymbol{q}_{n+1}=\boldsymbol{q}_n+h\boldsymbol{M}^{-1}\boldsymbol{p}_{n+1/2}\\
&\boldsymbol{p}_{n+1}=\boldsymbol{p}_{n+1/2}-\frac{h}{2}\left[-\boldsymbol{Q}_g\left(\boldsymbol{q}_{n+1}\right)+\boldsymbol{Q}_e\left(\boldsymbol{q}_{n+1}\right)+\boldsymbol{G}_{\boldsymbol{q}}^{\mathrm{T}}\boldsymbol{\lambda}_{n+1}\right]\\
&\mathbf{0}=\boldsymbol{G}\left(\boldsymbol{q}_{n+1}\right)
\end{aligned}
\tag{6.5.1}
$$

6.5.1　位置约束投影

做位置约束投影和速度约束投影时分两步迭代，首先修正由前半步动量积分得到的 $\boldsymbol{q}_{n+1}$，非线性方程组为

$$
\begin{aligned}
&\boldsymbol{f}_1=\boldsymbol{p}_{n+1/2}-\boldsymbol{p}_n+h/2\left[-\boldsymbol{Q}_g\left(\boldsymbol{q}_n\right)+\boldsymbol{Q}_e\left(\boldsymbol{q}_n\right)+\boldsymbol{G}_{\boldsymbol{q}}^{\mathrm{T}}\boldsymbol{\lambda}_{n+1}\right]=\mathbf{0}\\
&\boldsymbol{f}_2=\boldsymbol{q}_{n+1}-\boldsymbol{q}_n-h\boldsymbol{M}^{-1}\boldsymbol{p}_{n+1/2}=\mathbf{0}\\
&\boldsymbol{f}_3=\boldsymbol{G}(\boldsymbol{q}_{n+1})=\mathbf{0}
\end{aligned}
\tag{6.5.2}
$$

对于保守系统，积分方程中只有 $\boldsymbol{\lambda}_{n+1}$ 的部分是隐式的，需要迭代求解非线性方程组，即

$$\boldsymbol{f}=\boldsymbol{G}(\boldsymbol{\lambda}_{n+1})=\mathbf{0} \tag{6.5.3}$$

将满足式(6.5.3)的 $\boldsymbol{\lambda}_{n+1}^{*}$ 代入式(6.5.2)可以得到满足位置约束方程的 $\boldsymbol{q}_{n+1}$。

6.5.2 动量约束投影

第二部分迭代用于修正动量违约，根据已修正的 $\boldsymbol{q}_{n+1}$，完成后半步动量积分并引入乘子项 $\boldsymbol{\mu}_{n+1}$，结合动量约束方程可以得到非线性方程组，即

$$\begin{aligned}&\boldsymbol{f}_1=\boldsymbol{p}_{n+1}-\boldsymbol{p}_{n+1/2}+h/2\left[-\boldsymbol{Q}_g\left(\boldsymbol{q}_{n+1}\right)+\boldsymbol{Q}_e\left(\boldsymbol{q}_{n+1}\right)+\boldsymbol{G}_{\boldsymbol{q}}^{\mathrm{T}}\boldsymbol{\mu}_{n+1}\right]=\mathbf{0}\\&\boldsymbol{f}_2=\boldsymbol{G}_{\boldsymbol{q}}\boldsymbol{M}^{-1}\boldsymbol{p}_{n+1}=\mathbf{0}\end{aligned} \tag{6.5.4}$$

迭代求解 $\boldsymbol{\mu}_{n+1}$，可得

$$\boldsymbol{G}_{\boldsymbol{q}}\boldsymbol{H}_{\boldsymbol{p}}^{\mathrm{T}}\left(\boldsymbol{q}_{n+1},\boldsymbol{\mu}_{n+1}\right)=\mathbf{0} \tag{6.5.5}$$

迭代解得满足式(6.5.5)的 $\boldsymbol{\mu}_{n+1}^{*}$ 可以修正动量数值解 $\boldsymbol{p}_{n+1}$。

第 7 章 MBDyn 说明

7.1 MBDyn 概述

7.1.1 MBDyn 描述

MBDyn 是针对多体动力系统的集成建模仿真平台，可用于描述任意拓扑结构的多体系统、包含控制器的闭环系统、考虑物体变形的柔性多体系统等。MBDyn 具备完整的动力学建模、仿真求解及后处理功能，并基于 ANCF 方法集成一系列大变形柔性体和流体单元，用于复杂机械物理系统的动力学建模。

为了更好地实现平台集成与数据交互，MBDyn 能够通过使用标准 C 或 C++ 开发的 API 应用程序接口与诸如 MATLAB/Simulink、Python 等外部建模与求解软件进行连接，完成多物理系统与多仿真平台的联合模拟。MBDyn 设计主要以航天器为对象，如空间机器人、空间飞网、绳系卫星、空间柔性电帆、桁架索网天线等。此外，还可用于机器人、汽车、精密装备、生物力学，以及其他复杂多体系统的动力学仿真与分析。

7.1.2 MBDyn 结构

MBDyn 分为四个主要组成部分，即建模、求解、结果输出，以及后处理可视化。完整的建模信息与求解结果分别以文件形式单独进行存储，并在 MBDyn 的不同模块之间进行数据交换。MBDyn 结构和仿真流程如图 7.1 所示。

1. MBDyn 模块

MBDyn/Modeler 模型建立部分是对多体动力系统的完整描述，集合了体、Marker 局部坐标系、约束、力、接触，以及求解参数等信息，定义了模型的质量、惯量、材料，以及几何特征，给出了受力和运动学初始状态。MBDyn 建模方案如图 7.2 所示。

2. MBDyn 求解器

完成多体动力系统模型建立后，需要根据模型文件中的信息进行模型数据库的建立、动力学方程的组建，以及求解初始化。MBDyn/Solver 针对一般 DAE 进行数值求解，构建的模型数据库主要分为广义质量、约束及约束雅可比、力及系统求解的状态变量。运动状态变量根据是否受到约束分为独立与非独立两部分。

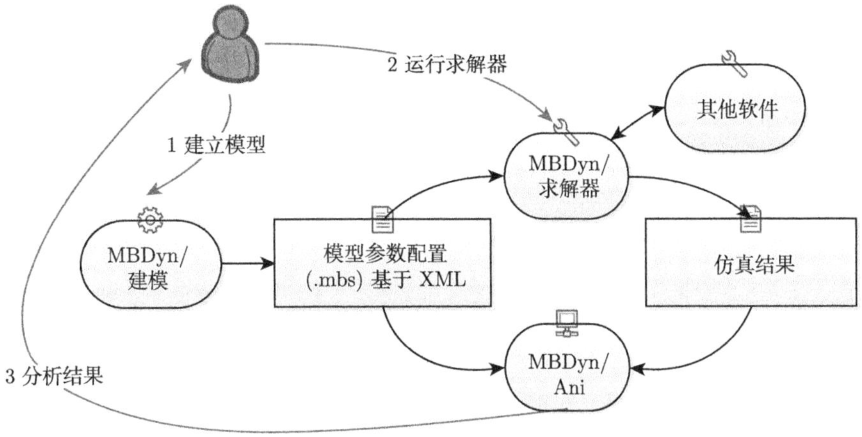

图 7.1 MBDyn 结构和仿真流程

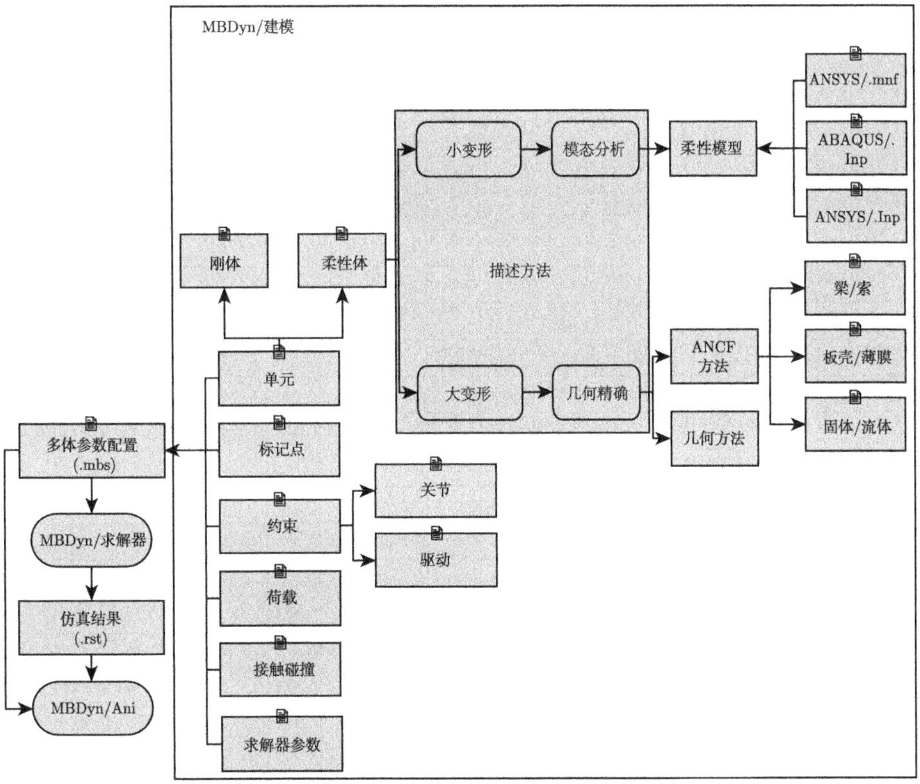

图 7.2 MBDyn 建模方案

独立部分根据数值积分格式完成更新，非独立部分通过迭代求解非线性方程组进行更新。在完成一步积分后进行误差校验和积分步长的选择，若满足容许误差要求，则进行状态变量的更新，在进入下一步积分之前按一定时间间隔输出计算结果至仿真结果文件中。MBDyn 数值求解流程如图 7.3 所示。

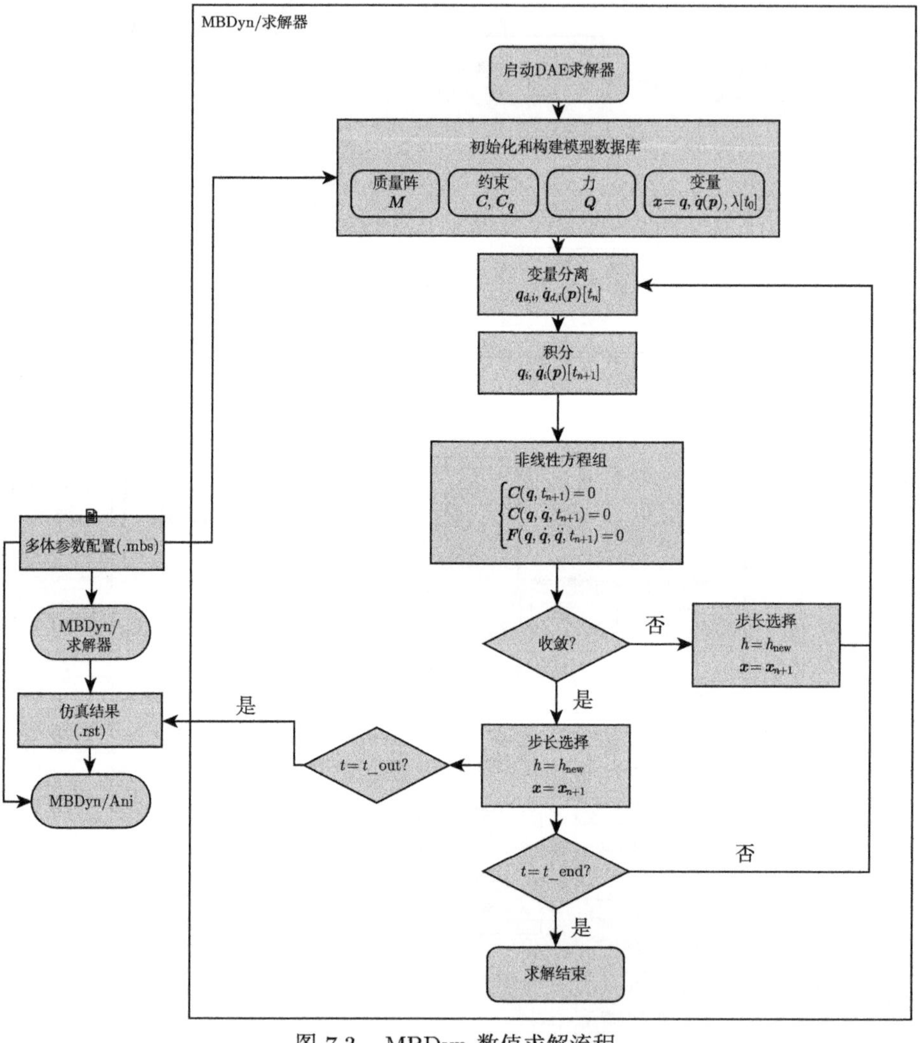

图 7.3 MBDyn 数值求解流程

7.2 MBDyn 使用方式

MBDyn 可以进行刚体动力学仿真、柔性体动力学仿真、接触碰撞动力学仿真等。MBDyn 建模流程如图 7.4 所示。

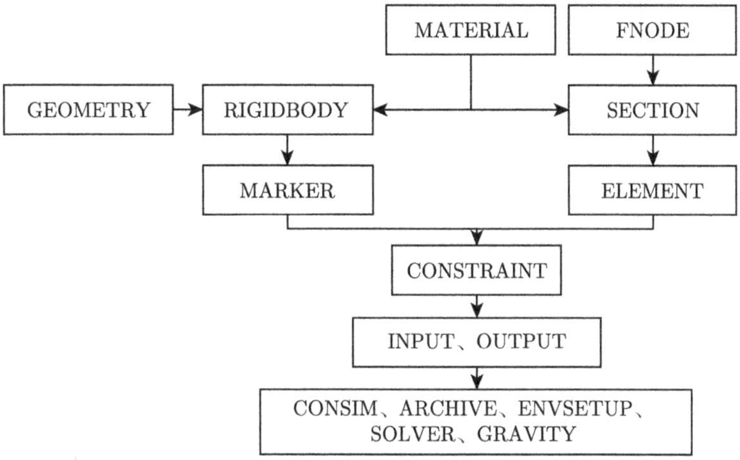

图 7.4 MBDyn 建模流程

7.2.1 MBDyn 打开方式

MBDyn 仿真由 MBDyn 主程序 (MBDyn.exe) 和模型配置文件 (xxx.mbs) 构成。双击图 7.5 (a) 中的 MBDyn.exe，可打开 MBDyn。MBDyn 默认读取其同一路径下的 DefaultConfig.mbs 文件，若不存在，MBDyn 会要求用户将配置文件拖入 MBDyn 命令框中进行仿真。MBDyn 仿真界面如图 7.6 所示。

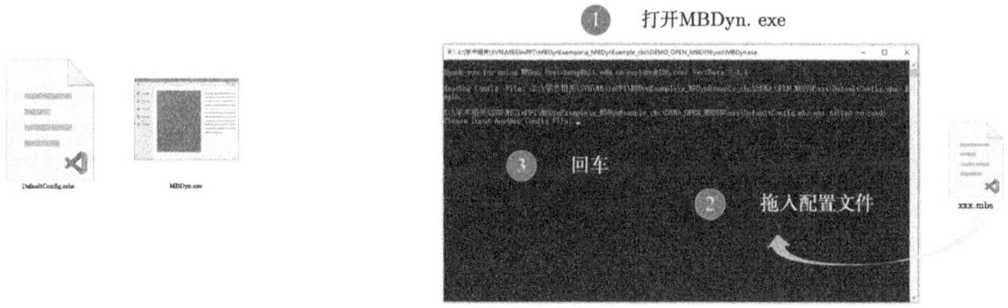

(a) 配置文件命名DefaultConfig (b) 配置文件命名

图 7.5 MBDyn 打开方法

7.2.2 MBDyn 代码格式

不同于常见的商用软件，MBDyn 的模型及仿真求解等参数采用配置文件描述。MBDyn 配置文件格式参考 MSC.ADAMS 软件的底层配置文件格式，用户可以调换各个参数的顺序，或缺省一些不用的参数。代码格式如下。

```
[FORMAT]
CLASSNAME/ID, NAME, TYPE=TYPE_STR,
PAR1=PAR1_VALUE1, PAR2=PAR2_VALUE1, PAR2_VALUE2, PAR2_VALUE3
```

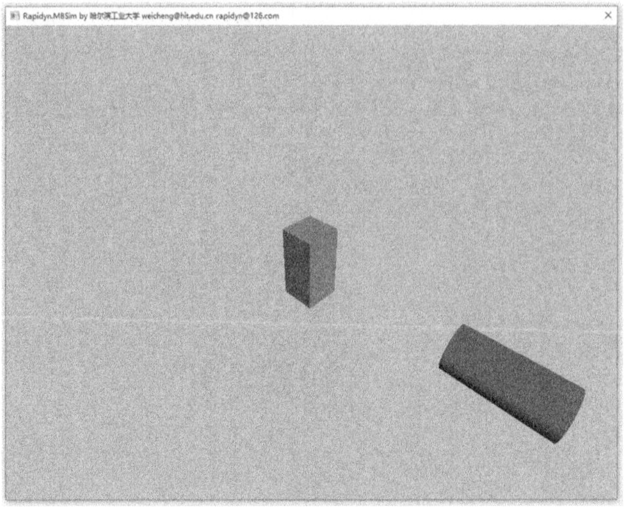

图 7.6 MBDyn 仿真界面

[FORMAT] 一般用来注释模块,代表下面的一段代码是用来定义 FORMAT 的。

CLASSNAME 为定义的模块类别名称，如 RIGIDBODY、FNODE 等，代表本行代码定义的内容。ID 为序号，可以人为设定，为了方便阅读和修改代码，通常将 ID 按顺序编号。

NAME 代表本行定义的 CLASSNAME 的名称。例如，若本行定义的模块类别为 RIGIDBODY（刚体），则 NAME 为定义的刚体的名称。

TYPE 为 CLASSNAME 的类型，其等式右面的 TYPE_STR 代表 TYPE 的值。该赋值代表 CLASSNAME 的类型为 TYPE_STR，其中 TYPE_STR 为字符型量。例如，定义 GEOMETRY(几何体) 时可定义 TYPE=SPHERE, 代表该几何体定义为球体。

PAR1 与 PAR2 代表当前 CLASSNAME 的一些参数，PAR1_VALUE1 为 PAR1 的值。例如，GEOMETRY 为 SPHERE 时，可定义 RADIUS=0.5，代表球的半径为 0.5。有时一个参数可能对应多个数值，例如 RIGIDBODY 的全局位置坐标和姿态定义为 QG=0,0,0,1,0,0,0 时，代表位置坐标为 0,0,0，姿态四元数为 1,0,0,0。

需要注意的是，代码中的英文符号！和 [ ] 是两种注释方法。其中，[ ] 可对方括号中的内容进行注释，！可对该行中感叹号之后的代码进行注释。通常如果想注释一整行，在最前面加一个！即可。例如，图 7.7 (a) 为不包含注释的模型，长方体与圆柱体均显示在界面。当圆柱体对应行的代码被注释时（如下程序段所示），对应模型为图 7.7 (b) 中的模型。

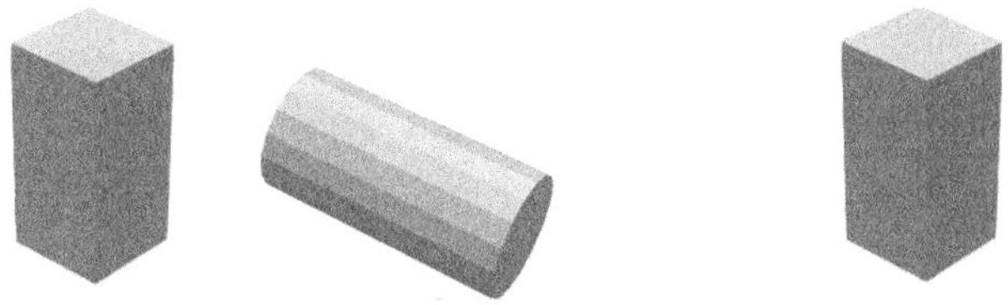

(a) 圆柱体未被注释　　(b) 圆柱体被注释

图 7.7　MBDyn 注释效果仿真界面

```
1  [DEMO_CODE_STRUCTURE]
2
3  [RIGIDBODY]
4  RIGIDBODY/1, BODY1, TYPE=GENERAL, GEOMETRY=BOX, QG
    =0,0,0,1,0,0,0
5  !RIGIDBODY/2, BODY2, TYPE=GENERAL, GEOMETRY=CYLINDER, ... QG
    =5,0,0,0.707106789,0,0,-0.707106789
6
7  [GEOMETRY]
8  GEOMETRY/1, BOX, TYPE=BOX, QR=0,0,0,1,0,0,0, LENGTHS=1,2,1,
    COLOR=1,0,0,0
9  GEOMETRY/2, CYLINDER, TYPE=CYLINDER, RADIUS=0.5, BOT_CENTER
    =0,-1,0, ... TOP_CENTER=0,1,0, COLOR=0,0,1,0
10
11  [COSIMULATION]
12  ENVSETUP/1, RESOLUTION=1024,768, CAMERA_POS=5,5,5, DRAW=1
13  SOLVER/1, SOL_TYPE=SOLVER_MKL, INT_TYPE=INT_EULER_IMPLICIT_
    LINEARIZED, ... TIMESTEP=0.00001, TOL_ABS=1e-16
```

下面以 DEMO_CODE_STRUCTURE 中的第 4 行为例进行代码含义解释。CLASSNAME 为 RIGIDBODY，ID 为 1，NAME 为 BODY1，TYPE 不变，TYPE_STR 为 GENERAL，PAR1 为 GEOMETRY，PAR1_VALUE1 为 BOX，PAR2 为 QG，PAR2_VALUE1 PAR2_VALUE7 为 0,0,0,1,0,0,0。这里，每一个 CLASSNAME 定义时可以有多个 PAR，每个 PAR 可以有多个 PAR_VALUE。

MBDyn 有多个代码模块，主要包括建模、输入输出、求解器设置、联合仿真设置、仿真环境设置等。定义每个模块时，有时需要以其他模块为基础，例如定义 RIGIDBODY 模块有时需要 GEOMETRY 模块。MBDyn 示例模块如表 7.1 所示。其中，COSIM、ARCHIVE、ENVSETUP、SOLVER、GRAVITY 通常放在一个代码段落中进行定义。

表 7.1　MBDyn 示例模块

CLASSNAME（关键字）	关键字含义	隶属于 (前置模块)	配置介绍章节
RIGIDBODY	刚体	无	7.3.1
GEOMETRY	几何体	RIGIDBODY	7.3.2
FNODE	柔性节点	无	7.3.5
SECTION	截面	无	7.3.7
ELEMENT	柔性单元	FNODE 和 SECTION	7.3.8
MATERIAL	材料	RIGIDBODY	7.3.4
MARKER	标记点	RIGIDBODY	7.4.1
CONSTRAINT	约束	ROGIDBODY 和 MARKER	7.3.5
INPUT	输入	RIGIDBODY 和 CONSTRAINT	7.3.10
OUTPUT	输出	RIGIDBODY、MARKER 和 CONSTRAINT	7.3.11
COSIM	联合仿真	无	7.3.13
ARCHIVE	文件输出	无	7.3.13
ENVSETUP	可视化仿真界面	无	7.3.13
SOLVER	求解器	无	7.3.12
GRAVITY	重力	无	7.3.13

7.3　MBDyn 配置方案

7.3.1　刚体

1. 一般刚体（GENERAL BODY）

一般刚体配置文件举例如下。

```
[EXAMPLE]
RIGIDBODY / 1, body1
, TYPE         = GENERAL
, MATERIAL     = MAT
, MASS         = 1
, INERTIAL     = 1, 1, 1, 0, 0, 0
, QG           = 0, 0, 0, 1, 0, 0, 0
, VG           = 0, 0, 0, 0, 0, 0, 0
, FIX          = 0
, GEOMETRY     = X
, COLLIDE      = 0
```

一般刚体关键词释义如表 7.2 所示。

表 7.2 一般刚体关键词释义

关键词	说明
RIGIDBODY	定义一个刚体
MATERIAL	材料
MASS	定义质量
INERTIAL	转动惯量，包括主惯量和惯量积：I_xx, I_yy, I_zz, I_xy, I_xz, I_yz
QG	相对于地面的广义坐标（位置坐标和姿态四元数）
VG	相对于地面的广义速度（位置坐标和姿态四元数对时间的导数）
FIX	是否空间固定（0：不固定，1：固定）
GEOMETRY	几何形状
COLLIDE	是否进行碰撞检测（0：否，1：是）

GEOMETRY=X 表示刚体对应的几何形状名称为 X，需要额外定义。圆柱体几何形状配置文件举例如下。

```
[EXAMPLE]
GEOMETRY / 1, X
, TYPE   = CYLINDER
, RADIUS = 1
, BOT_CENTER = 0,0,0
, TOP_CENTER = 0,1,0
, COLOR  = 1,0,0,0
```

几何形状关键词释义如表 7.3 所示。

表 7.3 几何形状关键词释义

关键词	说明
GEOMETRY	定义一个几何形状
TYPE	定义类型
RADIUS	底面半径
BOT_CENTER	圆柱体几何形状下底面圆心在质心坐标系下的坐标分量
TOP_CENTER	圆柱体几何形状上底面圆心在质心坐标系下的坐标分量
COLOR	颜色

2. 预定义形状刚体（PRESHAPED BODY）

预定义圆柱形刚体配置文件举例如下。

```
[EXAMPLE]
RIGIDBODY / 1, body1
, TYPE       = CYLINDER
, RADIUS     = 1
```

```
, HEIGHT       = 1
, ROU          = 1000
, COLLIDE      = 0
, QG           = 0, 0, 0, 1, 0, 0, 0
, VG           = 0, 0, 0, 0, 0, 0, 0
 , FIX         = 0
```

预定义圆柱形刚体关键词释义如表 7.4 所示。

表 7.4　预定义圆柱形刚体关键词释义

关键词	说明
RIGIDBODY	定义一个圆柱刚体
RADIUS	定义半径
HEIGHT	定义高度
ROU	定义密度
QG	相对于地面的广义坐标
VG	相对于地面的广义速度
FIX	是否为固定体
COLLIDE	是否进行碰撞检测

预定义正方形刚体配置文件举例如下。

```
[EXAMPLE]
RIGIDBODY / 1, body1
, TYPE         = BOX
, X       = 1
, Y       = 1
, Z       = 1
, ROU          =1000
, QG           = 0, 0, 0, 1, 0, 0, 0
, VG           = 0, 0, 0, 0, 0, 0, 0
 , FIX         = 0
 , COLLIDE     = 0
```

预定义正方形刚体关键词释义如表 7.5 所示。

预定义球形刚体配置文件举例如下。

```
[EXAMPLE]
RIGIDBODY / 1, body1
, TYPE         = SPHERE
, RADIUS       = 1
, ROU          = 1000
```

```
, QG          = 0, 0, 0, 1, 0, 0, 0
, VG          = 0, 0, 0, 0, 0, 0, 0
, FIX         = 0
, COLLIDE     = 0
```

表 7.5 预定义正方形刚体关键词释义

关键词	说明
RIGIDBODY	定义一个正方刚体
X	定义长度
Y	定义宽度
Z	定义高度
ROU	定义密度
QG	相对于地面的广义坐标
VG	相对于地面的广义速度
FIX	是否为固定体
COLLIDE	是否进行碰撞检测

预定义球形刚体关键词释义如表 7.6 所示。

表 7.6 预定义球形刚体关键词释义

关键词	说明
RIGIDBODY	定义一个球刚体
RADIUS	定义半径
ROU	定义密度
QG	相对于地面的广义坐标
VG	相对于地面的广义速度
FIX	是否为固定体
COLLIDE	是否进行碰撞检测

预定义外部导入 CAD 模型 (obj 格式) 刚体配置文件举例如下。

```
[EXAMPLE]
RIGIDBODY / 1, body1
, TYPE         = OBJ
, SPHERE_SWEPT = 0.001
, MATERIAL = MAT1
, OBJFILE = sphere.obj
```

```
, QG          = 0, 0, 0, 1, 0, 0, 0
, VG          = 0, 0, 0, 0, 0, 0, 0
, FIX         = 0
 , COLLIDE    = 0
```

预定义外部导入刚体关键词释义如表 7.7 所示。

表 7.7　预定义外部导入刚体关键词释义

关键词	说明
RIGIDBODY	定义一个球刚体
OBJFILE	导入的几何体形状文件
COG	定义质心位置
QG	相对于地面的广义坐标
VG	相对于地面的广义速度
FIX	是否为固定体
COLLIDE	是否进行碰撞检测

7.3.2　几何体

长方体几何形状配置文件举例如下。

```
[EXAMPLE]
GEOMETRY / 1, X
, TYPE          = BOX
, QR            = 0,0,0,1,0,0,0
, LENGTHS       = 1,1,1
, COLOR         = 1,0,0,0
, TEXTURE_FILE = Test.jpg      % 纹理图片文件
, TEXTURE_SCALE = 4,4          % 纹理的缩放及比例尺度
```

长方体几何形状关键词释义如表 7.8 所示。

球体几何形状配置文件举例如下。

```
[EXAMPLE]
GEOMETRY / 1, X
, TYPE          = SPHERE
, QR            = 0,0,0,1,0,0,0
, RADIUS        = 1
, COLOR         = 1,0,0,0
```

表 7.8 长方体几何形状关键词释义

关键词	说明
GEOMETRY	定义一个几何形状
TYPE	定义类型
QR	几何中心坐标系相对于质心坐标系位置四元数
LENGTHS	几何尺寸（三个边长）
COLOR	几何体颜色（前三个数对应拾色器（RGB）的归一化参数，即 R/256,G/256,B/256，第四个数与亮度相关）

球几何形状关键词释义如表 7.9 所示。

表 7.9 球几何形状关键词释义

关键词	说明
GEOMETRY	定义一个几何形状
TYPE	定义类型
QR	几何中心坐标系相对于质心坐标系位置四元数
RADIUS	球半径
COLOR	几何体颜色

外部 CAD 软件导入几何形状配置文件举例（QG 必须与 obj 坐标系下的 QG 一致）如下。

```
[EXAMPLE]
GEOMETRY/ 1, obj1
, TYPE        = OBJ
, OBJFILE     = objFile.obj
, QG          = 0,0,0,1,0,0,0
, COLOR       = 0,0,1,0
, SPHERE_SWEPT    = 0.001
```

外部导入几何形状关键词释义如表 7.10 所示。

表 7.10 外部导入几何形状关键词释义

关键词	说明
GEOMETRY	定义一个几何形状
OBJFILE	定义文件名称，与配置文件一个文件夹
QR	几何中心坐标系相对于质心坐标系位置四元数
COLOR	颜色
SPHERE_SWEPT	定义复杂网格的碰撞颗粒最小尺寸（默认 0.001m）

7.3.3 标记点

标记点配置文件举例如下。

```
[EXAMPLE]
MARKER / 1, marker1
, BODY_NAME        = body1
, QG               = 0, 0, 0, 1, 0, 0, 0
```

MARKER 关键词释义如表 7.11 所示。

表 7.11　MARKER 关键词释义

关键词	说明
MARKER	定义一个标记点
BODY_NAME	定义所固连的刚体名称
QG	全局坐标系的广义坐标（位置和姿态四元数）

7.3.4　材料

材料用于定义物体的材料属性，主要用于柔性体，以及考虑接触碰撞的刚体的定义。

材料配置文件举例如下。

```
[EXAMPLE]
MATERIAL / 1, STEEL
, DENSITY          = 7800
, E                = 1e7
, v                = 0.4
, RayleighDampM        = 0
, RayleighDampK        = 0
---------------------- 接 触 碰 撞 参 数， 必 须 包 含 E, v
, STATIC_FRICTION      = 1
 , CRITICAL_VELOCITY_VS=0.005
 , SLIDING_FRICTION    = 0.6
 , RESTITUTION         = 0.6
```

材料关键词释义如表 7.12 所示。

表 7.12　材料关键词释义

关键词	说明
MATERIAL	材料
DENSITY	密度
E	杨氏模量
v	泊松比
RayleighDampM	Rayleigh 阻尼 M

续表

关键词	说明
RayleighDampK	Rayleigh 阻尼 K
STATIC_FRICTION	静摩擦系数
CRITICAL_VELOCITY_VS	静摩擦临界速度
SLIDING_FRICTION	滑动摩擦系数
RESTITUTION	碰撞恢复系数

7.3.5 约束

1. 刚体铰

刚体铰配置文件格式如下。

```
 [EXAMPLE]
CONSTRAINT / 1, CONS1
, TYPE              = REVOLUTE / SPHERICAL/ CYLINDRICAL/ PRISMATIC
  / ... UNIVERSAL
, MARKER1           = MK1
, ACT_MARKER1       = MK1
, MARKER2           = MK2
, SLAVE_MARKER      = MK2
```

刚体铰关键词释义如表 7.13 所示。

表 7.13 刚体铰关键词释义

关键词	说明
CONSTRAINT	定义一个约束
TYPE	REVOLUTE （旋转铰）
	SPHERICAL（球铰）
	CYLINDRICAL（圆柱铰）
	PRISMATIC（滑移铰）
	UNIVERSAL（万向铰）
	LOCK （固定铰）
	FREE （自由铰）
MARKER1	定义标记位置 1
MARKER2	定义标记位置 2
ACT_MARKER	主动作用标记点
SLAVE_MARKER	被动作用标记点

定义旋转铰的格式如下。

```
[EXAMPLE]
CONSTRAINT / 1, CONS1
, TYPE        = REVOLUTE
, MARKER1     = MK1
, MARKER2     = MK2
```

需要注意的是，旋转副的旋转轴方向为 MARKER 的 Z 轴方向，因此两个 MARKER 的 Z 轴必须重合。

2. 刚体驱动铰

刚体驱动铰配置文件格式如下。

```
 [EXAMPLE]
CONSTRAINT / 1, CONS1
, TYPE= MOTOR_VEL_ROT / MOTOR_ROT/ MOTOR_VEL_LIN / MOTOR_LIN
, RIGIDBODY1 = RB1
, RIGIDBODY2 = RB2
, ABS_QG = 0, 0, 0, 1, 0, 0, 0
```

刚体驱动铰关键词释义如表 7.14 所示。

表 7.14　刚体驱动铰关键词释义

关键词	说明
CONSTRAINT	定义一个约束
TYPE	MOTOR_ROT （旋转角度 Z 方向驱动）
	MOTOR_VEL_ROT（旋转速度 Z 方向驱动）
	MOTOR_LIN （平移位置 X 方向驱动）
	MOTOR_VEL_LIN（平移速度 X 方向驱动）
RIGIDBODY1	定义刚体 1
RIGIDBODY2	定义刚体 2
ABS_QG	定义作用点坐标系（沿 Z 轴）

3. 柔性节点约束

柔性节点之间的约束定义方式（约束三个位置自由度）如下。

```
[EXAMPLE]
CONSTRAINT / 1, CONS1
, TYPE = FNODEA_POINT_POINT
, FNODE1 = FNODE1
, FNODE2 = FNODE2
```

柔性节点约束关键词释义（约束位置）如表 7.15 所示。

表 7.15 柔性节点约束关键词释义（约束位置）

关键词	说明
CONSTRAINT	定义一个约束
TYPE	FNODEA_POINT_POINT
FNODE	定义柔性节点（FNODE_RQ 不适用）

柔性节点与刚体间约束定义（约束三个位置自由度）如下。

```
[EXAMPLE]
CONSTRAINT / 1, CONS1
, TYPE       = FNODEA_POINT_FRAME
, FNODE1     = FNODE1
, RIGIDBODY2 = RB2
```

柔性节点与刚体约束关键词释义（约束位置）如表 7.16 所示。

表 7.16 柔性节点与刚体约束关键词释义（约束位置）

关键词	说明
CONSTRAINT	定义一个约束
TYPE	FNODEA_POINT_FRAME
FNODE1	定义柔性节点（FNODE_RQ 不适用）
RIGIDBODY2	定义刚体

柔性节点与刚体间约束定义（约束姿态）如下。

```
[EXAMPLE]
CONSTRAINT / 1, CONS1
, TYPE       = FNODEA_DIR_FRAME
, FNODE1     = FNODE1
, RIGIDBODY2 = RB2
```

柔性节点与刚体约束关键词释义（约束姿态）如表 7.17所示。

表 7.17 柔性节点与刚体约束关键词释义（约束姿态）

关键词	说明
CONSTRAINT	定义一个约束
TYPE	FNODEA_DIR_FRAME
FNODE1	定义柔性节点（FNODE_RQ 不适用）
RIGIDBODY2	定义刚体

4. 一般约束

一般约束配置文件举例如下。

```
[EXAMPLE]
CONSTRAINT / 1, CONS1
, TYPE        = CONSGENERIC
, RIGIDBODY1 = RB1
, RIGIDBODY2 = RB2
, FNODE1      = FNODE1
, FNODE2      = FNODE2
, CONSDOF     = 1, 1, 1, 0, 0, 0
, ABS_QG      = 0,0,0,1,0,0,0
```

一般约束关键词释义如表 7.18 所示。

表 7.18　一般约束关键词释义

关键词	说明
CONSTRAINT	定义一个约束
TYPE	CONSGENERIC
RIGIDBODY	定义刚体
FNODE	定义柔性节点 (FNODEA_RD 不适用)
CONSDOF	定义约束自由度
ABS_QG	定义约束坐标位置

5. 弹簧阻尼约束

一般约束配置文件举例如下。

```
[EXAMPLE]
CONSTRAINT / 1, CONS1
, TYPE        = SPRING_DAMPER
, RIGIDBODY1 = RB1
, RIGIDBODY2 = RB2
, K    = 100
, D    = 10
, F0   = -100
```

弹簧阻尼约束关键词释义如表 7.19 所示。

6. 卷簧阻尼约束

一般约束配置文件举例如下。

```
[EXAMPLE]
CONSTRAINT / 1, CONS1
, TYPE        = ROT_SPRING_DAMPER
, RIGIDBODY1 = RB1
, RIGIDBODY2 = RB2
, K    = 100
, D    = 10
, T0 = -100
```

表 7.19 弹簧阻尼约束关键词释义

关键词	说明
CONSTRAINT	定义一个弹簧阻尼约束
TYPE	SPRING_DAMPER
RIGIDBODY	定义刚体
K	定义弹簧刚度系数
D	定义弹簧阻尼系数
F0	定义初始恢复力

卷簧阻尼约束关键词释义如表 7.20 所示。

表 7.20 卷簧阻尼约束关键词释义

关键词	说明
CONSTRAINT	定义一个卷簧阻尼约束
TYPE	ROT_SPRING_DAMPER
RIGIDBODY	定义刚体
K	定义弹簧刚度系数
D	定义弹簧阻尼系数
T0	定义初始恢复力矩

7. 线型驱动约束

线型驱动约束完成了两个刚体之间的线型驱动约束，相当于两端球铰接，中间用滑移副链接。一般约束配置文件举例如下。

```
[EXAMPLE]
CONSTRAINT / 1, CONS1
, TYPE        = LINEAR_ACTUATOR
, MARKER1     = mark1
, MARKER2     = mark2
```

线型驱动约束关键词释义如表 7.21 所示。

表 7.21　线型驱动约束关键词释义

关键词	说明
CONSTRAINT	定义一个线型驱动约束
TYPE	LINEAR_ACTUATOR
MARKER1	标记点 1
MARKER2	标记点 2

7.3.6　柔性节点

FNODE 定义了柔性节点的类型、初始相对全局坐标系的广义坐标及广义速度。柔性节点有几种不同种类，包括 RQ 节点、RD 节点、RDV 节点。

柔性节点配置文件举例如下。

```
[EXAMPLE]
FNODE / 1, 1_1_1
, TYPE    = FNODE_RQ
, QG      =  0, 0, 0, 1, 0, 0, 0
, VG      =  0, 0, 0, 0, 0, 0, 0
```

需要注意的是，节点坐标系的 x 轴通常要与截面法向量平行。

柔性节点关键词释义如表 7.22 所示。

表 7.22　柔性节点关键词释义

关键词	说明
FNODE	定义一个节点
TYPE	类型 FNODE_R（位置 r，自由度 3） FNODE_RQ（位置 r/四元数，自由度 7） FNODEA_RD（位置 r/导数，自由度 6） FNODEA_RDV（位置 r/导数，自由度 6，专用于可变长度索梁单元）
QG	定义初始时刻节点的广义坐标
VG	定义初始时刻节点的广义速度

7.3.7　截面

截面定义了柔性体截面形状，主要包含截面尺寸和材料等信息。

定义索梁圆形截面的一般格式如下。

```
[EXAMPLE]
SECTION / 1, BeamThick
```

```
, TYPE          = BEAM_CIRCLE_SEC
, D         = 0.01
, MATERIAL     =  STEEL
,VisD    =    0.01
,rdamp   =   0
,bendcoff   =   1
```

圆形截面关键词释义如表 7.23 所示。

表 7.23 圆形截面关键词释义

关键词	说明
SECTION	定义一个圆形截面
TYPE	截面类型（BEAM_CIRCLE_SEC）
D	截面直径
MATERIAL	材料特性
VisD	可视化显示的直径
rdamp	阻尼系数
bendcoff	索梁单元的弯曲刚度缩放因子

定义索梁方形截面的一般格式如下。

```
[EXAMPLE]
SECTION / 1, BeamThick
, TYPE          = BEAM_RECT_SEC
, Y         = 0.01
, Z         = 0.01
, MATERIAL      = STEEL,
```

方形截面关键词释义如表 7.24 所示。

定义板壳截面的一般格式如下。

```
[EXAMPLE]
SECTION / 1, SHELL_LAYER1
, TYPE          = SHELL_LAYER
, ANGLE    = 0
, THICKNESS    = 0.01
, ALPHA    = 0.01
, BETA          = 0.01
, MATERIAL      = STEEL
```

表 7.24　方形截面关键词释义

关键词	说明
SECTION	定义一个方形截面
TYPE	截面类型（BEAM_RECT_SEC）
Y	截面宽度
Z	截面长度
MATERIAL	材料特性

板壳截面关键词释义如表 7.25 所示。

表 7.25　板壳截面关键词释义

关键词	说明
SECTION	定义一个板壳截面
TYPE	截面类型（SHELL_LAYER）
THICKNESS	厚度
ANGLE	纤维角度
ALPHA	剪切因子
BETA	扭矩因子
MATERIAL	材料特性

7.3.8　柔性体单元

不同于刚体，柔性体是通过单元构造的。定义柔性体需要三个元素，即柔性节点、截面、柔性单元。不同单元类型的节点数不同，索梁单元通常包含 2 个节点，板壳单元通常包含 4 个节点。截面代表要定义的柔性体的截面形状，通常和柔性单元类型关联。MBDyn 中柔性体定义流程如图 7.8 所示。

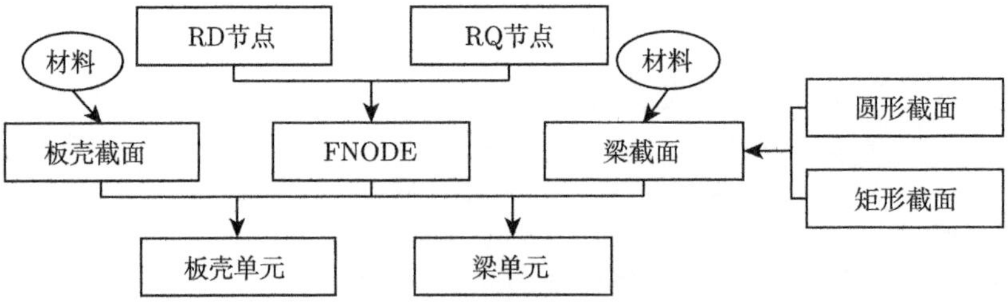

图 7.8　柔性体定义流程

1. 索梁单元（BEAM / CABLE）

采用 FNODEA_R* 定义索梁单元的一般格式。索梁单元由两个节点组成，节点顺序沿 Rx 方向。常用的几种索梁单元示例如下。

```
[EXAMPLE]
BEAMELE / 1, ELE1
, TYPE        = BEAMEULER
, SECTION     = BeamThick
, NODES       = 1_1_1, 1_2_1
```

索梁单元关键词释义（BEAMEULER）如表 7.26 所示。

表 7.26 索梁单元关键词释义（BEAMEULER）

关键词	说明
BEAMELE	定义一个索梁单元
TYPE	类型（BEAMEULER）
SECTION	截面名称
NODES	节点（适用于 FNOED_RQ）

```
BEAMELE / 2, ELE2
, TYPE        = CABLE
, SECTION     = BeamThick
, NODES       = 1_1_1, 1_2_1
```

索梁单元关键词释义（CABLE）如表 7.27 所示。

表 7.27 索梁单元关键词释义（CABLE）

关键词	说明
BEAMELE	定义一个索梁单元
TYPE	类型（CABLE）
SECTION	截面名称
NODES	节点（适用于 FNODEA_RD）

```
BEAMELE / 3, ELE3
, TYPE        = VAR_LEN_CABLE
, SECTION     = BeamThick
, NODES       = 1_1_1, 1_2_1
```

可变长度索梁单元关键词释义（VAR_LEN_CABLE）如表 7.28 所示。

2. 板壳单元

定义板壳单元的一般格式如下。

```
[EXAMPLE]
SHELLELE / 1, ELE1
, TYPE        = SHELL_REISSNER
, LAYER       = SHELL_LAYER1
, NODES       = 1_1_1, 1_2_1, 1_3_1, 1_4_1
```

表 7.28　可变长度索梁单元关键词释义（VAR_LEN_CABLE）

关键词	说明
BEAMELE	定义一个索梁单元
TYPE	类型（VAR_LEN_CABLE）
SECTION	截面名称
NODES	节点（适用于 FNODEA_RDV）

SHELL_LAYER1 是上面定义的截面名称，关键词释义如图 7.29 所示。

表 7.29　板壳单元关键词释义

关键词	说明
SHELLELE	定义一个板壳单元
TYPE	类型 SHELL_REISSNER（适用于 FNODEA_RQ 节点） SHELL_ANCF（适用于 FNODEA_RD 节点）
LAYER	截面名称
NODES	节点

7.3.9　相机（CAMERA）

定义相机绑定到 Marker 点上（指向 X 轴），并输出图片至文件夹，其中 CAM_MODE 默认为 0，表示序列化输出所有图片；CAM_MODE=1，则不断以覆盖形式输出一张图片。

```
CAMERA/ 1
, CAM1
, TYPE = FIX_CAM
, CAM_MODE=1
, MARKER_NAME = marker1
, NEAR_VALUE = 0.1    % 景深近
, FAR_VALUE = 1000     % 景深远
, FOVY = 1.25         % 视场角(弧度)
, ASPECT = 1.33    % 视场比例
```

7.3.10 输入（INPUT）

输入是指对模型施加作用。作用体类别可以是刚体、约束、柔性节点等。在 MBDyn 中，常用的 INPUT 包括施加在刚体或关节上的力/力矩等。

给刚体某点同时施加力和力矩，初始值为 0,0,0,0,0,0,0,0,0,1。

在下面的代码中，INPUT 表示定义输入；TYPE = FORCE_TORQUE_INPUT 表示输入类型为力和力矩；CLASS = RIGIDBODY 表示输入作用体类型是刚体；BODY_TYPE = CYLINDER 表示刚体的类型为 CYLINDER；NAME=RB1 表示具体作用刚体的名称；PAR_NUM = 10 表示输入共有 10 个参数，其中前三个数 $[\tau_x, \tau_y, \tau_z]$ 为作用在刚体上的力矩，第 4~6 个数 $[F_x, F_y, F_z]$ 为作用在刚体上的力，第 7~9 个数为作用在刚体上力的作用点位置 $[p_x, p_y, p_z]$，第 10 个数表示之前的 9 个数是在哪个参考系下定义的（当其值等于 1 时，表示在物体本体系下定义；当其值等于 0 时，表示在惯性系下定义）；INIT_VAL 表示输入量的初始值，若在非联合仿真的环境下，输入值不变，当使用联合仿真时，输入的值由 S 返回。INPUT 示意图如图 7.9 所示。

```
[EXAMPLE]
INPUT / 1
, TYPE          = FORCE_TORQUE_INPUT
, CLASS         = RIGIDBODY
, BODY_TYPE     = CYLINDER
, NAME          = RB1
, PAR_NUM       = 10
, INIT_VAL      = 0,0,0,0,0,0,0,0,0,1
```

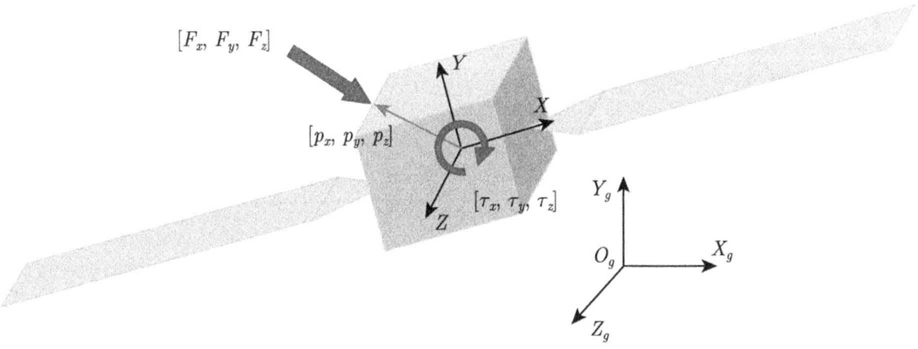

图 7.9 INPUT 示意图

给旋转副约束施加一个关节力矩，初始值为 1，代码如下。

```
[EXAMPLE]
INPUT / 1
, TYPE             = DRIVEN_INPUT
, CLASS            = CONSTRAINT
, BODY_TYPE        = REVOLUTE
, NAME             = CONS1
, PAR_NUM          = 1
, INIT_VAL         = 1
```

7.3.11 输出（OUTPUT）

对于所有有关位置与姿态的输出，参考系均为惯性系。

定义如下一般刚体的位置四元数输出。

```
[EXAMPLE]
OUTPUT / 1
, TYPE         = POSQUAT_OUTPUT
, CLASS        = RIGIDBODY
, BODY_TYPE        = GENERAL
, NAME         = PAYLOAD
, PAR_NUM      = 7
```

7.3.12 求解器设置（SOLVER）

求解器配置文件举例如下。相关关键词释义如表 7.30~表 7.32 所示。

```
默 认 配 置 :
SOLVER / 1
, INT_TYPE     = INT_EULER_IMPLICIT_LINEARIZED
, TIMESTEP     = 0.001
```

表 7.30　输入项关键词释义

关键词	说明	备注
INPUT	定义一个输入	
TYPE	类型	
	TORQUE_INPUT	τ_x, τ_y, τ_z,local（local=0 参考系为本体系，local=1 时参考系为惯性系）；作用体类别为 RIGIDBODY
	FORCE_INPUT	f_x, f_y, f_z, x, y, z,local；f_x, f_y, f_z 为输入力，x、y、z 为作用点，local 同上；作用体类别为 RIGIDBODY
	FORCE_TORQUE_INPUT	$\tau_x, \tau_y, \tau_z, f_x, f_y, f_z, x, y, z$,local，含义同上；作用体类别为 RIGIDBODY

续表

关键词	说明	备注
	RIGID_MOTION_INPUT	刚体位置向量和姿态四元数输入，维度为 7；作用体类别为 RIGIDBODY
	RIGID_MOTION_VEL_INPUT	刚体平移速度和姿态四元数变化速率输入，维度为 7；作用体类别为 RIGIDBODY
	DRIVEN_INPUT	刚体铰的力/力矩输入，维度为 1；作用体类别为 CONSTRAINT，BODY_TYPE 包括 REVOLUTE，PRISMATIC 等刚体铰（JOINTS）
	DRIVEN_MOTION_INPUT	刚体驱动铰的运动输入，维度为 1；作用体类别为 CONSTRAINT，BODY_TYPE 包括 MOTOR_VEL_ROT，MOTOR_VEL_LIN，MOTOR_ROT，MOTOR_LIN 等刚体驱动铰（MOTOR）
	VEL_INPUT	变长索梁单元节点处移动速度，维度为 1；作用体类别为 FNODE，BODY_TYPE 为 FNODEA_RDV
	CHANGE_CONS_TYPE	程序运行过程中动态改变约束类型，维度为 1，可支持 FREE(0)，LOCK(1)，REVOLUTE(2)，PRISMATIC(3)，SPHERICAL(4)，CYLINDRICAL(5) 的动态更改
	SCALEMAX	变长索梁单元增加节点临界条件（默认值为 1.5），维度为 1；作用体类别为 BEAM；当单元长度大于 (初始单元长度 *SCALEMAX/3) 时，增加节点
	SCALEMIN	变长索梁单元删除节点临界条件（默认值为 0.5），维度为 1；作用体类别为 BEAM；当单元长度小于 (初始单元长度 *SCALEMIN/3) 时，删除节点
CLASS	作用体类别	
	RIGIDBODY	
	FNODE	
	CONSTRAINT	
	BEAM	
BODY_TYPE	作用体类别中的具体种类	
NAME	名称	
PAR_NUM	参数维度	
INIT_VAL	初始值	

表 7.31　输出项关键词释义

关键词	说明	备注
OUTPUT	定义一个输出	
TYPE	类型	
	TIME	时间输出（2 维）：当前仿真时间，仿真步长
	POSQUAT_OUTPUT	刚体位姿输出（位置（3 维），姿态四元数（4 维））
	POSQUAT_VEL_OUTPUT	刚体速度与角速度输出（速度（3 维），四元数速度（4 维））
	NODE_STAT_OUTPUT	柔性节点位姿输出（(位置（3 维）+ 四元数（4 维）（FNODE_RQ）；位置（3 维）+ 方向向量（3 维）（FNODEA_RD））
	NODE_STAT_VEL_OUTPUT	柔性节点速度与角速度输出（速度（3 维）+ 四元数速度（4 维）（FNODE_RQ）；速度（3 维）+ 方向

续表

关键词	说明	备注
		向量速度（3 维）(FNODEA_RD))
	MARKER_STAT_OUTPUT	MARKER 位姿输出（位置（3 维），姿态四元数（4 维）)
	MARKER_STAT_VEL_OUTPUT	MARKER 速度与角速度输出（速度（3 维），四元数速度（4 维）)
	DRIVEN_OUTPUT	约束（如关节）位置输出（1 维）
	DRIVEN_VEL_OUTPUT	约束速度输出（1 维）
	CONT_F_TOR_OUTPUT	刚体的碰撞力（3 维）与力矩（3 维）输出
	BEAMSEC_F_TOR_OUTPUT	柔性单元力（3 维）与力矩（3 维）输出
	SPRING_FORCE_OUTPUT	弹簧力输出（1 维，只对 BODY_TYPE= SPRING_DAMPER 和 BODY_TYPE= ROT_SPRING_DAMPER 有效）
	SPRING_LENGTH_OUTPUT	弹簧长度输出（1 维，只对 BODY_TYPE= SPRING_DAMPER 和 BODY_TYPE= ROT_SPRING_DAMPER 有效）
	SPRING_VEL_OUTPUT	弹簧变化率输出（1 维，只对 BODY_TYPE= SPRING_DAMPER 和 BODY_TYPE= ROT_SPRING_DAMPER 有效）
	CONS_FOR_OUTPUT	固定约束力（3 维）输出
	CONS_FOR_TOR_OUTPUT	固定约束力（3 维）与力矩（3 维）输出
CLASS	作用体类别	
	RIGIDBODY	
	FNODE	
	CONSTRAINT	
	BEAM	
	MARKER	
BODY_TYPE	作用体类别中的具体种类	
NAME	名称	
PAR_NUM	参数维度	

表 7.32　求解器关键词释义

关键词	说明
SOLVER	求解器
INT_TYPE	积分器类型
	INT_EULER_IMPLICIT_LINEARIZED
	INT_HHT
	INT_HHTV（用于变长度索梁单元数值求解）
	INT_NEWMARK
TIMESTEP	仿真步长
ALPHA	数值阻尼系数
ITERMAX	最大迭代次数
TOL_ABS	容许误差

7.3.13 其他设置

1. 联合仿真（COSIMULATION）

与 MATLAB 的联合仿真一般定义格式为

```
[EXAMPLE]
COSIM / 1
, TYPE            = MATLAB
, PORTNUM         = 50009
, INPUT_NUM       = 7
, OUTPUT_NUM      = 30
```

联合仿真关键词释义如表 7.33 所示。

表 7.33 联合仿真关键词释义

关键词	说明
COSIM	联合仿真
TYPE	联合仿真类型（MATLAB）
PORTNUM	输出端口
INPUT_NUM	输入数据个数（MATLAB 最多输出 64 个 double，共计 512 字节）
OUTPUT_NUM	输出数据个数

COSIM 含义为联合仿真设置。TYPE 用于定义联合仿真类型，TYPE=MATLAB 表示 MBDyn 联合仿真的对象为 MATLAB(Simulink)；PORTNUM 用于定义输出端口，PORTUM= 50009 代表通信串口为 50009。该串口号需要与 Simulink 中的串口号保持一致。

2. 文件输出（ARCHIVE）

文件输出配置文件举例如下。

```
[EXAMPLE]
ARCHIVE / 1
, TYPE            = FILE
, OUTPUT_FILE     = OUTPUT_DATA.ARC
, INPUT_FILE      = INPUT_DATA.ARC
```

ARCHIVE 为输出文件设置；TYPE 为输出的类型；OUTPUT_FILE 为记录输出的文件设置；INPUT_FILE 为记录输入的文件设置。

文件输出关键词释义如表 7.34 所示。

表 7.34 文件输出关键词释义

关键词	说明
ARCHIVE	联合仿真
TYPE	类型
	FILE
OUTPUT_FILE	输出文件名称
INPUT_FILE	输入文件名称
ALLDATA_FILE	按照可视化帧数输出（VIS_SAVE_FRAMES）所有数据文件 ASCII 格式，保存在可执行程序文件夹下
EXODUS_FILE	按照可视化帧数输出（VIS_SAVE_FRAMES）保存为 EXODUS 格式
POVRAY_FILE	按照可视化帧数输出（VIS_SAVE_FRAMES）保存为 POVRAY 格式
ENSIGHT_FILE	按照可视化帧数输出（VIS_SAVE_FRAMES）保存为 ENSIGHT 格式 (ENSIGHT 文件夹下，用 Paraview 打开)
SAVEMBS_FILE	按照可视化帧数输出（VIS_SAVE_FRAMES）保存为 mbs 格式 (SAVEMBS 文件夹下)

MBDyn 可方便输出 Paraview 查看的数据文件，默认为 Ensight 格式，但是 Paraview 不支持中文路径，因此配置文件必须放置到英文目录下，即添加 “ARCHIVE/1, TYPE = FILE，ENSIGHT_FILE= ensighit.en”。输出该类型数据，须在仿真结束时可视化窗口按 ESC 退出。若采用直接退出方式，输出文件缺少仿真时间序列，可按下述方式进行修改。

①打开输出文件夹 Ensight，如图 7.10 所示。

②使用文本文档工具打开 Ensight 文件夹中.case 后缀文件。正确退出时，该文件内容如图 7.11 所示。未点击 ESC 退出时，该文件为空白文档。

③对于未按 ESC 退出时，可找到某一个正确输出的.case 文件，将内容复制粘贴，并将青色高亮部分替换为当前配置文件名。时间序列个数（time values）不少于当前仿真总存储数据组数即可，多出部分不影响 Paraview 查看，如图 7.12 所示。

图 7.10 Ensight1

```
# Tue May 15 09:45:24 2018
# EnSight Gold Model
# Produced with EnSight Ouput API, version 1.0.4

FORMAT
type:                   ensight gold

GEOMETRY
model:                  1 \DefaultConfig_2_ENSIGHIT.EN.geo****

VARIABLE
vector per node:           1 SecTorque \DefaultConfig_2_ENSIGHIT.EN.SecTorque****
vector per node:           1 SecForce \DefaultConfig_2_ENSIGHIT.EN.SecForce****
vector per node:           1 SecStrain \DefaultConfig_2_ENSIGHIT.EN.SecStrain****

TIME
time set:               1
number of steps:        12
filename start number:  0
filename increment:     1
time values:
 0.00000000e+00
 1.00000000e+00
 2.00000000e+00
 3.00000000e+00
 4.00000000e+00
 5.00000000e+00
 6.00000000e+00
 7.00000000e+00
 8.00000000e+00
 9.00000000e+00
 1.00000000e+01
 1.10000000e+01
```

图 7.11 Ensight2

```
FORMAT
type:                   ensight gold

GEOMETRY
model:                  1 \DefaultConfig_2_ENSIGHIT.EN.geo****

VARIABLE
vector per node:           1 SecTorque \DefaultConfig_2_ENSIGHIT.EN.SecTorque****
vector per node:           1 SecForce \DefaultConfig_2_ENSIGHIT.EN.SecForce****
vector per node:           1 SecStrain \DefaultConfig_2_ENSIGHIT.EN.SecStrain****
```

图 7.12 Ensight3

3. 仿真环境设置（ENVSETUP）

仿真环境设置配置文件举例如下。

```
[EXAMPLE]
ENVSETUP / 1
, RESOLUTION          = 800, 600
, CAMERA_POS          = 0, 0, 8
, DRAW                = 1
```

```
, FLEX_COLLIDE          = 0
, FLEX_COLLIDE_MODE     = 0
, CONTACT_POINT_SIZE    = 0.025
, FLEX_COLLIDE_MAT      = MAT1
```

仿真环境设置关键词释义如表 7.35 所示。

表 7.35　仿真环境设置关键词释义

关键词	说明
ENVSETUP	环境设置
RESOLUTION	仿真界面分辨率
CAMERA_POS	相机位置
DRAW	是否进行三维可视化输出（0：否，1：是）
DRAWGRID	是否进行辅助网格或者坐标系输出，总开关（0：否，1：是）
DRAWGRIDBG	是否绘制辅助网格（0：否，1：是），需 DRAWGRID=1
DRAWBODYCS	是否绘制体坐标系（0：否，1：是），需 DRAWGRID=1
DRAWMARKERCS	是否绘制 Marker 坐标系（0：否，1：是），需 DRAWGRID=1
PIC_SAVE	是否保存图片（0：否，1：是）
VIS_SAVE_FRAMES	三维可视化图片存储间隔帧数
LIGHT1_POS_RAD_COL	默认相机 1 的位置、光照半径、颜色（4 个参数）
LIGHT2_POS_RAD_COL	默认相机 2 的位置、光照半径、颜色（4 个参数）
FLEX_COLLIDE	是否进行柔性体碰撞检测（0：否，1：是）
FLEX_COLLIDE_MODE	碰撞检测模式（0：MESH，1：NODE）
CONTACT_POINT_SIZE	碰撞检测节点直径
FLEX_COLLIDE_MAT	柔性碰撞面材料

4. 重力（GRAVITY）

重力配置文件举例如下。

```
[EXAMPLE]
GRAVITY / 1
, VALID      = 0
, VALUE      = 0, -9.8, 0
```

重力关键词释义如表 7.36 所示。

表 7.36　重力关键词释义

关键词	说明
GRAVITY	定义重力
VALUE	惯性系下重力加速度矢量（3 个参数）
VALID	重力使能标识（0：无重力，1：有重力）

7.4 MBDyn 使用实例

为了更直观地介绍 MBDyn 配置文件的编写方式，本节给出一些典型算例，对各模块的编写及相应仿真进行介绍。

7.4.1 刚体动力学

本节以刚体单摆模型为例，介绍刚体动力学建模及相关模块的定义方法。本节使用的模型初始状态如图 7.13 所示。图中，上方为一个相对惯性空间固定的正方体，下方为一个细长圆柱体。该圆柱体与正方体之间以旋转副连接，旋转副转轴方向为惯性空间 Z 轴方向，关节输入为常值力矩。配置文件在 DEMO_2_RIGIDBODY 文件夹，名称为 rigidbody_demo。

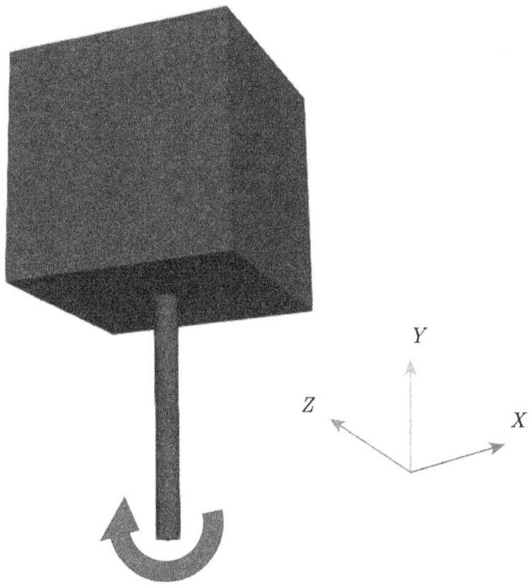

图 7.13 模型初始状态

1. 刚体定义

该模块用于定义刚体在全局坐标系下的位姿、速度、质量、惯量、几何形状类型，以及是否为固连体、是否进行碰撞检测等。定义 RIGIDBODY 的代码如下。

```
[RIGIDBODY]
RIGIDBODY/0, BASE, TYPE=GENERAL, FIX=1, COLLIDE=0, QG
  =0,0,0,1,0,0,0, ... VG=0,0,0,0,0,0,0, MASS=10, INERTIAL
  =10,10,10,0,0,0, GEOMETRY=BOX_BASE
```

```
RIGIDBODY/1, ARM1, TYPE=GENERAL, FIX=0, COLLIDE=0, QG
  =0,-2,0,1,0,0,0, ... VG=0,0,0,0,0,0,0, MASS=1, INERTIAL
  =0.2,1,1,0,0,0, ... GEOMETRY=CYLINDER_ARM1_LINK1
```

2. 几何体定义

该模块用于定义几何形状。GEOMETRY 的位置定义与刚体不同。刚体的定义参考系为惯性系，但是 GEOMETRY 的定义参考系为关联刚体的本体系。因此，定义 GEOMETRY 的位置使用 QR（R 的含义为 Relative）。定义 GEOMETRY 的代码如下。

```
[GEOMETRY]
GEOMETRY/0, BOX_BASE, TYPE=BOX, QR=0,0,0,1,0,0,0, LENGTHS
  =2,2,2, ... COLOR=1,0,0,0
GEOMETRY/1, CYLINDER_ARM1_LINK1, TYPE=CYLINDER, RADIUS=0.1, ...
    BOT_CENTER=0,-1,0, TOP_CENTER=0,1,0, COLOR=0,0,1,0
```

很多刚体的形状比较复杂，难以通过 GEOMETRY 进行定义，这时可以通过外部导入的方式定义几何体。例如，可以导入专业建模软件的几何模型，通常为 obj 文件或者 urdf 文件。以 obj 文件为例，代码如下所示。该示例在 DEMO_3_GEOMETRY 文件夹，配置文件为 geometry_import.mbs。

```
[GEOMETRY]
GEOMETRY/1, obj1, SCALING=0.001, TYPE=OBJ, OBJFILE=jiti.OBJ,
  ... QR=0,0,0,1,0,0,0, COLOR=1,0,0,0
```

在代码中，SCALING=0.001 表示将导入的模型尺寸乘以 0.001 倍。其原因是多数三维建模软件长度单位使用毫米，而在 MBDyn 中通常使用的单位是米，因此导入模型时需要进行尺寸缩放。运行该示例，仿真界面如图 7.14 所示。

在几何体导入时可以不定义几何体的颜色，此时显示为原三维建模软件中定义的颜色。例如，将示例中的‘color=1,0,0,0’删除，得到的仿真界面如图 7.15 所示。

3. 标记点定义

标记点定义的标识为 MARKER，用于定义一个固连于刚体/柔性体的直角坐标系，是后续约束定义的基础，也可用于获取物体上特定点的位置/速度等信息。在定义约束前，首先确定约束作用的两个刚体或柔性节点，然后使用 MARKER 对约束的位置和方向进行定义，代码如下。

```
[MARKER]
```

```
MARKER/1, MK1, BODY_NAME=BASE, QG=0,-1,0,1,0,0,0,
MARKER/2, MK2, BODY_NAME=ARM1, QG=0,-1,0,1,0,0,0,
```

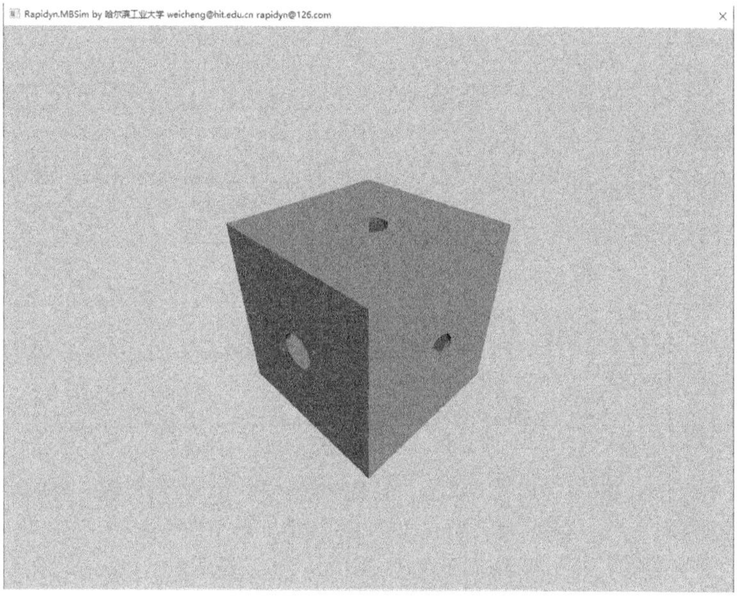

图 7.14　几何体导入示例仿真界面

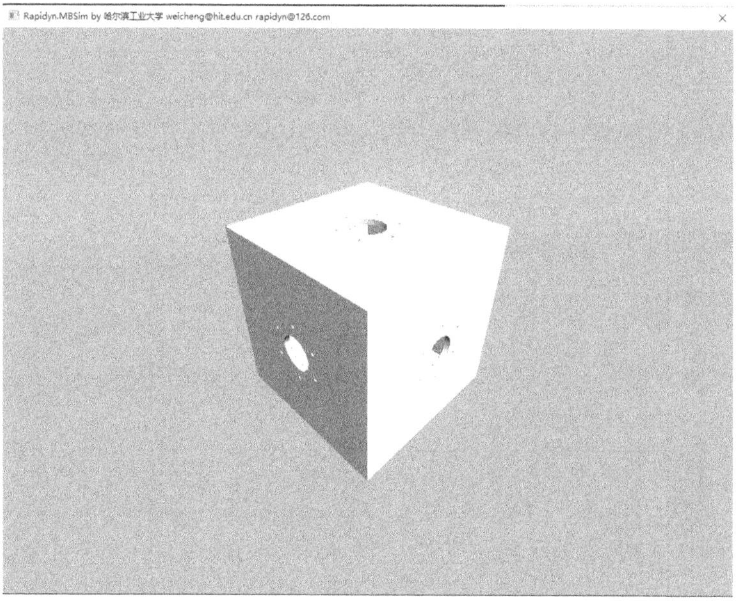

图 7.15　几何体导入示例仿真界面（不设置颜色）

以 MARKER/1 为例，上述代码的含义是，在惯性系下 (0,−1,0) 处建立一个坐标系，其三坐标轴方向与惯性坐标系相同 (四元数为 1,0,0,0)。

4. 约束定义

约束主要用于定义物体之间的相对连接关系。示例对两刚体之间添加的是旋转约束，代码如下。

```
[CONSTRAINT]
CONSTRAINT/1, CONS1, TYPE = REVOLUTE, MARKER1 = MK1, MARKER2 =
  MK2
```

5. 输入定义

该模块用于定义模型的输入。对于该示例，输入的作用量为关节力矩，代码如下。

```
[INPUT]
INPUT/1, TYPE=DRIVEN_INPUT, CLASS=CONSTRAINT, BODY_TYPE=
  REVOLUTE, ... NAME=CONS1, PAR_NUM=1, INIT_VAL=10
```

6. 输出定义

该模块用于定义用户需要输出的数据。示例输出的数据为关节角度，代码如下。

```
[OUTPUT]
OUTPUT/1, TYPE=DRIVEN_OUTPUT, CLASS=CONSTRAINT, BODY_TYPE=
  REVOLUTE, ... NAME=CONS1, PAR_NUM=1
OUTPUT/2, TYPE=DRIVEN_VEL_OUTPUT, CLASS=CONSTRAINT, ... BODY_
  TYPE=REVOLUTE, NAME=CONS1, PAR_NUM=1
```

7. 其他设置

联合仿真设置、文件输出设置、可视化设置、求解器设置和重力设置通常放在一起进行设置，代码如下。

```
[COSIMULATION]
!COSIM/1, TYPE = MATLAB, PORTNUM = 50009, INPUT_NUM=1, OUTPUT_
  NUM-2
ARCHIVE/1, TYPE=FILE, ... ENSIGHT_FILE=ensighit.en,OUTPUT_FILE=
  OUTPUT_DATA.ARC
```

```
ENVSETUP/1, RESOLUTION=1024,768, CAMERA_POS=5,5,5, VIS_SAVE_
  FRAMES=100
SOLVER/1, SOL_TYPE=SOLVER_MKL, INT_TYPE=INT_EULER_IMPLICIT_
  LINEARIZED, ... TIMESTEP=0.001, TOL_ABS=1e-16
GRAVITY/1, GRAV, VALID=1, VALUE=0,-9.8,0
```

这里使用的求解算法为隐式欧拉方法，! 表示该行代码被注释，即本算例不进行联合仿真。

8. 运行结果

正方体在惯性空间固定，圆柱体与正方体之间旋转约束，施加恒定关节力矩进行仿真，结果显示圆柱体绕正方体加速旋转。关节角度变化如图 7.16 所示。

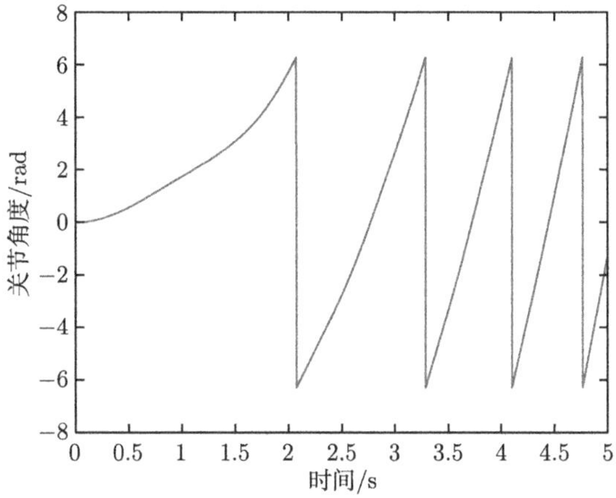

图 7.16 关节角度变化

7.4.2 柔性索梁动力学

假设单根索梁长度为 1m，索梁模型采用圆形截面，截面直径 $D = 0.004\text{m}$，材料密度 $\rho = 1430\text{kg/m}^3$ ，弹性模量分别取 $E = 7.5 \times 10^8\text{Pa}$、$7.5 \times 10^7\text{Pa}$，泊松比 0.3，划分 1m 长索梁为 51 节点、50 个索梁单元，索梁顶端与空间建立六自由度固连约束，末端在重力作用下自由下落，求解索梁自由末端的实时空间位置。

1. 节点划分

MBDyn 中大柔性索梁依靠索梁单元建立，需要将单根索梁划分为多个节点，如图 7.17 所示。

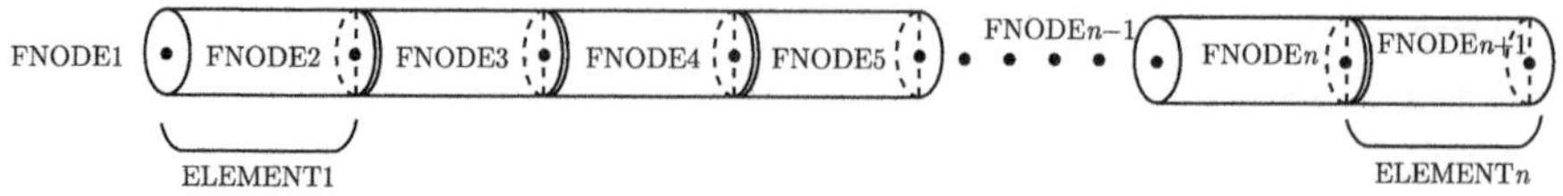

图 7.17　索梁单元节点划分

MBDyn 中的节点配置文件如下。

```
FNODE/1, cq_1, TYPE=FNODEA_RD, QG
   =0.00,-0.00,0.00,1.00,-0.00,0.00
FNODE/2, cq_2, TYPE=FNODEA_RD, QG
   =0.050,-0.00,0.00,1.00,-0.00,0.00
FNODE/3, cq_3, TYPE=FNODEA_RD, QG
   =0.100,-0.00,0.00,1.00,-0.00,0.00
FNODE/4, cq_4, TYPE=FNODEA_RD, QG
   =0.150,-0.00,0.00,1.00,-0.00,0.00
FNODE/5, cq_5, TYPE=FNODEA_RD, QG
   =0.200,-0.00,0.00,1.00,-0.00,0.00
FNODE/6, cq_6, TYPE=FNODEA_RD, QG
   =0.250,-0.00,0.00,1.00,-0.00,0.00
FNODE/7, cq_7, TYPE=FNODEA_RD, QG
   =0.300,-0.00,0.00,1.00,-0.00,0.00
FNODE/8, cq_8, TYPE=FNODEA_RD, QG
   =0.350,-0.00,0.00,1.00,-0.00,0.00
FNODE/9, cq_9, TYPE=FNODEA_RD, QG
   =0.400,-0.00,0.00,1.00,-0.00,0.00
FNODE/10, cq_10, TYPE=FNODEA_RD, QG
   =0.450,-0.00,0.00,1.00,-0.00,0.00
FNODE/11, cq_11, TYPE=FNODEA_RD, QG
   =0.500,-0.00,0.00,1.00,-0.00,0.00
FNODE/12, cq_12, TYPE=FNODEA_RD, QG
   =0.550,-0.00,0.00,1.00,-0.00,0.00
FNODE/13, cq_13, TYPE=FNODEA_RD, QG
   =0.600,-0.00,0.00,1.00,-0.00,0.00
FNODE/14, cq_14, TYPE=FNODEA_RD, QG
   =0.650,-0.00,0.00,1.00,-0.00,0.00
FNODE/15, cq_15, TYPE=FNODEA_RD, QG
   =0.700,-0.00,0.00,1.00,-0.00,0.00
FNODE/16, cq_16, TYPE=FNODEA_RD, QG
   =0.750,-0.00,0.00,1.00,-0.00,0.00
FNODE/17, cq_17, TYPE=FNODEA_RD, QG
   =0.800,-0.00,0.00,1.00,-0.00,0.00
```

```
FNODE/18, cq_18, TYPE=FNODEA_RD, QG=0.850,-0.00,0.00,1.00,-0.00,0.00
FNODE/19, cq_19, TYPE=FNODEA_RD, QG=0.900,-0.00,0.00,1.00,-0.00,0.00
FNODE/20, cq_20, TYPE=FNODEA_RD, QG=0.950,-0.00,0.00,1.00,-0.00,0.00
FNODE/21, cq_21, TYPE=FNODEA_RD, QG=1.00,-0.00,0.00,1.00,-0.00,0.00
```

其中，FNODE/$i(i=1,2,\cdots,21)$ 为节点 i 的编号，cq_i 为节点名，TYPE=FNODEA_RD 定义节点类型为 RD，QG 定义为前三位为各节点位置，后三位为定义节点所在截面方向的向量。

2. 材料定义

定义材料名为 sheng，密度为 1430kg/m^3，杨氏模量为 75000000Pa，泊松比为 0.3。

```
MATERIAL/1, sheng, DENSITY=1430, E=75000000, v=0.3
```

3. 截面定义

定义截面名称为 secbeamcq，类型为圆形截面 BEAM_CIRCLE_SEC，直径为 0.004m，材料对应为 sheng，可视化直径为 0.004m，rdamp=0 表示设置索梁阻尼为 0，bendcoff=1 表示弯曲刚度缩放因子为 1。

```
SECTION/1, secbeamcq, TYPE=BEAM_CIRCLE_SEC, D=0.004,MATERIAL = sheng, VisD=0.004 ,rdamp=0,bendcoff=1
```

4. 单元定义

```
BEAMELE/1, beam1, TYPE=CABLE, SECTION=secbeamcq, NODES=cq_1, cq_2
BEAMELE/2, beam2, TYPE=CABLE, SECTION=secbeamcq, NODES=cq_2, cq_3
BEAMELE/3, beam3, TYPE=CABLE, SECTION=secbeamcq, NODES=cq_3, cq_4
BEAMELE/4, beam4, TYPE=CABLE, SECTION=secbeamcq, NODES=cq_4, cq_5
BEAMELE/5, beam5, TYPE=CABLE, SECTION=secbeamcq, NODES=cq_5, cq_6
```

```
6 BEAMELE/6, beam6, TYPE=CABLE, SECTION=secbeamcq, NODES=cq_6, cq_
    7
7 BEAMELE/7, beam7, TYPE=CABLE, SECTION=secbeamcq, NODES=cq_7, cq_
    8
8 BEAMELE/8, beam8, TYPE=CABLE, SECTION=secbeamcq, NODES=cq_8, cq_
    9
9 BEAMELE/9, beam9, TYPE=CABLE, SECTION=secbeamcq, NODES=cq_9, cq_
    10
10 BEAMELE/10, beam10, TYPE=CABLE, SECTION=secbeamcq, NODES=cq_10,
    cq_11
11 BEAMELE/11, beam11, TYPE=CABLE, SECTION=secbeamcq, NODES=cq_11,
    cq_12
12 BEAMELE/12, beam12, TYPE=CABLE, SECTION=secbeamcq, NODES=cq_12,
    cq_13
13 BEAMELE/13, beam13, TYPE=CABLE, SECTION=secbeamcq, NODES=cq_13,
    cq_14
14 BEAMELE/14, beam14, TYPE=CABLE, SECTION=secbeamcq, NODES=cq_14,
    cq_15
15 BEAMELE/15, beam15, TYPE=CABLE, SECTION=secbeamcq, NODES=cq_15,
    cq_16
16 BEAMELE/16, beam16, TYPE=CABLE, SECTION=secbeamcq, NODES=cq_16,
    cq_17
17 BEAMELE/17, beam17, TYPE=CABLE, SECTION=secbeamcq, NODES=cq_17,
    cq_18
18 BEAMELE/18, beam18, TYPE=CABLE, SECTION=secbeamcq, NODES=cq_18,
    cq_19
19 BEAMELE/19, beam19, TYPE=CABLE, SECTION=secbeamcq, NODES=cq_19,
    cq_20
20 BEAMELE/20, beam20, TYPE=CABLE, SECTION=secbeamcq, NODES=cq_20,
    cq_21
```

其中，beam($i = 1, 2, \cdots, 21$) 为单元名，类型为 CABLE，截面为 secbeamcq 与之前的定义对应，NODES 后定义两个相连节点，节点名与前序定义对应。配置文件设置示意图如图 7.18 所示。

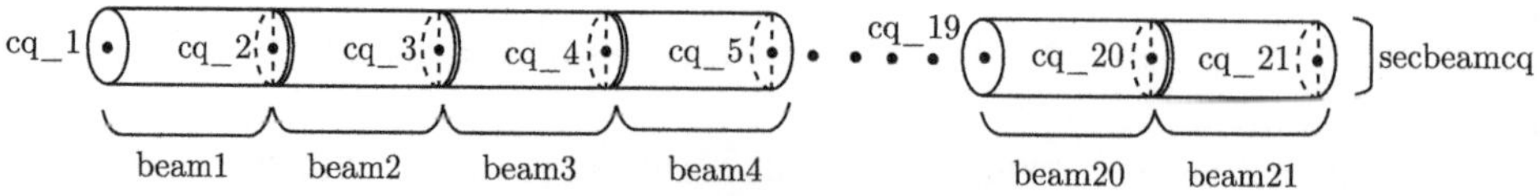

图 7.18　配置文件设置示意图

5. 约束定义

索梁节点无法直接施加固定约束，因此一般采用的方法是与空间固定小球之间施加约束。刚体小球相关配置如下。

```
RIGIDBODY/1, BOX1 , TYPE=GENERAL,... QG
  =0.000000000,-0.000000000,0.000000000,1,0,0,0,  MASS=1,...
  INERTIAL=0.0001,0.0001,0.0001,0,0,0,  GEOMETRY=box1,  FIX
  =1,... COLLIDE=0
GEOMETRY/1, box1, TYPE=SPHERE, QR=0,0,0,1,0,0,0, RADIUS
  =0.001,...  COLOR=1,0,1,0
```

相关定义与之前刚体定义规则相同不再赘述，建立空间固定刚体小球之后在节点与小球之间施加如下约束。

```
CONSTRAINT/1, CONS_gan1ball1, TYPE = FNODEA_POINT_FRAME, FNODE1
  =cq_1, ... RIGIDBODY2=BOX1
CONSTRAINT/1, CONS_gan2ball1, TYPE = FNODEA_DIR_FRAME, FNODE1=
  cq_1, ... RIGIDBODY2=BOX1
```

其中，FNODEA_POINT_FRAME 为小球与节点位置约束，FNODEA_DIR_FRAME 为小球与节点方向约束，同一组小球与节点同时配置上述两个约束则表示固定约束。

6. 输出定义

根据后续数据处理需求，设定如下输出参数。

```
OUTPUT/0, TYPE = TIME, PAR_NUM=2
OUTPUT/1, TYPE = NODE_STAT_OUTPUT, CLASS = FNODE, BODY_TYPE =
  ... FNODEA_RD, NAME=cq_21,PAR_NUM=6
OUTPUT/1, TYPE = NODE_STAT_VEL_OUTPUT, CLASS = FNODE, BODY_TYPE
  = ... FNODEA_RD, NAME=cq_21,PAR_NUM=6
```

其中，NODE_STAT_OUTPUT 为输出节点位置，NODE_STAT_VEL_OUTPUT 为输出节点速度，RD 节点输出个数 PAR_NUM 为 6。

7. 其他设置

输出文件设置如下。

```
ARCHIVE/1, TYPE = FILE, OUTPUT_FILE = OUTPUT_DATA.ARC, INPUT_
  FILE = ... INPUT_DATA.ARC, SAVEMBS_FILE=SAVEMBS, ENSIGHT_FILE=
   ensighit.en
```

重力场设置如下。

```
GRAVITY/1,GRAV,VALID=1,VALUE=0,-9.8,0
```

可视化设置如下。

```
ENVSETUP/1 , RESOLUTION = 1200, 1000, CAMERA_POS = 0, 0, 5.0,
  DRAW = ... 1, VIS_SAVE_FRAMES = 50
```

求解设置如下。

```
SOLVER/1, INT_TYPE = ... INT_EULER_IMPLICIT_LINEARIZED,TOL_ABS
  =1e-7,ITERMAX=100, TIMESTEP = ... 0.001
```

8. ADAMS 计算对比

(1) 计算效率对比

ADAMS 与 MBDyn 设置时间步长均为 0.001s，仿真步数均为 30000 步。仿真操作系统为 Windows10 中文版，AMD Ryzen 7 3700X 8-Core Processor 3.59 GHz，16GB 内存，NVIDIA GeForce GTX 1650 SUPER 6GB 显存。

基于以上配置和解算环境，分别利用 ADAMS 和 MBDyn 计算。计算时间，如图 7.19 和图 7.20 所示。

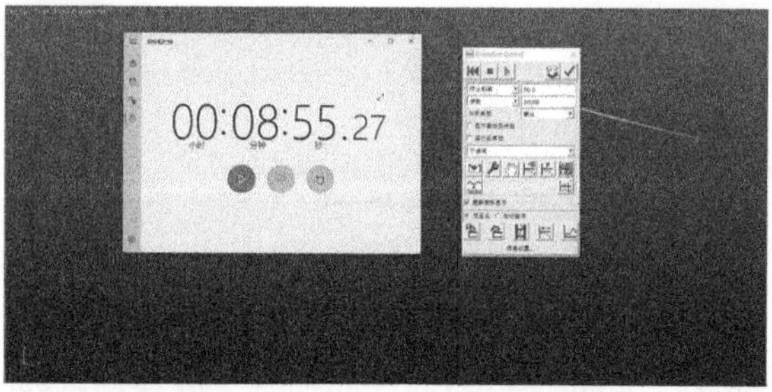

图 7.19　ADAMS 计算时间

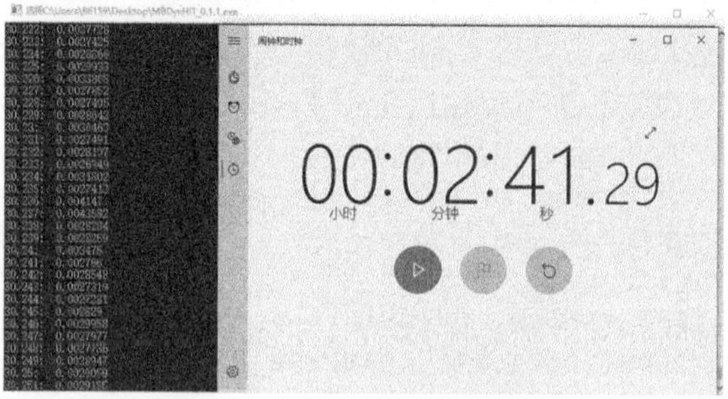

图 7.20　MBDyn 计算时间

可以看出，ADAMS 求解全过程用时为 8min55s，MBDyn 计算用时为 2min41s，求解效率较高。

(2) 模型计算精度对比

在 MBDyn 中，不同材料参数下的位移场如图 7.21 所示。

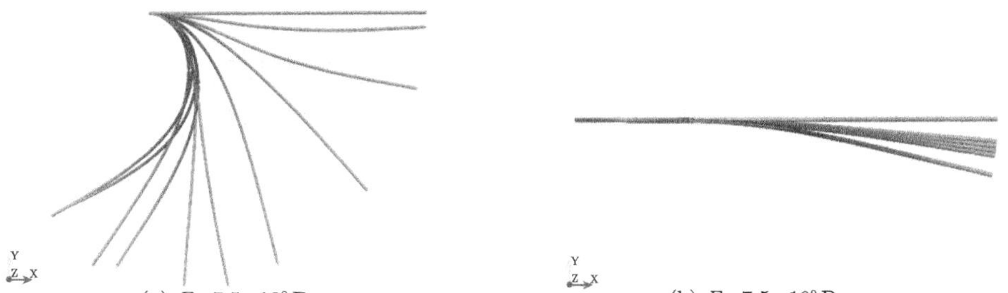

(a) E=7.5×10^8 Pa (b) E=7.5×10^9 Pa

图 7.21 不同材料参数下的位移场

$E = 7.5\times10^8$Pa 和 $E = 7.5\times10^9$Pa 时，末端位置曲线对比如图 7.22 和图 7.23 所示。

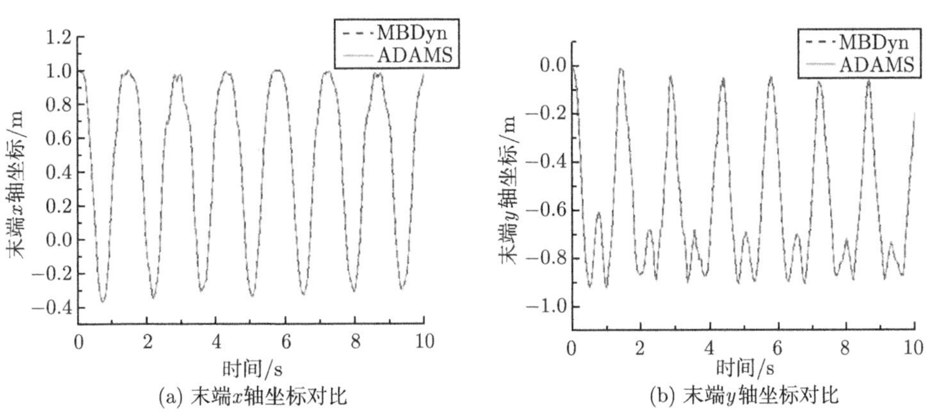

(a) 末端x轴坐标对比 (b) 末端y轴坐标对比

图 7.22 $E = 7.5\times10^8$Pa 时末端位置曲线对比

可以看出，相较于目前常用的商用软件 ADAMS，MBDyn 在相同的工况及求解环境下计算更省时，更适合航天领域绳系卫星、飞网、大桁架结构等复杂目标的高效仿真求解。对比求解结果可以看出，MBDyn 与 ADAMS 的计算效果相近，可以说明本软件计算原理的正确性。同时，由于封装程度较高，ADAMS 求解过程精度及迭代步数调节不灵活，难以看出求解过程的误差累积情况，而 MBDyn 对求解器及相关参数的设定更为灵活，能够胜任各种复杂目标的建模求解。

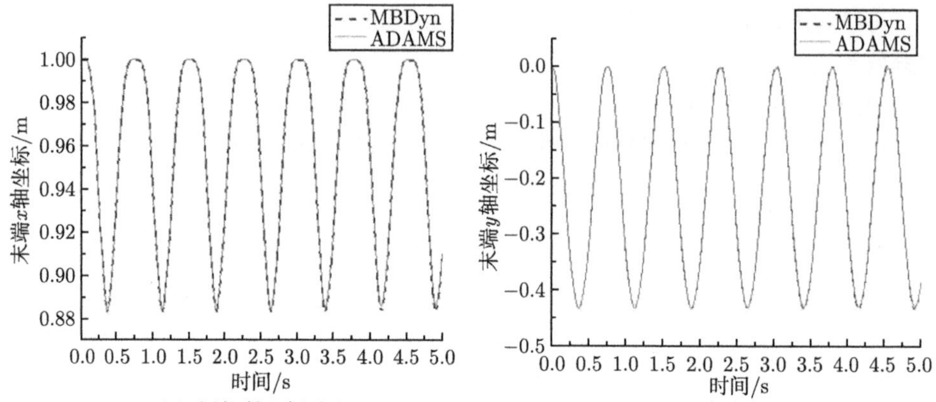

(a) 末端x轴坐标对比　　(b) 末端y轴坐标对比

图 7.23　$E = 7.5 \times 10^9$Pa 时末端位置曲线对比

7.4.3　柔性薄膜/板壳动力学

假设单片薄膜长、宽各为 1m，厚度 0.025m，材料密度 ρ= 1430kg/m^3，弹性模量分别取 $E = 1.24\times 10^7$Pa，泊松比 v=0.3，划分 $1\times 1\text{m}^2$ 方形薄膜为如图 7.24 所示的 $(n+1)\times(n+1)$ 个节点、$n\times n$ 个索梁单元，薄膜左侧两顶点与空间建立六自由度固连约束，右端在重力作用下自由下落，求解薄膜右端点实时空间位置。

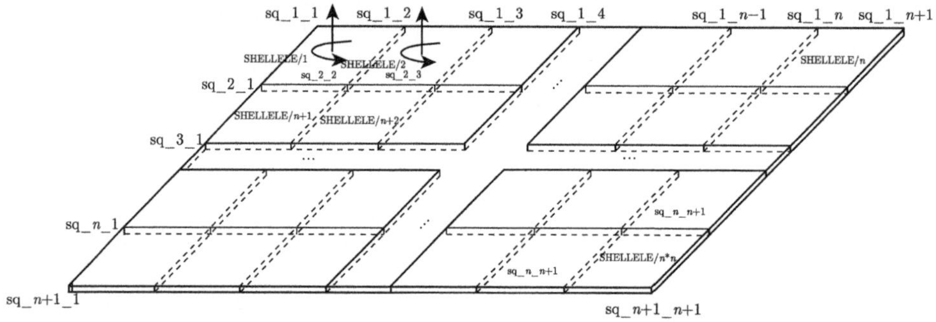

图 7.24　薄膜单元划分

1. 节点划分

每个单元 4 个节点，节点划分如下。

```
FNODE/1, sq_1_1, TYPE=FNODE_RD, ... QG
  =0.000000000,0.000000000,0.000000000,0,-1,0
FNODE/2, sq_1_2, TYPE=FNODE_RD, ... QG
  =0.050000000,0.000000000,0.000000000,0,-1,0
FNODE/3, sq_1_3, TYPE=FNODE_RD, ... QG
  =0.100000000,0.000000000,0.000000000,0,-1,0
```

```
FNODE/4, sq_1_4, TYPE=FNODE_RD, ... QG
  =0.150000000,0.000000000,0.000000000,0,-1,0
FNODE/5, sq_1_5, TYPE=FNODE_RD, ... QG
  =0.200000000,0.000000000,0.000000000,0,-1,0
............
FNODE/437, sq_16_21, TYPE=FNODE_RD, ... QG
  =1.000000000,0.000000000,0.750000000,0,-1,0
FNODE/438, sq_17_21, TYPE=FNODE_RD, ... QG
  =1.000000000,0.000000000,0.800000000,0,-1,0
FNODE/439, sq_18_21, TYPE=FNODE_RD, ... QG
  =1.000000000,0.000000000,0.850000000,0,-1,0
FNODE/440, sq_19_21, TYPE=FNODE_RD, ... QG
  =1.000000000,0.000000000,0.900000000,0,-1,0
FNODE/441, sq_20_21, TYPE=FNODE_RD, ... QG
  =1.000000000,0.000000000,0.950000000,0,-1,0
FNODE/442, sq_21_21, TYPE=FNODE_RD, ... QG
  =1.000000000,0.000000000,1.000000000,0,-1,0
```

其中，FNODE/i 为节点 i 的编号，sq_i_j 为节点名 (i 为行编号，j 为列编号)，TYPE= FNODEA_RD 为定义节点类型为 RD 节点，QG 定义为前三位为各节点位置，后三位为节点所在截面的方向向量。

2. 材料定义

定义材料名为 MAT_SHELL，密度为 1430kg/m^3，杨氏模量为 75000000Pa，泊松比为 0.3。

```
MATERIAL/1, MAT_SHELL, DENSITY=1430, E=75000000, v=0.3
```

3. 截面定义

定义截面名称为 ShellLayer，类型为 SHELL_LAYER，厚度为 0.025m，材料对应为 MAT_SHELL。

```
SECTION/2, ShellLayer, TYPE=SHELL_LAYER,ANGLE = 0, THICKNESS
  =0.025, ALPHA =0.01,BETA =   0.01,MATERIAL = MAT_SHELL
```

4. 单元定义

```
SHELLELE/1, Wing1, TYPE=SHELL_ANCF, LAYER =ShellLayer, ...
  NODES=sq_1_1, sq_1_2, sq_2_2, sq_2_1
```

```
SHELLELE/2, Wing2, TYPE=SHELL_ANCF, LAYER =ShellLayer, ...
 NODES=sq_1_2, sq_1_3, sq_2_3, sq_2_2
SHELLELE/3, Wing3, TYPE=SHELL_ANCF, LAYER =ShellLayer, ...
 NODES=sq_1_3, sq_1_4, sq_2_4, sq_2_3
SHELLELE/4, Wing4, TYPE=SHELL_ANCF, LAYER =ShellLayer, ...
 NODES=sq_1_4, sq_1_5, sq_2_5, sq_2_4
SHELLELE/5, Wing5, TYPE=SHELL_ANCF, LAYER =ShellLayer, ...
 NODES=sq_1_5, sq_1_6, sq_2_6, sq_2_5
SHELLELE/6, Wing6, TYPE=SHELL_ANCF, LAYER =ShellLayer, ...
 NODES=sq_1_6, sq_1_7, sq_2_7, sq_2_6
SHELLELE/7, Wing7, TYPE=SHELL_ANCF, LAYER =ShellLayer, ...
 NODES=sq_1_7, sq_1_8, sq_2_8, sq_2_7
...
sq_20_14, sq_21_14, sq_21_13
 SHELLELE/394, Wing394, TYPE=SHELL_ANCF, LAYER =ShellLayer, ...
  NODES=sq_20_14, sq_20_15, sq_21_15, sq_21_14
 SHELLELE/395, Wing395, TYPE=SHELL_ANCF, LAYER =ShellLayer, ...
  NODES=sq_20_15, sq_20_16, sq_21_16, sq_21_15
 SHELLELE/396, Wing396, TYPE=SHELL_ANCF, LAYER =ShellLayer, ...
  NODES=sq_20_16, sq_20_17, sq_21_17, sq_21_16
 SHELLELE/397, Wing397, TYPE=SHELL_ANCF, LAYER =ShellLayer, ...
  NODES=sq_20_17, sq_20_18, sq_21_18, sq_21_17
 SHELLELE/398, Wing398, TYPE=SHELL_ANCF, LAYER =ShellLayer, ...
  NODES=sq_20_18, sq_20_19, sq_21_19, sq_21_18
 SHELLELE/399, Wing399, TYPE=SHELL_ANCF, LAYER =ShellLayer, ...
  NODES=sq_20_19, sq_20_20, sq_21_20, sq_21_19
 SHELLELE/400, Wing400, TYPE=SHELL_ANCF, LAYER =ShellLayer, ...
  NODES=sq_20_20, sq_20_21, sq_21_21, sq_21_20
```

5. 约束定义

薄膜节点无法直接施加固定约束，因此一般在空间固定小球之间施加约束（图 7.25）。首先，定义如下刚体小球。

```
RIGIDBODY/0, BOX1_1, TYPE=GENERAL, ... QG
 =0.000000000,0.000000000,0.000000000,1,0,0,0, MASS=0.01, ...
  INERTIAL=1e-07,1e-07,1e-07,0,0,0, GEOMETRY=box1_1, FIX=1,
 COLLIDE=0
RIGIDBODY/1, BOX1_21, TYPE=GENERAL, ... QG
 =1.000000000,0.000000000,0.000000000,1,0,0,0, MASS=0.01, ...
  INERTIAL=1e-07,1e-07,1e-07,0,0,0, GEOMETRY=box1_21, FIX=1,
```

```
    ... COLLIDE=0
GEOMETRY/1, box1_1, TYPE=SPHERE, QR=0,0,0,1,0,0,0, RADIUS
    =0.005, ... COLOR=1,0,1,0
GEOMETRY/2, box1_21, TYPE=SPHERE, QR=0,0,0,1,0,0,0, RADIUS
    =0.005, ... COLOR=1,0,1,0
```

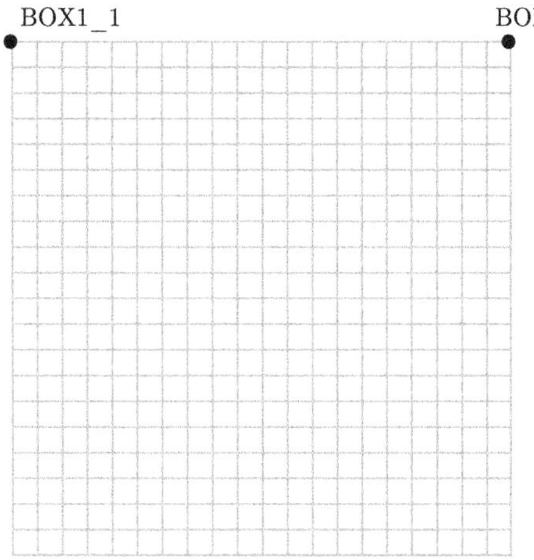

图 7.25 薄膜单元节点建立约束

相关定义与之前刚体的定义规则相同，建立空间固定刚体小球后，在节点与小球之间施加如下约束。

```
CONSTRAINT/1, CONS_ball1, TYPE = FNODEA_POINT_FRAME, FNODE1=sq_
    1_1, ... RIGIDBODY2=BOX1_1
CONSTRAINT/2, CONS_ball2, TYPE = FNODEA_POINT_FRAME, FNODE1=sq_
    1_21, ... RIGIDBODY2=BOX1_21
CONSTRAINT/3, CONS_ball3, TYPE = FNODEA_DIR_FRAME, FNODE1=sq_1_
    1, ... RIGIDBODY2=BOX1_1
CONSTRAINT/4, CONS_ball4, TYPE = FNODEA_DIR_FRAME, FNODE1=sq_1_
    21, ... RIGIDBODY2=BOX1_21
```

其中，FNODEA_POINT_FRAME 为小球与节点位置约束，FNODEA_DIR_FRAME 为小球与节点方向约束，同一组小球与节点同时配置上述两个约束表示固定约束。

6. 输出定义

根据后续数据处理需求，设定如下输出参数。

```
OUTPUT/0, TYPE = TIME, PAR_NUM=2
OUTPUT/1, TYPE = NODE_STAT_OUTPUT, CLASS = FNODE, BODY_TYPE =
  ... FNODEA_RD, NAME=sq_21_1,PAR_NUM=6
OUTPUT/2, TYPE = NODE_STAT_VEL_OUTPUT, CLASS = FNODE, BODY_TYPE
  = ... FNODEA_RD, NAME=sq_21_1,PAR_NUM=6
```

其中,NODE_STAT_OUTPUT 为输出节点位置,NODE_STAT_VEL_OUTPUT 为输出节点速度，RD 节点输出个数 PAR_NUM 为 6。

7. 其他设置

输出文件设置如下。

```
ARCHIVE/1, TYPE = FILE, OUTPUT_FILE = OUTPUT_DATA.ARC, INPUT_
  FILE = ... INPUT_DATA.ARC, SAVEMBS_FILE=SAVEMBS, ENSIGHT_FILE=
  ensighit.en
```

重力场设置如下。

```
GRAVITY/1,GRAV,VALID=1,VALUE=0,-9.8,0
```

可视化设置如下。

```
ENVSETUP/1 , RESOLUTION = 1200, 1000, CAMERA_POS = -4, 0, 5.0,
  DRAW = ... 1, VIS_SAVE_FRAMES = 50
```

求解设置如下。

```
SOLVER/1, INT_TYPE = ... INT_EULER_IMPLICIT_LINEARIZED,TOL_ABS
  =1e-7,ITERMAX=100, TIMESTEP = ... 0.001
```

8. 收敛性分析

节点划分密度会影响计算精度与计算效率，因此我们考察节点数对计算效率和计算精度的影响。

本节实验用的计算机配置为，Windows10 中文版，AMD Ryzen 7 3700X 8-Core Processor, 3.59 GHz，16GB 内存，NVIDIA GeForce GTX 1650 SUPER 16GB 显存。节点划分分别为 11、21、51、101、151。

(1) 计算效率对比

如表 7.37 所示，随节点和单元划分数量的增加，单步计算时间明显增加。因此，在 ANCF 薄膜单元划分时，应进一步对比节点划分数量对计算精度的影响，在保证计算结果精度的条件下尽量减少节点划分数量，节省计算时间。

(2) 计算精度对比

如图 7.26 和图 7.27 所示，对于 1m^2 的薄板，单元划分的收敛数量为 2500，即横纵方向划分数量达到 51 节点共 2500 个单元的条件时，随着单元划分数目的增多，节点末端的计算结果基本相同不再变化。因此，综合考虑计算成本和精度，算例节点划分数为 2500。

表 7.37 MBDyn 模块

节点数（行 × 列）	单元数	单步计算时间/s
11 × 11	100	0.009
21 × 21	400	0.04
51 × 51	2500	0.19
101 × 101	10000	0.8
151 × 151	22500	1.8

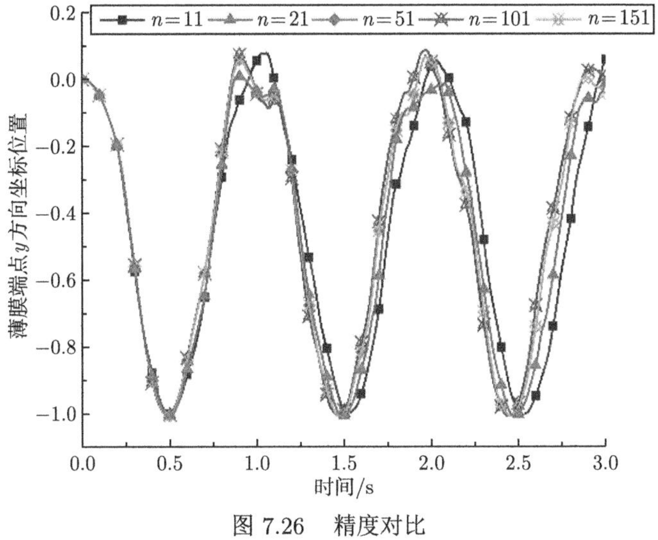

图 7.26 精度对比

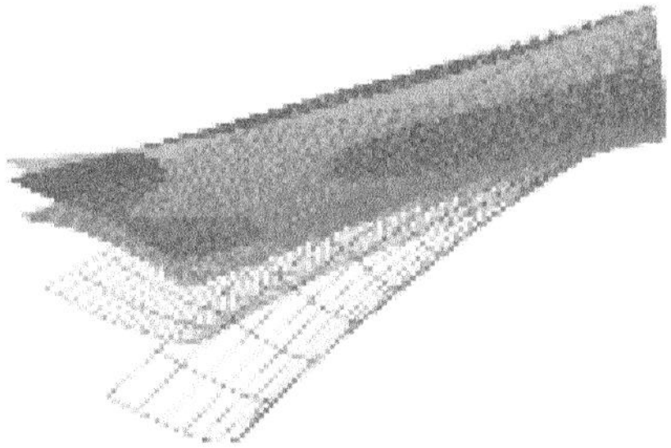

图 7.27 3s 时刻构型对比

7.4.4 接触摩擦动力学

本节介绍接触摩擦动力学建模流程。不考虑重力，在地面斜推一个正方体小块，其中正方体小块为刚性体，地面为柔性体。示例文件在 DEMO_6_CONTACT \CollisionFriction 文件夹中，名称为 friction_rf.mbs 和 friction_rf.slx。首先运行.mbs 文件，然后运行.slx 文件。

1. 刚体定义

RIGIDBODY/1 定义刚体小块，其中 COLLIDE=1 表示对该刚体进行碰撞检测；RIGIDBODY/2-RIGIDBODY/5 在柔性板的四个角点定义惯性空间固定的四个刚体。这四个刚体分别与柔性板的四个节点固定连接，从而保证柔性板节点在惯性空间下固定。刚体定义如下。

```
[RIGIDBODY]
RIGIDBODY/1, SMALL_BOX, TYPE=GENERAL, MATERIAL = STEEL, ...
  GEOMETRY=BOX_SMALL_BOX, FIX=0,  COLLIDE = 1, ... QG
  =0,0.2501,0,1,0,0,0, VG=0,0,0,0,0,0,0, MASS=10, ... INERTIAL
  =10,10,10,0,0,0
RIGIDBODY/2, CORNER1, TYPE=GENERAL, MATERIAL = STEEL, ...
  GEOMETRY=CORNER_BOX, FIX=1,  COLLIDE = 0, QG=1,0,1,1,0,0,0,
  ... VG=0,0,0,0,0,0,0, MASS=10, INERTIAL=10,10,10,0,0,0
RIGIDBODY/3, CORNER2, TYPE=GENERAL, MATERIAL = STEEL, ...
  GEOMETRY=CORNER_BOX, FIX=1,  COLLIDE = 0, QG=1,0,-1,1,0,0,0,
  ... VG=0,0,0,0,0,0,0, MASS=10, INERTIAL=10,10,10,0,0,0
RIGIDBODY/4, CORNER3, TYPE=GENERAL, MATERIAL = STEEL, ...
  GEOMETRY=CORNER_BOX, FIX=1,  COLLIDE = 0, QG=-1,0,-1,1,0,0,0,
  ... VG=0,0,0,0,0,0,0, MASS=10, INERTIAL=10,10,10,0,0,0
RIGIDBODY/5, CORNER4, TYPE=GENERAL, MATERIAL = STEEL, ...
  GEOMETRY=CORNER_BOX, FIX=1,  COLLIDE = 0, QG=-1,0,1,1,0,0,0,
  ... VG=0,0,0,0,0,0,0, MASS=10, INERTIAL=10,10,10,0,0,0
```

2. 几何体定义

GEOMETRY/1 定义刚体小块的几何形状，为边长 0.5m 的正方体；GEOMETRY/2 定义柔性板四个角点处刚体的几何形状，为边长 0.001m 的正方体。几何体定义如下。

```
[GEOMETRY]
GEOMETRY/1, BOX_SMALL_BOX, TYPE=BOX, COLOR=0,1,0,0, QR
  =0,0,0,1,0,0,0, ... LENGTHS=0.5,0.5,0.5
```

```
GEOMETRY/2, CORNER_BOX, TYPE=BOX, COLOR=1,0,0,0, QR
  =0,0,0,1,0,0,0, ... LENGTHS=0.001,0.001,0.001
```

3. 材料定义

由于涉及接触碰撞，MBDyn 中不但可以为柔性体定义材料属性，也可以为刚体定义材料属性。材料定义相关的参数包括杨氏模量、泊松比、恢复系数、静摩擦系数、动摩擦系数。材料定义如下。

```
[MATERIAL]
MATERIAL/1, STEEL, DENSITY= 7850, E=2.06e11, v=0.3, STATIC_
  FRICTION = ... 0.15, SLIDING_FRICTION = 0.15, RESTITUTION=0.3
```

4. 节点定义

节点定义如下，包括柔性板四个角点的初始位置坐标、四元数，以及初始速度。

```
[FNODE]
FNODE/1, FN1_1, TYPE=FNODE_RQ, QG
  =1,0,1,0.707106781,0,0,0.707106781, ... VG=0,0,0,0,0,0,0
FNODE/2, FN1_2, TYPE=FNODE_RQ, ... QG
  =1,0,-1,0.707106781,0,0,0.707106781,VG=0,0,0,0,0,0,0
FNODE/3, FN1_3, TYPE=FNODE_RQ, ... QG
  =-1,0,-1,0.707106781,0,0,0.707106781,VG=0,0,0,0,0,0,0
FNODE/4, FN1_4, TYPE=FNODE_RQ, ... QG
  =-1,0,1,0.707106781,0,0,0.707106781,VG=0,0,0,0,0,0,0
```

5. 截面定义

截面定义如下，包括板壳单元截面尺寸及材料类型。

```
[SECTION]
SECTION/1, TY1, TYPE=SHELL_LAYER, ... ALPHA=0.01,ANGLE=0,BETA
  =0.01,MATERIAL=STEEL,THICKNESS=0.1
```

6. 单元定义

板壳单元定义如下。

```
[ELEMENT]
SHELLELE/1, TY1_1, LAYER=TY1, TYPE=SHELL_REISSNER , ... NODES=
  FN1_1,FN1_2,FN1_3,FN1_4,
```

7. 约束定义

将柔性板四个角点处定义的刚体小块与柔性板的四个角固定起来，可以保证柔性板的四个角在惯性空间固定。约束定义如下。

```
[CONSTRAINT]
CONSTRAINT/1, CORNER1_FIX, TYPE = CONSGENERIC, FNODE1=FN1_1,
  ... RIGIDBODY2=CORNER1, CONSDOF = 1,1,1,1,1,1
CONSTRAINT/2, CORNER2_FIX, TYPE = CONSGENERIC, FNODE1=FN1_2,
  ... RIGIDBODY2=CORNER2, CONSDOF = 1,1,1,1,1,1
CONSTRAINT/1, CORNER1_FIX, TYPE = CONSGENERIC, FNODE1=FN1_3,
  ... RIGIDBODY2=CORNER3, CONSDOF = 1,1,1,1,1,1
CONSTRAINT/2, CORNER2_FIX, TYPE = CONSGENERIC, FNODE1=FN1_4,
  ... RIGIDBODY2=CORNER4, CONSDOF = 1,1,1,1,1,1
```

8. 输入定义

对刚体小块施加一定大小的力，仿真过程中的输入量由联合仿真中的 Simulink 返回。输入定义如下。

```
[INPUT]
INPUT/1, TYPE=FORCE_TORQUE_INPUT, CLASS=RIGIDBODY, BODY_TYPE=
  GENERAL, ... NAME=SMALL_BOX, PAR_NUM=10, INIT_VAL
  =0,0,0,0,0,0,0,0,0,1
```

9. 输出定义

输出定义如下，包括刚体位置、姿态、速度、角速度等数据的输出。

```
[OUTPUT]
OUTPUT/1, TYPE=POSQUAT_OUTPUT, CLASS=RIGIDBODY, BODY_TYPE=
  GENERAL, ... NAME=SMALL_BOX, PAR_NUM=7
OUTPUT/2, TYPE=POSQUAT_VEL_OUTPUT, CLASS=RIGIDBODY, BODY_TYPE=
  GENERAL, ... NAME=SMALL_BOX, PAR_NUM=7
```

10. 其他设置

联合仿真、求解器等其他设置如下。

```
[COSIMULATION]
!COSIM/1, TYPE = MATLAB, PORTNUM = 50009, INPUT_NUM=14, OUTPUT_
  NUM=28
```

```
!ARCHIVE/1, TYPE = FILE, OUTPUT_FILE = OUTPUT_DATA.ARC, INPUT_
  FILE = ... INPUT_DATA.ARC, ENSIGHT_FILE=ensighit_result.en
ENVSETUP/1, RESOLUTION=1024, 768, CAMERA_POS=0, 0.5, 2, FLEX_
  COLLIDE = ... 1, FLEX_COLLIDE_MODE = 0, FLEX_COLLIDE_MAT =
  STEEL, CONTACT_POINT_SIZE = 0.0001
SOLVER/1, INT_TYPE=INT_EULER_IMPLICIT_LINEARIZED, TIMESTEP
  =0.0001
!GRAVITY/1, GRAV,VALID=1, VALUE=0,-9.8,0
```

11. 运行结果

刚性方块与地面的摩擦系数为 0.15。由摩擦系数可知，当法向接触力为 100N 时，最大静摩擦力为 15N，因此 xy 平面的自锁力为 [15,−100,0]。为了演示静摩擦擦和动摩擦，分别设置两种输入力，即 [5,−100,0] 和 [20,−100,0]。

当力设置为 [5,−100,0] 时，相对位移曲线如图 7.28(a) 所示。由于摩擦力在摩擦锥之内，因此正方体与地面之间的相对速度接近于零。当力设置为 [20,−100,0] 时，相对位移曲线如图 7.28(b) 所示。由于摩擦力在摩擦锥之外，因此正方体与地面之间产生匀加速的相对运动。

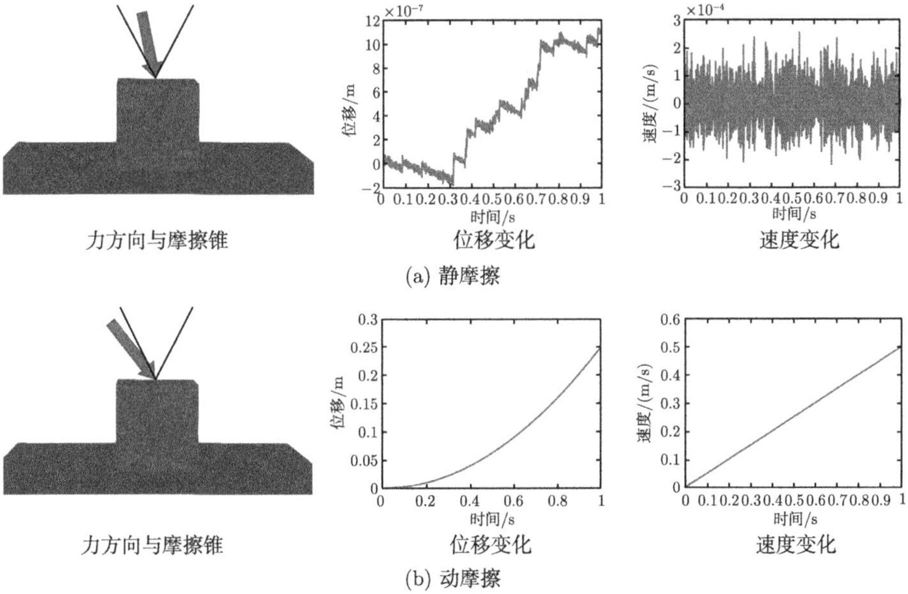

图 7.28 摩擦力示例

7.4.5 接触碰撞动力学

本节介绍接触碰撞动力学建模流程。MBDyn 可以进行刚体–刚体、刚体–柔性体、柔性体–柔性体的碰撞动力学仿真，本节给出刚体–刚体碰撞和刚体–柔性体碰撞两个示例。

1. 刚体与刚体碰撞

刚体–刚体碰撞示例使用小球和平板进行。平板在惯性空间固定，平板的上表面为 $y = 0\text{m}$ 平面，平板的尺寸为 $10\text{m} \times 10\text{m} \times 0.1\text{m}$，小球的半径为 1m，仿真环境无重力。初始时刻，小球以 $v = 1\text{m/s}$ 的速度向平板飞行，在 $t = 0.5\text{s}$ 时，小球与板发生碰撞。碰撞后，小球反方向运动，碰撞过程如图 7.29 所示。仿真示例在 DEMO_6_CONTACT\Contact_RIGID 文件夹，配置文件名称为 rigidbody_rigidbody_collision。

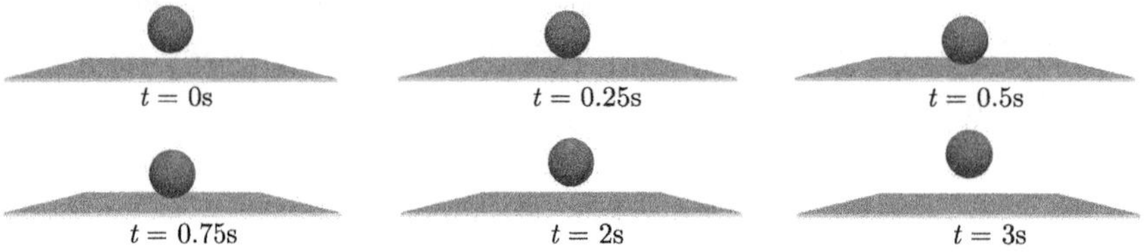

图 7.29　刚性小球和刚性板碰撞过程

(1) 刚体定义

```
[RIGIDBODY]
RIGIDBODY/1, PLANE, TYPE=GENERAL, FIX=1, COLLIDE=1, MATERIAL=
  STEEL, ... QG=0,-0.05,0,1,0,0,0, VG=0,0,0,0,0,0,0, MASS=2160,
  ... INERTIAL=1440,1440,1440,0,0,0, GEOMETRY=BOX_PLANE
RIGIDBODY/2, BALL, TYPE=GENERAL, FIX=0, COLLIDE=1, MATERIAL=
  STEEL, ... QG=0,1.5,0,1,0,0,0, VG=0,-1,0,0,0,0,0, MASS=1080,
  ... INERTIAL=360,360,360,0,0,0, GEOMETRY=SPHERE_BALL
```

(2) 几何体定义

```
[GEOMETRY]
GEOMETRY/1, BOX_PLANE, TYPE=BOX, QR=0,0,0,1,0,0,0, ... LENGTHS
=10,0.1,10, COLOR=1,0,0,0
GEOMETRY/2, SPHERE_BALL, TYPE=SPHERE, RADIUS=1, COLOR=0,0,1,0
```

(3) 材料定义

```
[MATERIAL]
MATERIAL/1, STEEL, DENSITY= 3000, E=30000000, v=0.3, ...
RayleighDampM=0.200, RayleighDampK=0.200, STATIC_FRICTION =
... 0.15, SLIDING_FRICTION = 0.15, RESTITUTION = 0.200
```

(4) 输出定义

```
[OUTPUT]
OUTPUT/1, TYPE=TIME, PAR_NUM=2
OUTPUT/2, NAME=BALL, TYPE=POSQUAT_OUTPUT, CLASS=RIGIDBODY, ...
  BODY_TYPE=GENERAL, PAR_NUM=7
```

(5) 其他设置

```
[COSIMULATION]
ARCHIVE/1,  TYPE=FILE, ... ENSIGHT_FILE=ensighit.en,INPUT_FILE
=INPUT_DATA.ARC,  ... OUTPUT_FILE=OUTPUT_DATA.ARC
ENVSETUP/1,  CAMERA_POS=0,0,10,DRAW=1,DRAWBODYCS=0,DRAWGRID=1,
 4DRAWGRIDBG=0,DRAWMARKERCS=1,RESOLUTION=1024,768,VIS_SAVE_
     FRAMES=10
SOLVER/1, ... INT_TYPE=INT_EULER_IMPLICIT_LINEARIZED,SOL_TYPE=
SOLVER_MKL,
TIMESTEP=0.0001,TOL_ABS=1E-16
```

(6) 运行结果

规定初始时刻小球与平板之间的距离为正方向，输出小球与平板之间的距离曲线，如图 7.30 所示。

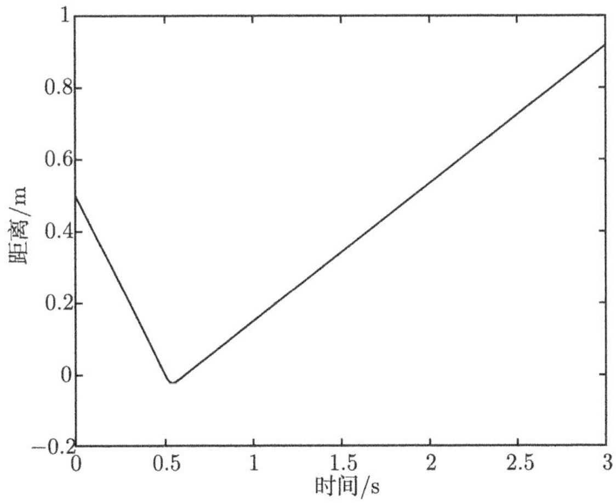

图 7.30　刚性小球相对刚性板的距离曲线

2. 刚体与柔性体碰撞

刚体-柔性体碰撞示例使用小球和柔性网进行。柔性网的四角在惯性空间固定，初始时处在 $y = 10\text{m}$ 的平面上。网的尺寸为 $20\text{m} \times 20\text{m} \times 0.1\text{m}$，其中每

隔 2.5m 有一个节点。小球的半径为 2m，仿真环境无重力。初始时刻，小球以
$v = 1$m/s 的速度向网飞行，在 $t = 0.5$s 时，小球与网发生碰撞，碰撞过程如图
7.31 所示。仿真示例在 DEMO_6_CONTACT\Contact_RigidFlex 文件夹，.mbs
文件为 rigidbody_flexible_collision。

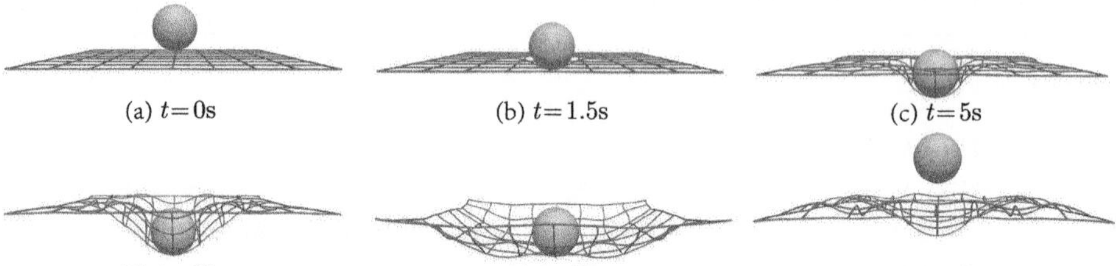

(a) $t=0$s   (b) $t=1.5$s   (c) $t=5$s

(d) $t=10$s   (e) $t=20$s   (f) $t=40$s

图 7.31   刚性小球和柔性网碰撞过程

(1) 刚体定义

```
1  [RIGIDBODY]
2  RIGIDBODY/0, BOX1_1, TYPE=GENERAL, QG=-25,10,25,1,0,0,0,  MASS
   =0.01, ... INERTIAL=1e-07,1e-07,1e-07,0,0,0,  GEOMETRY=box1_1,
    FIX=1, COLLIDE=0
3  RIGIDBODY/1, BOX21_1, TYPE=GENERAL, QG=25,10,25,1,0,0,0,  MASS
   =0.01, ... INERTIAL=1e-07,1e-07,1e-07,0,0,0,  GEOMETRY=box21_
   1,  FIX=1, ... COLLIDE=0
4  RIGIDBODY/2, BOX1_21, TYPE=GENERAL, QG=-25,10,-25,1,0,0,0,
   MASS=0.01, ... INERTIAL=1e-07,1e-07,1e-07,0,0,0,  GEOMETRY=
   box1_21,  FIX=1, ... COLLIDE=0
5  RIGIDBODY/3, BOX21_21, TYPE=GENERAL, QG=25,10,-25,1,0,0,0,
   MASS=0.01, ... INERTIAL=1e-07,1e-07,1e-07,0,0,0,  GEOMETRY=
   box21_21,  FIX=1, ... COLLIDE=0
6  RIGIDBODY/4, BALL, TYPE=GENERAL, MATERIALL=STEEL, QG
   =0,12.5,0,1, 0, 0,... 0, VG=0, -1, 0, 0, 0, 0, 0, MASS=20,
   INERTIAL=28.156947917,28.05625,28.156947917,0,0,0, ...
   GEOMETRY=gsphere,  FIX=0,  COLLIDE=1
```

(2) 几何体定义

```
1  [GEOMETRY]
2  GEOMETRY/1,  box1_1,  TYPE=SPHERE,  QR=0,0,0,1,0,0,0,  RADIUS
   =0.005, ... COLOR=1,0,1,0
3  GEOMETRY/2,  box21_1,  TYPE=SPHERE,  QR=0,0,0,1,0,0,0,  RADIUS
   =0.005, ... COLOR=1,0,1,0
```

```
GEOMETRY/3, box1_21, TYPE=SPHERE, QR=0,0,0,1,0,0,0, RADIUS
  =0.005, ... COLOR=1,0,1,0
GEOMETRY/4, box21_21, TYPE=SPHERE, QR=0,0,0,1,0,0,0, RADIUS
  =0.005, ... COLOR=1,0,1,0
GEOMETRY/5, gsphere, TYPE=SPHERE, QR=0,0,0,1,0,0,0, RADIUS=2,
  ... COLOR=0,1,1,0
```

(3) 节点定义

```
[FNODE]
FNODE/133, sq_7_7, TYPE=FNODEA_RD, QG=-10,10,10,0,0,-1
FNODE/134, sq_7_8, TYPE=FNODEA_RD, QG=-10,10,7.5,0,0,-1
FNODE/135, sq_7_9, TYPE=FNODEA_RD, QG=-10,10,5,0,0,-1
...
FNODE/748, cq_15_13, TYPE=FNODEA_RD, QG=10,10,-5,1,0,0
FNODE/749, cq_15_14, TYPE=FNODEA_RD, QG=10,10,-7.5,1,0,0
FNODE/750, cq_15_15, TYPE=FNODEA_RD, QG=10,10,-10,1,0,0
```

(4) 材料定义

```
[MATERIAL]
MATERIAL/3, MAT_sheng, DENSITY=1450, E=1240000, v=0.3, ...
  RayleighDampM=0, RayleighDampK=0
MATERIAL/2, STEEL, DENSITY=7800, E=200000000000, v=0.3, ...
  RayleighDampM=0, RayleighDampK=0, STATIC_FRICTION=0, ...
SLIDING_FRICTION=0, RESTITUTION=0.0000005
MATERIAL/4, KevlarContact, E=1e11, v=0.2, RayleighDampM=0.2,
  ... RayleighDampK=0.2, STATIC_FRICTION=0, SLIDING_FRICTION=0,
  ... RESTITUTION=0.0000005
```

(5) 截面定义

```
[SECTION]
SECTION/1, secbeamsq, TYPE=BEAM_CIRCLE_SEC, D=0.02, MATERIAL =
  ... MAT_sheng, VisD =0.1
```

(6) 单元定义

```
[ELEMENT]
BEAMELE/127, beam127, TYPE=CABLE, SECTION=secbeamsq, NODES=sq_7
  _7, ... sq_7_8
```

```
BEAMELE/128, beam128, TYPE=CABLE, SECTION=secbeamsq, NODES=sq_7_8, ... sq_7_9
BEAMELE/129, beam129, TYPE=CABLE, SECTION=secbeamsq, NODES=sq_7_9, ... sq_7_10
...
BEAMELE/706, beam706, TYPE=CABLE, SECTION=secbeamsq, NODES=cq_14_13, ... cq_15_13
BEAMELE/707, beam707, TYPE=CABLE, SECTION=secbeamsq, NODES=cq_14_14, ... cq_15_14
BEAMELE/708, beam708, TYPE=CABLE, SECTION=secbeamsq, NODES=cq_14_15, ... cq_15_15
```

(7) 约束定义

```
[CONSTRAINT]
CONSTRAINT/133, CONS_gan2gan133, TYPE = FNODEA_POINT_POINT, ... FNODE1=cq_7_7, FNODE2=sq_7_7
CONSTRAINT/134, CONS_gan2gan134, TYPE = FNODEA_POINT_POINT, ... FNODE1=cq_7_8, FNODE2=sq_7_8
CONSTRAINT/135, CONS_gan2gan135, TYPE = FNODEA_POINT_POINT, ... FNODE1=cq_7_9, FNODE2=sq_7_9
...
CONSTRAINT/307, CONS_gan2gan307, TYPE = FNODEA_POINT_POINT, ... FNODE1=cq_15_13, FNODE2=sq_15_13
CONSTRAINT/308, CONS_gan2gan308, TYPE = FNODEA_POINT_POINT, ... FNODE1=cq_15_14, FNODE2=sq_15_14
CONSTRAINT/309, CONS_gan2gan309, TYPE = FNODEA_POINT_POINT, ... FNODE1=cq_15_15, FNODE2=sq_15_15
...
CONSTRAINT/442, CONS_gan2ball442, TYPE = FNODEA_POINT_FRAME, ... FNODE1=cq_7_7, RIGIDBODY2=BOX1_1
CONSTRAINT/443, CONS_gan2ball443, TYPE = FNODEA_POINT_FRAME, ... FNODE1=cq_15_7, RIGIDBODY2=BOX21_1
CONSTRAINT/444, CONS_gan2ball444, TYPE = FNODEA_POINT_FRAME, ... FNODE1=cq_7_15, RIGIDBODY2=BOX1_21
CONSTRAINT/445, CONS_gan2ball445, TYPE = FNODEA_POINT_FRAME, ... FNODE1=cq_15_15, RIGIDBODY2=BOX21_21
```

(8) 输出定义

```
[OUTPUT]
```

```
OUTPUT/0, TYPE = TIME, PAR_NUM=2
OUTPUT/1, TYPE=POSQUAT_OUTPUT, CLASS=RIGIDBODY, NAME=BALL, ...
  BODY_TYPE=SPHERE, PAR_NUM=7
OUTPUT/2, TYPE=POSQUAT_VEL_OUTPUT, CLASS=RIGIDBODY, NAME=BALL,
  ... BODY_TYPE=SPHERE, PAR_NUM=7
OUTPUT/3, TYPE=CONT_F_TOR_OUTPUT, CLASS=RIGIDBODY, NAME=BALL,
  ... BODY_TYPE=SPHERE, PAR_NUM=6
```

(9) 其他设置

```
[COSIMULATION]
!COSIM/1, TYPE = MATLAB, PORTNUM = 50003
ARCHIVE/1, TYPE = FILE, OUTPUT_FILE = OUTPUT_DATA.ARC, INPUT_
  FILE = ... INPUT_DATA.ARC, ENSIGHT_FILE=ensighit.en
!GRAVITY/1,GRAV,VALID=1,VALUE=0,-9.8,0
ENVSETUP / 1 , RESOLUTION = 1024, 720, CAMERA_POS = 0, 12.5,
  -25, DRAW ... = 1,VIS_SAVE_FRAMES = 100,FLEX_COLLIDE = 1, FLEX
  _COLLIDE_MODE = ... 1,FLEX_COLLIDE_MAT = KevlarContact,CONTACT
  _POINT_SIZE = 0.0001
SOLVER/1 , INT_TYPE = INT_EULER_IMPLICIT_LINEARIZED, TIMESTEP =
  0.001
```

(10) 运行结果

输出小球相对初始网平面之间的距离曲线，如图 7.32 所示。

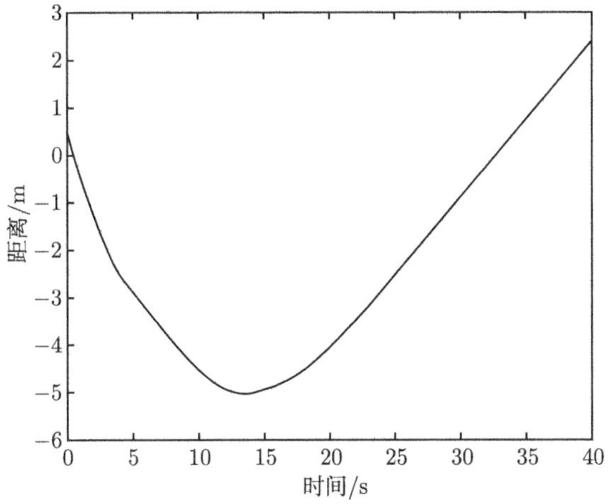

图 7.32 刚性小球相对初始网平面的距离曲线

第 8 章 MBDyn 的前后处理及联合仿真

8.1 基于 SolidWorks 的前处理可视化建模

8.1.1 URDF 文件概述

URDF 是一种基于 XML 规范、用于描述机器人结构的格式。设计这一格式的目的在于提供一种尽可能通用的机器人描述规范。

URDF 文件中有与 XML 相似的格式。一个机器人主要由连杆 (link) 和关节 (joint) 组成，连杆是带有质量属性的刚体，而关节是连接、限制两个刚体相对运动的结构，也称为运动副。通过关节将连杆依次连接起来，就构成一个个运动链（也就是这里定义的机器人模型）。一个 URDF 文档描述关节与连杆的相对关系、惯性属性、几何特点和碰撞模型。URDF 具有类似 XML 的树状结构，如图 8.1 所示。

```
<robot>
    <link>
        <inertial>
            ...
        </inertial>
        <visual>
            <geometry>
                ...
            </geometry>
            <material>
                <color />
            </material>
        </visual>
    </link>
    ...
</robot>
```

图 8.1　URDF 代码示例

定义好机器人的组成部分，以及各个部分具有的信息，还需要有属性描述这些量。例如，robot、link、joint 都有 name 属性，还有一个用来辨识模块的字符串。color 具有 rgba 属性，用来定义连杆的外表颜色。

在 URDF 文件中，link 通过 joint 按一定的层次一个个联系在一起。joint 通过 parent-child 关系把上下 link 联系起来，parent link 可以同时作为其他 link 的 child link，而 child link 也可以同时作为其他 link 的 parent link，如图 8.2 所示。

上述 URDF 语法建立了一个这样的连杆模型。

① 连杆 A 通过关节 A 连接连杆 B，连杆 A 是父连杆。

② 连杆 C 通过关节 B 连接连杆 A，连杆 A 是父连杆。

③ 连杆 D 通过关节 C 连接连杆 C，连杆 C 是父连杆。

可以通过 connectivity graph 展示 link 之间的从属和连接关系，用圆代表 link，箭头代表 joint，joint 从 parent link 流出，指向 child link，因此 URDF 关节链可以用图 8.3 表示。

```
<parent> and <child> Joint Elements
<robot name = "linkage">
    <joint name = "joint A ... >
        <parent link = "link A" />
        <child link = "link B" />
    </joint>
    <joint name = "joint B ... >
        <parent link = "link A" />
        <child link = "link C" />
    </joint>
    <joint name = "joint C ... >
        <parent link = "link C" />
        <child link = "link D" />
    </joint>
</robot>
```

图 8.2 URDF 代码结构

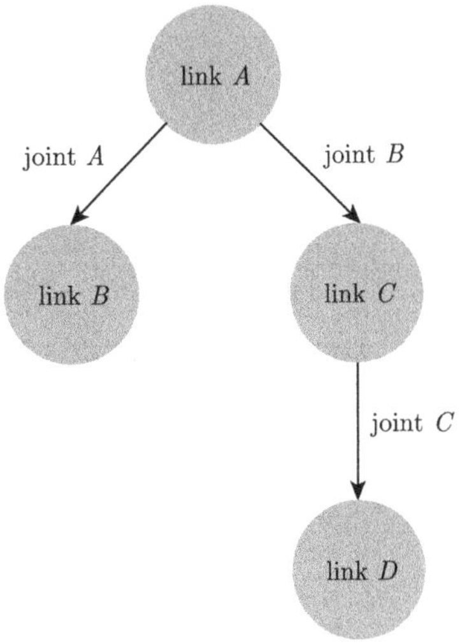

图 8.3 URDF 关节链

8.1.2 从 SolidWorks 中导出 URDF 文件

从 SolidWorks 中导出 URDF 文件依赖 sw_urdf_exporter 插件。这个插件允许将 SolidWorks 零件和装配体方便地导出到 URDF 文件中。导出器将创建一个类似于 ROS 的包，包含网格、纹理和机器人（URDF 文件）的目录。对于单个 SolidWorks 零件，零件导出器提取材料属性并在 URDF 中创建单个链接。对于程序集，导出器将构建链接。程序集层次结构创建树。导出器可以自动确定正确的关节类型、关节变换和轴。

1. 安装插件

首先，下载 ROS 提供的 SolidWorks 转 URDF 的插件安装文件 sw2urdfSetup .exe，安装位置在 SolidWorks 目录下。安装之后再打开 SolidWorks（若使用的 SolidWorks 版本无法加载插件，则多试几个版本，这里使用的是 2020 版本），在菜单栏的工具选项旁边箭头下找到“Tools”中的 Export as URDF，并点击，即表示安装成功。sw2urdfSetup 插件安装示意图如图 8.4 所示。

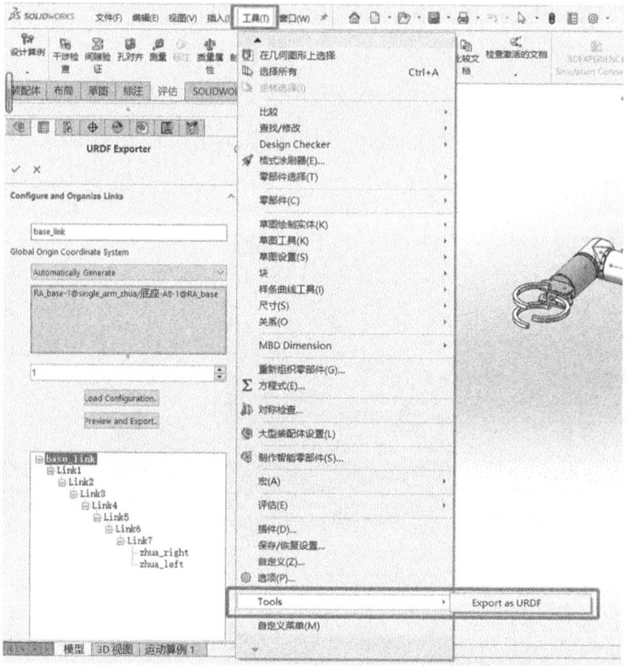

图 8.4　sw2urdfSetup 插件安装示意图

2. 绘制机械臂的各个关节坐标系和旋转轴

在绘制各个连杆零件图的时候，添加各自的坐标系和转轴（其实就是下一个连杆的关节轴），点击菜单栏中的“插入”->“参考几何体”->“坐标系”“基准轴”。定义坐标系和基准轴如图 8.5 所示。这里以七自由度机械臂为例，从左至右连杆的名称分别为原点 0、坐标系 0、基准轴 0；原点 1、坐标系 1、基准轴 1⋯、原点 n、坐标系 n、基准轴 n。

3. 在 URDF 界面设置坐标系和转轴

打开要转换的模型装配体，界面如图 8.6 所示。工具选项旁边箭头下找到“tools”中的 Export as URDF，点击出现 Export to URDF，左边会出现 URDF

Exportor 的属性界面。

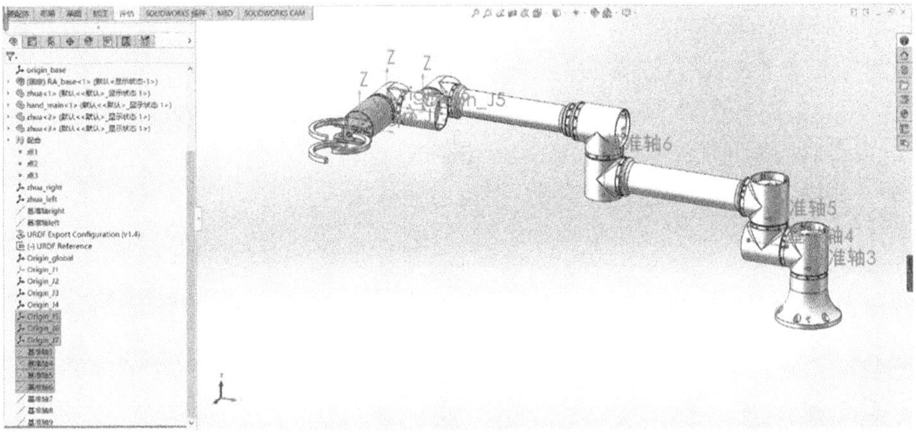

图 8.5 定义坐标系和基准轴

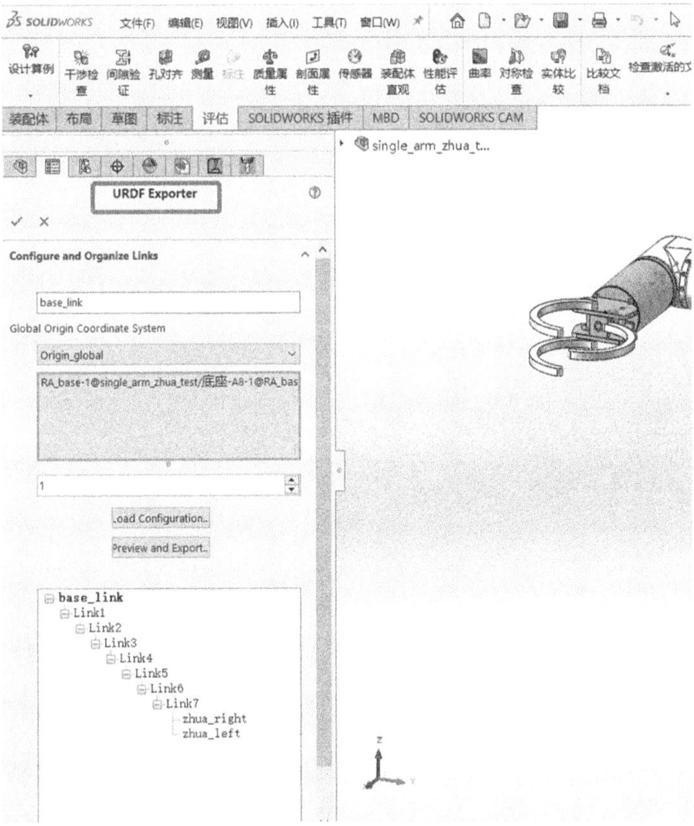

图 8.6 URDF Exportor 界面

对于每个 link，需要赋予它一个唯一的名称，同时赋予此 link 一个唯一的 joint 名称。在 SolidWorks 中，选择要与该 link 关联的组件（装配体或者零件），并添加子 link 的数量。如果有参考坐标系或坐标轴，可以从列表中选择这些坐标系或坐标轴，也可以手动指定每种 joint 类型。每个 URDF 有且仅有一个 base_link。对于这一个 link，因为没有更高等级的 link 相连接，所以是没有 joint 配置的。只需要给它命名（如果不想将其称为 base_link），选择配置并创建其子 link。下面对各个连杆的坐标系和转轴进行设置，使用前面添加的坐标系和轴 URDF Exportor 中配置坐标系和转轴，及关节类型如图 8.7 所示。

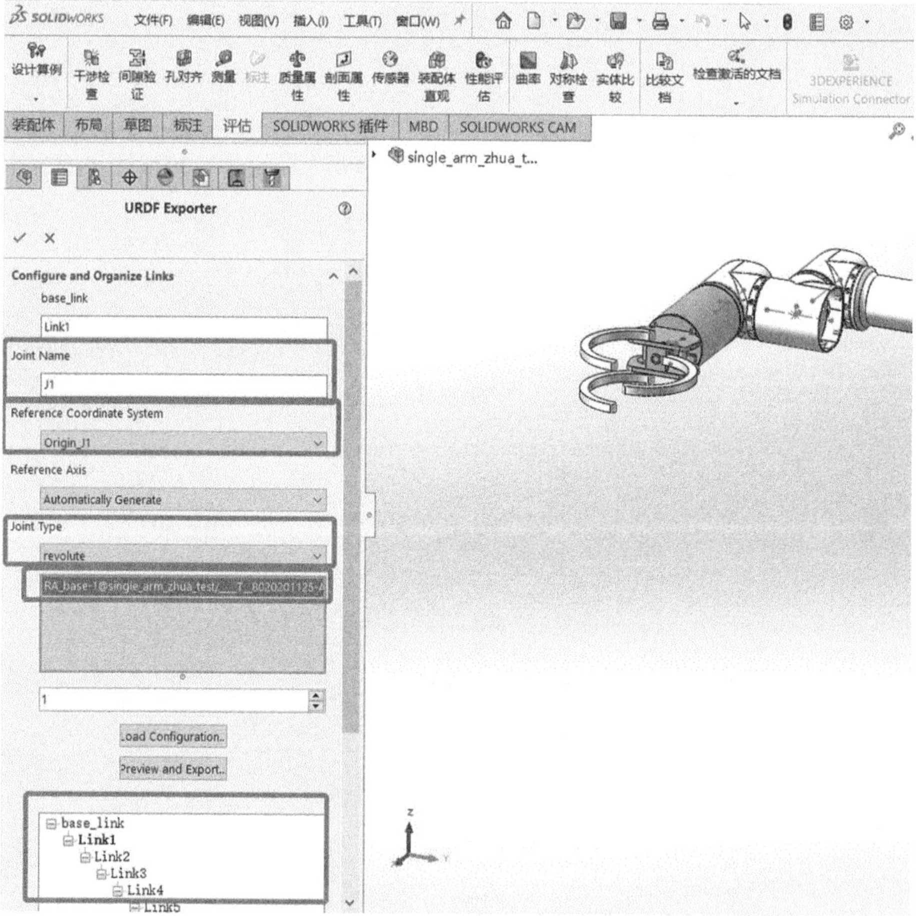

图 8.7 URDF Exportor 中配置坐标系和转轴及关节类型

① link1 的坐标系为坐标系 1，对应 joint1 绕 axis1 旋转，关节类型为 revolute。

② link2 的坐标系为坐标系 2，对应 joint2 绕 axis2 旋转，关节类型为 revolute。

③ link3 的坐标系为坐标系 3，对应 joint3 绕 axis3 旋转，关节类型为 revolute。

④ link4 的坐标系为坐标系 4，对应 joint4 是固定（fixed）关节。

同理，可以建立各个坐标系和关节。

在点击“Preview and Export”后，会出现如图 8.8 所示的界面。按图示填写每个关节的限位值，单位是弧度。该界面中的内容可以后期在生成的 URDF 文件中修改。点击“Next”，可以查看各个连杆的坐标系、惯量、质量等动力学参数，最后点击“Export URDF and Meshes”，生成 URDF 文件如图 8.9 所示。点击“URDF”文件夹，可以查看 URDF 文件。至此完成 SolidWorks 导出机械臂 URDF 文件的工作，如图 8.10 所示。

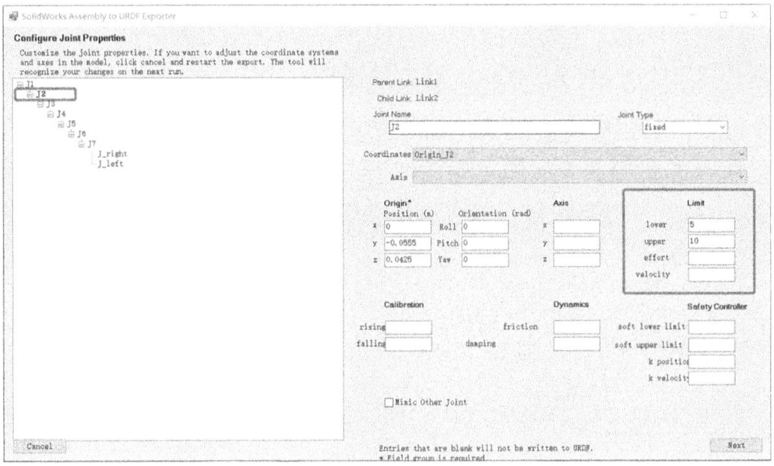

图 8.8 导出器关节限位的设置

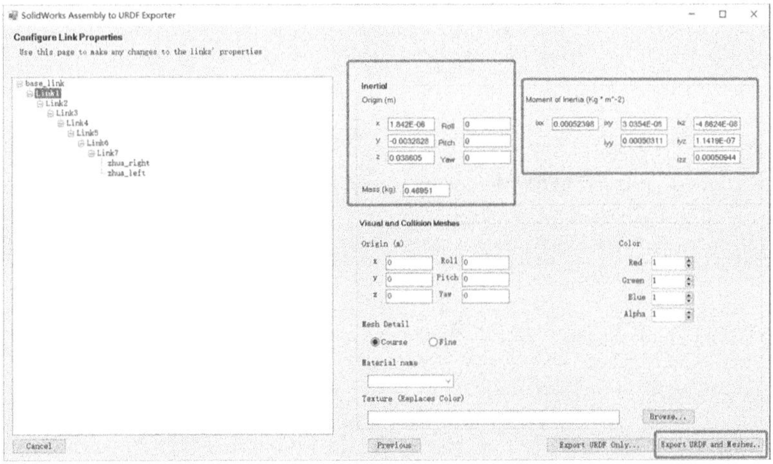

图 8.9 生成 URDF 文件

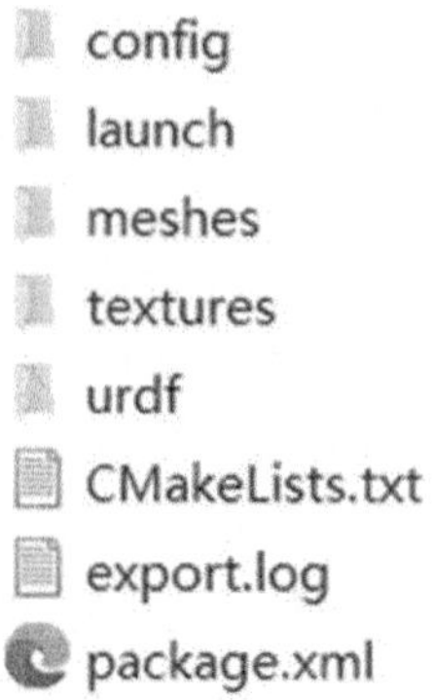

图 8.10　URDF 文件导出

8.1.3　基于 URDF 的 MBDyn 动力学建模

配置 mbs 文件，在“URDF/1 , RA , URDFNAME = XXXX.urdf”，“XXXX”是生成的 URDF 的文件名，即可完成在 MBDyn 中对 URDF 文件的调用。同时，还支持对 URDF 中的连杆和关节进一步编辑，如建立输入和输出，与柔性体的约束等 mbs 文件配置，如图 8.11 所示。

```
[MBSIM_0_1]

URDF/1 , RA , URDFNAME = ur4.urdf

[INPUT]
INPUT/5,TYPE=DRIVEN_INPUT    ,CLASS=CONSTRAINT,BODY_TYPE=REVOLUTE,NAME=joint1,PAR_NUM=1,INIT_VAL=0
INPUT/5,TYPE=DRIVEN_INPUT    ,CLASS=CONSTRAINT,BODY_TYPE=REVOLUTE,NAME=joint2,PAR_NUM=1,INIT_VAL=0
INPUT/5,TYPE=DRIVEN_INPUT    ,CLASS=CONSTRAINT,BODY_TYPE=REVOLUTE,NAME=joint3,PAR_NUM=1,INIT_VAL=0
INPUT/5,TYPE=DRIVEN_INPUT    ,CLASS=CONSTRAINT,BODY_TYPE=REVOLUTE,NAME=joint4,PAR_NUM=1,INIT_VAL=0
INPUT/5,TYPE=DRIVEN_INPUT    ,CLASS=CONSTRAINT,BODY_TYPE=REVOLUTE,NAME=joint5,PAR_NUM=1,INIT_VAL=0
INPUT/5,TYPE=DRIVEN_INPUT    ,CLASS=CONSTRAINT,BODY_TYPE=REVOLUTE,NAME=joint6,PAR_NUM=1,INIT_VAL=0

[COSIMULATION]
OUTPUT/5,TYPE=DRIVEN_OUTPUT    ,CLASS=CONSTRAINT,BODY_TYPE=REVOLUTE,NAME=joint1,PAR_NUM=1
OUTPUT/3,TYPE=DRIVEN_OUTPUT    ,CLASS=CONSTRAINT,BODY_TYPE=REVOLUTE,NAME=joint2,PAR_NUM=1
OUTPUT/3,TYPE=DRIVEN_OUTPUT    ,CLASS=CONSTRAINT,BODY_TYPE=REVOLUTE,NAME=joint3,PAR_NUM=1
OUTPUT/3,TYPE=DRIVEN_OUTPUT    ,CLASS=CONSTRAINT,BODY_TYPE=REVOLUTE,NAME=joint4,PAR_NUM=1
OUTPUT/3,TYPE=DRIVEN_OUTPUT    ,CLASS=CONSTRAINT,BODY_TYPE=REVOLUTE,NAME=joint5,PAR_NUM=1
OUTPUT/3,TYPE=DRIVEN_OUTPUT    ,CLASS=CONSTRAINT,BODY_TYPE=REVOLUTE,NAME=joint6,PAR_NUM=1
```

图 8.11　mbs 文件配置

将 mbs 文件拖入 MBDyn 中，按 Enter 运行，即可查看建立的机械臂模型，如图 8.12 所示。此时完成基于 URDF 的 MBDyn 动力学建模。MBDyn 运行界面如图 8.13 所示。

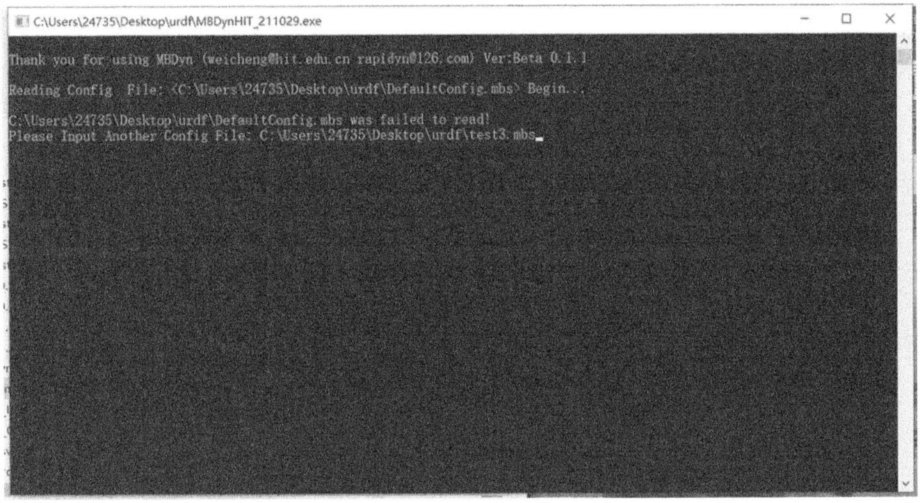

图 8.12 按 Enter 以继续运行

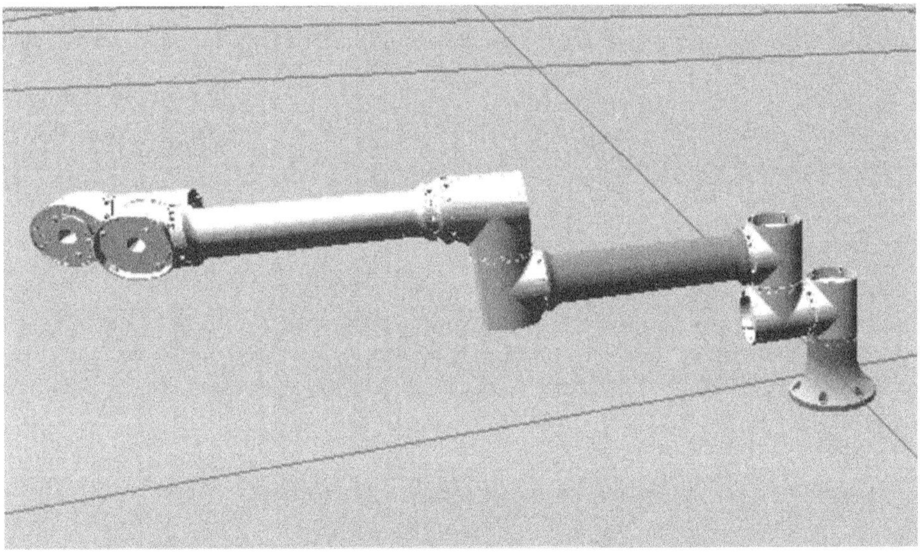

图 8.13 MBDyn 运行界面

8.2 基于 GMSH 的 CAD 模型网格划分前处理

MBDyn 支持将实体单元进行网格划分，对实体柔性单元的应力应变进行描述并显示。利用 GMSH（一个具有内置 CAD 引擎和后处理器的三维有限元网格生成器），将.stl 文件导出成.msh 文件，供 MBDyn 进行进一步调用。

首先，打开 Gmsh.exe，点击 “File”→“Merge”，导入实体.stl 文件模型（图 8.14），

点击 Modules-Geometry-Elementary entities-Add-Volume，点击选中整个模型（图 8.15），此时模型显示变红（图 8.16），根据提示按 E 键和 Q 键，完成实体模型的选择（图 8.17）。

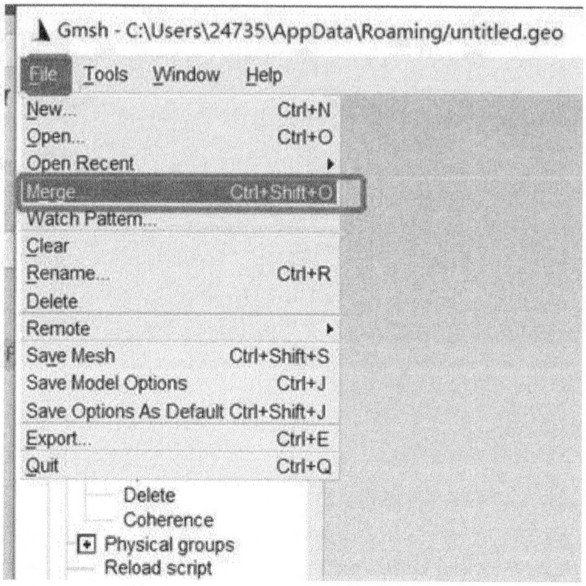

图 8.14　点击 Merge 导入模型

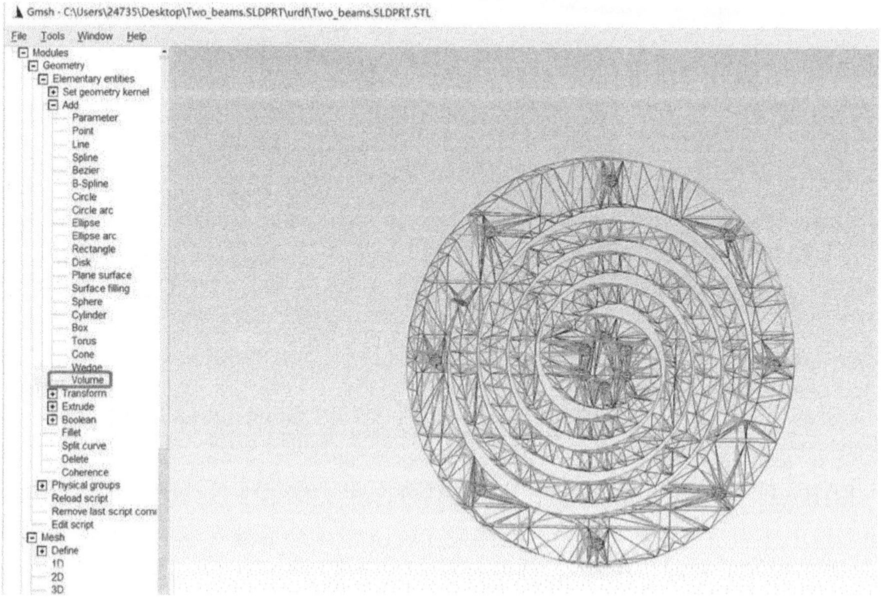

图 8.15　选中整个模型

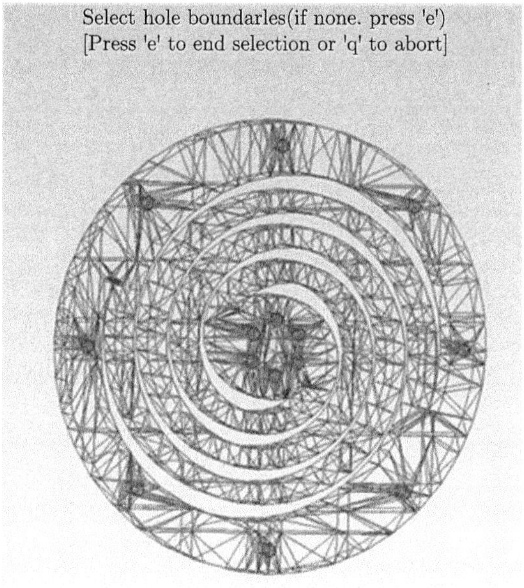

图 8.16 模型选中后变成红色

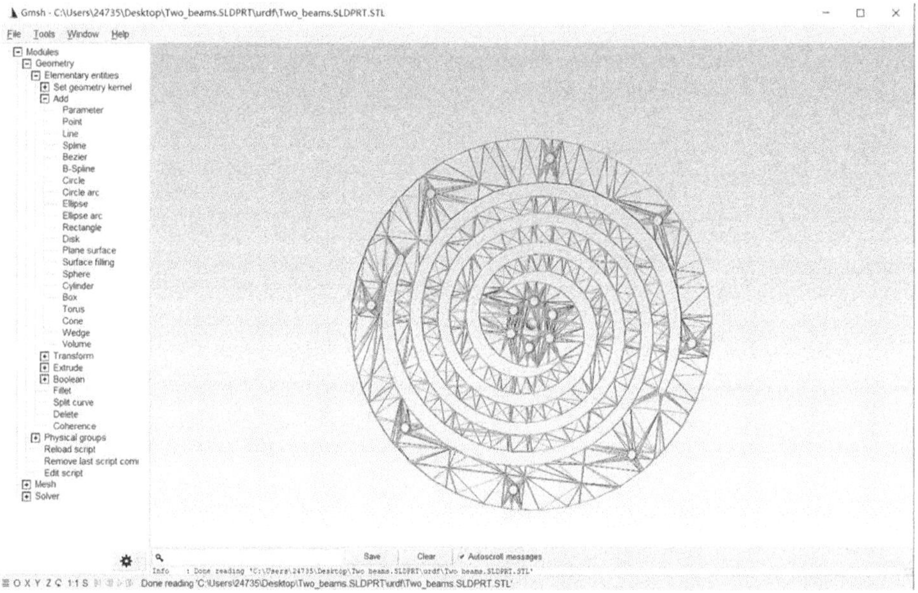

图 8.17 完成模型选择

然后，点击 Modules-Mesh-3D，如图 8.18 所示。等待几秒，可以看到网格节点划分完成，点击 File-Save Mesh（图 8.19），可以得到同一路径下同名的.msh 文件，至此完成由.stl 文件到.msh 文件的转换。

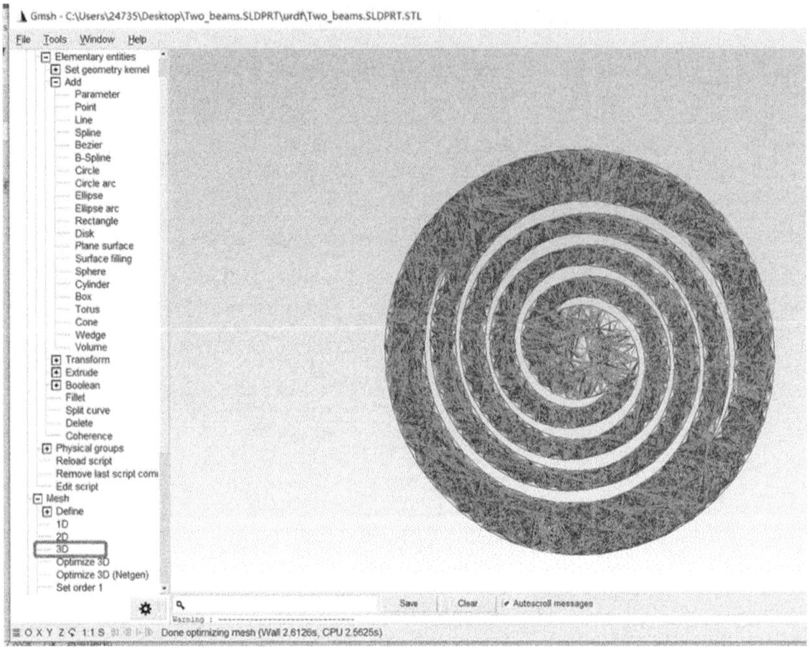

图 8.18　点击 Mesh→3D

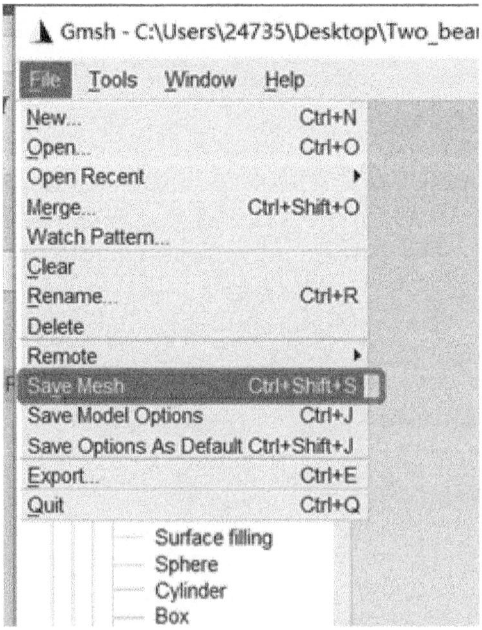

图 8.19　点击 File→Save Mesh

如果想对网格精细程度进行设置，可以点击 Tools-Mesh-General 下的 Min/Max element size 进行设置（图 8.20），右边数值越小，网格划分越精细，但是计算速度也会降低。

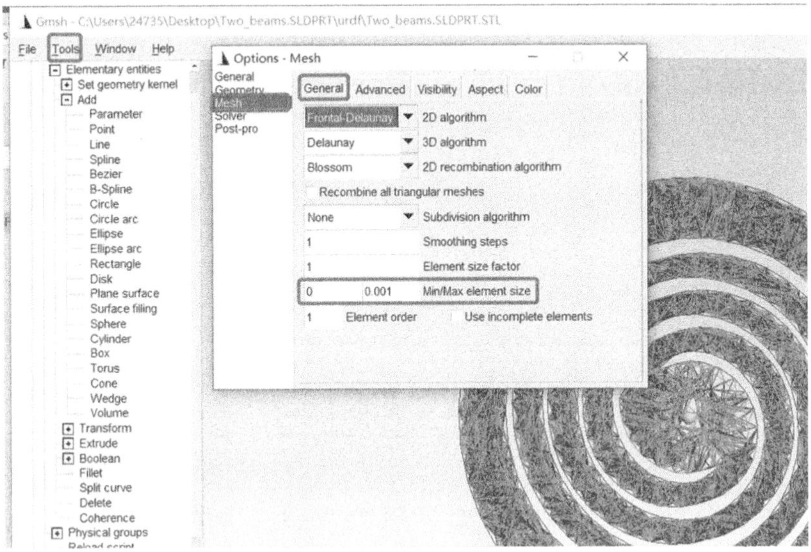

图 8.20　网格精细度设置

此外，如果想显示网格节点的名称在 MBDyn 中进一步使用，可以点击 Tools-Mesh-Visibility 中的 Node labels 显示节点的名称及对应的位置。显示网格节点名称如图 8.21 所示。按住鼠标右键和左键可以实现旋转、平移、放大等功能。

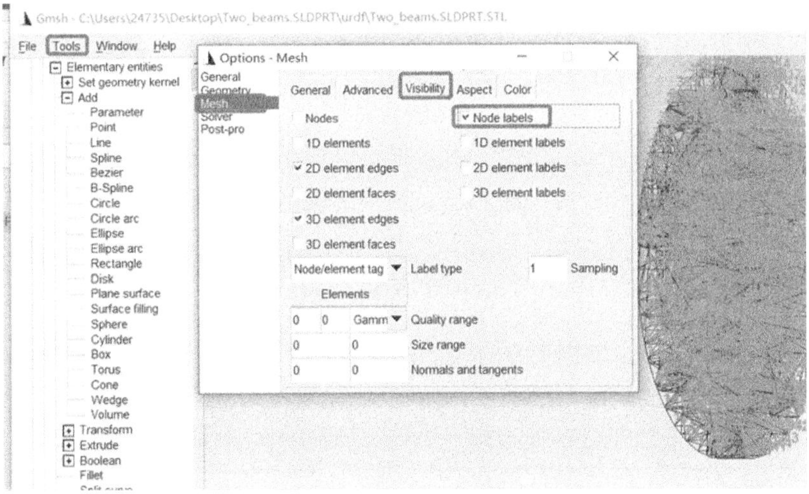

图 8.21　显示网格节点名称

在.mbs 文件中调用生成的.msh 文件，调用命令格式如图 8.22 所示。其中，GMSHELE/1, gmshTest, TYPE = GMSHTET, GMSHNAME = Two_beams.SLDPRT.msh, MATERIAL= STEEL。GMSHNAME 即生成的.msh 文件名，材料属性为 STEEL。CONSTRAINT/1, CONS4, TYPE = FNODEA_POINT_FRAME, FNODE1 = gmshTest_ND_1339, RIGIDBODY2 = jiti，此行命令对柔性体中的柔性节点进行约束，柔性节点编号为 1339，默认的柔性节点类型为 FNODE_R，输出节点信息时，使用 FNODE_R 即可。

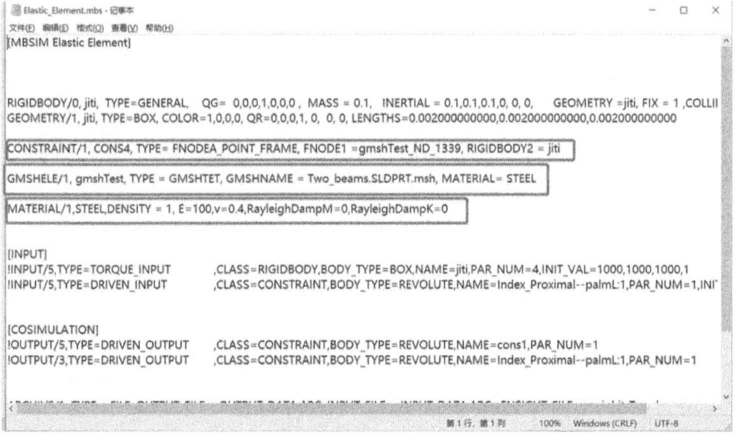

```
[MBSIM Elastic Element]

RIGIDBODY/0, jiti, TYPE=GENERAL, QG= 0,0,0,1,0,0,0 , MASS = 0.1, INERTIAL = 0.1,0.1,0.1,0, 0, 0, GEOMETRY =jiti, FIX = 1 ,COLLII
GEOMETRY/1, jiti, TYPE=BOX, COLOR=1,0,0,0, QR=0,0,0,1, 0, 0, 0, LENGTHS=0.002000000000,0.002000000000,0.002000000000

CONSTRAINT/1, CONS4, TYPE= FNODEA_POINT_FRAME, FNODE1 =gmshTest_ND_1339, RIGIDBODY2 = jiti

GMSHELE/1, gmshTest, TYPE = GMSHTET, GMSHNAME = Two_beams.SLDPRT.msh, MATERIAL= STEEL

MATERIAL/1,STEEL,DENSITY = 1, E=100,v=0.4,RayleighDampM=0,RayleighDampK=0

[INPUT]
!INPUT/5,TYPE=TORQUE_INPUT      ,CLASS=RIGIDBODY,BODY_TYPE=BOX,NAME=jiti,PAR_NUM=4,INIT_VAL=1000,1000,1000,1
!INPUT/5,TYPE=DRIVEN_INPUT      ,CLASS=CONSTRAINT,BODY_TYPE=REVOLUTE,NAME=Index_Proximal--palmL:1,PAR_NUM=1,INI

[COSIMULATION]
!OUTPUT/5,TYPE=DRIVEN_OUTPUT    ,CLASS=CONSTRAINT,BODY_TYPE=REVOLUTE,NAME=cons1,PAR_NUM=1
!OUTPUT/3,TYPE=DRIVEN_OUTPUT    ,CLASS=CONSTRAINT,BODY_TYPE=REVOLUTE,NAME=Index_Proximal--palmL:1,PAR_NUM=1
```

图 8.22 MBDyn 调用命令格式

在 MBDyn 中运行.mbs 文件，并用 Paraview 显示结果，可以得到模型在受力作用下的应力、应变、力矩，如图 8.23 所示。

(a) 应力 (b) 应变 (c) 力矩

图 8.23 Paraview 中的结果显示

8.3 基于 Paraview 的三维可视化后处理

为了更方便灵活地观察仿真过程和展示仿真结果，动力学仿真软件通常会将仿真过程动画保存为可编辑的格式。由于 Paraview 不支持中文路径，因此配置文件需要放置到英文目录下。MBDyn 输出动画文件的代码如下。

```
ARCHIVE/1, TYPE=FILE, ENSIGHT\_FILE=ensighit.en
```

本节介绍一些常用的 Paraview 应用。如图 8.24 所示，用来编辑的文件格式为.case，即图中的第一个文件。

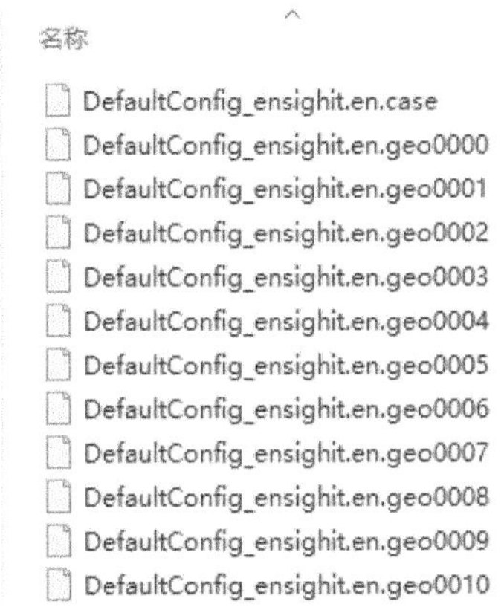

图 8.24 仿真文件示意图

仿真结束后，可以对仿真结果进行后处理。本示例使用 Paraview5.8.0 版本进行演示。首先，打开 Paraview，软件界面如图 8.25 所示。

图 8.25 Paraview 软件界面

将生成的.case 文件拖入 Paraview 软件的 Pipeline Browser 区域内，如图 8.26(a) 所示。由于.case 文件拖入 Paraview 后是默认隐藏的，可以点击 Pipeline Browser 中文件名前方的图标取消隐藏。该操作如图 8.26(b) 所示。取消隐藏后，可以在显示区域内看到机构的初始状态，如图 8.27 所示。点击图上方的播放按钮，可以对当前的仿真动画进行播放。

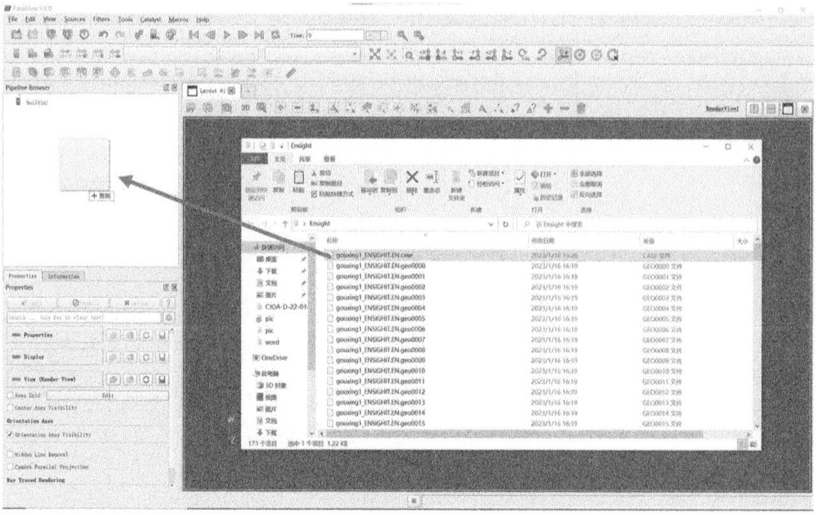

(a) .case文件拖入Paraview

(b) 取消隐藏

图 8.26　可视化文件导入 Paraview

8.3.1　动画输出

打开机构显示后，可以进行动画编辑和输出。在进行动画输出之前，需要将显示区域内的机构调整至所需的尺寸与角度。调整好后，点击左上角的“File”按钮，选择“Save Animation”，如图 8.28 所示。

点击“Save Animation”之后，首先弹出保存路径界面，自行选择想要保存的位置。然后，将“Files of type”选项改为想要的格式，如 VFW AVI files(*.avi)。

此外，Paraview 还支持将输出的动画保存为 bmp、jpeg、jpg、ogv、tiff、tif、avi 等格式。Paraview 保存动画路径与格式如图 8.29 所示。

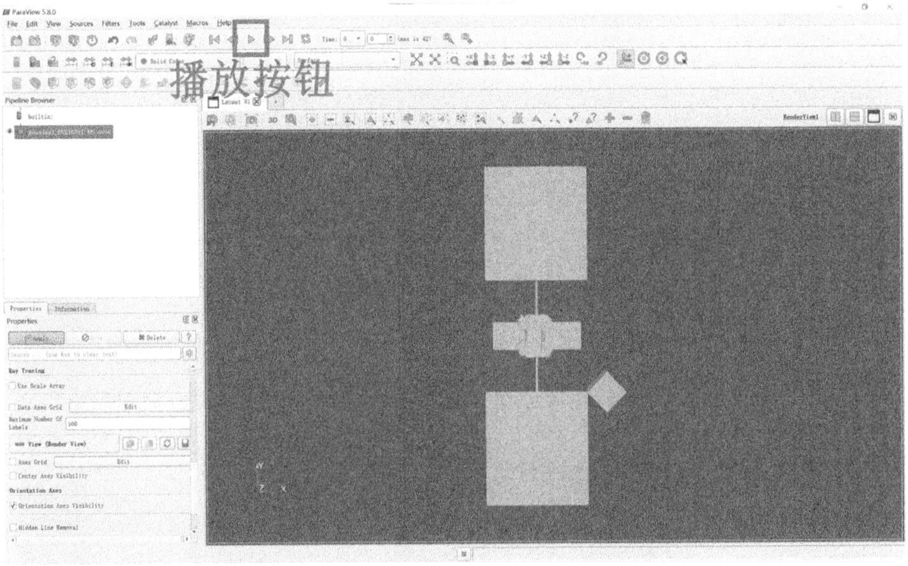

图 8.27 Paraview 机构初始状态

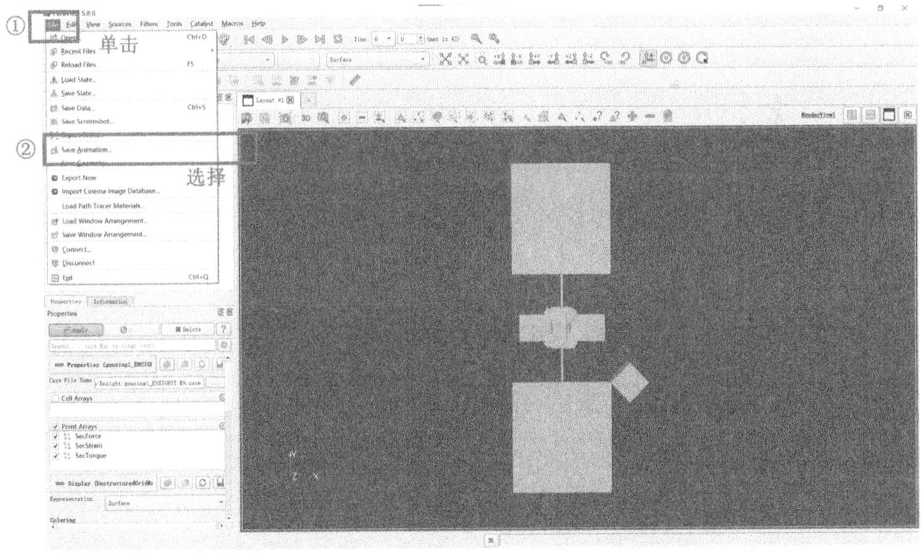

图 8.28 打开 Paraview 保存动画操作界面

设置完成后，点击 ok，弹出图 8.30 所示的设置界面。Size and Scaling 用来设置动画界面的分辨率，通常使用默认值即可。Coloring 选项用来更改背景颜色。

在 File Option 的 Quality 选项中，可以选择输出文件的质量，分别有“0，worst quality，smaller file”、“1”和“2，best quality，larger file”。在 Animation Option 中，输入的数字代表帧速率。

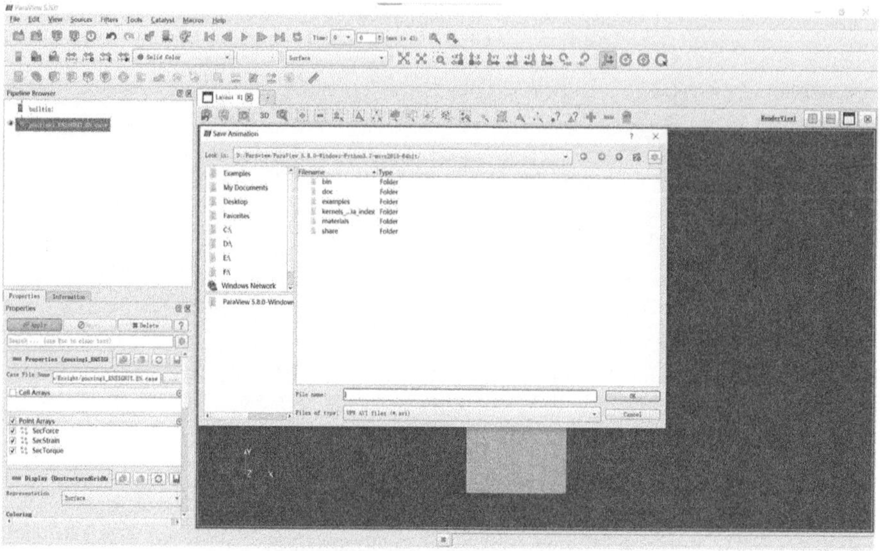

图 8.29 Paraview 保存动画路径与格式

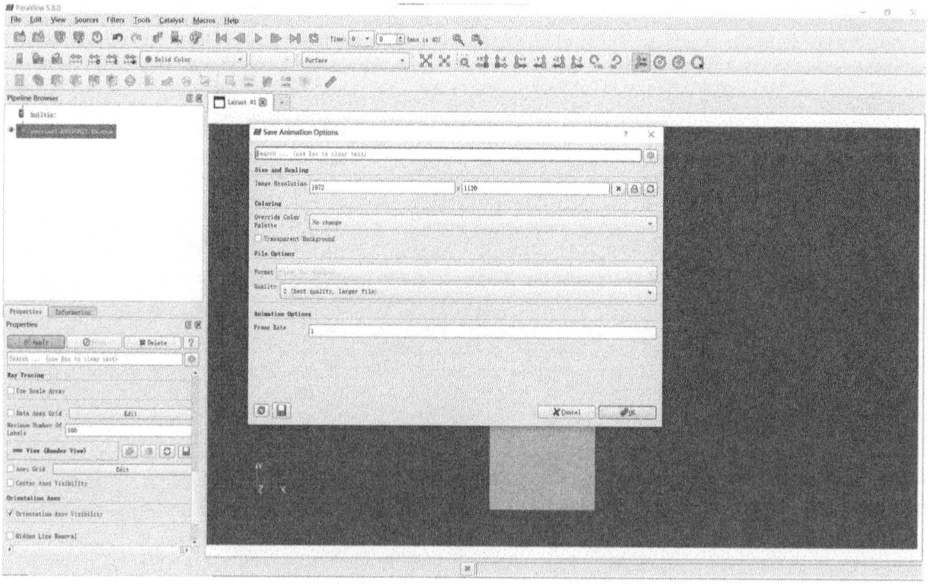

图 8.30 Paraview 动画输出设置

最后，点击“ok”，即可输出动画。

8.3.2 在动画中显示柔性体的应力应变

首先，按照上一节的操作导入.case 文件，打开柔性体（柔性帆板）（图 8.31）。

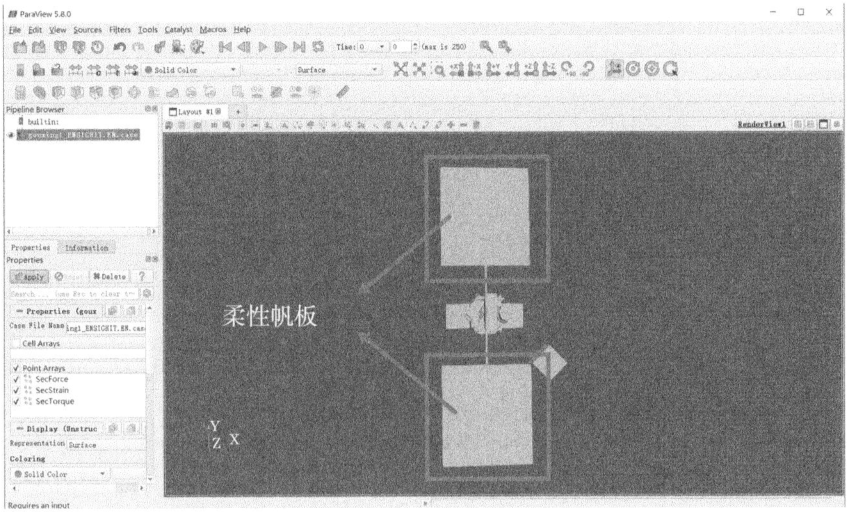

图 8.31 打开柔性体

为了观察柔性帆板的应变，可以将图 8.32 所示的选项更改为 SecStrain(Partial)，更改后的动画界面如图 8.33 所示。此外，还可以显示力和力矩，修改方式与应变的显示相同。

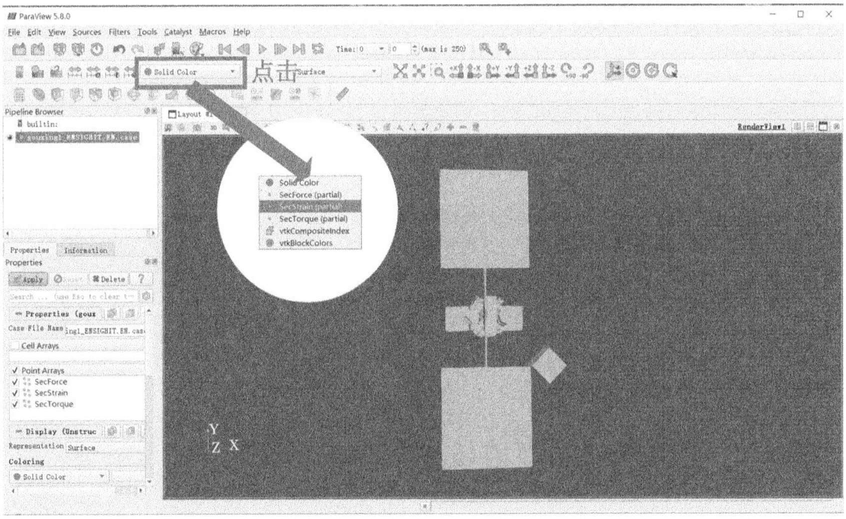

图 8.32 打开柔性应变显示

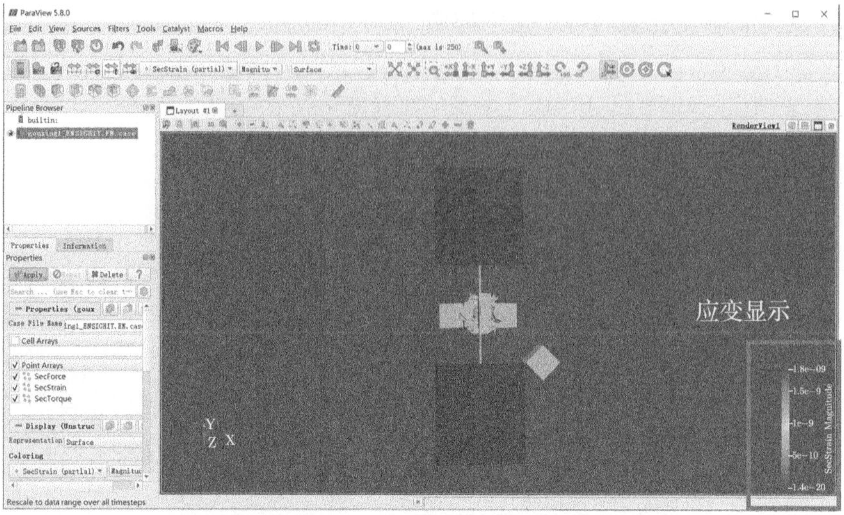

图 8.33　柔性应变显示界面

8.3.3　包络网格与系统中心坐标系显示

Paraview 可以进行包络网格的显示，即显示一个三维坐标网格，可以直观地观察其各个方向上的尺寸。中心坐标系用来定位系统整体姿态，进而判断系统状态。

首先，打开动画.case 文件。在左下角的工具显示区找到 Properties 工具 (图 8.34)，也可以在 view 工具栏中找到并使其显示，如图 8.35 所示。

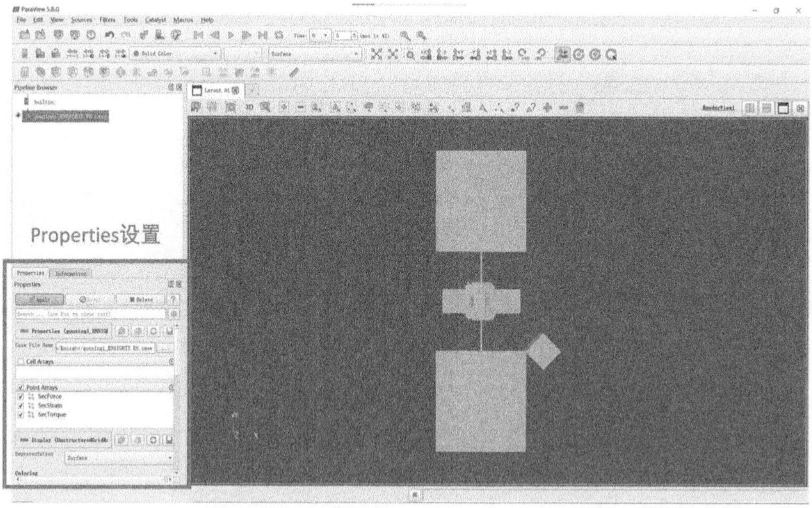

图 8.34　Paraview 中 Properties 工具

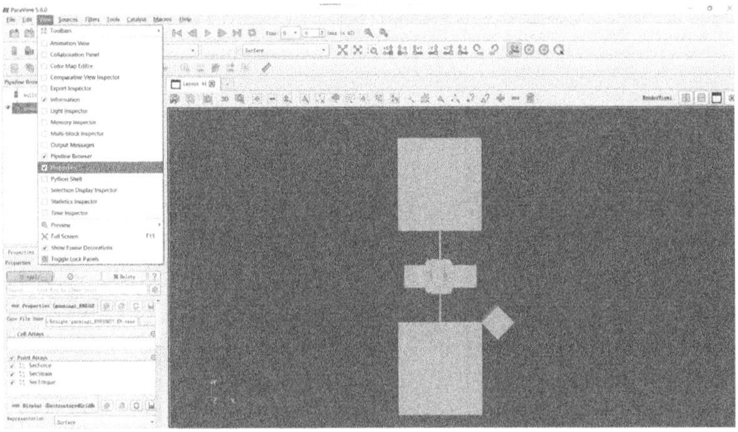

图 8.35 在 view 工具栏中打开 Properties

然后，在 Properties 工具中鼠标滚轮下滑，找到 Axes Grid 和 Center Axes Visibility 设置选项。其中，Axes Grid 是包络坐标网格，Center Axes Visibility 是中心体坐标系。勾选者两个选项后，显示的界面如图 8.36 所示。

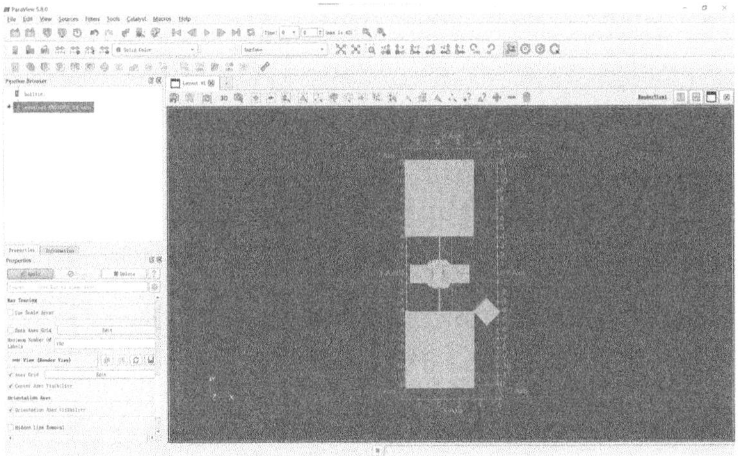

图 8.36 网格与中心体坐标系

Paraview 还有很多可视化功能，读者可以参考 Paraview 相关教程。

8.4 基于 MATLAB/Simulink 的控制系统联合仿真

MBDyn 可以以通信协议的方式与其他仿真软件进行联合仿真。目前与 MBDyn 进行联合仿真主要选择 MATLAB/Simulink。联合仿真是基于 MBDyn 与 Simulink 之间的数据交互实现的，Simulink 将数据输入给 MBDyn，MBDyn 进行动力学计算，并将结果输入 Simulink 进行相关计算。联合仿真总体示例如图 8.37 所示。

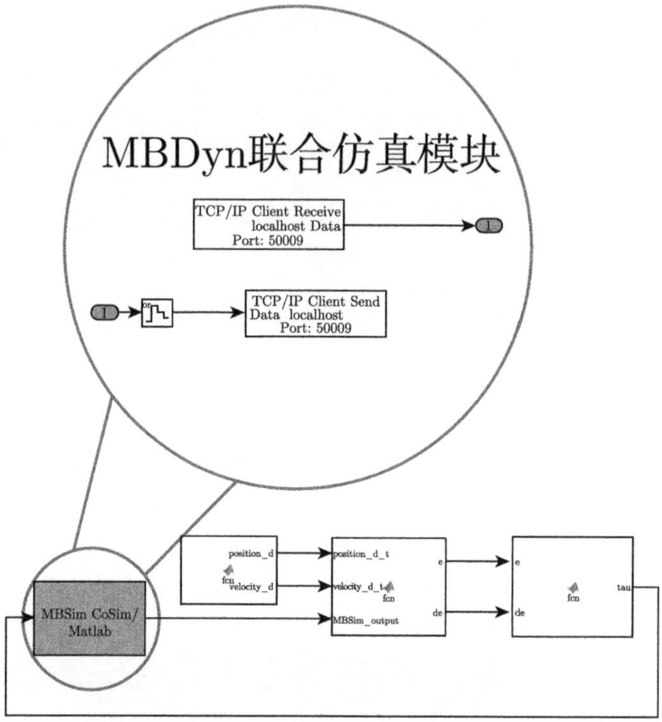

图 8.37 联合仿真总体示例

8.4.1 MBDyn 的联合仿真参数定义

MBDyn 与 Simulink 进行联合仿真的前提是二者应用同一个通信串口。MBDyn 配置文件中的联合仿真设置代码如下。其中，COSIM 代表本行代码定义的内容是联合仿真参数，TYPE=MATLAB 代表 MBDyn 联合仿真的对象是 MATLAB/Simulink。PORTNUM 为通信串口，需要与 Simulink 保持一致，通常设置为 50009。INPUT_NUM 和 OUTPUT_NUM 分别为输入参数的个数与输出参数的个数。

```
COSIM/ID, TYPE=MATLAB, PORTNUM=50009, INPUT\_NUM=13, OUTPUT\_NUM
    =13
```

8.4.2 Simulink 中的联合仿真设置

Simulink 是 MATLAB 中的一种模块化仿真工具，是一种基于 MATLAB 的框图设计环境，是实现动态系统建模、仿真和分析的软件包，广泛应用于线性系统、非线性系统、数字控制、数字信号处理的建模和仿真中。MBDyn 选择与 Simulink 进行联合仿真的理由是 Simulink 继承了大量的 MATLAB 函数，其框图形式非常适合控制系统模块化设计。在 Simulink 提供的集成环境中，无须大量书写程序就可以构造出复杂的系统。下面以 MATLAB 为例进行介绍。打开 Simulink，其界面如图 8.38 所示。

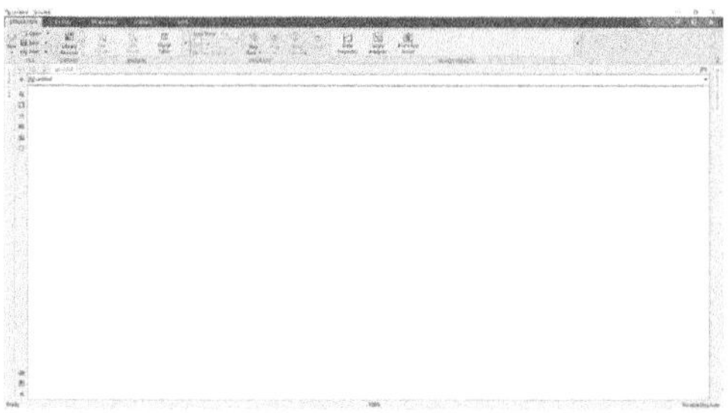

图 8.38 Simulink 界面

1. Communication 模块

MBDyn 与 Simulink 进行联合仿真是通过 Communication 模块完成的，如图 8.39 所示。该模块为一个自定义模块，本质上是与 MBDyn 进行通信的模块。Communication 模块的左侧为输入，即输入该接口的数据会传递给 MBDyn 作为控制输入量 (INPUT)；Communication 模块的右侧为输出，即从该模块输出的是 MBDyn 的输出数据 (OUTPUT)，在控制程序中通常用作状态变量和输出变量。

由于 Communication 模块是一个自定义模块,在 Simulink 的 Library Browser 中不能直接找到，因此需要人为定义。为了方便用户使用，我们将定义好的 Communication 模块放入 DEMO_COSIMULATION 文件夹下的 communication.slx 文件中。

Communication 模块如图 8.39 所示。双击 Communication 外部框，可打开图 8.40 所示的界面。图中的通信步长含义为隔多长时间与 MBDyn 通信一次。MBDyn 的计算时间步通常不大于 0.01。为了保证仿真的准确性，Simulink 的通信时间步、Simulink 的计算时间步与 MBDyn 的计算时间步长通常应该保持一致。图中动力学输出个数为预设 Communication 模块输出的维度，即 MBDyn 输出量的个数。图中主机名称 (默认 localhost) 为通信的主机名称，一般设置为 localhost 即可，并不需要更改。图中 TCP(Transmission Control Protocol, 传输控制协议) 端口号 (默认 50009) 为通信端口，通常设置为 50009，需要与配置文件中的通信端口保持一致。TCP 的等待时间为通信允许的时间延迟。通常由于数据延迟或 MBDyn 的计算问题，可能导致 Simulink 很长时间才收到 MBDyn 的数据。这种情况通常在进行大型柔性体仿真的时候会更加普遍，因此不宜将 TCP 等待时间值设置太小，通常可以将 TCP 等待时间值设置为 5s。

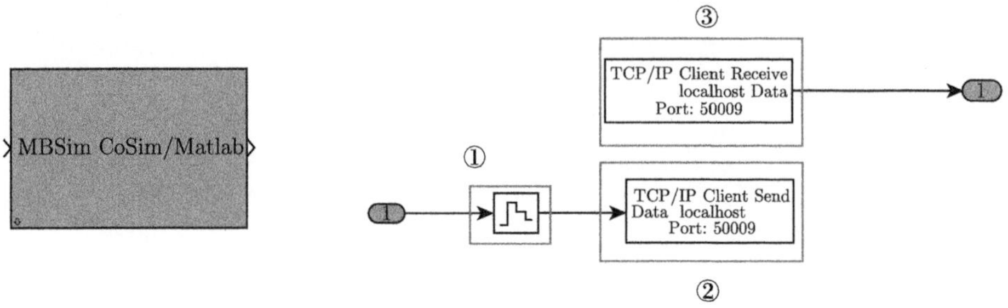

图 8.39　Communication 模块

Communication 通信模块参数设置界面如图 8.40 所示。

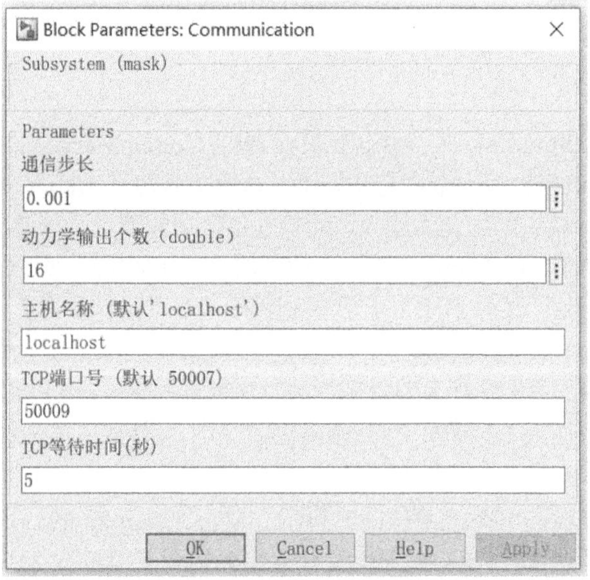

图 8.40　Communication 通信模块参数设置界面

若读者想自己建立该模块，可以使用 Simulink 的封装函数功能。Communication 内部有三个模块，如图 8.39 所示。图中，①为 Zero-Order Hold 模块，②为 TCP Send 模块，③为 TCP Recieve 模块。Zero-Order Hold 模块是零阶保持器，作用是当 Simulink 的计算步长与通信步长不相等时，能够使 MBDyn 的输入值保持当前值。TCP Send 模块的功能是从此端口发送数据，接收方是 MBDyn。RCP Recieve 模块是从此端口接收数据，发送方是 MBDyn。

2. 联合仿真框图建立

编写好 MBDyn 的配置文件后，即可搭建联合仿真模型。通信模块输出端口的输出为 MBDyn 的输出，即多体系统的状态变量。例如，对于机械臂系统，通信模块的输出通常为关节角度和关节角速度。通信模块输入端口的输入量为 MBDyn 的输入，即多体系统的控制变量。例如，对于机械臂系统，通信模块的输入通常为关节控制力矩。

首先，打开 MODEL_COMMUNICATION 文件夹中的 communication 文件。控制系统应该包含控制器、执行器、被控对象、反馈环节、期望值等。在仿真环境下，被控对象、执行器合为一体，都包含在 MBDyn 中，因此只需建立余下的环节。

其次，在打开的 Simulink 文件中，找到 Library Browser，即 Simulink 模块库，如图 8.41 所示。点击 Library Browser，出现如图 8.42 所示的界面。在搜索

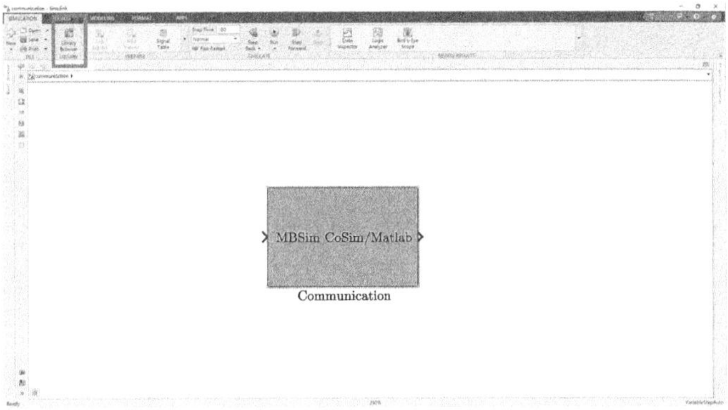

图 8.41 找到 Library Browser

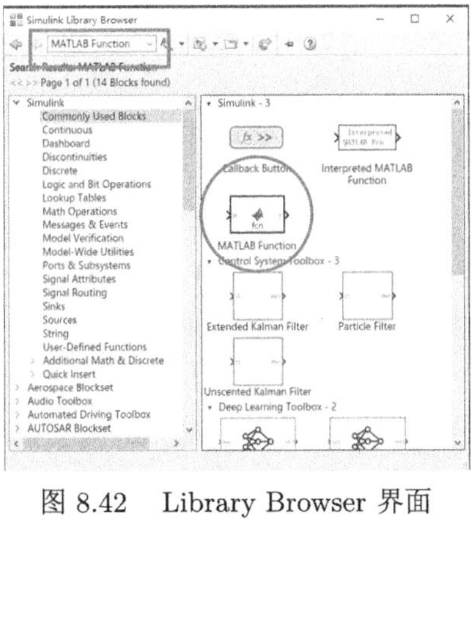

图 8.42 Library Browser 界面

框中输入 MATLAB Function，随后在右侧搜索结果中找到对应的框图，并将其拖至 Simulink 仿真界面中。MATLAB Function 模块是一种用户自定义模块，双击进入该模块，可以在其中编写程序函数实现想要的功能。在这里，所有的功能性模块都尽量使用 MATLAB Function 模块来实现。

下面以一个 7 自由度固定基座机械臂控制模型作为联合仿真示例，如图 8.43 所示。该示例在 DEMO_COSIMULATION 文件夹，已具有执行器和被控对象，因此只需继续建立期望值模块、控制器、反馈环节即可。

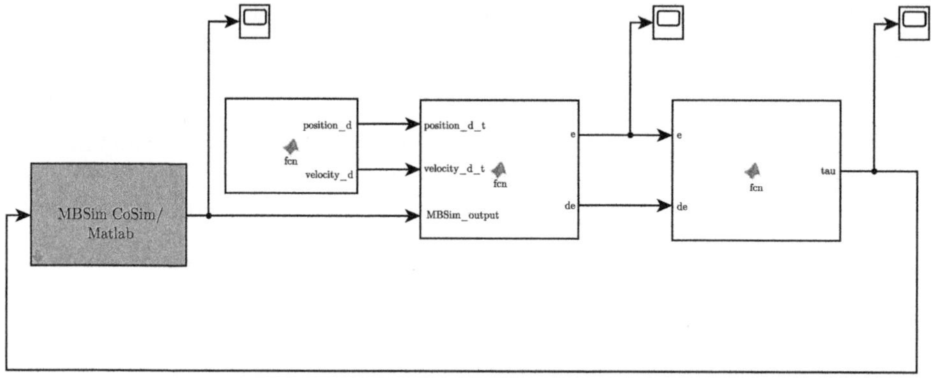

图 8.43　联合仿真示例

首先，建立期望值模块，如图 8.44 所示。由图 8.43 可知，该模块没有输入，输出为状态变量的期望值，包括期望位置与期望速度。其中，输出 position_d 对应的期望位置，输出 velocity_d 对应的期望速度。

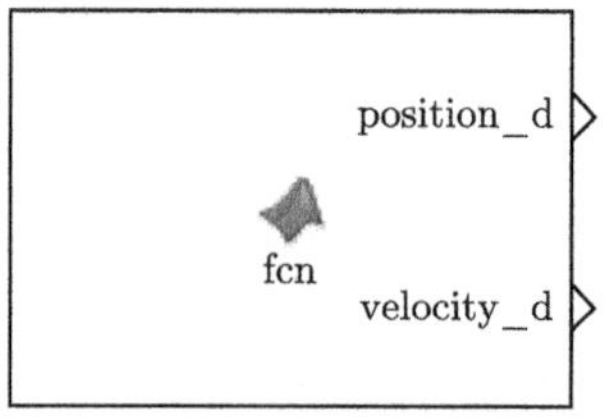

图 8.44　期望值输入模块

示例中反馈环节的主要组成部分是误差计算。其目的是计算系统当前状态与期望状态之间的差异，为控制力矩的计算提供依据。误差计算框如图 8.45 所示。在该示例中，误差 $\boldsymbol{e}=\boldsymbol{\theta}-\boldsymbol{\theta}_{\boldsymbol{d}}$ 对应的输出为图 8.45 中的 e；$\dot{\boldsymbol{e}}=\dot{\boldsymbol{\theta}}-\dot{\boldsymbol{\theta}}_{\boldsymbol{d}}$ 对应的输出为图 8.45 中的 de；$\boldsymbol{\theta}$ 是各关节当前的关节角，$\dot{\boldsymbol{\theta}}$ 是各关节当前的关节角速度，这两个变量均包含于图 8.45 中的 MBSim_output 中；$\boldsymbol{\theta}_{\boldsymbol{d}}$ 是各关节的期望角度，对应图 8.45 上的 position_d_t；$\dot{\boldsymbol{\theta}}_{\boldsymbol{d}}$ 是各关节的期望角速度，对应图 8.45 中的 velocity_d_t。

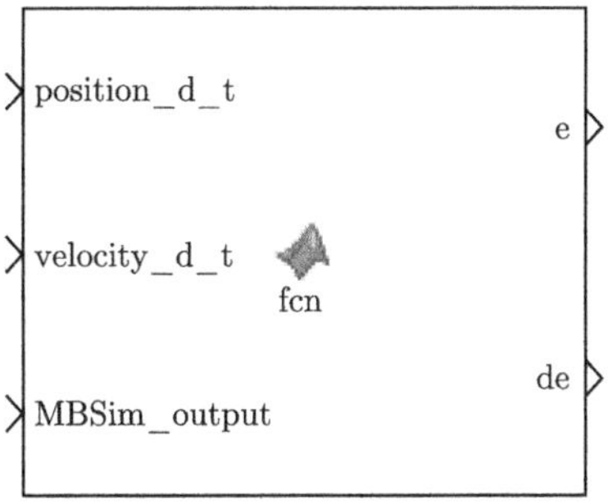

图 8.45 误差计算框

控制器采用 PD(proportional-plus derivative, 比例微分) 控制，控制器模块 (图 8.46) 根据系统当前状态与期望状态之间的误差来计算控制力矩。图 8.46 中 e 和 de 为系统当前状态与期望状态的误差，tau 为输出的控制力矩。

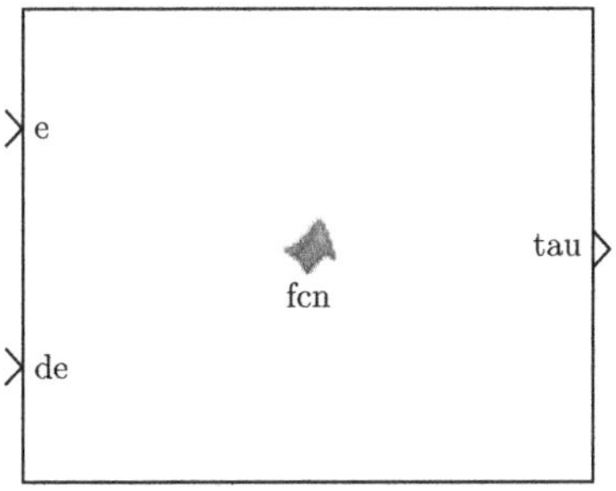

图 8.46 控制器模块

设各关节初始角度均为 0，关节角度的期望值为 1.62944255254232、0.440852529554264、0.982663909239335、1.30655225153527、0、0、0。PD 控制的控制率为 $u=-k_p*e-k_d*\dot{e}$，代码如图 8.47 所示。设置仿真时间为 100s，点击 Simulink 的 Run 按钮开始仿真。仿真结束后，可得各关节的位移变化情况。联合仿真示例结果如图 8.48 所示。

```
function tau = fcn(e, de)

    kp=500*[10, 8, 6, 4, 3, 2, 1]';
    kd=1000*[10, 8, 6, 4, 3, 2, 1]';
    tau_temp=-kp.*e-kd.*de;
    tau=tau_temp;

end
```

图 8.47 控制率代码

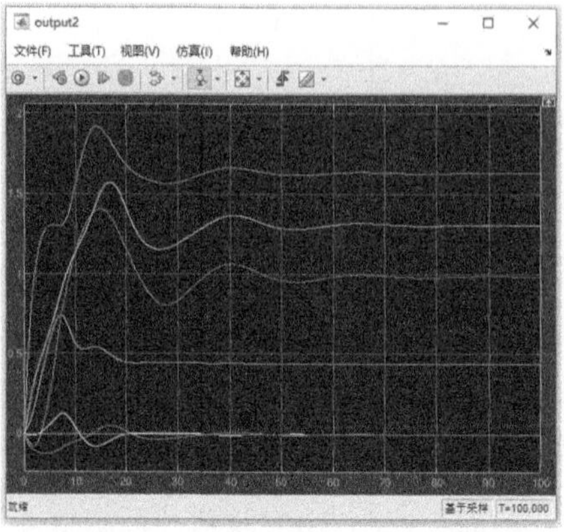

(a) 关节角度变化

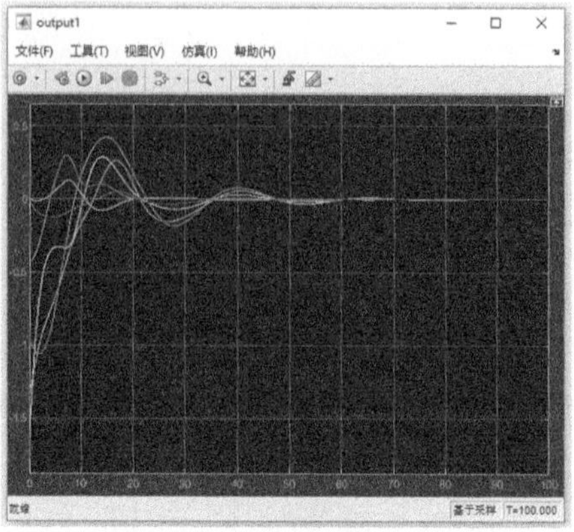

(b) 误差变化

图 8.48　联合仿真示例结果

本节示例比较简单，在实际应用中，可以根据实际需求搭建各种控制模型以实现更为复杂的控制仿真。

8.4.3　MBDyn 与 Simulink 仿真后处理

将 Simulink 仿真过程中产生的数据记录到 MATLAB 工作区 (图 8.49) 通常有两种方法。

一种比较普遍的方法是将要观察的变量在其所在的模块输出，并连接到 To Workspace 模块上。To Workspace 模块可在 Library Browser 中找到，如图 8.50 所示。连接到待输出变量后，To Workspace 模块可将仿真过程中每一次接收到的数据都记录到 MATLAB 工作区，记录的数据为一个结构体，可以方便地进行调用和后处理工作，如图 8.51 所示。

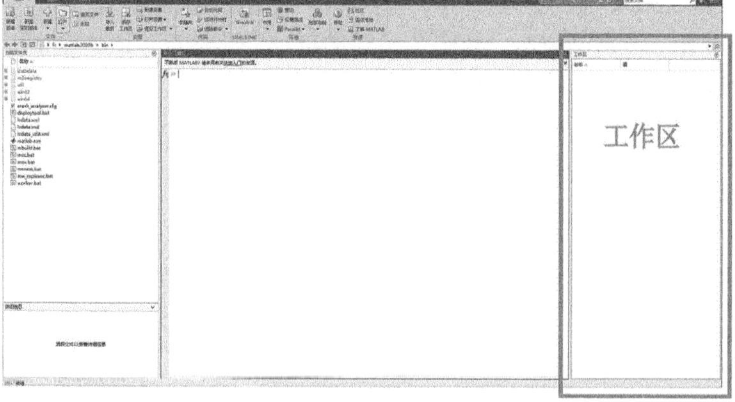

图 8.49　MATLAB 工作区

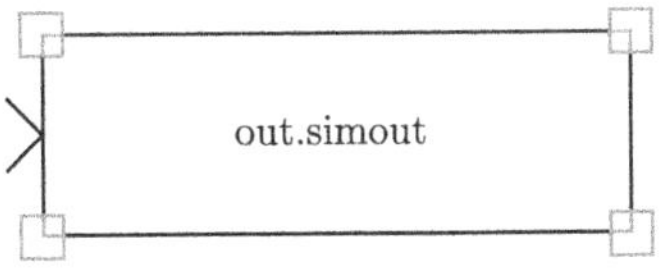

图 8.50 To Workspace 模块

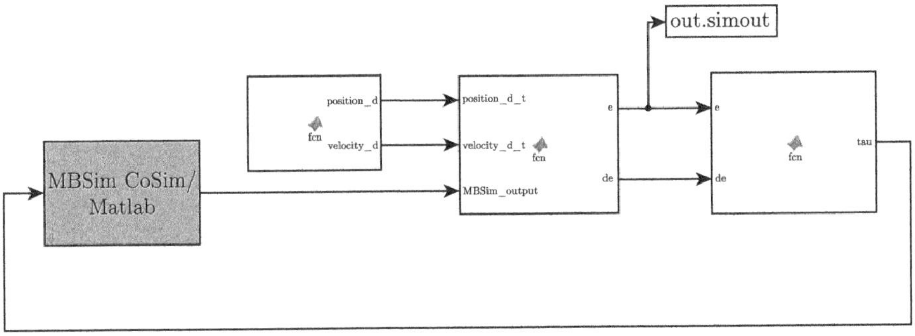

图 8.51 To Workspace 连接方法

第二种方法需要待观察变量连接示波器。在仿真开始前，打开示波器，单击左上角的设置按钮，如图 8.52 所示。然后，在打开的设置界面中点击“记录”、勾选“记录数据到工作区”、选择数据的保存格式（包括 Structure With Time、Structure、Array、Dataset），如图 8.53 所示。最后，运行仿真程序，仿真结束后即可在 MATLAB 工作区找到需要的仿真数据，并进行后续处理。图 8.54 所示为关节角度和关节角度误差随时间的变化曲线。

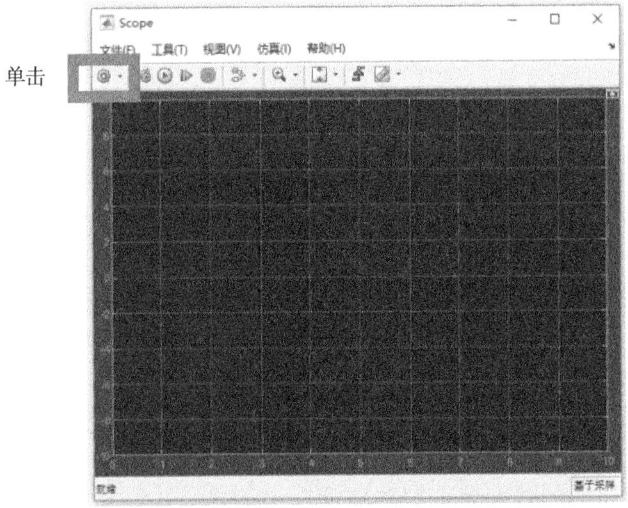

图 8.52 打开示波器设置界面

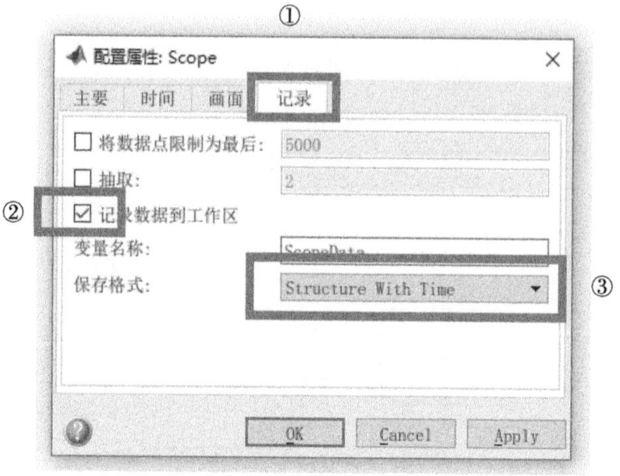

图 8.53　通过示波器记录到工作区

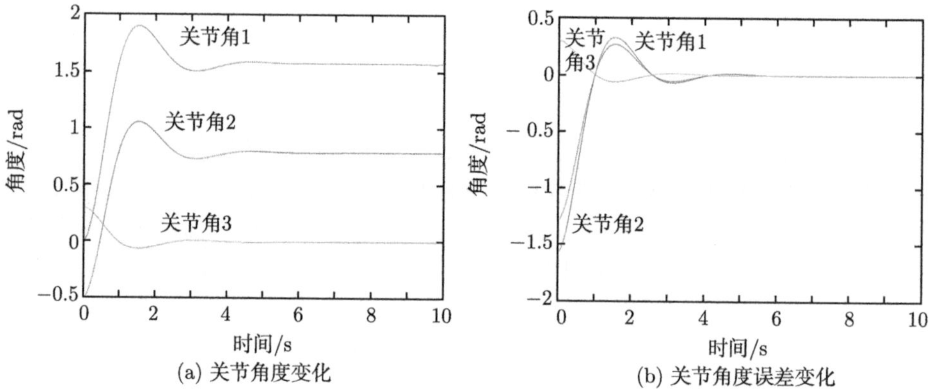

图 8.54　将记录到工作区的数据用 MATLAB 绘图

8.5　基于 Python 的机器学习训练

在 MBDyn 中可构建强化学习环境用于强化学习训练。具体流程是，首先在 MBDyn 中搭建训练环境，然后设计策略函数及价值函数构建强化学习算法，最后进行强化学习训练让智能体实现稳定控制。下面以倒立摆为例展示如何在 MBDyn 构建环境，并在 Python 中进行强化学习训练。

8.5.1　倒立摆模型搭建

摆臂通过一个不施加力矩的转动关节连接到推车上。该推车沿着无摩擦的固定导轨移动，通过向推车施加力来控制系统。摆臂的初始状态是直立的，起初推车有一个向右的初始速度，训练的最终目的是防止摆臂倒下。倒立摆简图如图 8.55 所示。

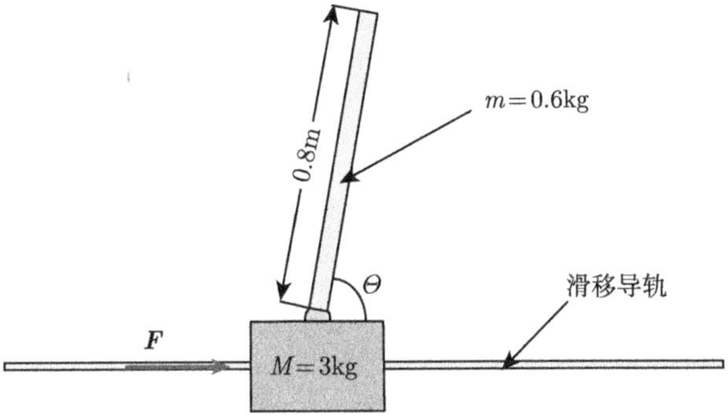

图 8.55 倒立摆简图

在 Python 中，调用 MBDyn 运行构建好的脚本文件，如图 8.56 所示。示例通过 data.initial_py(“cartpole.mbs”) 和 data.Stop() 实现动力学环境的重建，设定单次循环的最大步数为 200 步，循环 100 次，调用的 MBDyn 脚本文件为 cartpole.mbs。

```
import MBDynPy
import numpy as np
print(MBDynPy.foo1())

data = MBDynPy.MBDynInterface()
i = 1
while i < 100:
    B = [0, 0, 0, 0, 0, 0, 0, 0, 0, 0]
    data.initial_py("cartpole.mbs")
    j = 1
    while j < 200:
        A = [5]
        B = data.RunStep_py(A)
        j += 1
    print(i)
    data.Stop()
    i+=1

print("End Sucess")
```

图 8.56 Python 调用 MBDyn

8.5.2 强化学习训练

1. *深度确定性策略梯度* (deep deterministics policy gradient, DDPG) *算法构建*

马尔可夫决策过程是形如 $\langle \mathcal{S}, \mathcal{A}, \mathcal{R}, \mathcal{P}, \rho 0\rangle$ 的五元组，如图 8.57 所示。智能体的构成由策略函数（policy function）、价值函数（value function）和环境模型（environment model）组成。MBDyn 可以实现 $\mathcal{S} \times \mathcal{A} \rightarrow \mathcal{S}$ 对环境转移的拟合，通过简单地调用来测试和仿真。其中，$\mathcal{S}$ 是所有合法状态的集合包括位置、速度、姿态等信息；$\mathcal{A}$ 是所有合法动作的集合；$\mathcal{R}: \mathcal{S} \times \mathcal{A} \rightarrow \mathbb{R}$ 是奖励函数；t 时刻的

奖励函数 rt 由 st.at 决定，使用 r 表示在当前状态 s 采取动作 a 之后能获得的期望奖励；$\mathcal{P}:\mathcal{S}\times\mathcal{A}\times\mathcal{S}\to\mathbf{R}$ 是状态转移概率函数，使用 P_{ss}^{a} 来表示当前状态 s 采取动作 a 转移到状态 S' 的概率；$\rho 0$ 是初始状态的概率分布。

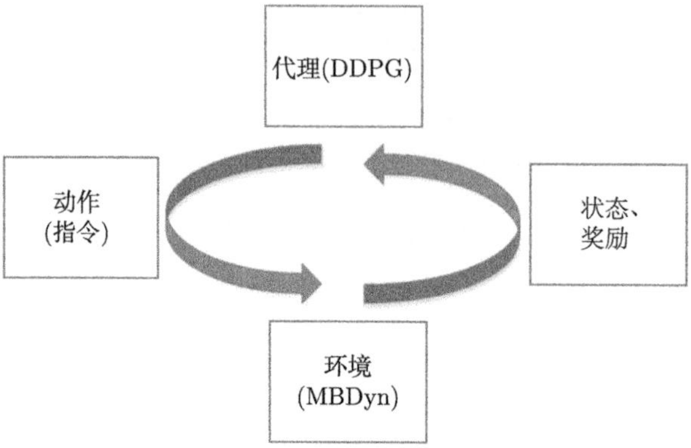

图 8.57 马尔可夫决策过程

MBDyn 中构建的倒立摆模型如图 8.58 所示。

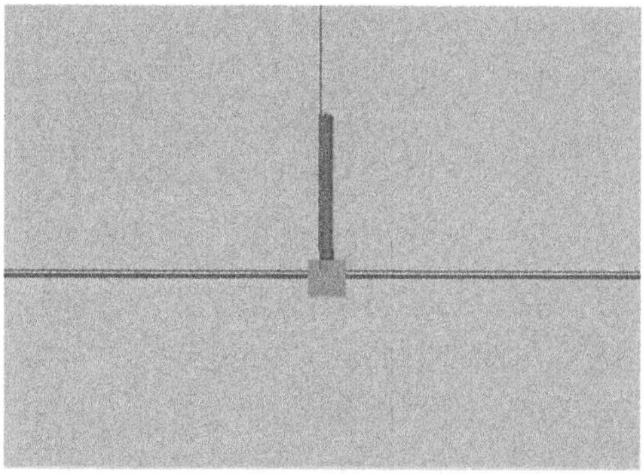

图 8.58 MBDyn 中构建的倒立摆模型

如图 8.59 所示，DDPG 算法是 Actor-Critic 框架和 DQN(deep Q network) 算法的结合体，可以解决 DQN 算法收敛困难的问题。根据 DDPG 算法的特点，可以将其分为 D(deep) 和 DPG(deterministic policy gradient) 两个部分。其中第一部分的 D 是指 DDPG 算法具有更深层次的网络结构。该算法继承了 DQN 中经验池和双层网络的结构，能更有效地提高神经网络的学习效率。DDPG 算法假设策略生成的动作是确定的，策略梯度的求解不需要在动作空间采样积分 DDPG 的策略表现度量为 $\eta(\theta)=Q(s,a)$。如果策略是最优的，则状态–动作值是最大的。DDPG 计算式为 $a=\mu_\theta(s)$，表示在状态 s 下动作的取值。在相同策略 (即函数

参数相同) 的情况下，同一状态下动作的选择是唯一的。DDPG 算法的梯度计算式为 $\nabla_\theta J(\mu_\theta) = E_{s\sim\rho^\mu}\left[\nabla_\theta\mu_\theta(s)\nabla_a Q^\mu(s,a)|_{a=\mu_\theta(s)}\right]$，通过 Q 函数直接对策略进行调整，从梯度上升的方向对策略进行更新。其中，Actor 网络基于概率选取行为，Critic 网络根据 Actor 网络的行为进行打分，然后 Actor 网络根据 Critic 网络的评分修改选取动作的概率，由此构成 DDPG 神经网络。

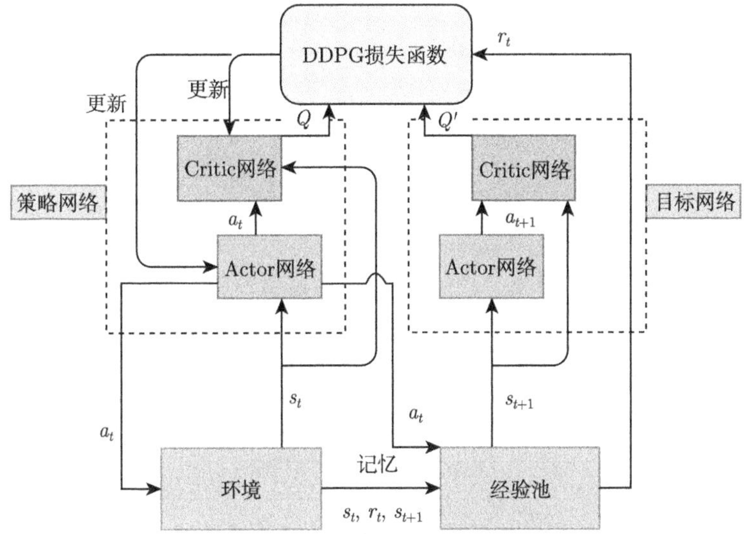

图 8.59 DDPG 结构示意图

在倒立摆系统中，状态值 S 为推车的位移和摆臂与小车的关节角，动作值 a 为施加在推车上的控制力。奖励函数设为，当关节角处于 $-45^\circ \sim 45^\circ$ 范围内时奖励值为 $+1$，其余时刻奖励值为 0。当杆与垂直方向的夹角超过 90°，或者小车从中心移动超过 3.5 个单位时，判断此次训练结束。在 Python 中构建 DDPG 算法，调用 tensorflow 构建神经网络，其中 DDPG 算法包含的函数及其功能如下。

① choose_action，DDPG 网络通过 choose_action 决定下一步的动作指令。

② learn，用来更新神经网络参数。

③ store_transition，用来保存每次训练过程中的记忆，包括状态值、动作值、奖励值，以及上一步的状态值。

④ save，用来保存网络。

⑤ restore，用来提取网络。

2. 倒立摆强化学习训练仿真

在 Python 中调用 MBDyn，建立 MBDyn 和 DDPG 神经网络之间的接口，通过 data.initial_py(cartpole.mbs) 初始化环境，data.Stop() 用来结束训练。通过

这两个命令可以实现环境的重置和训练的循环。设奖励值连续 3 次在训练过程中达到 10000（坚持 100s 保持摆臂不倒）时结束训练。奖励函数曲线如图 8.60 所示。作用在推车上的控制力如图 8.61 所示。

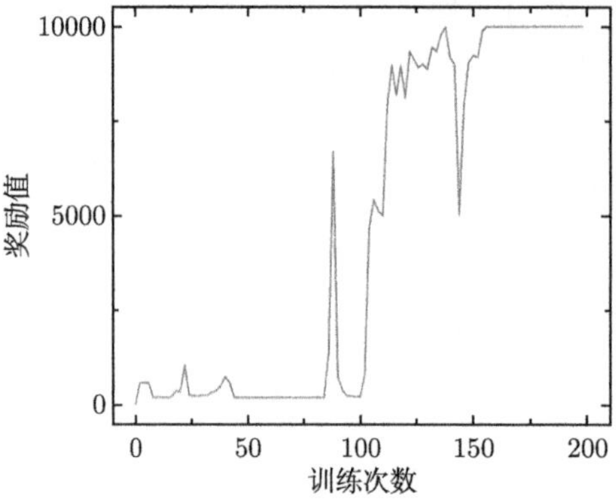

图 8.60　奖励函数曲线

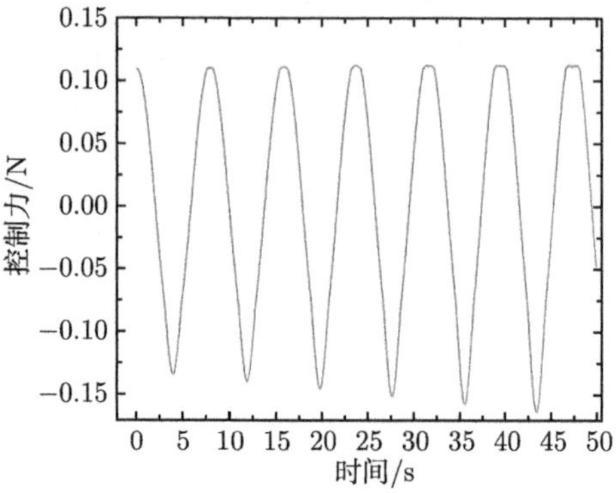

图 8.61　作用在推车上的控制力

在达到结束训练的条件后，通过 ddpg. Save 保存神经网络。然后，通过 ddpg. restore 调用神经网络，测试 DDPG 算法训练出来的控制器效果。测试时，在神经网络控制倒立摆的过程中施加力矩，摆臂与推车之间的关节角如图 8.62 所示。

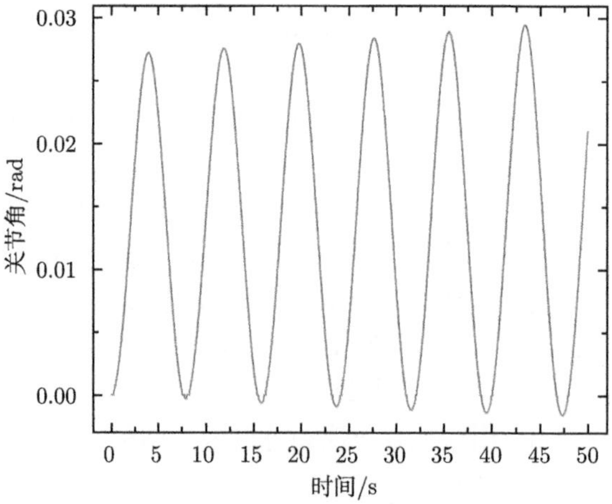

图 8.62　摆臂与推车之间的关节角

可以看出，最终训练好的 DDPG 神经网络可以通过改变作用在推车上的控制力来保证摆臂不会倒下，摆臂与小车之间的关节角维持在 18° 范围内，并且可以维持足够长的时间。

8.6 相机视角场景模拟和图片输出

MBDyn 提供定义相机和图片输入输出的功能，可输入特定的图片粘贴到搭建的对应模型上，通过 MARKER 点定义相机并进行视觉图像输出，用于后续视觉图像处理和信息提取。在 MBDyn 中插入图片的代码如下。

```
GEOMETRY/ 1, basebox1,TEXTURE_FILE = 02.jpg,
GEOMETRY/ 2, basebox2,TEXTURE_FILE = 04.jpg,
GEOMETRY/ 3, basebox3,TEXTURE_FILE = 03.jpg,
GEOMETRY/ 4, basebox4,TEXTURE_FILE = 05.jpg,
GEOMETRY/ 5, basebox5,TEXTURE_FILE = 01.jpg,
GEOMETRY/ 6, basebox6,TEXTURE_FILE = 06.jpg,
```

首先，可以在定义形状的过程中给形状贴上图片，指定 TEXTURE_FILE 为对应的图片。如图 8.63 所示，给正方体的六个面分别贴上对应的 ArUco 码。

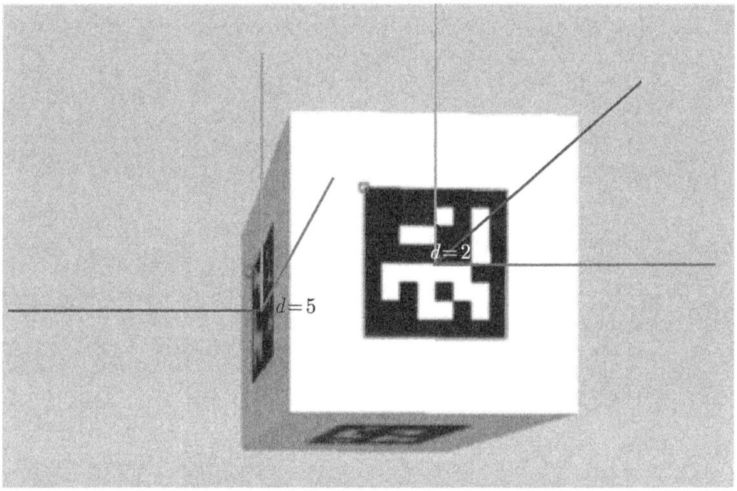

图 8.63 附有 ArUco 码的正方体

利用 MBDyn 中定义的 MARKER，将相机附着在 MARKER 点上，并且定义相机的姿态，以及输出图片的方式，即 CAMERA/ 1, CAM1, TYPE= FIx_CAM, CAM_MODE=0, MARKER_NAME = maker21。输出的图像会保存在 MBDyn 自动生成的名为 Image 的文件夹中，如图 8.64 所示。当 CAM_MODE=0 时，MBDyn 会输出每一个保存步长相机拍到的照片；当 CAM_MODE=1 时，MBDyn 会用当前保存步长相机拍到的照片覆盖之前的图像，因此对应的 Image 文件夹只会保留最近一个保存步长的图像。

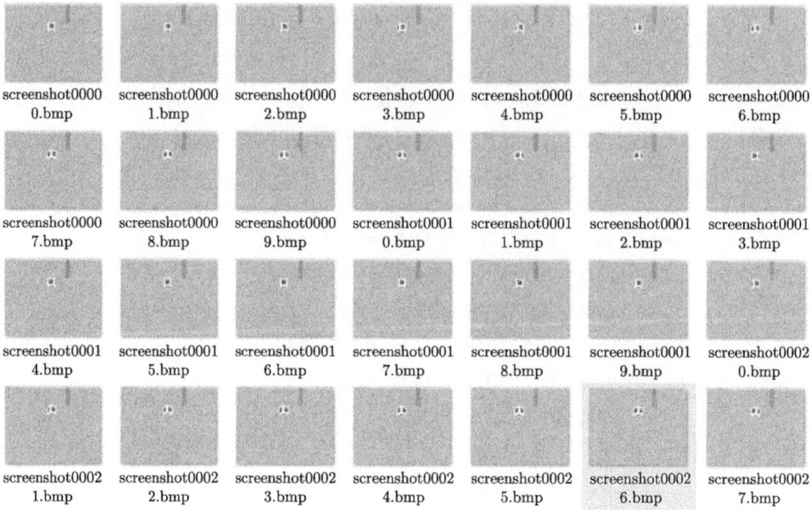

图 8.64　MBDyn 保存图像的 Image 文件夹

第 9 章　MBDyn 场景应用

9.1　空间机械臂动力学仿真

空间机械臂是安装在各种航天器上的多关节机械臂，通常用于引导航天器对接、辅助航天员出舱活动、捕获在轨航天器等，具有广泛的用途和科研价值。目前装备在航天器上的机械臂主要是七自由度机械臂，其两端可以安装固定对接装置或机械爪等机构。

这里使用的程序在 CASE_1_SPACE_ARMHAND 文件夹。控制对象是一个典型的七自由度机械臂，其一端为固定基座，另一端安装有机械手，可用于抓握等操作。我们仅关注机械臂的运动，即令机械臂末端到达指定位置或按照既定的位置、速度曲线运动。

空间机械臂及改进 DH 参数的定义如图 9.1 所示。对于这样的多连杆系统，这里采用改进的 DH 参数对其定义。机械臂改进 DH 参数表如表 9.1 所示。

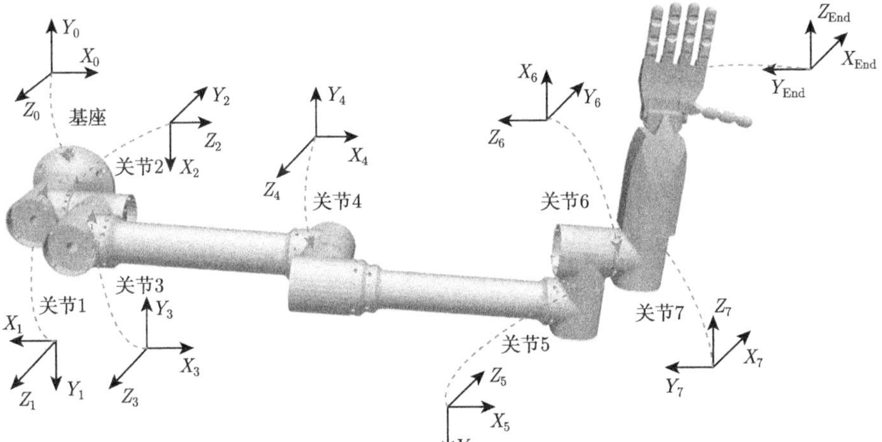

图 9.1　空间机械臂及改进 DH 参数的定义

表 9.1　机械臂改进 DH 参数表

连杆	$\theta_i/(°)$	d_i/m	a_i/m	$\alpha_i/(°)$
1	θ_1	0	0	90
2	θ_2	0.098	0	−90
3	θ_3	0.098	0.4	0

续表

连杆	$\theta_i/(°)$	d_i/m	a_i/m	$\alpha_i/(°)$
4	θ_4	0.1082	0.4	−90
5	θ_5	0.086	0	−90
6	θ_6	0.086	0	90
7	θ_7	0.0365	0	0

9.1.1 动力学模型的建立

在本算例中，采用 URDF 文件在 MBDyn 中对该机械臂进行建模，能快速定义各杆件的几何图形和杆件间的约束。得到 URDF 文件后，将其路径写入.mbs 文件，然后在 MBDyn 程序中打开.mbs 文件进行仿真。.mbs 文件中关于 URDF 定义的语句如下。

```
URDF/1 , RA , URDFNAME = 131RA_3.urdf,  QG=  0,0,0,1,0,0,0
URDF/12, RA1 , URDFNAME = testHand5vel.urdf,  QG=…
0.1225,-0.984,0.3597,0.707106781186548,0,0,-0.707106781186548,
 … COLLIDE =1, MATERIAL =STEEL
```

在软件使用中，需要将 URDF 文件与.mbs 文件放于同一路径下。

对于关节的驱动，MBDyn 支持力矩、速度、位置三种模式。在 URDF 文件和.mbs 文件中，对应这几种关节驱动模式的关节约束定义语句有所区别，下面对其简要说明。

①在.urdf 文件中，不同输入模式的关节约束定义有所不同，如图 9.2 所示。

```
<joint
  name="Bjoint1"
  type="revolute">
```

(a) 力矩输入

```
<joint
  name="Bjoint1"
  type="revoluteVel">
```

(b) 速度输入

```
<joint
  name="Bjoint1"
  type="revoluteAng">
```

(c) 位置输入

图 9.2 不同输入模式的关节约束定义

②在 mbs 文件中，不同模式下 INPUT 中 TYPE 和 BODY_TYPE 的定义有所不同。

```
力矩输入: TYPE=DRIVEN_INPUT, BODY_TYPE=REVOLUTE
速度输入: TYPE=MOTION_INPUT, BODY_TYPE=MOTOR_VEL_ROT
位移输入: TYPE=MOTION_INPUT, BODY_TYPE=MOTOR_ROT
```

③在 mbs 文件中，不同模式下 OUTPUT 中 BODY_TYPE 的定义有所不同。

```
力矩输入: BODY_TYPE=REVOLUTE
速度输入: BODY_TYPE=MOTOR_VEL_ROT
```

```
位移输入：BODY_TYPE=MOTOR_ROT
```

9.1.2 力矩输入模式

力矩输入模式是多体系统仿真软件中对关节驱动仿真的基础形式。在该模式下，各关节被看作理想约束，操作者能精确控制施加在各关节上的力矩。尽管这一模式与现实中电机的工作方式有出入，但是力矩模式最贴合常见的利用拉格朗日法建立的动力学模型，便于在仿真环境中进行控制。同时，在仿真中获得的力矩曲线也可以作为确定电机载荷的依据。

力矩输入模式算例的程序在 CASE_1_SPACE_ARMHAND\CASE_SPACE_ ARMHAND_TORQUE 文件夹中。在该算例中，控制目标是令机械臂末端沿 y 方向相对初始位置平移 0.4m。机械臂末端最终位置相对初始位置计算出的关节角度为 $[1.6294, 0.4409, 0.9827, 1.3066, 0, 0, 0]$rad。

控制方案采用 PD 控制，对各关节施加力矩，使各关节角度从初始状态转动到期望状态。如图 9.3 所示，Simulink 控制框图包括产生期望位置信息、期望关节角度序列、计算关节力矩等部分。

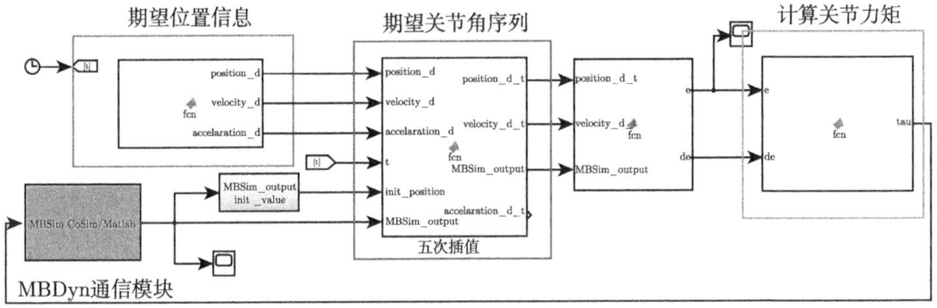

图 9.3 力矩模式控制框图

如图 9.4 所示，对各关节的力矩控制能使机械臂运动到指定位置。

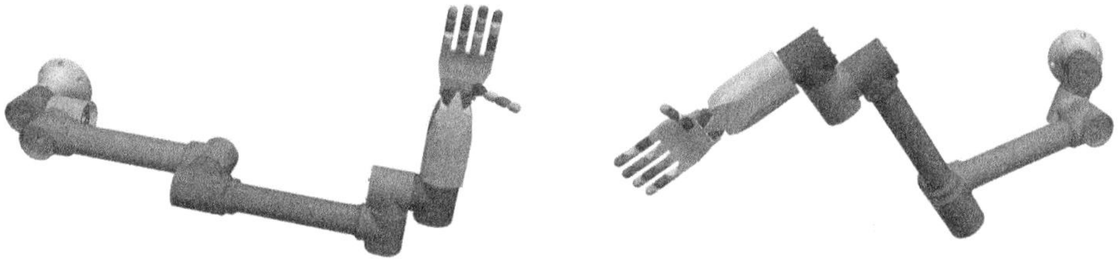

(a) 初始状态　　(b) 最终状态

图 9.4 用力矩模式控制机械臂的运动

如图 9.5 所示，采用 PD 控制，各关节角有震荡、超调的现象，要获得较好的控制效果，可以采用计算力矩法等方法。

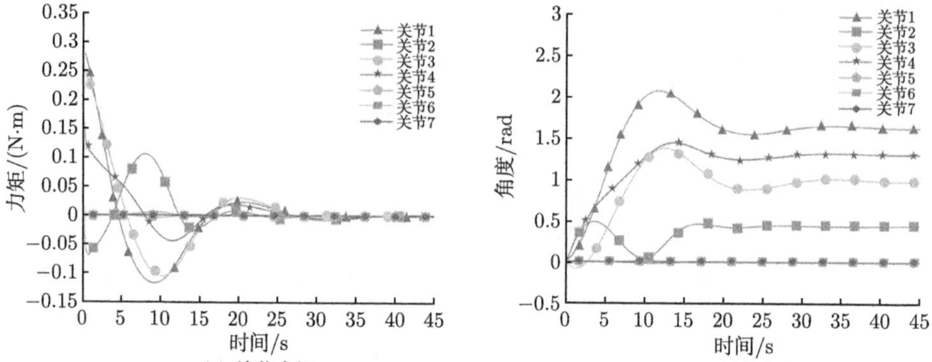

(a) 关节力矩　　(b) 关节角度

图 9.5　力矩模式机械臂工作曲线

9.1.3　速度输入模式

在实际的机械臂上，由于电机特性、减速器、关节摩擦等因素，机械臂的关节特性与理想关节相差甚远，控制电机的转速或转角而不是力矩是更常见的情景。MBDyn 同样支持关节速度或位置输入的驱动方式，这里采用速度输入的方式控制关节角度，使关节末端按期望的速度曲线运行。

算例程序在 CASE_1_SPACE_ARMHAND\CASE_SPACE_ARMHAND_VELOCITY 文件夹，如图 9.6 和图 9.7 所示。其控制目标是令机械臂末端沿 y 方向以 1.5m/s 的速度匀速运行，通过求 Jacobi 矩阵的逆解得到关节速度曲线。

图 9.8 所示为关节速度曲线。图 9.9 所示为关节角度曲线。

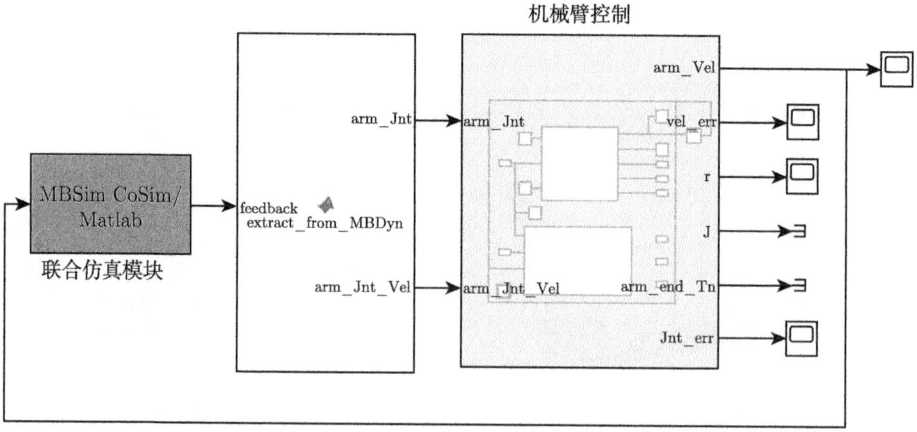

图 9.6　速度模式控制框图 (总览)

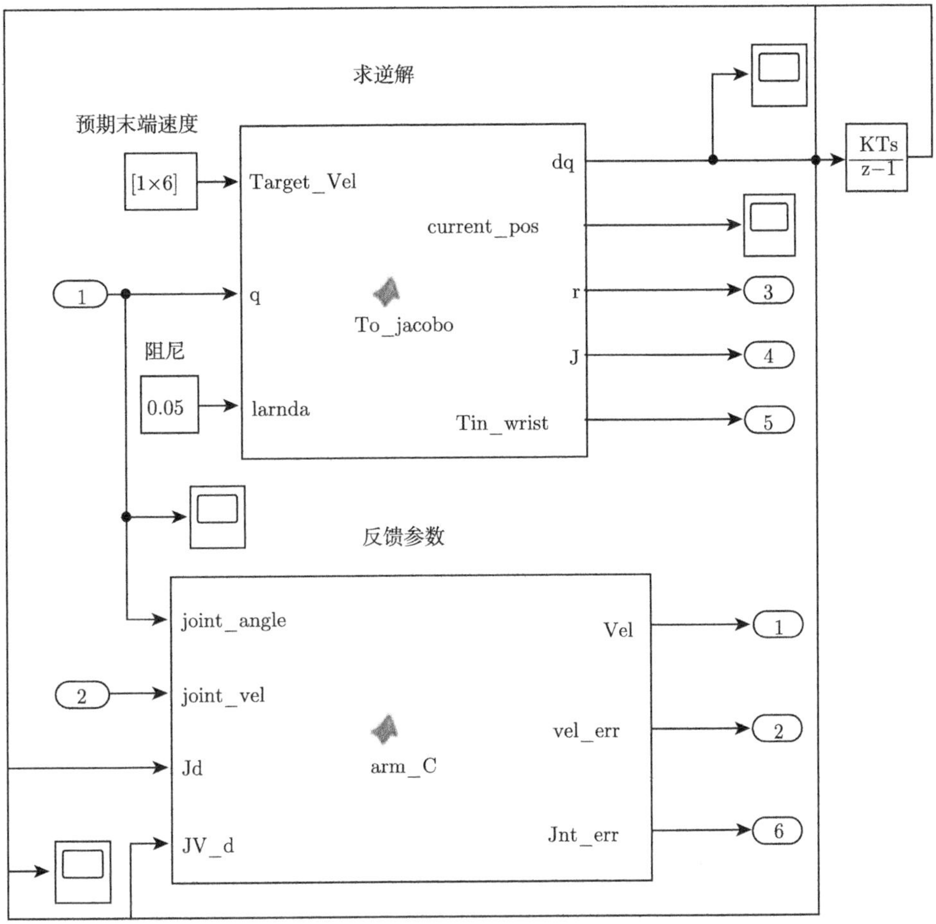

图 9.7 速度模式机械臂控制框图

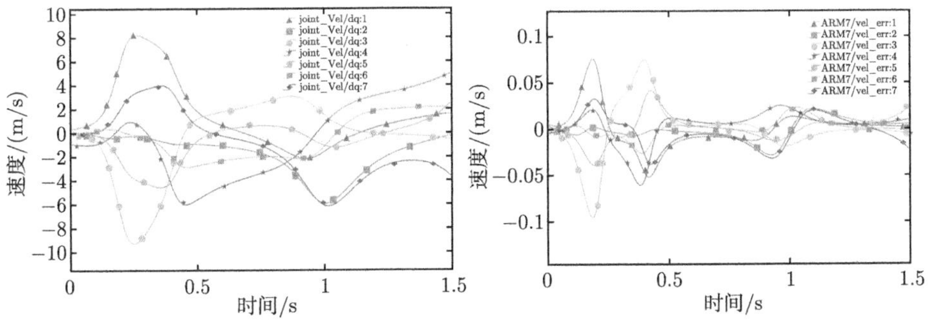

(a) 实际关节速度 (b) 速度误差

图 9.8 关节速度曲线

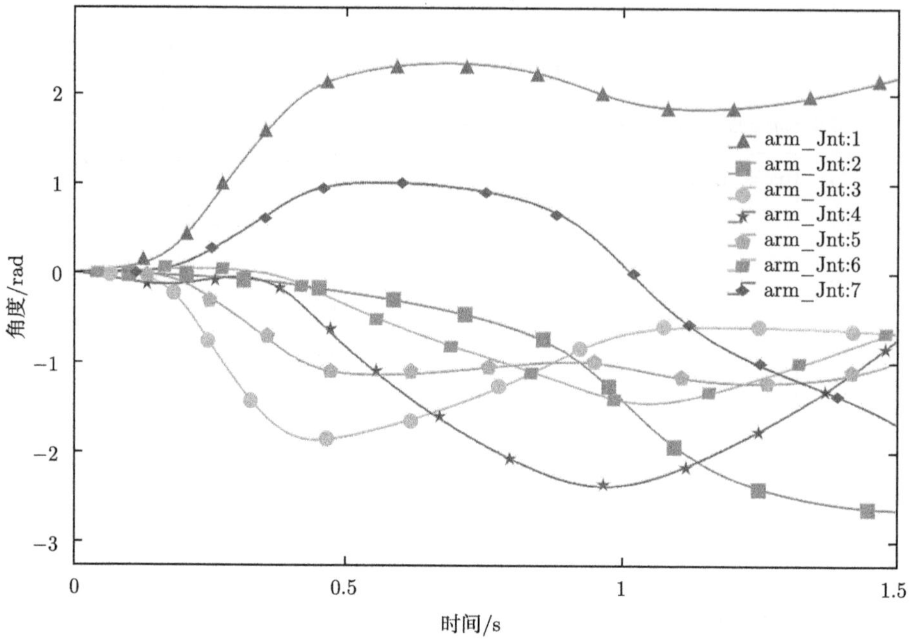

图 9.9　关节角度曲线

如图 9.10 所示，机械臂末端沿预定的轨迹行进。

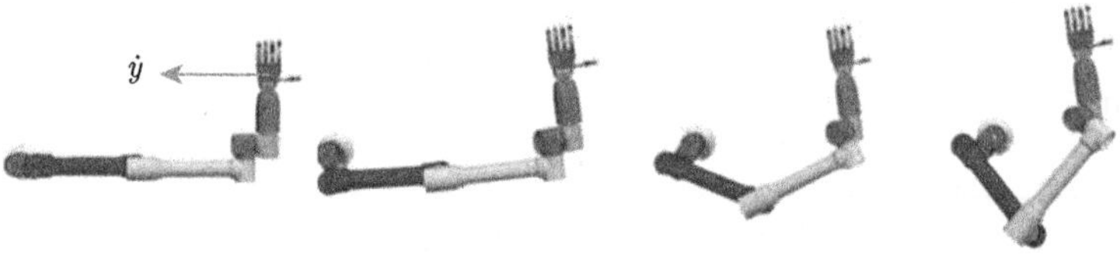

(a) $t=0$s　(b) $t=0.3$s　(c) $t=0.5$s　(d) $t=0.7$s

图 9.10　速度模式运动过程图像

9.1.4 位置输入模式

在位置模式下，可以直接向 MBDyn 送入期望的关节角度，使仿真环境中的机械臂直接按预定的位置曲线运行。在这种情况下，机械臂的操控从动力学问题变为运动学问题。尽管如此，关节角度曲线仍需要用多项式插值等方式使过渡平滑。

算例程序在 CASE_1_SPACE_ARMHAND\CASE_SPACE_ARMHAND_POSITION 文件夹。如图 9.11 所示，控制目标是令机械臂末端画“8”字的图案。图 9.12(a) 和图 9.12(b) 分别是机械臂末端期望位置和实际位置。

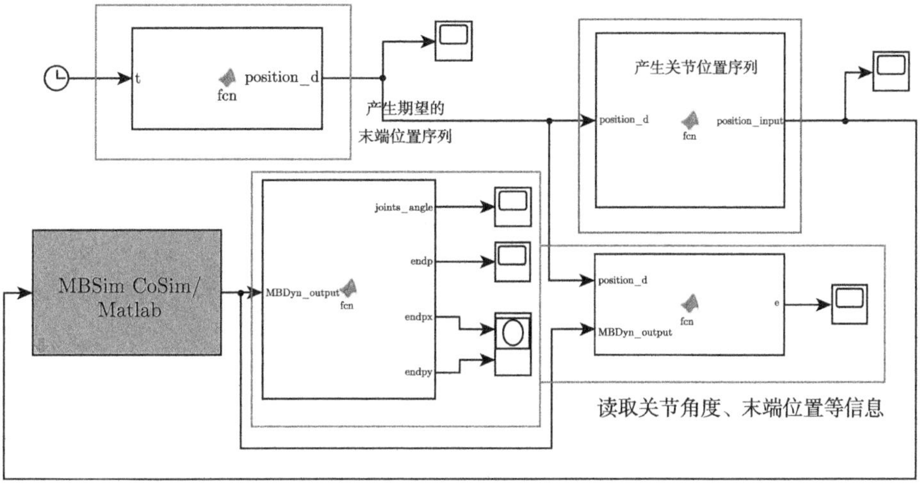

图 9.11 位置模式控制框图

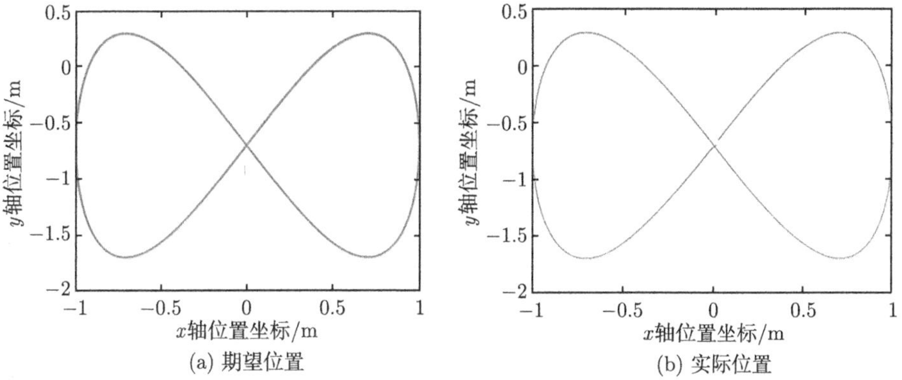

图 9.12 机械臂末端位置曲线

9.2 四足机器人动力学仿真

在 MBDyn 中可基于配置文件建立四足机器人动力学模型，在 MATLAB 中设计控制算法进行控制 [61]，参考 CASE_Quadrupedal 文件夹。在 MBDyn 中的建模以现实中的四足机器人为依托，这里参照一款四足机器人进行建模（图 9.13）。其在 MBDyn 中的模型如图 9.14 所示。

四足机器人的基体质量为 30kg、单个腿质量（髋部、大腿、小腿）为 0.9kg、大腿长 18cm、小腿长 16cm、整体站立高度约 50cm。

在仿真环境中，四足机器人具有和实物模型相似的结构。整机包含 12 个主动关节，所有构件均具有质量和惯量属性。在仿真动画显示中，各零件的外形显示为简化形式，即大小腿显示为细长杆，机体显示为双层长方体，髋部显示为一圆柱，足底显示为球体。模型中的各构件均为均匀质量构件，质心位于各自的几何中心。

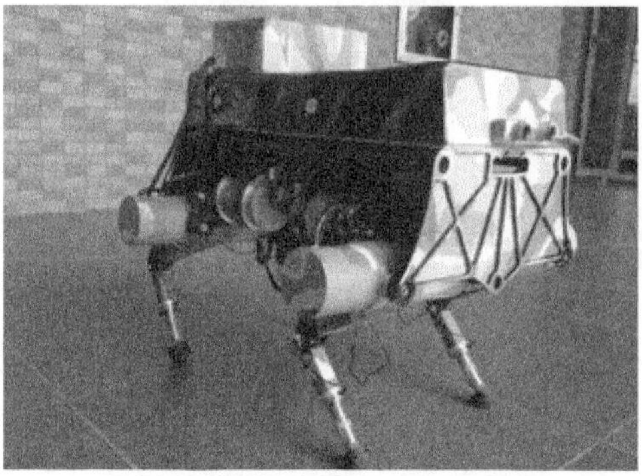

图 9.13 四足机器人 HIT-Dog

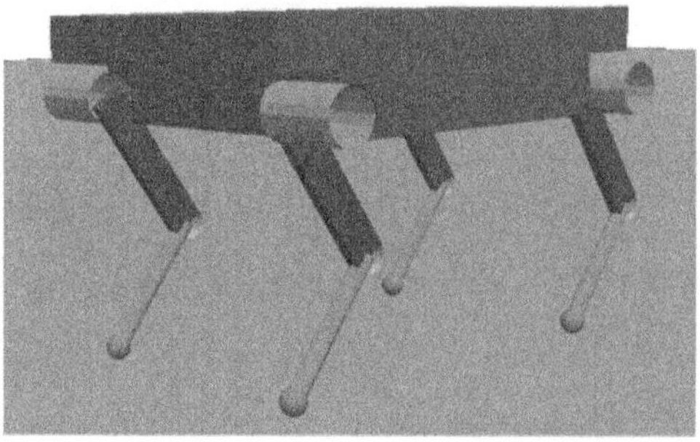

图 9.14 在 MBDyn 环境中建立四足机器人模型

仿真环境中能够实现四足机器人常见的行走步态，如爬行 (Crawl) 和对角小跑 (Trot)。在行走中存在支撑腿和摆动腿的切换，例如在对角步态 Trot 中，两组对角位置的腿依次触地和摆动，摆动腿采用足端路径规划的方法控制，触地腿则提供基体的控制力。

使用虚拟模型控制 (virtual model control，VMC) 的方法控制机器人的行走，其思想是假设有虚拟弹簧、阻尼等连接在基体上，称为虚拟驱动器。虚拟模型控制示意图如图 9.15 所示。首先，根据基体当前的位姿信息计算需要施加在基体上的力和力矩，然后，分配到虚拟驱动器上，最后通过雅可比矩阵转换等方法计算实际关节上需要施加的力矩，实现对基体控制的目的。

利用 MATLAB/Simulink 进行控制系统设计，并与 MBDyn 进行联合仿真，设计得到图 9.16 所示的仿真系统。

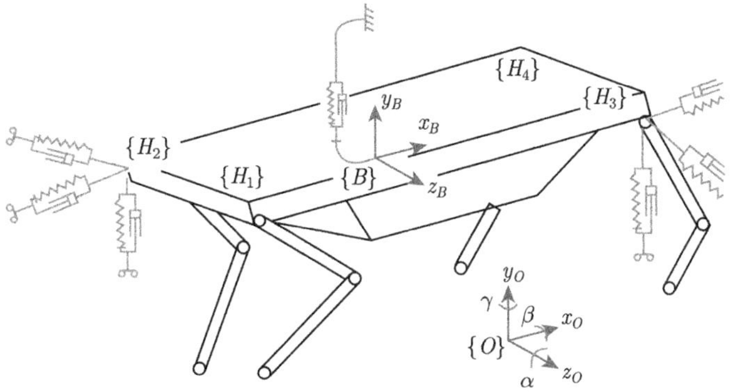

图 9.15 虚拟模型控制示意图

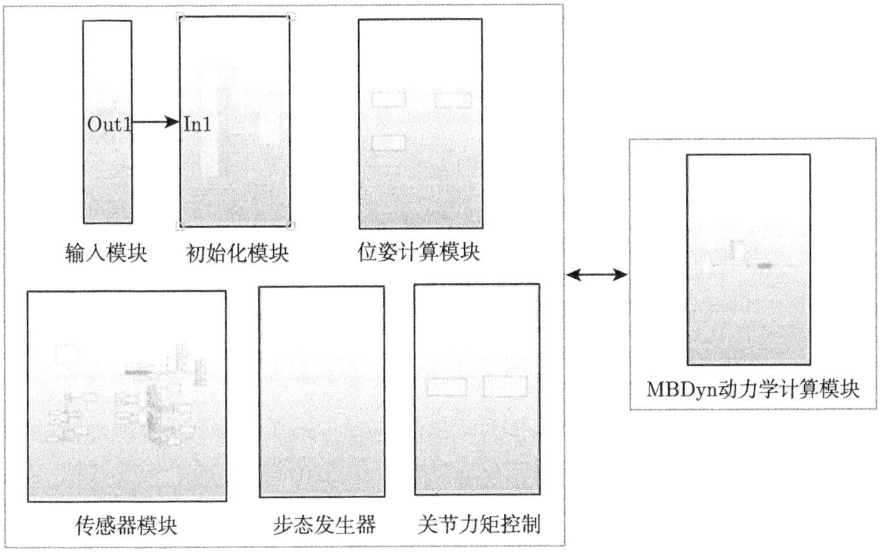

图 9.16 控制系统示意图

9.2.1 姿态控制仿真

设定四足机器人静止站立（图 9.17）于地面，维持基体初始期望高度 $y_d = 0.365\text{m}$，期望 $x_d = 0\text{m}$,$z_d = 0\text{m}$，期望姿态俯仰角、偏航角、滚转角分别为 $\theta_d = 0°$、$\psi_d = 0°$、$\phi_d = 0°$，设置仿真步长 0.001s，仿真时间 3s，为了避免模型装配误差造成的初始扰动，这里设定模型足底距离地面有 0.001m 的缓冲高度，观测并分析四足机器人运动情况，验证提出控制算法的有效性。

如图 9.18 和图 9.19 所示，虚拟模型控制算法对静止站立的状况控制效果良好。

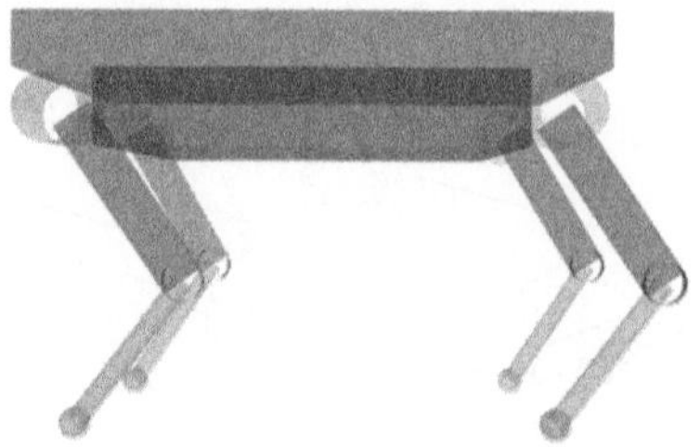

图 9.17　静止站立示意图

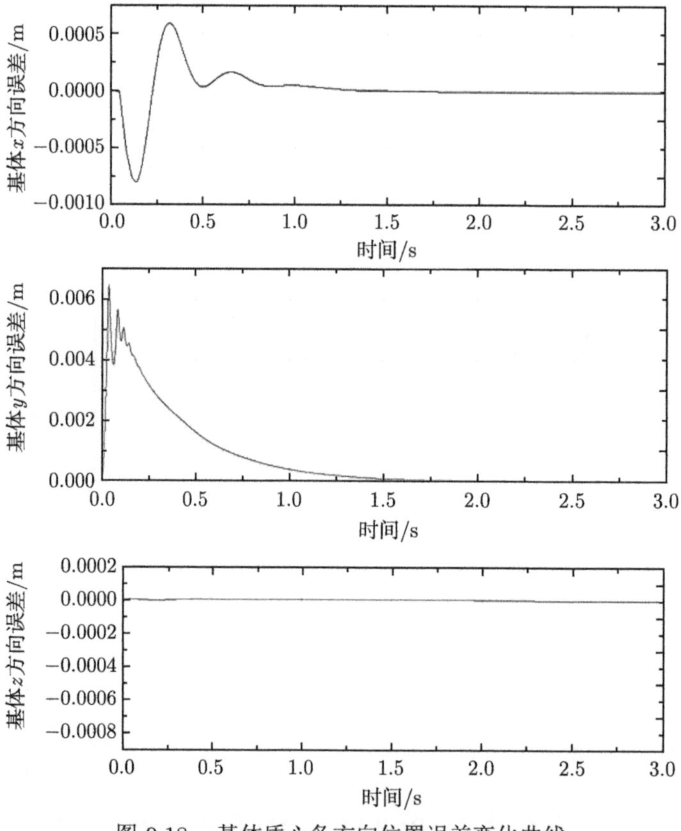

图 9.18　基体质心各方向位置误差变化曲线

如图 9.20 所示，四条腿的受力情况相似。在仿真开始阶段，由于存在小幅下落过程，因此碰撞力呈现震荡过程，经过反复碰撞，在腿部阻抗控制器的作用下，碰撞趋缓并停止，转换为稳定接触。由仿真数据可知，前端二足稳定时所受的 y 向接触力为 78.4N，后端二足稳定时所受的 y 向接触力为 82.3N。造成这种小幅差异是前端足底与后端足底在水平方向上距离系统质心的力臂不同造成的。

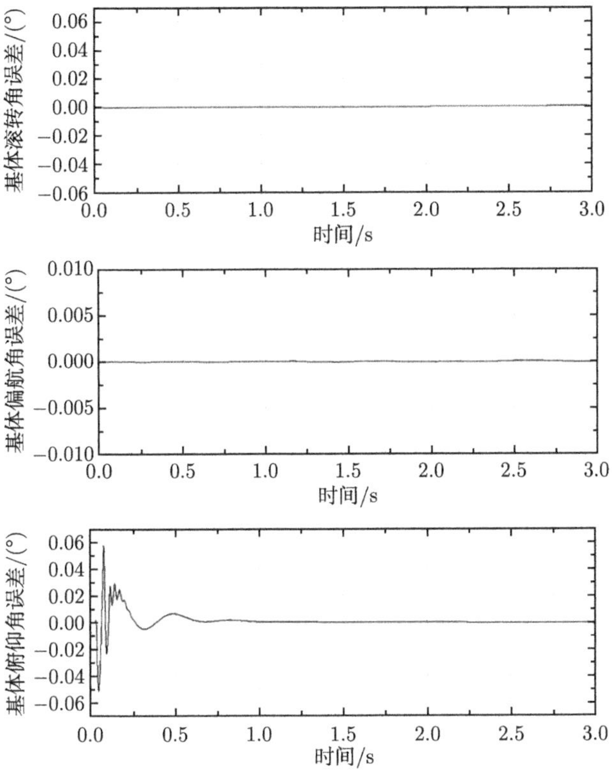

图 9.19 基体姿态欧拉角误差变化曲线

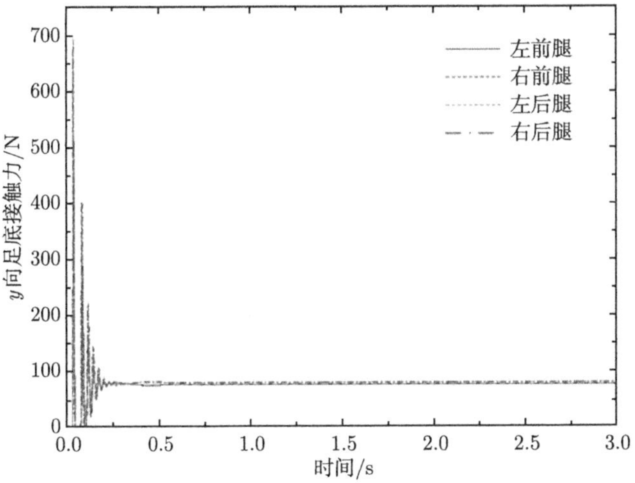

图 9.20 各足底 y 向接触力

根据同样的算法，可以控制机器人的基体做滚转、偏航、俯仰运动。姿态控制示意图如图 9.21 所示。

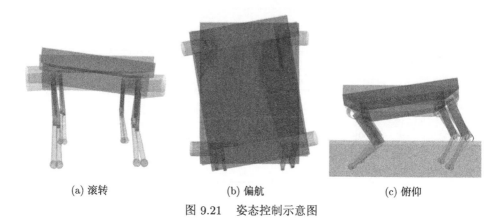

(a) 滚转　(b) 偏航　(c) 俯仰

图 9.21　姿态控制示意图

9.2.2　步态仿真

对角小跑 Trot 步态是目前四足机器人常用的步态。Trot 步态示意图如图 9.22 所示。其主要参数包括，期望速度 0.1m/s、姿态保持在初始状态、抬腿高度 5cm、摆动相周期 0.4s、支撑相周期 0.5s、仿真步长 0.001s。

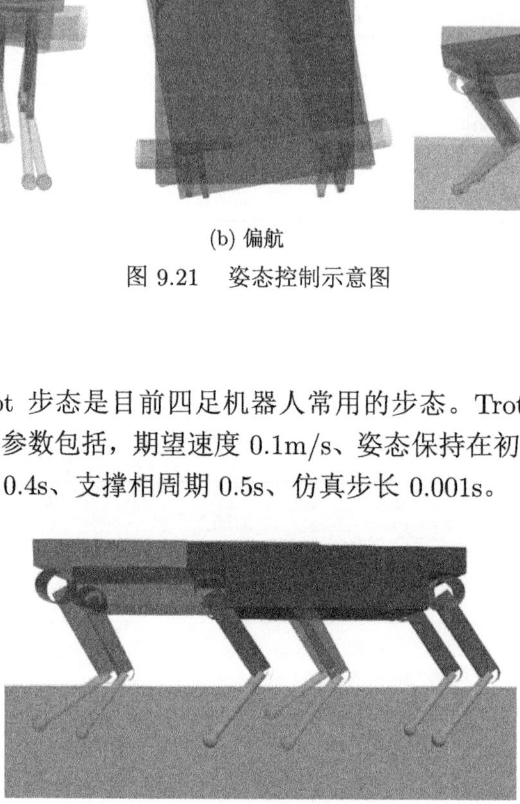

图 9.22　Trot 步态示意图

如图 9.23 所示，从 0.2s 开始，四足机器人基体开始跟踪期望速度，经过短暂的缓慢加速过程，此时速度变化较为杂乱。当前进速度稳定后，开始做周期性前进变化，周期为 0.5s，与支撑相周期吻合，速度始终维持在期望速度 -0.1m/s 附近波动，并且误差范围在 0.05m/s 以内，并缓慢减小。由于 Trot 步态属于动态步态，因此控制精度不是很高，波动比较大。

在控制前进速度的情况下，基体的位置能得到较好的控制（图 9.24），姿态角也能保持在合理范围内。Trot 步态姿态角曲线如图 9.25 所示。

同样，在仿真环境中可以输出 Trot 步态足底接触力曲线，如图 9.26 所示。

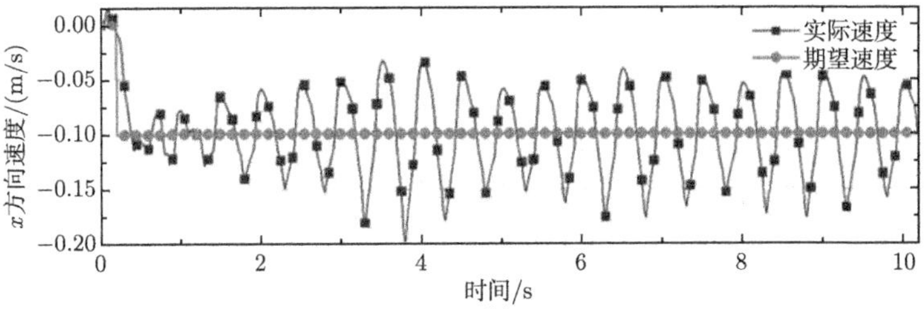

(a)

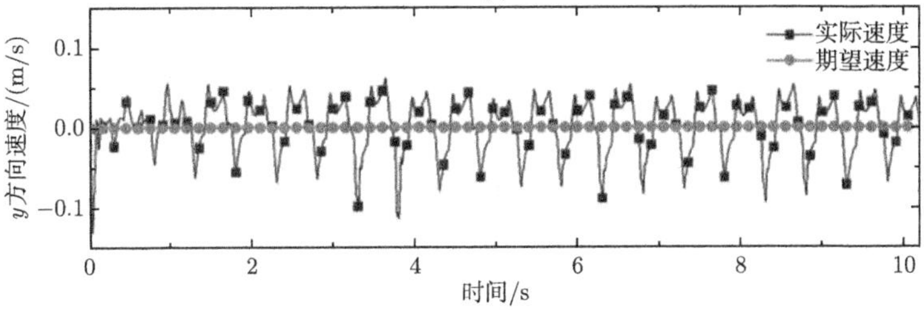

(b)

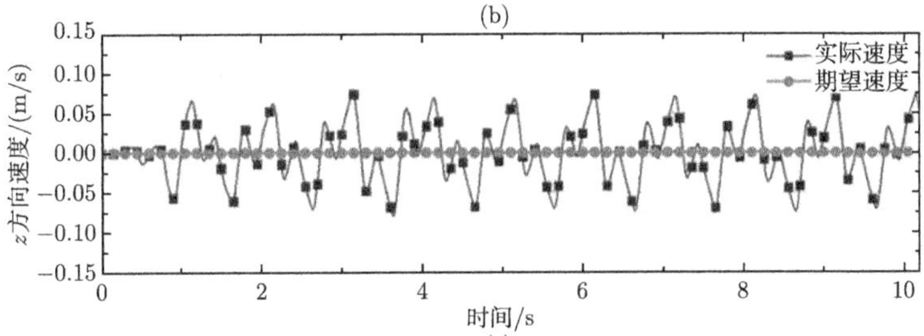

(c)

图 9.23 Trot 步态速度曲线

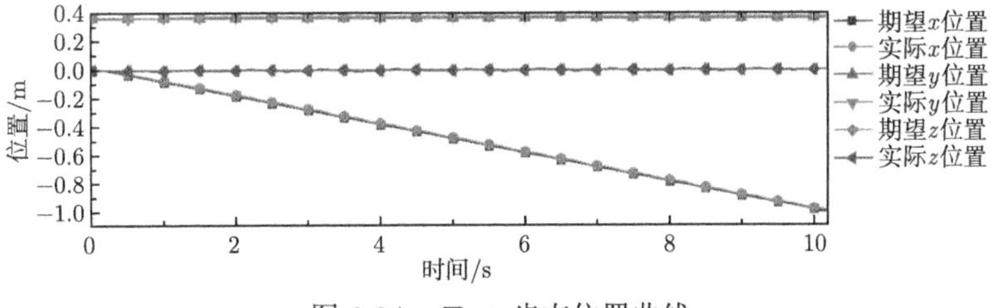

图 9.24 Trot 步态位置曲线

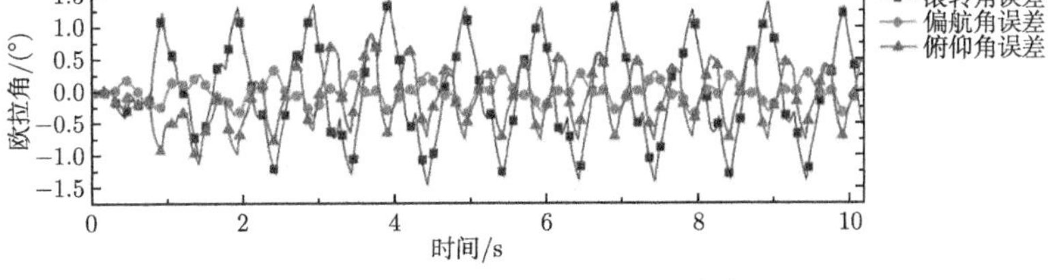

图 9.25 Trot 步态姿态角曲线

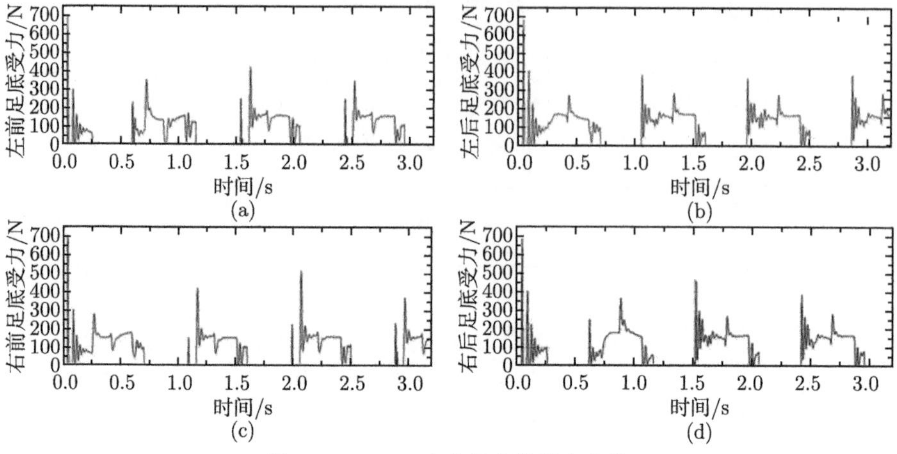

图 9.26　Trot 步态足底接触力曲线

9.2.3　四足机器人在不同地面环境上运动仿真

在实际环境中，四足机器人会遇到各种各样复杂的地面环境。MBDyn 可以提供碰撞检测算法和摩擦模型，可以对各种地面情况进行模拟。

例如，机器人在摩擦力小的地面，如冰面上会发生打滑（图 9.27）；机器人碰到不同高度的地面凸起时运动会受到阻碍甚至倾覆（图 9.28 和图 9.29）。此外，还可以设置不同形状的障碍进行仿真（图 9.30）。

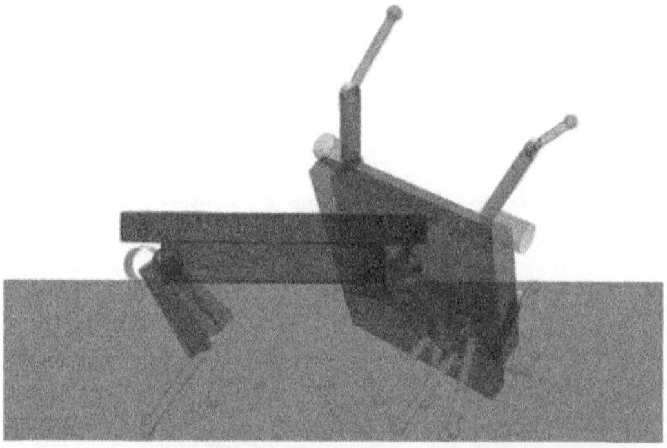

图 9.27　在地面摩擦系数为 0.1 时发生打滑

图 9.28　越过地面上 2cm 的凸起

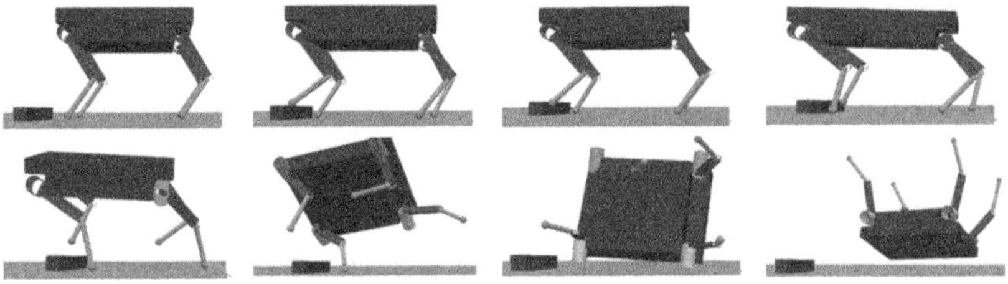

图 9.29 越过地面上 5cm 的凸起时发生倾覆

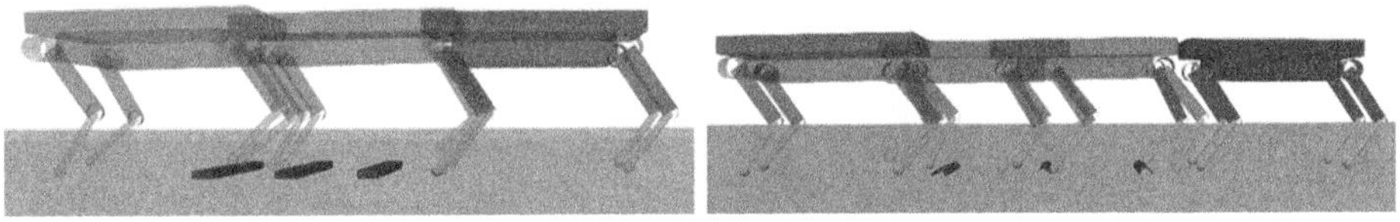

(a) 方形 (b) 圆柱形

图 9.30 跨越不同形状的障碍

9.3 人体动力学仿真

MBDyn 可对人体运动的轨迹和受力状况进行分析。具体思路是，首先规划运动轨迹，然后设计控制律向各个关节施加控制力矩，最后在 MBDyn 仿真场景中验证运动效果。从结果中可以得到一些典型的人体运动模式，例如蹲起、走路、跑跳等过程中身体和关节的运动轨迹和受力情况，为设计应用于人体的设备提供依据。

9.3.1 人体动力学模型搭建

这里主要研究四肢的运动和控制，将腰部固定，即躯干骨与盆骨之间不可运动。通过对人体运动特征的分析，认为人体的运动链为某一肢–躯干–另一肢，建立以躯干为漂浮基座，连接四肢的树状多自由度刚体结构。在仿真环境中，腿和手臂以串联关节机械臂的形式建模。以右腿和右臂为例，建立 6 自由度机械臂模型。自由度分配如图 9.31 所示。

人体骨骼模型从 SimTK: OpenSim 中依据真实人体建立的骨骼模型，然后将模型转为 obj 格式的三维模型并导入 MBDyn 中，在骨骼之间设置约束，最后得到一个多刚体人体骨骼模型。对于髋关节一类的球铰或肩、踝关节一类的万向节约束，将它们简化处理为多个单驱动柱铰的集合。

沿用 OpenSim 中 SoccerKickingModel.osim 模型使用的骨骼惯性数据，编辑 MBDyn 配置文件，建立人体骨骼模型（图 9.32）。

在 MBDyn 搭建完模型后，可以通过对关节施加力矩的方式控制各骨骼的运动，从而让整个人体做出深蹲、行走等运动。

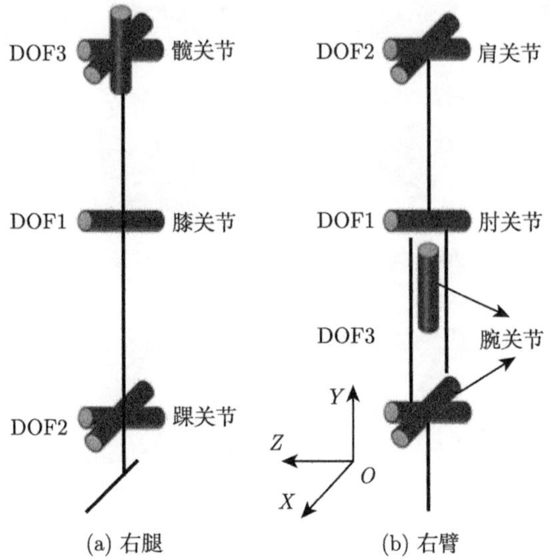

图 9.31　自由度分配图 (X 为矢状轴，Y 为垂直轴，Z 为额状轴)

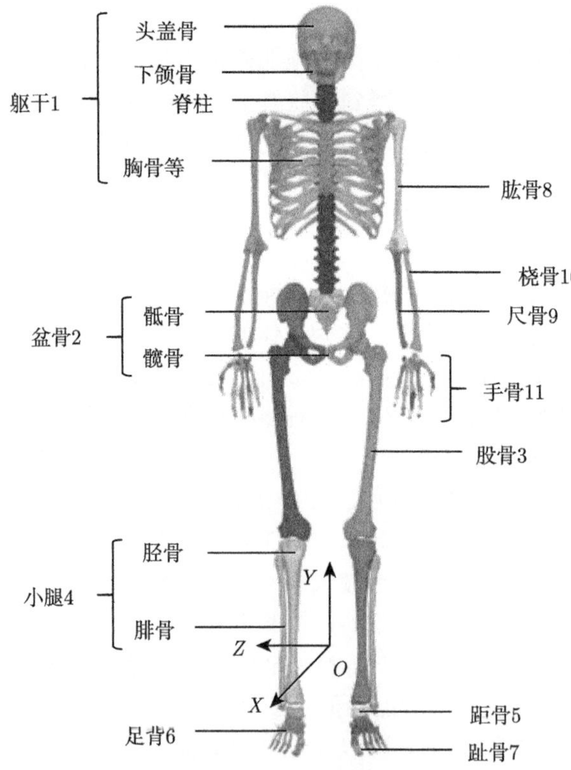

图 9.32　人体骨骼模型

9.3.2 人体运动控制仿真

1. 失重状态下宇航员运动仿真

仿真过程的控制回路在 Simulink 中搭建，其框图如图 9.33 所示。其中，逆动力学函数模块用于逆动力学运算、规划关节运动轨迹和计算控制力矩；MBDyn 模块用于提供动力学仿真环境，并输出各骨骼的位姿参数到 MATLAB Function 模块中。MATLAB Function 模块的作用是将四元数形式的姿态参数转换成欧拉角的形式。连杆模块用于计算各关节的控制力矩（采用 PD 控制律）。

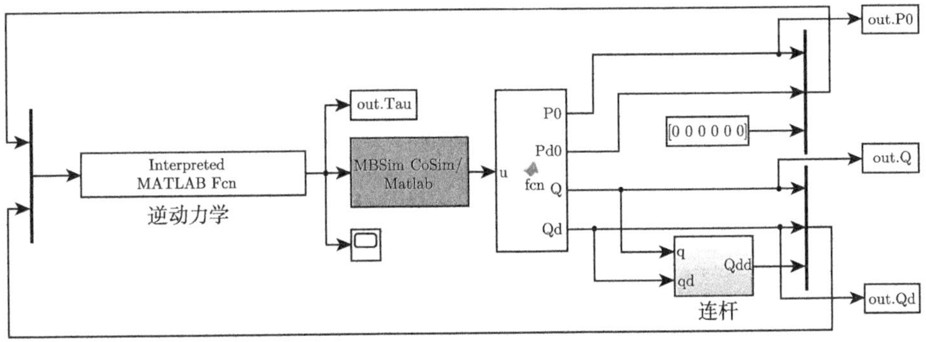

图 9.33 Simulink 仿真框图

设计类似于在地面进行深蹲的动作，一般情况下，无法对人体的躯干施加外力或外力矩来控制基座的位置与姿态，因此在仿真中放开对躯干的约束，并使对躯干的输入为 0。

失重环境运动序列图如图 9.34 所示，总用时 2s，腿部完成一次类似深蹲的动作，躯干姿态则几乎保持不变。

2. 人体行走运动仿真

该仿真场景可以实现重力作用下人体向前行走的动作。对于运动步态的规划，这里选用倒立摆模型进行运动规划。人体的质量主要集中在躯干，因此可以简化为一阶倒立摆模型，同时令人体模型的质心按倒立摆规划的路径运动。

运动过程包括单腿支撑和双腿支撑阶段，其中单腿支撑阶段占整个步态周期的大部分时间。若不考虑躯干姿态的变化，支撑腿各关节的角度变化可以由质心位置和模型参数计算获得，而摆动腿各关节角度还需要通过其踝关节运动轨迹来补充约束。考虑摆动腿足部与地面的冲击，以及避免急动，设计起步与落步时刻踝关节的速度与加速度都为 0，基于避障要求设计足部可达的最高位置为 0.1m。基于上述要求，可以通过五次多项式插值的方式规划摆动腿踝关节的运动轨迹，通过几何关系计算支撑腿和摆动腿的关节角轨迹。

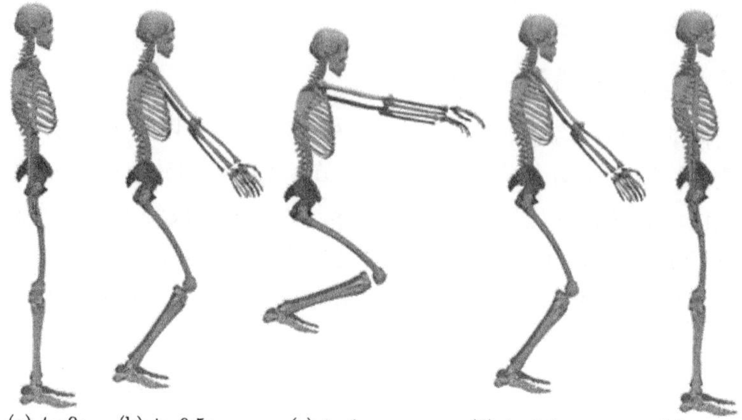

(a) $t=0$s　(b) $t=0.5$s　(c) $t=1$s　(d) $t=1.5$s　(e) $t=2$s

图 9.34　失重环境运动序列图

在行走过程中，左右腿是周期对称的。设计 4 个单步周期，左腿先作为支撑腿，起步与收步过程各占半个周期，由五次多项式差值获得关节角，得到一个 4s 的运动规划。前向行走关节轨迹规划如图 9.35 所示。

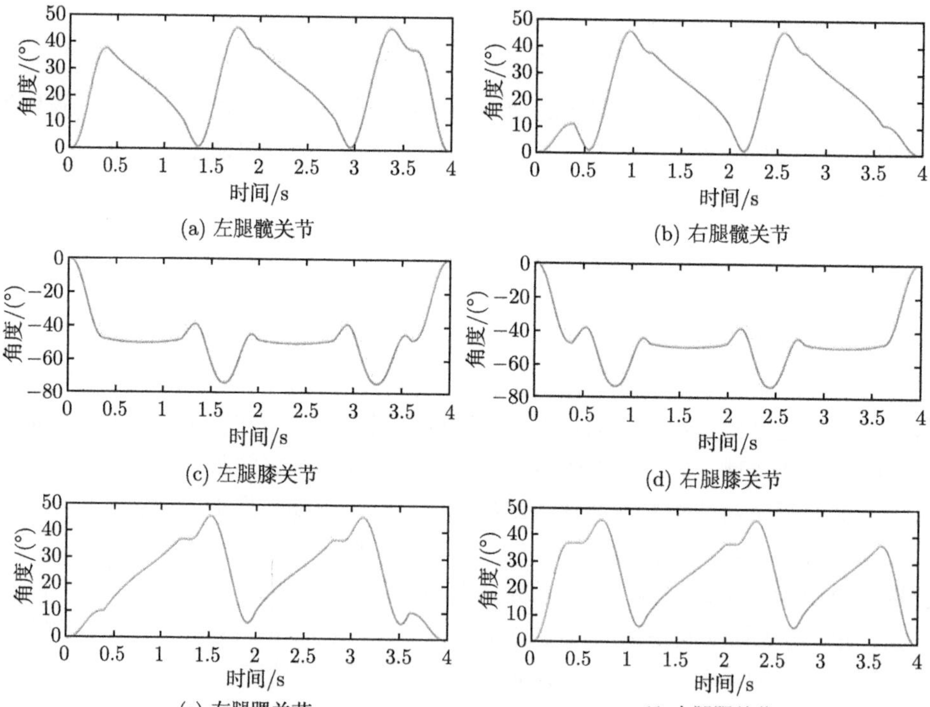

(a) 左腿髋关节　(b) 右腿髋关节

(c) 左腿膝关节　(d) 右腿膝关节

(e) 左腿踝关节　(f) 右腿踝关节

图 9.35　前向行走关节轨迹规划

考虑人在行走时加入手臂的摆动可以加强运动的稳定性，并且一般情况下人体重心会适当前倾，因此在下肢运动的基础上添加手臂的运动。其主要运动关节为肩关节，在矢状面运动，幅度为 $-20° \sim 60°$，运动规律为简单三角函数。

确定运动过程中各关节的期望轨迹后，计算各关节的控制力矩，使其按照既定的轨迹运动，这里采用 PD 控制即可达到较好的效果。

为分析运动中人体所需的地面反作用力/力矩，对躯干施加控制使其跟随期望运动。Simulink 控制框图如图 9.36 所示。躯干控制律在躯干模块内，每个自由度控制参数均为 Kd=10、kp=500。

向前行走运动序列图如图 9.37 所示。

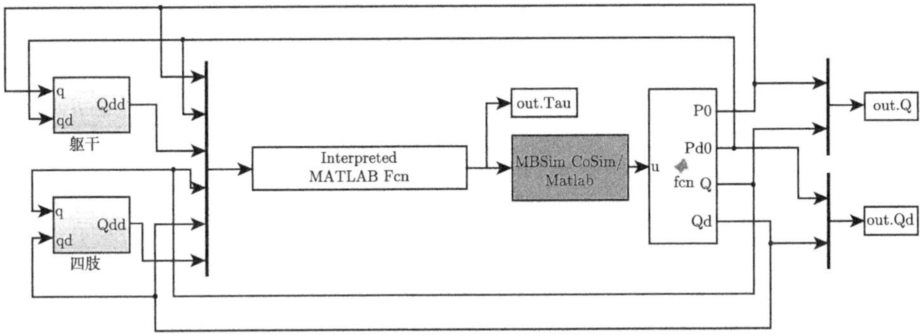

图 9.36 Simulink 控制框图 (控制躯干)

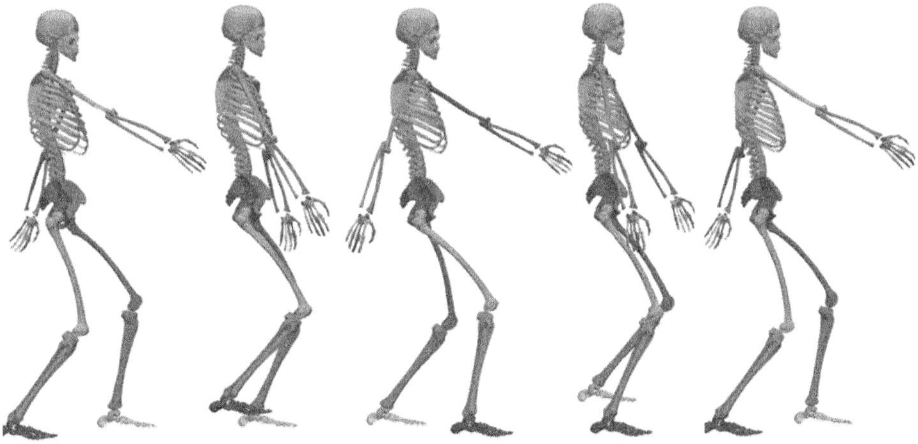

(a) t=0.4s (b) t=0.8s (c) t=1.2s (d) t=1.6s (e) t=2.0s

图 9.37 向前行走运动序列图

以 0.4~2.0s 两个单步周期为例，由前向行走运动的序列图可看出人体模型在起步（落步）时，脚掌是完全着地（离地）的，真实运动情况应该是前脚掌着地

(后脚跟离地)，因此设计的前向步态与实际情况存在一定的差距。

仿真过程中对躯干施加的控制力/力矩如图 9.38 所示。模型在运动过程中所需的地面反作用力/力矩与对躯干施加的外力一致。由于模型主要在矢状面运动，因此受力也主要在矢状面。

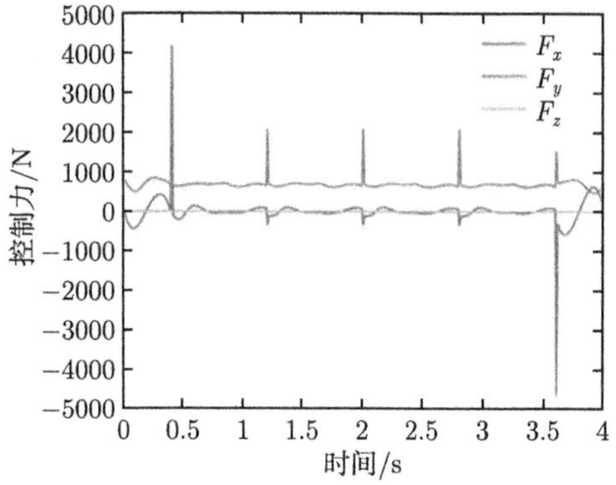

(a)

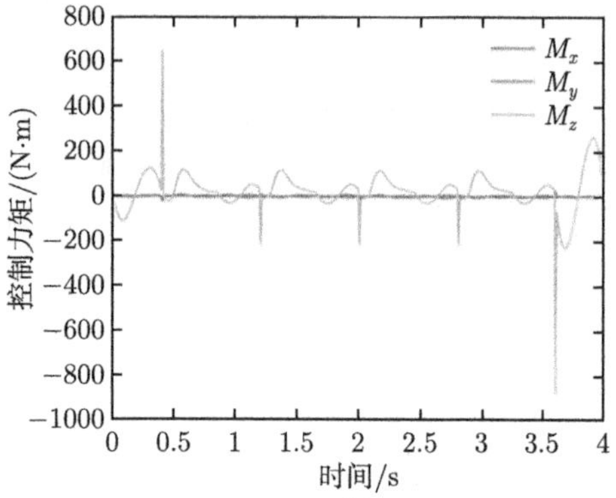

(b)

图 9.38 施加在躯干的控制力/力矩

9.4 空间充气展开绳网动力学仿真

9.4.1 空间充气展开绳网捕获系统概述

空间充气展开绳网捕获系统是依靠充气展开梁支撑柔性网袋展开，并进行在轨抓捕的新型系统。有别于传统的绳系飞网系统，其有独特充气展开绳网捕获机构。空间充气展开绳网捕获概念图如图 9.39 所示[62]。

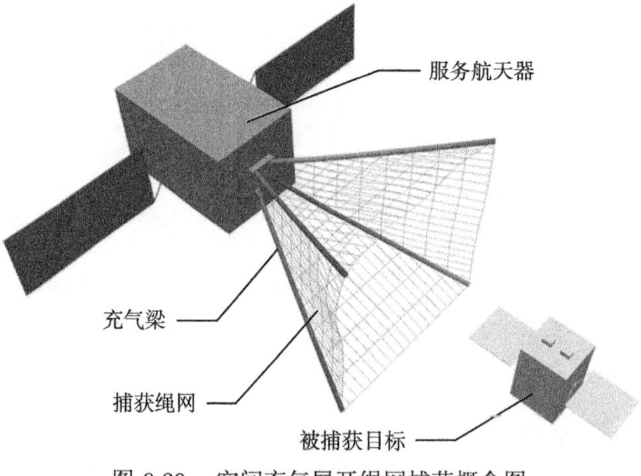

图 9.39 空间充气展开绳网捕获概念图

服务航天器是充气捕获机构的载体，用于实现任务阶段的控制。充气展开绳网机构是捕获操作的主体，包括充气展开梁和柔性捕获绳网。捕获绳网由充气展开梁牵引展开，通过形成大面积捕获网袋，增大捕获范围，提高捕获容错性。充气展开梁为充气展开薄膜结构，具有一定的承载性能，能够支撑并维持捕获绳网构型，使得网袋结构稳固，从而适应不同状态非合作目标的捕获。同时，充气梁的承载特性使捕获机构具有一定的消旋能力。因此，空间充气展开绳网捕获系统非常适合大型失稳自旋非合作目标的主动捕获清理。

9.4.2　收口动力学建模与分析

1. 充气柱收口动力学建模

在捕获收口过程中，空间充气展开绳网捕获系统充气柱发生弯曲大变形，必然经历屈曲失效阶段。捕获过程是充气柱、绳网和目标共同作用的结果，针对不同的目标，捕获碰撞是不可预测的，碰撞处可能发生新的屈曲形变。因此，做如下等效建模，即将每根充气柱离散等效为多段梁单元，用每段梁单元的等效弯曲刚度变化模拟充气梁的屈曲失效过程。简化充气梁如图 9.40 所示。

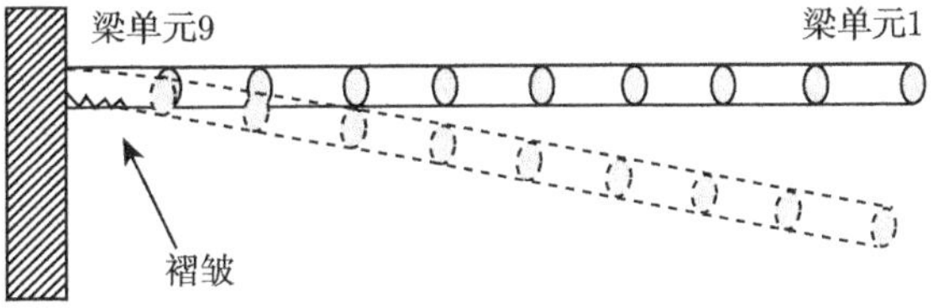

图 9.40　简化充气梁

将每根充气柱均分为 9 段可变刚度梁单元，充气柱端头到其根部依次编号为 1~9，则屈曲失效等效的方法是判断每段梁单元的弯矩。当弯矩小于临界弯矩 M_1 时，梁单元的弯曲刚度为线性承载阶段的等效刚度；当弯矩大于临界弯矩 M_1 时，梁单元等效刚度降低，直至弯矩大于极限弯矩 M_2 时，梁单元失效。考虑充气柱的材料和结构尺寸已经确定，梁单元的弹性模量决定其弯曲刚度，因此定义梁单元的弹性模量为其等效弯曲刚度。规划收口过程中，充气柱等效刚度弯矩曲线如图 9.41 所示。

2. 收口机构等效约束

捕获机构收口操作的实质是充气柱末端上的节点以一定的速度相互靠近，直至网口完全封闭，使被捕获目标位于网袋中，并处于被包裹状态的过程。因此，通过在充气柱相邻末端顶点添加驱动力约束进行等效模拟，绳网则在充气柱的牵扯作用下将被捕获目标完全包覆，防止被捕获目标逃逸。考虑收口机构由扭簧或者

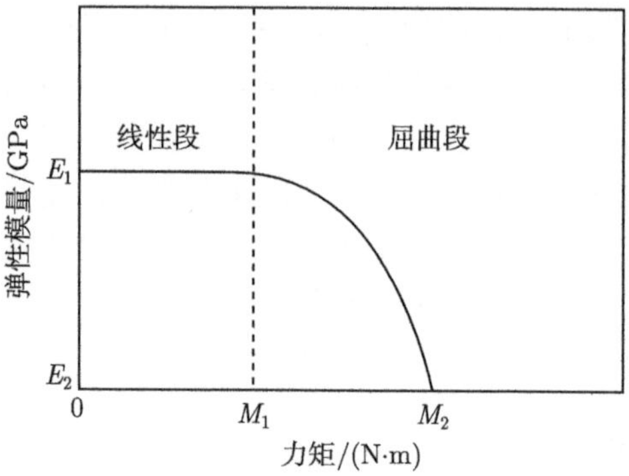

图 9.41　等效刚度弯矩曲线

弹簧提供驱动力，因此在充气柱相邻末端建立弹簧阻尼约束。捕获收口约束如图 9.42 所示。收口力采用弹簧阻尼动力学模型描述，即

$$F_s = F_{s0}+K_s l_s - D_s v_s \tag{9.4.1}$$

其中，F_{s0} 为初始预紧力；K_s 为弹簧刚度系数；D_s 为弹簧阻尼系数；l_s 为相邻充气柱末端间绳索长度；v_s 为相邻充气柱末端间绳索收紧速度。

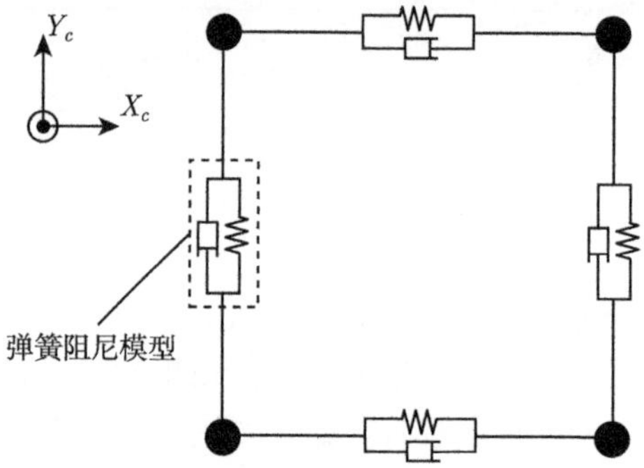

图 9.42　捕获收口约束

9.4.3　非合作目标捕获分析

本节首先针对相对静止目标进行捕获收口分析，验证捕获动力学仿真模型的可行性，然后对不同状态的非合作目标进行捕获收口仿真，研究空间充气捕获方式的适应性。

1. 捕获收口仿真分析

假设充气环已经放气完全，将充气环作为绳网等效建模。考虑充气梁薄膜材料弹性模量为 4.1GPa、厚度为 1mm、充气内压为 20kPa、充气梁临界弯矩

M_1=5N·m、极限弯矩 M_2=10N·m，等效梁线性承载阶段弹性模量 Eb1=0.3GPa。假设等效梁失效阶段弹性模量 Eb2=0.15GPa，被捕获目标定义为长宽高为 1.3m ×1.3m×1.0m 的刚性几何体，则捕获动力学仿真参数如表 9.2 所示。

表 9.2 捕获动力学仿真参数表

名称	数值
服务航天器惯量/(kg/m^2)	diag[900,800,1000]
服务航天器尺寸/(m×m×m)	2.5×2.5×4
捕获机构尺寸/m	ld=0.4, lu=4, hc=4
捕获目标惯量/(kg/m^2)	diag[500,500,700]
捕获目标尺寸/(m×m×m)	1.3×1.3×1.0
捕获绳网和充气梁直径/m	dc=0.002, db=0.1
捕获绳网和充气梁密度/(kg/m^3)	$c = 1400, b = 56.6$
捕获绳网和充气梁泊松比	$c = 0.3, b = 0.3$
捕获绳网和充气梁弹性模量/GPa	Ec=120, Eb1=0.3, Eb2=0.15
充气梁屈曲弯矩/(N·m)	$M_1 = 5, M_2 = 10$

捕获机构在充气柱末端的弹簧阻尼力驱动下完成收口，设置收口力系数 $F_{s0} = 40$N、$K_s = 2$、$D_s = 0.8$。

服务航天器初始坐标 Rb=(0,0,0)，初始姿态角 $b = (0, 0, 0)$，目标初始坐标矢量 Rct=(0,0,2.3)，初始姿态角 ct=(0,0,45°)，与服务航天器保持相对静止，初始速度和角速度均为 0。仿真步长 0.001s，系统于 1.4s 完成捕获收口动力学仿真。捕获过程的可视化如图 9.43 所示。

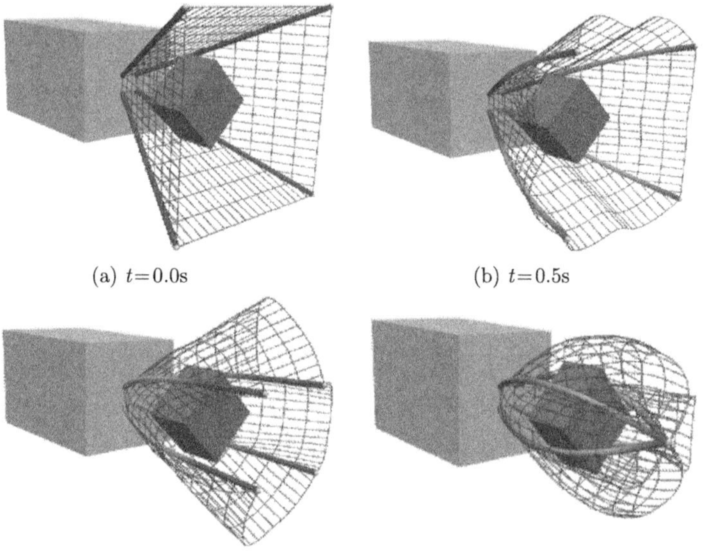

(a) t=0.0s (b) t=0.5s

(c) t=1.0s (d) t=1.4s

图 9.43 捕获过程的可视化

如图 9.44 所示，受阻尼作用，拉力大小随着速度增加而减小，可以避免充气柱以过大的速度与目标发生碰撞，从而引起捕获机构振动。目标碰撞力曲线如图 9.45 所示。0.6s 左右首先发生网袋与目标的碰撞，碰撞力较小，随着包裹程度的加深，1.3s 左右充气柱与目标发生碰撞，碰撞力增大，并且由于充气柱向中心收口，因此 Z 方向的碰撞力要大于 XY 方向。

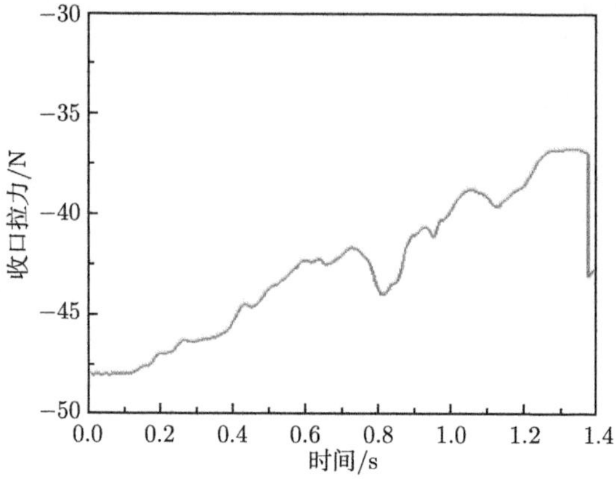

图 9.44 收口拉力

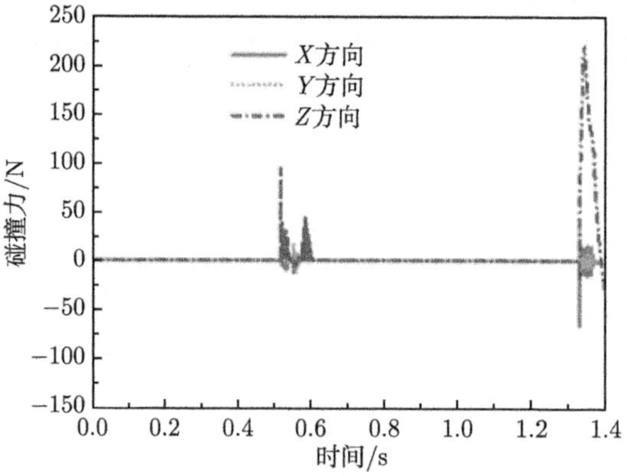

图 9.45 目标碰撞力曲线图

选取两个不同位置绳索单元，一处为靠近充气柱顶端的绳索单元，一处为绳网中间位置的绳索单元。如图 9.46 和图 9.47 所示，在充气柱牵引下，靠近充气柱顶端绳索单元受到拉力的峰值较大，这是充气柱的牵扯导致的；处在网袋中间位置的绳索单元，受到充气柱和服务航天器固定约束的共同作用，因此拉力呈现不稳定的无规律振动趋势。

收口过程中服务航天器的位移和姿态如图 9.48 和图 9.49 所示。由此可知，服务航天器在 XY 方向基本没有偏移，Z 方向由于受捕获碰撞的影响先增大后减小，产生 0.05m 的偏移；服务航天器姿态变化处于 $\pm 10^{-4}$rad 范围内。因此，捕获静止目标对服务航天器几乎没有影响。

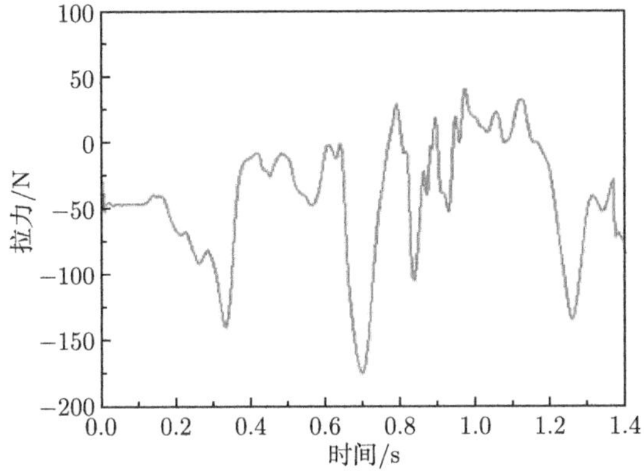

图 9.46 靠近充气柱顶端绳索单元拉力

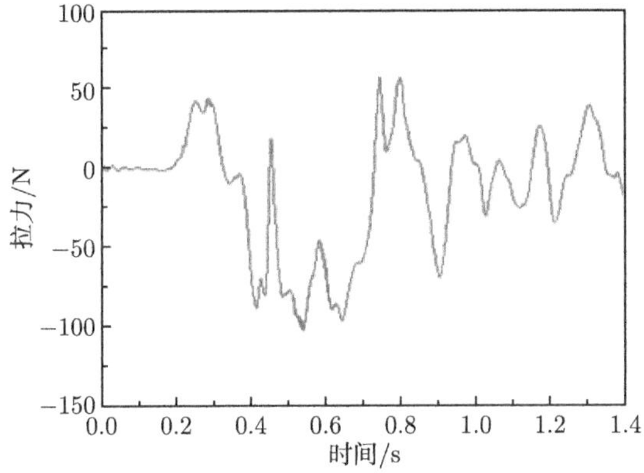

图 9.47 靠近中部绳网绳索单元拉力

综上，本节实现了空间充气展开绳网系统捕获目标的动力学仿真，同时模拟收口过程中的动力学特性。

2. 目标适应性仿真分析

为了说明充气捕获方式对非合作目标的适应性，通过对不同初始状态的目标进行捕获分析，验证收口策略和捕获机构的性能。采用表 9.2 的动力学参数，服务航天器初始坐标 Rb=(0,0,0)m，初始姿态和姿态角速度均为 0，收口力系数 F_{s0}=40N、Ks=2、Ds=0.8、仿真步长 0.001s。考虑捕获三种工况下不同初始状态的目标。

①工况 1，目标与捕获系统无相对运动，目标初始坐标矢量 Rct=(0,0,2.3)，初始姿态角 ct=(0,0,45)。

②工况 2，目标与捕获系统无相对运动，目标初始 Y 坐标偏移 0.1m，坐标矢量 Rct=(0.0,0.1,2.3)，初始姿态角 ct=(0,0,45)。

③工况 3，目标与捕获系统有相对角速度运动，目标初始坐标矢量 Rct=(0,0,2.3)，目标初始姿态角 ct=(0,0,45)，目标具有自旋角速度，初始角速度 ct=(0,0,30)。

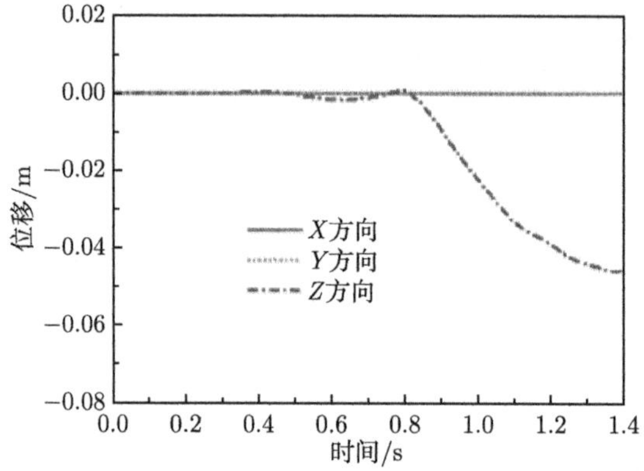

图 9.48　服务航天器位移

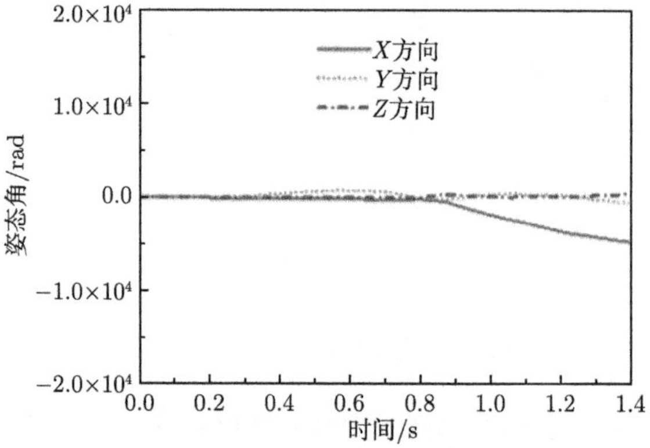

图 9.49　服务航天器姿态

工况 2 于 1.7s 完成收口，捕获过程可视化如图 9.50 所示。可以看到，由于存在 Y 方向的位置偏移，因此上层的网袋和充气柱先与目标发生碰撞接触，随后逐步实现包裹收口。

图 9.51～图 9.54 反映了工况 2 捕获机构动力学特性，由于存在 Y 方向的位置偏移，因此相对于工况 1 的捕获过程，工况 2 在 0.5s 左右即与目标发生捕获碰撞，且靠近充气柱顶端绳索单元拉力峰值小于工况 1。同样，由于包裹面位于目标侧面，因此 1.6s 左右的最后收口时刻，工况 2 Y 方向的碰撞力要大于 XZ

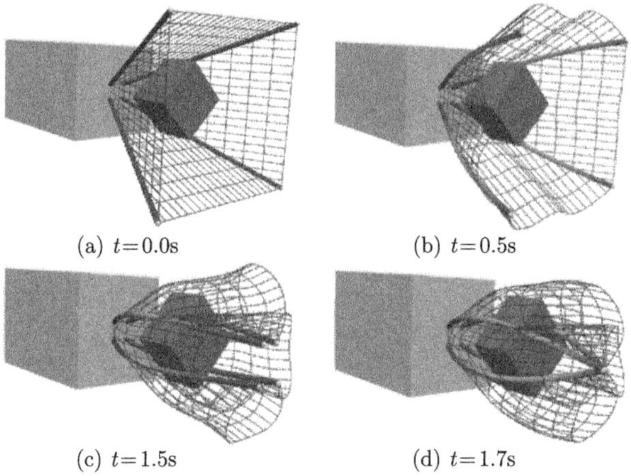

图 9.50 捕获过程可视化（工况 2）

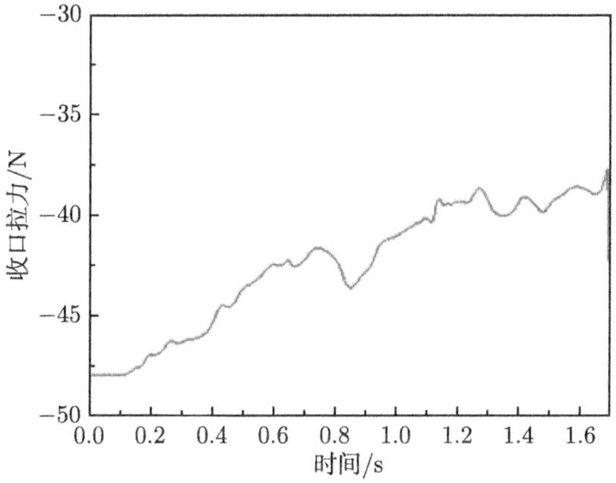

图 9.51 收口拉力值（工况 2）

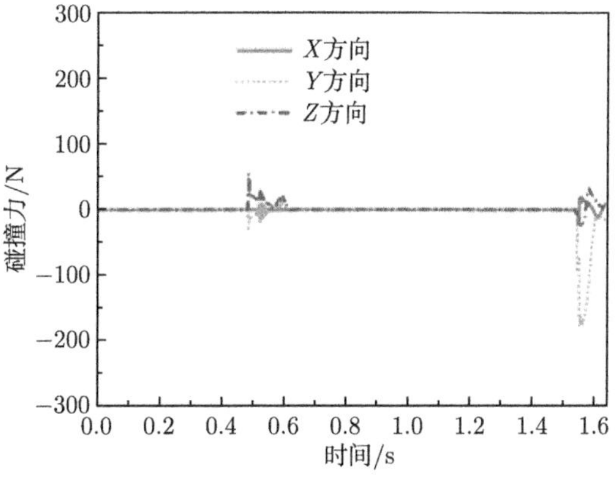

图 9.52 目标碰撞力（工况 2）

方向。由图 9.55 和图 9.56 可知，工况 2 服务航天器 XY 方向基本没有偏移，Z 方向存在 0.06m 的偏移；服务航天器 X 轴姿态产生 0.008rad 的姿态偏移，这是目标偏移引起的碰撞力导致的。因此，相比于工况 1，捕获位置偏移的目标对服务航天器姿态影响较大。

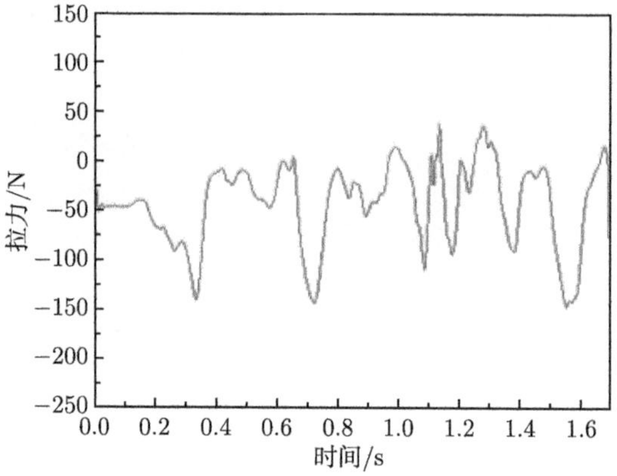

图 9.53　靠近充气柱顶端绳索单元拉力（工况 2）

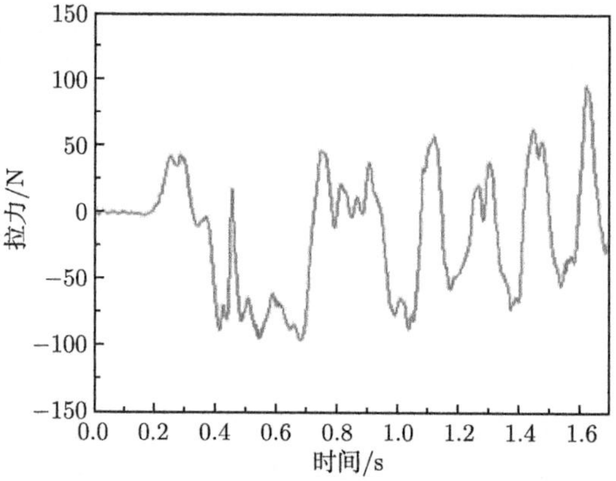

图 9.54　靠近中部绳网绳索单元拉力 (工况 2)

工况 3 于 1.8s 完成收口，动力学可视化过程如图 9.57 所示。可以看到，目标在高速自旋，随着包裹的深入，不断与捕获机构发生碰撞，并带动捕获机构产生柔性扭曲变形，最终实现完全捕获。

图 9.58~图 9.61 反映工况 3 捕获机构动力学特性，由于目标存在 Z 方向的旋转角速度，1.3s 左右目标侧面先与捕获机构发生接触，且 XY 方向的碰撞力大于 Z 方向的；随着包裹的加深，受到充气柱的内向挤压，Z 方向碰撞力逐渐增大；由于充气柱随着旋转目标发生扭曲变形，在其带动下，绳索拉力峰值相比其他工况变大。

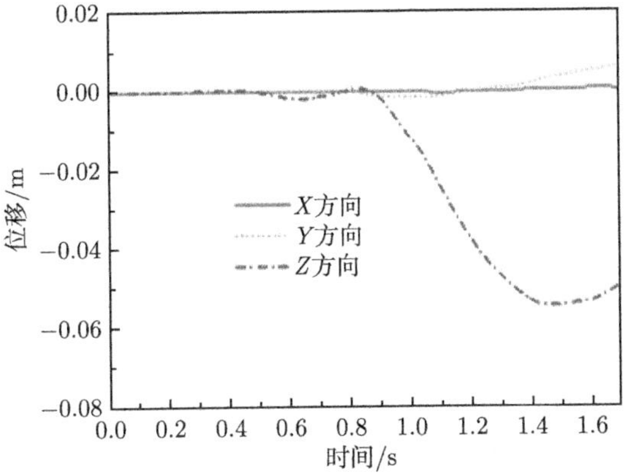

图 9.55 服务航天器位移（工况 2）

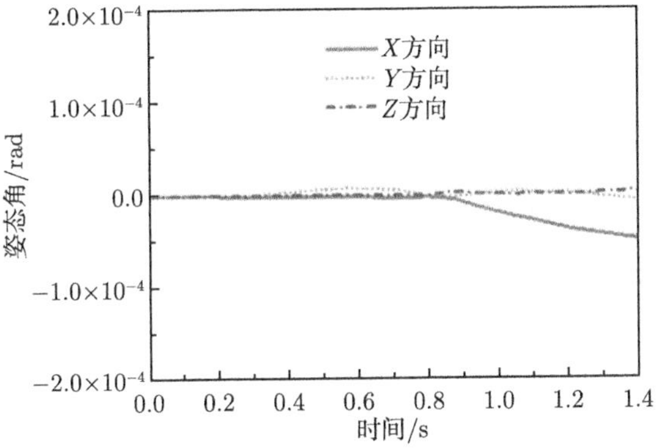

图 9.56 服务航天器姿态（工况 2）

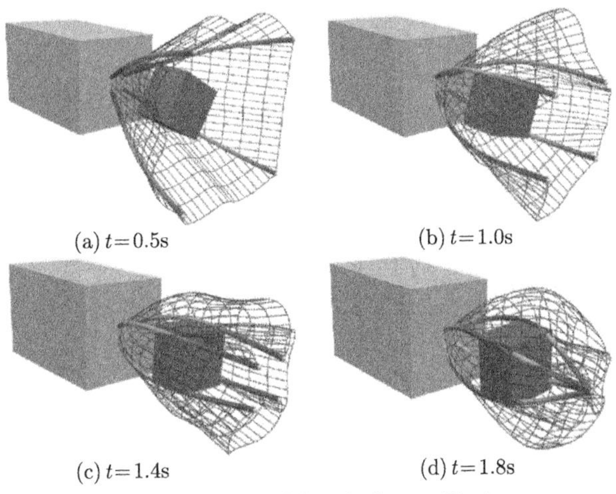

图 9.57 捕获过程可视化（工况 3）

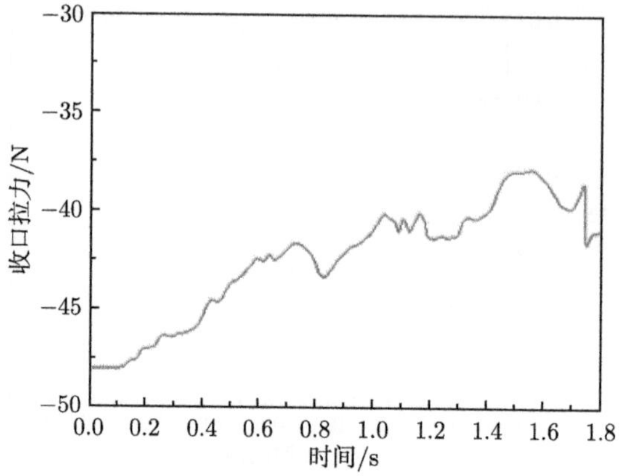

图 9.58　收口拉力值（工况 3）

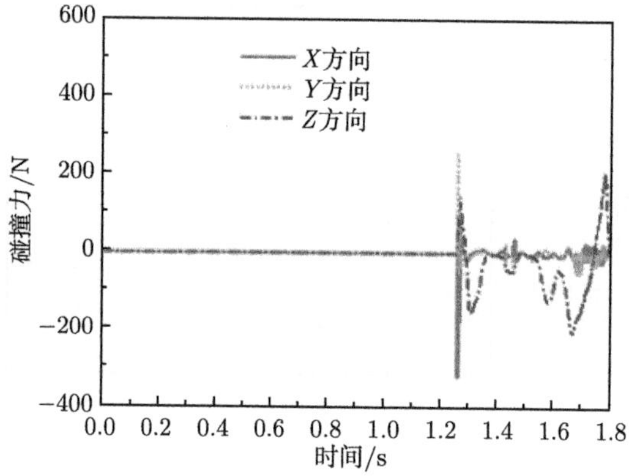

图 9.59　目标碰撞力（工况 3）

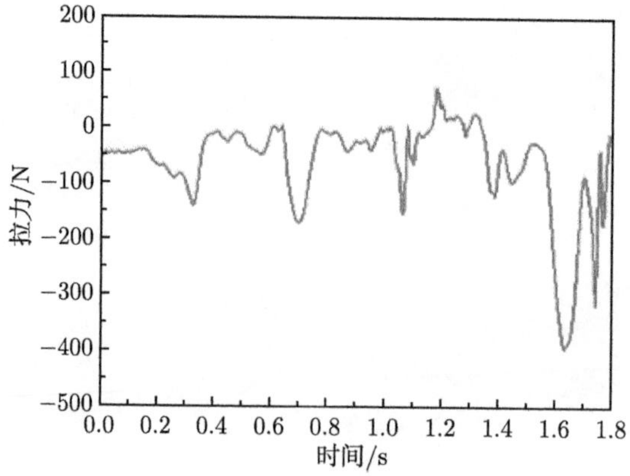

图 9.60　靠近充气柱顶端绳索单元拉力（工况 3）

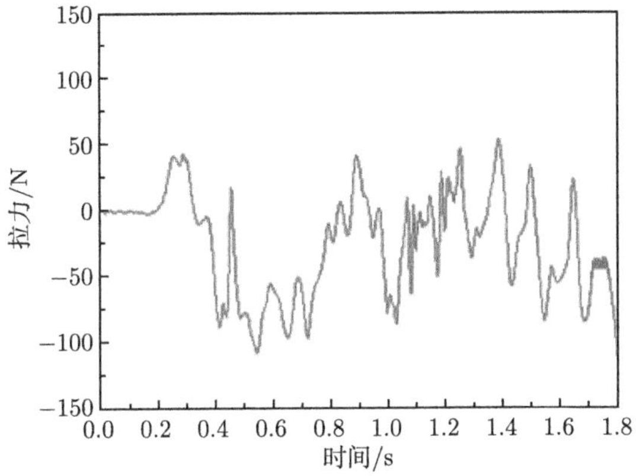

图 9.61 靠近中部绳网绳索单元拉力 (工况 3)

工况 3 服务航天器位移和姿态如图 9.62 和图 9.63 所示。服务航天器 XY 方向基本没有偏移，Z 方向存在 0.06m 的偏移；服务航天器 Z 轴姿态受影响较大，产生变化 0.01rad 的姿态偏移，这是目标旋转引起的碰撞力导致的。因此，相比于工况 1 和工况 2，捕获失稳自旋目标对服务航天器姿态影响最大，需要对服务航天器进行姿态稳定控制，并对目标进行逐步消旋，以免造成系统的失稳。

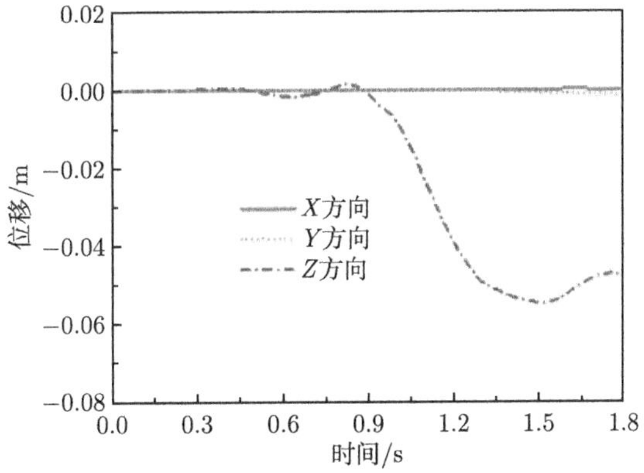

图 9.62 服务航天器位移（工况 3）

综上所述，空间充气展开绳网捕获系统对目标的包裹位置容错性较高，允许目标与捕获中心轴有一定的位置偏移，并降低对测量传感器误差要求；系统对目标运动状态的要求较低，能够适应失稳自旋的空间目标，但是捕获过程对服务航天器的姿态影响较大，需要对服务航天器施加姿态稳定控制。因此，空间充气展开绳网捕获系统对未知状态的非合作目标具有良好的捕获性能。

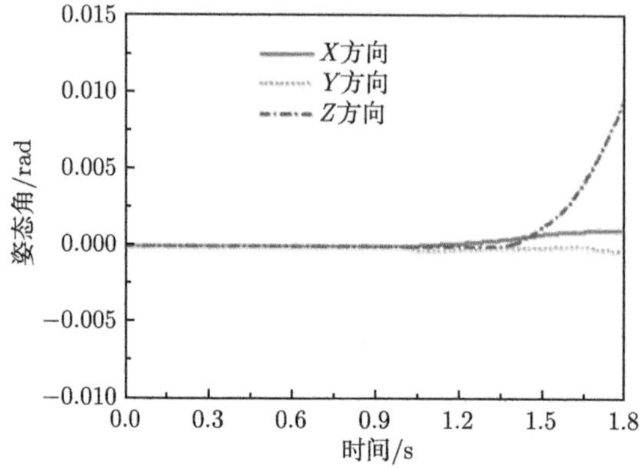

图 9.63　服务航天器姿态（工况 3）

9.5　绳系卫星动力学仿真

绳系卫星系统示意图如图 9.64 所示，其中 θ 为面内角，Φ 为面外角，用于描述操作星与目标卫星的相对位置。面外角的物理意义为系绳与轨道面夹角。面内角的物理意义为系绳在轨道面的投影与地心径向方向夹角[63]。

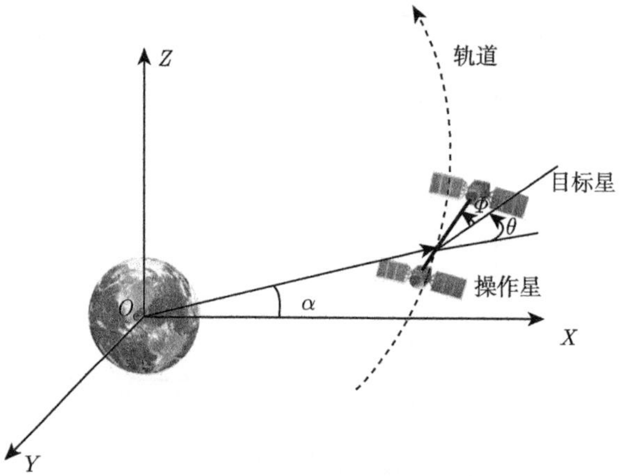

图 9.64　绳系卫星系统示意图

9.5.1　系绳卫星重力梯度被动展开

本节基于系绳式卫星在轨被动展开过程进行研究。系绳卫星参数如表 9.3 所示。系绳被动展开过程如图 9.65 所示。

如图 9.66 所示，子星以 0.1m/s 的速度与母星分离，在重力梯度作用下，系绳不断释放，并与重力梯度方向产生一定的夹角。

表 9.3 系绳卫星参数

参数	数值
主星/子星质量/kg	300/140
主星惯量/(kg·m^2)	[540,510,250]
子星惯量/(kg·m^2)	[200,120,120]
系绳线密度/(kg/m)	0.0030
系绳弹性模量/GPa	10
初始释放距离/m	2.0
轨道高度/km	1000
子星分离速度/(m/s)	0.1

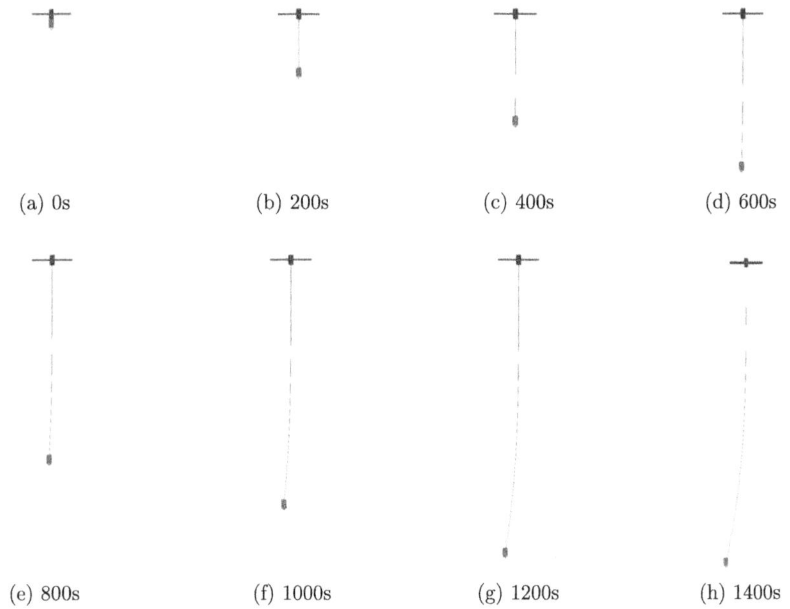

图 9.65 系绳被动展开过程

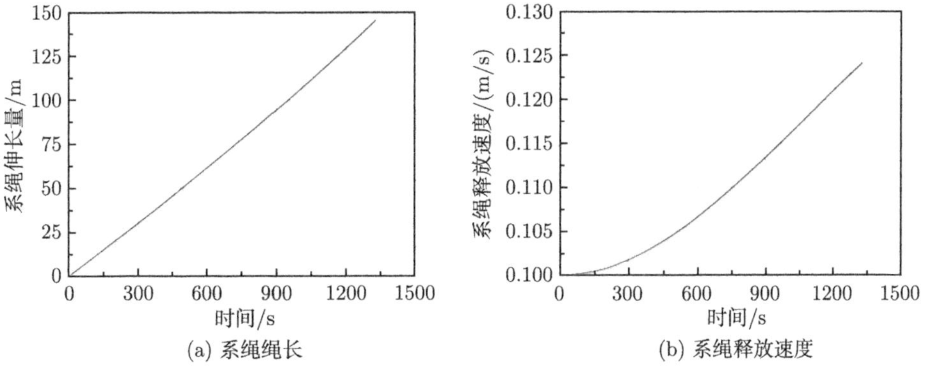

图 9.66 系绳被动展开绳长及绳长速度

系绳初始长度为 2m，经过 1400s，系绳释放至 145m。系绳释放速度与子星速度相同，由初始 0.1m/s 增至 0.124m/s。该过程系绳被动展开面内角及角速度如图 9.67 所示。系绳沿重力梯度方向被动展开，由于系绳长度不断增加，子星相较于母星轨道降低，两星轨道加速度间产生差异，因此使系绳与重力梯度方向产生夹角（面内角），并使面内角不断增大。仿真中，系绳展开至 145m，产生面内角为 3.6°，面内角速度为 0.0072°/s。

由图 9.68 可知，系绳展开方向为轨道坐标系 Z 轴正方向，Y 方向为系绳产生摆动角方向，两星相对位置曲线与图 9.67 所示的过程一致。

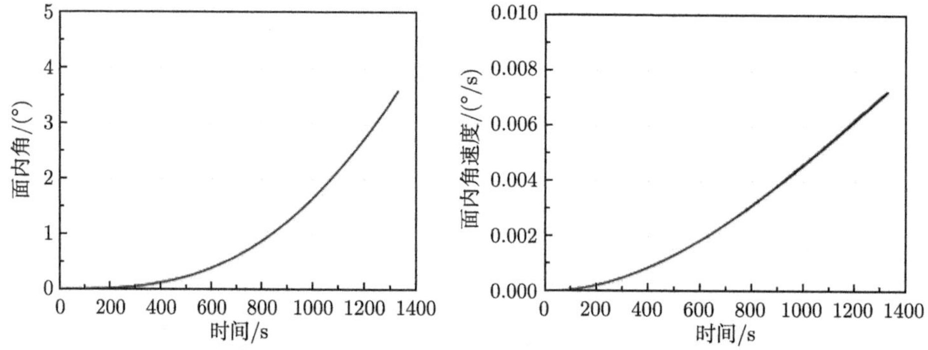

(a) 面内角　　(b) 面内角速度

图 9.67　系绳被动展开面内角及角速度

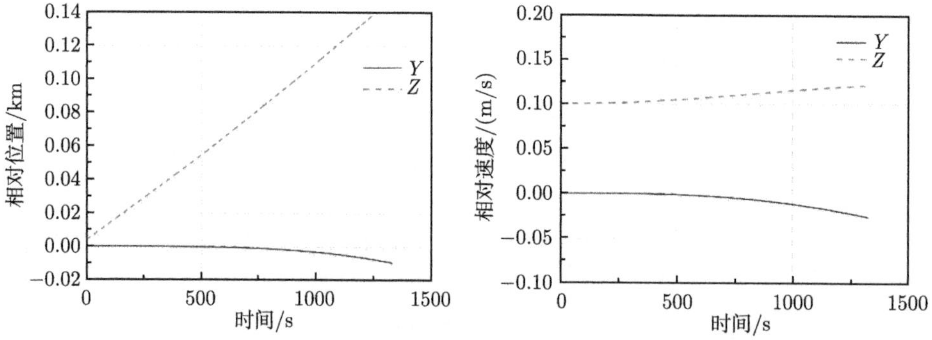

(a) 相对位置　　(b) 相对速度

图 9.68　两星相对位置及速度

9.5.2　系绳卫星重力梯度稳定仿真

当系绳释放至一定长度后，在重力梯度力作用下，系绳面内角在 0 值附近摆动，最终由于能量的耗散而逐渐稳定至 0，与一般卫星重力梯度稳定过程一致。对系绳卫星在重力梯度下自主稳定过程进行分析，设定系绳长度为 1000m，初始面内角度为 45°，轨道高度 1000km，其他参数与前面一致。系绳卫星重力梯度稳定过程面内角如图 9.69 所示。

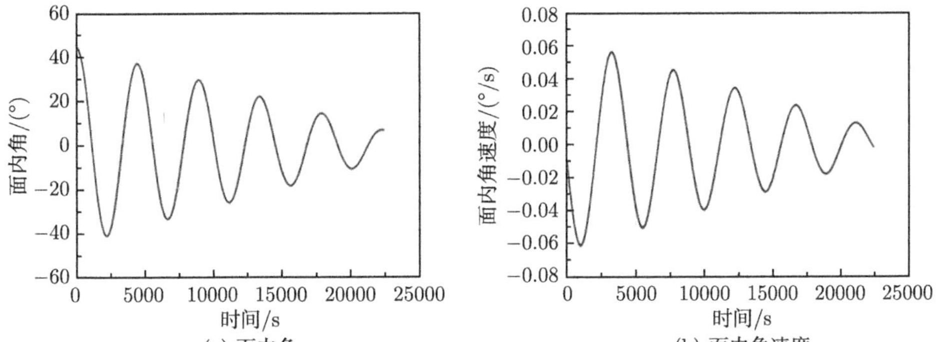

(a) 面内角 (b) 面内角速度

图 9.69 重力梯度稳定过程面内角

如图 9.70 所示，系绳张力在稳定过程初始时最大，随着系绳在轨道面内不断趋于稳定，系绳张力逐渐下降。同时，由于系绳卫星处于 1000km 轨道高度，稳定过程系统外力仅为重力梯度力，即稳定状态下，系绳张力应与重力梯度力保持平衡。系统平衡状态下系绳张力约为 0.095N，仿真中系绳张力尚未达到该平衡状态数值，同时反映出系绳卫星仅依靠重力梯度进行稳定所需的时间非常长，需要考虑其他方式进行辅助稳定。

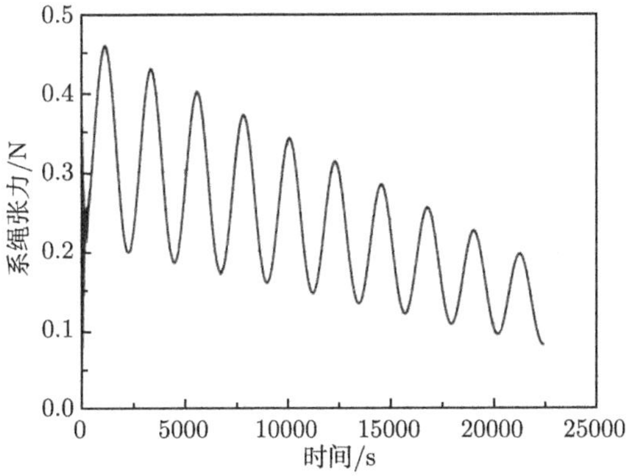

图 9.70 重力梯度稳定过程系绳张力

如图 9.71 所示，系绳卫星在 1000km 轨道高度下，面内稳定过程两星相对位置和相对速度的变化情况，反映出系绳卫星在平衡位置两侧呈现来回摆动现象。随着系绳能量耗散，摆动速度逐渐下降，渐渐趋于稳定位置。图 9.72 表明，系绳摆动幅度和摆动速度的减慢能够有效减小系绳与两星的约束力，即降低对两星位姿的干扰。

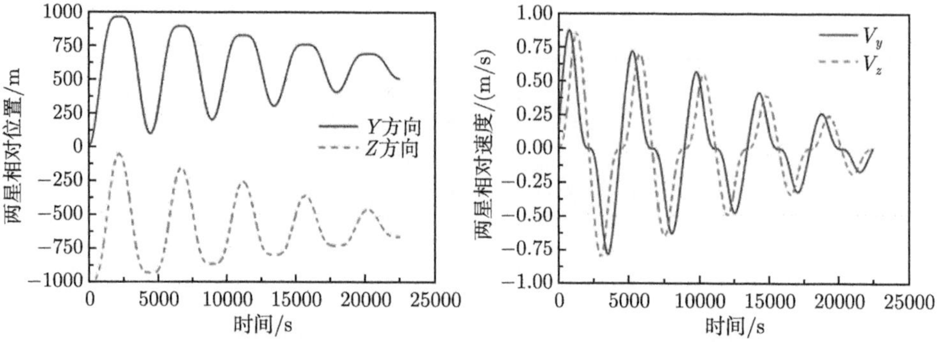

(a) 相对位置　　(b) 相对速度

图 9.71　重力梯度稳定过程两星相对位置和相对速度

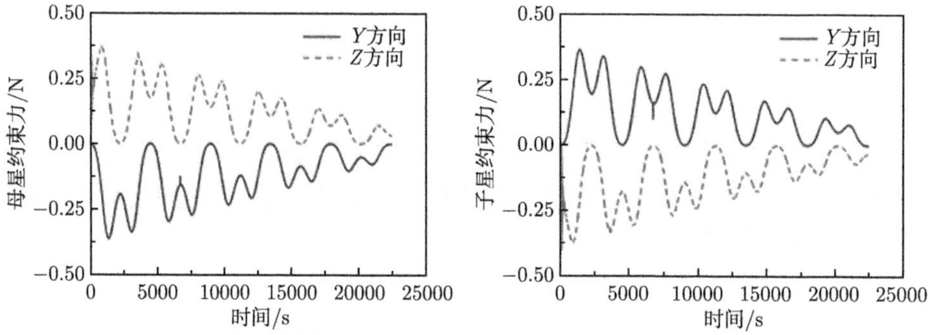

(a) 母星约束力　　(b) 子星约束力

图 9.72　系绳与两星约束力

参考文献

[1] Eberhard P, Schiehlen W. Computational dynamics of multibody-systems: History, formalisms and applications. Journal of Computational and Nonlinear Dynamics, 2006, 1(1):3-12.

[2] 詹望. 仿袋鼠跳跃机器人多刚体动力学研究. 西安: 西北工业大学, 2007.

[3] 刘赞. 基于多刚体动力学模型的硅片台运动控制分析. 武汉: 华中科技大学, 2009.

[4] Rong B, Rui X T, Tao L, et al. Theoretical modeling and numerical solution methods for flexible multibody system dynamics. Nonlinear Dynamics, 2019, 98(2):1519-1553.

[5] Castillo P A, Gouloe I, Pachidis V. Modeling and analysis of coupled flap-lag-torsion vibration characteristic for helicopter rotor blades. Journal of Aerospace Engineering, 2016, 231(10):1804-1823.

[6] Heidelberg S B. The Finite Element Method (FEM). Berlin: Springer, 2008.

[7] Drag L. Application of dynamic optimization to the trajectory of a cable suspended load. Nonlinear Dynamics, 2016, 84(3):1637-1653.

[8] Sun H L, Wu H T, Shao B, et al. The finite segment method for recursive approach to flexible multibody dynamics// The Fourth International Conference on Information and Computing, 2009:345-348.

[9] Xie D, Jian K L, Wen W B. An element-free Galerkin approach for rigid-flexible coupling dynamics in 2rd state. Applied Mathematics and Computation, 2017, 310:149-168.

[10] Du C F, Zhang D, Hong J. A mesh-free method based on radial point interpolation method for the dynamic analysis of rotating flexible beams. Chinese Journal of Theoretical and Applied Mechanics, 2015, 47(2):279-288.

[11] Rui X, Kreuzer E, Rong B, et al. Discrete time transfer matrix method for dynamics of multibody system with flexible beams moving in space. Acta Mechanica Sinica, 2012, 28(2):490-504.

[12] Sharifnia M, Akbarzadeh A. A constrained assumed modes method for dynamics of a flexible planar serial robot with prismatic joints. Multibody System Dynamics, 2017, 40(3):261-285.

[13] Wasfy T, Noor A. Computational strategies for flexible multibody systems. Applied Mechanics Reviews, 2003, 56(6):553-613.

[14] Fan J H, Zhang D. Bezier interpolation method for the dynamics of rotating flexible cantilever beam. Acta Physica Sinica Chinese Edition, 2014, 63(15):255-265.

[15] Kerdjoudj M, Amirouche F. Implementation of the boundary element method in the dynamics of flexible bodies. International Journal for Numerical Methods in Engineering, 1996, 39(2):321-354.

[16] Escalona J, Sugiyama H, Shabana A A. Modeling of structural flexibility in multibody railroad vehicle systems. Vehicle System Dynamics, 2013, 51(7):1027-1058.

[17] Hamper M, Zaazaa K, Shabana A A. Modeling railroad track structures using the finite segment method. Acta Mechanica, 2012, 223(8):1707-1721.

[18] Ambrosio J, Pombo J. A unified formulation for mechanical joints with and without clearances/bushings and/or stops in the framework of multibody systems. Multibody System Dynamics, 2018, 42(3):317-345.

[19] McPhee J, Schmitke C, Redmond S. Dynamics modeling of mechatronic multibody systems with symbolic computing and linear graph theory. Mathematical and Computer Modeling of Dynamical Systems, 2004, 10(1):1-23.

[20] Wu T H, Liu Z Y, Hong J Z. A recursive formulation based on corotational frame for flexible planar-beams with large displacement. Journal of Central South University, 2018, 25(1): 208-217.

[21] Le T N, Battini J M, Hjiaj M. Corotational formulation for nonlinear dynamics of beams with arbitrary thin-walled open cross-sections. Computers and Structures, 2014, 134:112-127.

[22] Le T N, Battini J M, Hjiaj M. A consistent 3d corotational beam element for nonlinear dynamic analysis of flexible structures. Computer Methods in Applied Mechanics and Engineering, 2014, 269:538-565.

[23] Shabana A A. ANCF reference node for multibody system analysis. Proceedings of the Institution of Mechanical Engineers Part K: Journal of Multi-body Dynamics, 2014, 229(1):109-112.

[24] Shabana A A. ANCF tire assembly model for multibody system applications. Journal of Computational and Nonlinear Dynamics, 2015, 10(2):24504.

[25] Tian Q, Hu H, Zhang W, et al. Nonlinear dynamics and control of large deployable space structures composed of trusses and meshes. Advances in Mechanics, 2013, 43(4):390-414.

[26] Zheng Y, Hemami H. Mathematical modeling of a robot collision with its environment. Journal of Robotic Systems, 1985, 2(3):289-307.

[27] Yoshida K, Karazume R, Sashida N. Modeling of collision dynamics for space free-floating links with extend generalized inertia tensor// Proceedings IEEE International Conference on Robotics and Automation, 1992:899-904.

[28] Huang P, Xu W, Liang B, et al. Configuration control of space robot for impact minimization// 2006 IEEE International Conference on Robotics and Biomimetic, 2006:357-362.

[29] Nenchev D, Yoshida K. Impact analysis and poet-impact motion control issues of a free-floating space robot subject to a force impulses// Proceedings IEEE International Conference on Robotics and Automation, 1999:542-557.

[30] 陈钢, 贾庆轩, 孙汉旭. 空间机械臂目标捕获过程中的碰撞运动分析. 机器人, 2010, 32:432-438.

[31] Potkonjak V, Vukbratovic M. Dynamics of contact tasks of robotics, part I: General model of robot interacting with environment. Mechanism and Machine Theory, 1999, 34(6):923-942.

[32] Flores P, Machado M, Silva M. On the continuous contact force models for soft materials in multibody dynamics. Multibody System Dynamics, 2011, 25(3):357-375.

[33] Machado M, Moreira P, Flores P. Compliant contact forces models in multibody dynamics evolution for the Hertz contact theory. Mechanism and Machine Theory, 2012, 53:99-121.

[34] Bauchau O, Damilano G, Theron N. Numerical integration of non-linear elastic multibody systems. International Journal for Numerical Methods in Engineering, 1995, 38(16):2727-2751.

[35] Baumgarte J. Stabilization of constraints and integrals of motion in dynamical systems. Computer Methods in Applied Mechanics and Engineering, 1972, 1:1-16.

[36] Ruzzeh B, Kovecses J. A penalty formulation for dynamics analysis of redundant mechanical systems. Computer Methods in Applied Mechanics and Engineering, 2011, 6(2):21008.

[37] Gear C W, Leimkuhler B, Gupta G. Automatic integration of Euler-Lagrange equations with constraints. Journal of Computational and Applied Mathematics, 1985, 12(3):77-90.

[38] Gavera B, Negrut D, Potra F. The Newmark integration method of multibody systems: Analytical considerations// Proceedings of ASME 2005 International Mechanical Engineering Congress and Exposition, 2005:1079-1092.

[39] Negrut D, Rampalli R, Ottasson G. On an implementation of the Hilber-Hughes-Taylor method in the context of index 3 differential-algebraic equations of multibody dynamics. Journal of Computational and Nonlinear Dynamics, 2007, 2(1):73-85.

[40] Bruls O, Arnold M. The generalized alpha scheme as a linear multistep integrator: Toward a general mechatronic simulator. Journal of Computational and Nonlinear Dynamics, 2008, 3(4):41007.

[41] Lunk C, Simeon B. Solving constrained mechanical systems by the family of new-mark and alpha-methods. Journal of Applied Mathematics and Mechanic, 2006, 86:772-784.

[42] Shabana A A. Dynamics of multibody systems. Cambridge: Cambridge University Press, 2005.

[43] 陆佑方. 柔性多体系统动力学. 北京: 高等教育出版社, 1996.

[44] 魏承. 空间柔性机器人在轨抓取与转移目标动力学与控制. 哈尔滨: 哈尔滨工业大学, 2010.

[45] Shabana A A, Yakoub R Y. Three dimensional absolute nodal coordinate formulation for beam elements: theory. Journal of Mechanical Design, 2000, 123(4):605-613.

[46] Yakoub R Y, Shabana A A. Three dimensional absolute nodal coordinate formulation for beam elements: implementation and applications. Journal of Mechanical Design. 2001, 123(4): 614-621.

[47] Gerstmayr J, Shabana A A. Analysis of thin beams and cables using the absolute nodal coordinate formulation. Nonlinear Dynamics, 2006, 45:109-130.

[48] 张越. 基于 ANCF 的柔索动力学建模与自适应计算研究. 哈尔滨: 哈尔滨工业大学, 2018.

[49] Tang J L, Ren G X, Zhu W, et al. Dynamics of variable-length tethers with application to tethered satellite deployment. Communications in Nonlinear Science and Numerical Simulation, 2011, 16(8):3411-3424.

[50] Yamashita V, Jayakumar P, Sugiyama H. Continuum mechanics based bilinear shear deformable shell element using absolute coordinate formulation. Journal of Computational and Nonlinear Dynamics, 2015, 10(5):51012.

[51] Vuquoc L. Optimal solid shells for nonlinear analyses of multilayer composites. I. statics. Computer Methods in Applied Mechanics and Engineering, 2003, 192(9-10):975-1016.

[52] Marco M, Pierangelo M. Implementation and validation of a 4 nodes shell finite element// Proceedings of the ASME International Design Engineering Technical Conferences and Computers and Information in Engineering Conference, 2014, 6:1-10.

[53] Zienkiewicz O C, Taylor R L, Zhu J Z. Tetrahedral Elements. Oxford: Elsevier Butterworth Heinemann, 2005:122-125.

[54] 马亮. 基于有理 ANCF 流体单元的曲面体充液贮箱晃动响应研究. 哈尔滨: 哈尔滨工业大学, 2021.

[55] Shabana A A. Computational Continuum Mechanics. Chichester: John Wiley and Sons, 2018.

[56] Piegl L, Tiller W. The NURBS Book. Berlin: Springer, 1996.

[57] Sanborn G G, Shabana A A. On the integration of computer aided design and analysis using the finite element absolute nodal coordinate formulation. Multibody System Dynamics, 2009, 22(2):181-197.

[58] Sanborn G G, Shabana A A. A rational finite element method based on the absolute nodal coordinate formulation. Nonlinear Dynamics, 2009, 58(3):565-572.

[59] 杨帆. 基于 B+ 树存储的 AABB 包围盒碰撞检测算法. 计算机科学, 2021, 48(S1):331-333.

[60] 过佳雯. 大变形柔性多体系统高效数值计算方法研究. 哈尔滨: 哈尔滨工业大学, 2016.

[61] 魏庆生. 四足机器人设计与运动控制仿真研究. 哈尔滨: 哈尔滨工业大学, 2020.

[62] 刘昊. 空间充气展开绳网捕获系统动力学与控制. 哈尔滨: 哈尔滨工业大学, 2019.

[63] 蔡盛龙. 基于变长度柔索的系绳式卫星展开与拖曳控制. 哈尔滨: 哈尔滨工业大学, 2019.